高等学校 CAD/CAM/CAE 规划教材

AutoCAD 2009 机械制图

主　编　管殿柱　张　轩

副主编　田绪东　臧永福

机　械　工　业　出　版　社

本书共分 13 章，主要介绍了 AutoCAD2009 的基本使用方法及新功能，包括 AutoCAD 的入门知识、基本绘图工具、精确绘图辅助工具、编辑工具、使用图层、显示控制、书写文字与尺寸标注、图块操作、外部参照、设计环境、布局与打印出图、图纸集等内容。本书主要侧重于机械工程绘图，书中图样实例大都来源于生产实际，所以具有很强的专业针对性。

本书可供高等院校工科师生和工程技术人员使用，也可以作为计算机绘图培训的教材。

图书在版编目（CIP）数据

AutoCAD 2009 机械制图/管殿柱，张轩主编．—北京：机械工业出版社，2009.6 （2019.1重印）

高等学校 CAD/CAM/CAE 规划教材

ISBN 978-7-111-27090-4

Ⅰ.A… Ⅱ.①管… ②张… Ⅲ.机械制图：计算机制图—应用软件，AutoCAD 2009—高等学校—教材 Ⅳ.TH126

中国版本图书馆 CIP 数据核字（2009）第 071478 号

机械工业出版社（北京市百万庄大街 22 号 邮政编码 100037）
责任编辑：商红云
责任印制：杨 曦
北京宝昌彩色印刷有限公司印刷
2019 年 1 月第 1 版第 5 次印刷
184mm × 260mm · 19.75印张 · 487千字
标准书号：ISBN 978-7-111-27090-4
定价：35.00 元

凡购本书，如有缺页、倒页、脱页，由本社发行部调换

电话服务
服务咨询热线：010-88379833
读者购书热线：010-88379649

网络服务
机 工 官 网：www.cmpbook.com
机 工 官 博：weibo.com/cmp1952
教育服务网：www.cmpedu.com
金 书 网：www.golden-book.com

教材编写委员会

前　言

AutoCAD 是由美国 Autodesk 公司开发的大型计算机辅助绘图软件，主要用来绘制工程图样。Autodesk 公司自 1982 年推出 AutoCAD 的第一个版本——AutoCAD 1.0 起，在全球拥有数百万用户，1998 年法国世界杯足球场、波士顿查尔斯河大桥、马来西亚 Petronas 双塔等都是它的杰作。它为工程设计人员提供了强有力的二维和三维设计与绘图功能。当前，AutoCAD 已广泛应用在机械、电子、服装、建筑等设计领域。

AutoCAD 2009 是 Autodesk 公司推出的最新版本。AutoCAD 2009 对用户界面进行了重大改进，引入了菜单浏览器、功能区、快速访问工具栏等图形界面，使界面更加美观、实用和便捷。同时，AutoCAD 2009 提高了自定义和扩展能力，方便用户自定义绘图环境，加强功能的可扩展性；改进后的对象特性面板和图层管理器使图形的管理更加快捷高效；快速查看、View Cube、Steering Wheels、Show Motion 等最新技术使图形的查看更加简单；布局空间输出、DWFx 技术和地理位置使图形的输出、发布和共享更加容易。

本书采用了循序渐进的教学方法，所选实例分类明确、由浅入深，注重理论联系实际。每章都是按实际教学的要求，围绕一个主题，把 AutoCAD 2009 众多的命令进行分解，并以典型的机械制图应用实例为线索再将其有机地串联在一起。既详细介绍了各个命令有关选项的操作，又通过大量的“演练示例”给出了命令使用的方法。同时，根据作者长期从事 CAD 教学和研究的体会，通过“提示”、“注意”等形式总结了许多经验和技巧。

本书配有课件，订购教材的教师可以从 www.cmpedu.com 下载。本书的素材源文件可以从 www.zerobook.net 下载。

本书由管殿柱、张轩任主编，田绪东、臧永福任副主编，另外参与编写的有付本国、谈世哲、田东、段辉、宋琦、刘平、莫下波、许小均、李健、李文秋、张洪信、赵清海等。本书由宋一兵、祁振海主审。由于编者水平有限，书中难免存在错误和不足之处，衷心希望读者批评指正。

学习交流平台：www.zerobook.net

编　者

2009 年 5 月

目　　录

第 1 章　认识 AutoCAD

AutoCAD 是由美国 Autodesk 公司开发的大型计算机辅助绘图软件，主要用来绘制工程图样。Autodesk 公司自 1982 年推出 AutoCAD 的第一个版本——AutoCAD 1.0 起，已在全球拥有数百万用户，1998 年法国世界杯足球场、波士顿查尔斯河大桥、马来西亚 Petronas 双塔等都是它的杰作。它为工程设计人员提供了强有力的两维和三维设计与绘图功能。当前，AutoCAD 已广泛应用在机械、电子、服装、建筑等设计领域。随着产品的不断升级，在快速创建图形、轻松共享设计资源和高效项目管理等方面，功能得到了进一步增强。

【本章重点】

- AutoCAD 简介;
- 基本文件操作;
- 怎样使用帮助。

1.1　AutoCAD 的主要功能

作为以 CAD 技术为内核的辅助设计软件，AutoCAD 具备了 CAD 技术能够实现的基本功能。作为一个通用的工程设计平台，AutoCAD 还拥有强大的人机交互能力和简便的操作方法，十分便于广大普通用户的使用，下面介绍一下 AutoCAD 的主要功能。

- 具有强大的图形绘制功能：AutoCAD 提供了创建直线、圆、圆弧、曲线、文本和尺寸标注等多种图形对象的功能。
- 精确定位定形功能：AutoCAD 提供了坐标输入、对象捕捉、栅格捕捉、动态输入、追踪等功能，利用这些功能可以精确地为图形对象定位和定形。
- 具有方便的图形编辑功能：AutoCAD 提供了复制、旋转、阵列、修剪、倒角、缩放、偏移等方便使用的编辑工具，大大提高了绘图效率。
- 图形输出功能：图形输出包括屏幕显示和打印出图，AutoCAD 提供了方便的缩放和平移等屏幕显示工具，模型空间、图纸空间、布局、发布和打印等功能极大地丰富了出图选择。
- 三维造型功能：AutoCAD 具备三维模型、布尔运算、三维编辑等功能。
- 辅助设计功能：可以查询绘制好的图形的长度、面积、体积和力学特性等；提供多种软件的接口，可方便地将设计数据和图形在多个软件中共享，进一步发挥各软件的特点和优势。
- 允许用户进行二次开发：AutoCAD 自带的 AutoLISP 语言让用户自行定义新命令

和开发新功能。通过 DXF、IGES 等图形数据接口，可以实现 AutoCAD 和其他系统的集成。此外，AutoCAD 支持 Object ARX、ActiveX、VBA 等技术，提供了与其他高级编程语言的接口，具有很强的开发性。

1.2　AutoCAD 2009 的新功能

AutoCAD 2009 对用户界面进行了重大改进，引入了菜单浏览器、功能区、快速访问工具栏等图形界面，使界面更加美观、实用和便捷。同时，AutoCAD 2009 提高了自定义和扩展能力，方便用户自定义绘图环境，加强功能的可扩展性；改进后的对象特性面板和图层管理器使图形的管理更加快捷高效；快速查看、View Cube、Steering Wheels、Show Motion 等最新技术使图形的查看更加简单；布局空间输出、DWFx 技术和地理位置使图形的输出、发布和共享更加容易。

1.3　AutoCAD 2009 的启动

首先在你的计算机中装载 AutoCAD 2009 应用程序，按照系统提示装完软件后会在桌面上出现 AutoCAD 2009 快捷图标，双击桌面上的图标启动它，进入 AutoCAD 2009 的工作界面，如图 1-1 所示。

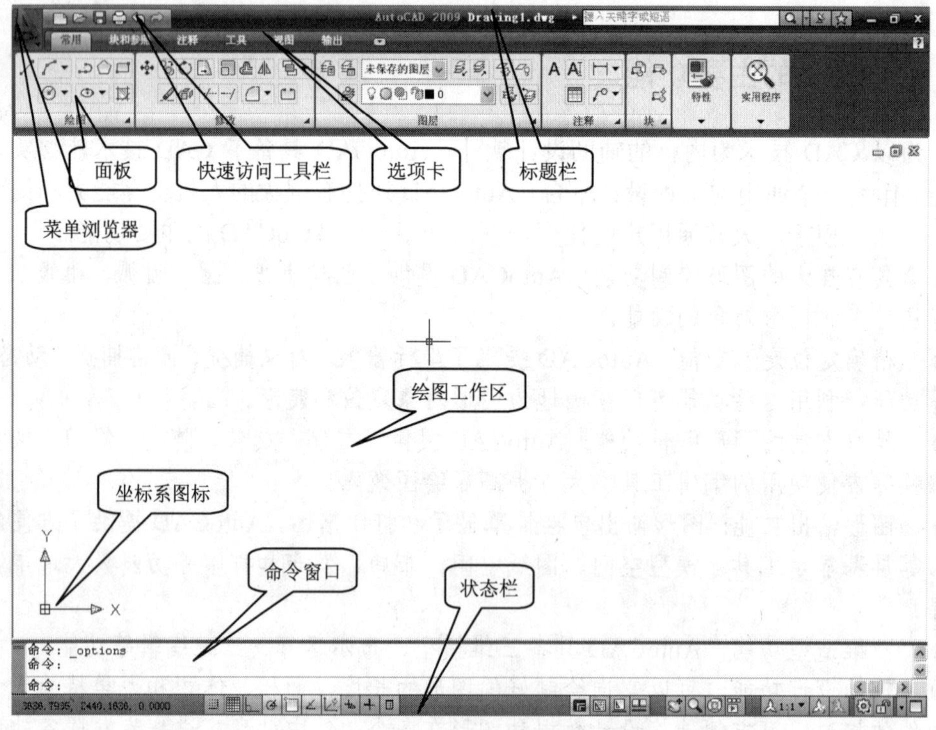

图 1-1　AutoCAD 2009 的绘制界面

执行应用程序还有一种方法，通过执行【开始】/【程序】/【Autodesk】/【AutoCAD 2009-Simplified Chinese】/【AutoCAD 2009】命令。

1.4　AutoCAD 2009 的界面组成

如果以前没有接触过 CAD，对 AutoCAD 2009 的界面还不了解，在学习之前应该先来认识一下 AutoCAD 2009 的界面组成。AutoCAD 2009 的界面主要由标题栏、菜单浏览器、绘图工作区、状态栏、坐标系图标、选项卡和选项板、命令窗口等组成，如图 1-1 所示。

1. 标题栏

标题栏中的文件名是当前图形文件的名字，在我们没给文件命名之前，AutoCAD 2009 默认设置是 Drawing（n）（n 代表 1，2，3，4…n 值主要由新建文件数量而定）。标题栏右边的三个小按钮分别是“最小化”、“恢复”和“关闭”，用来控制 AutoCAD 2009 的软件窗口的显示状态。

2. 菜单浏览器

单击菜单浏览器按钮，可以使用菜单，如图 1-2 所示。菜单由文件、编辑、视图、插入、格式、工具、绘图、标注、修改、窗口、帮助等项构成，与其他 Windows 程序类似。单击某个菜单，可以打开下拉菜单，就能选择需要的命令。有的选项后面有黑色的三角符号，表示该菜单还有子菜单。如果是省略号，表示将打开一个对话框。

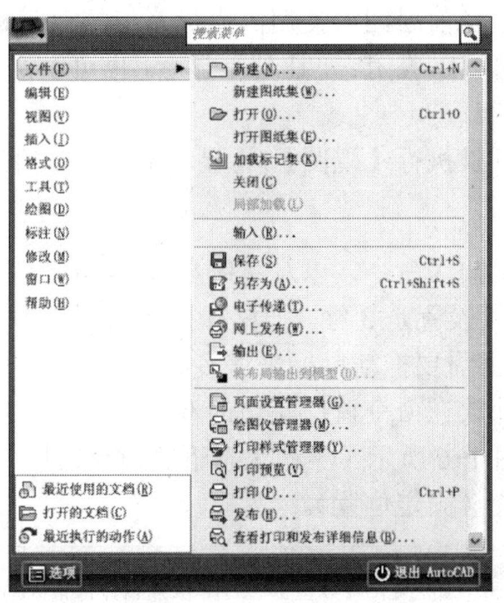

图 1-2　菜单浏览器

另外一种使用菜单的方法是：在快速访问工具栏上单击鼠标右键，在出现的快捷菜单中选择【显示菜单栏】选项，就会在标题栏的下方出现菜单栏，如图 1-3 所示。

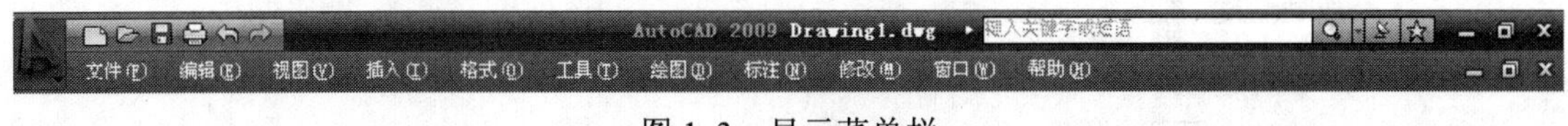

图 1-3　显示菜单栏

3. 快速访问工具栏

快速访问工具栏（见图 1-4）用于存储经常使用的命令，可以在上面单击鼠标右键，使用快捷菜单中的【自定义快速访问工具栏】选项对快速访问工具栏进行管理。

图 1-4　快速访问工具栏

4. 绘图工作区

绘图工作区是用来绘制图样的地方，也是显示和观察图样的窗口。

5. 状态栏

状态栏可显示光标的坐标值、绘图工具、导航工具以及用于快速查看和注释缩放的工具，如图 1-5 所示。

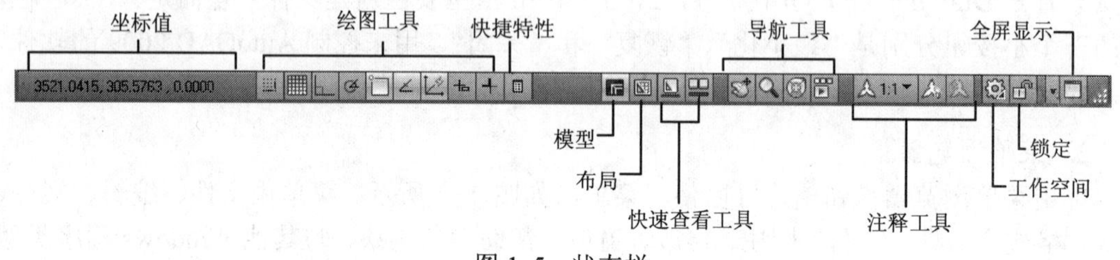

图 1-5　状态栏

6. 坐标系图标

坐标系图标是用来表示当前绘图所使用的坐标系形式及坐标的方向性等特征，当前显示的是“世界坐标系”。我们可以关闭它，让其不显示，也可以定义一个方便自己绘图的“用户坐标系”。

要关闭坐标系图标，可以执行【视图】/【显示】/【UCS 图标】选择【开】项。

7. 命令窗口

命令窗口是我们用键盘输入命令，以及系统显示 AutoCAD 信息与提示的交流区域。AutoCAD 的命令提示行默认设置是 3 行。把鼠标指针放在命令窗口上边线处，当鼠标指针形状变为 ≑，我们可以根据需要拖动鼠标来增多或减少提示的行数。

用户还可以把鼠标指针放在命令窗口左边的双线处，通过按下鼠标拖动，然后放开来改变命令窗口的位置，如图 1-6 所示（浮动状态下的命令窗口）。双击【命令行】窗口的标题栏可以使其回到原来位置（固定位置）。

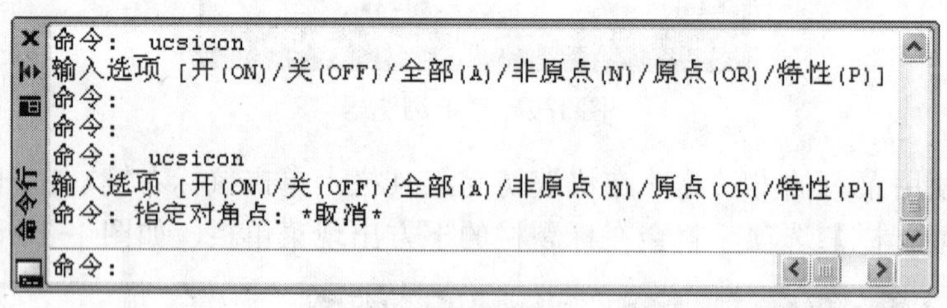

图 1-6　【命令行】窗口

另外，可以通过 F2 功能键，切换到【AutoCAD 文本窗口】，去观察执行的命令或者系统给出的提示信息，如图 1-7 所示，再按 F2 功能键可以恢复显示（关闭【AutoCAD 文本窗口】）。AutoCAD 的命令提示进行了标准化处理，它所显示的操作内容很清楚，给出的提示容易理解，这非常有利于我们学习和使用。

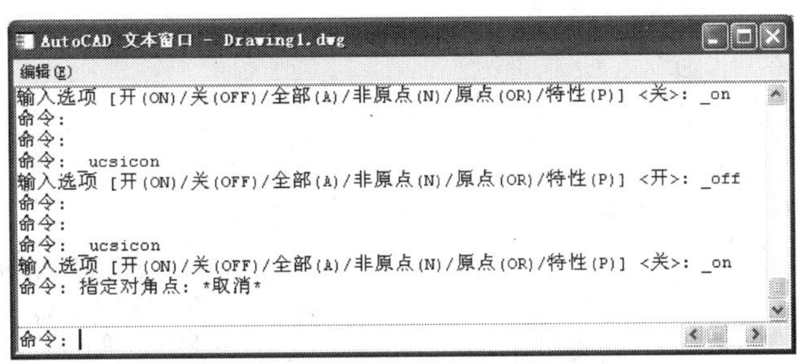

图 1-7　AutoCAD 文本窗口

8. 功能区（选项卡和面板）

功能区（见图 1-8）由许多面板组成，这些面板被组织到按任务进行标记的选项卡中。功能区面板包含的很多工具和控件与工具栏和对话框中的相同。与当前工作空间相关的操作都单一简洁地置于功能区中。使用功能区时无需显示多个工具栏，它通过单一紧凑的界面使应用程序变得简洁有序，同时使可用的工作区域最大化。单击按钮可以使功能区最小化为面板标题。

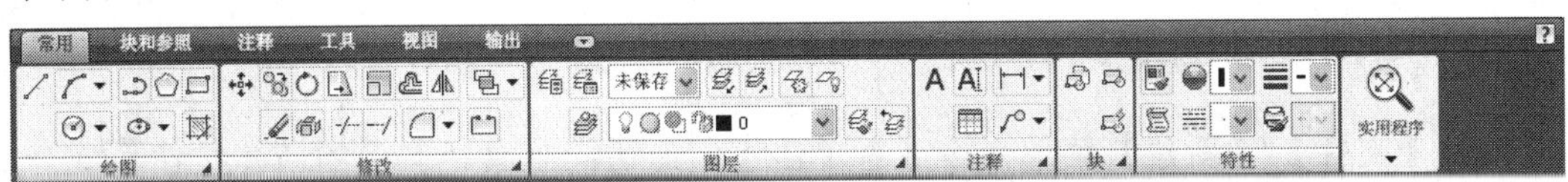

图 1-8　功能区

9. 工具栏

工具栏，顾名思义，里面放置着各种工具。AutoCAD 把命令做成形象的图标按钮，只要一按就能执行某些命令或完成某些工作，而不需要去翻一层层的菜单，大大提高了绘图工作的效率，在 AutoCAD 2009 中不再使用工具栏，而是用功能区代替。

（1）工具栏的打开与关闭。在【快速访问工具栏】上使用鼠标右键快捷菜单，选择【工具栏】/【AutoCAD】下面的选项，可以打开相应的工具栏，如图 1-9 所示的就是打开的【绘图】工具栏。如果界面上已经有了工具栏，还有另外一种办法可以达到快速设置工具栏的目的，即在屏幕上任何一个工具栏上单击鼠标的右键，出现一个快捷菜单，上面打对号的是已经在屏幕上显示的工具栏，可以通过在工具栏名字上单击鼠标来打开或关闭相应的工具栏。

图 1-9　绘图工具栏

（2）调整工具栏的位置。工具栏的位置是可以根据用户的需要在工作界面中布置，在工具栏的标题栏上按下鼠标左键，拖动鼠标，工具栏就会随着鼠标指针移动；松开鼠标，工具栏就会在新的位置显示。

（3）查看工具的内容。无论是面板上的还是工具栏上的工具，我们都可以通过使用鼠标指向的方法来查看该工具的说明，如指向【绘图】工具栏上的直线按钮，就会出现如图 1-10 所示的提示。

10. 滚动条

滚动条包括垂直滚动条和水平滚动条，可以利用它们的移动来控制图样在窗口中的位置。如果不显示滚动条，可以利用【工具】/【选项】命令打开【选项】对话框，选择【显示】选项卡，如图 1-11 所示，在【窗口元素】区中选择【图形窗口中显示滚动条】，单击 确定 按钮，这时屏幕上就会出现垂直滚动条和水平滚动条。

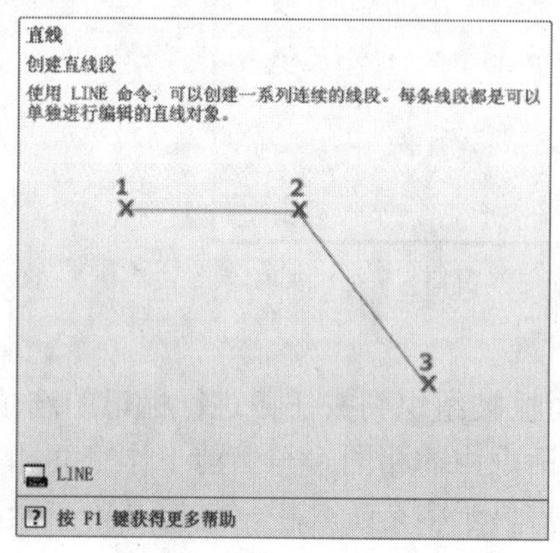

图 1-10　命令提示

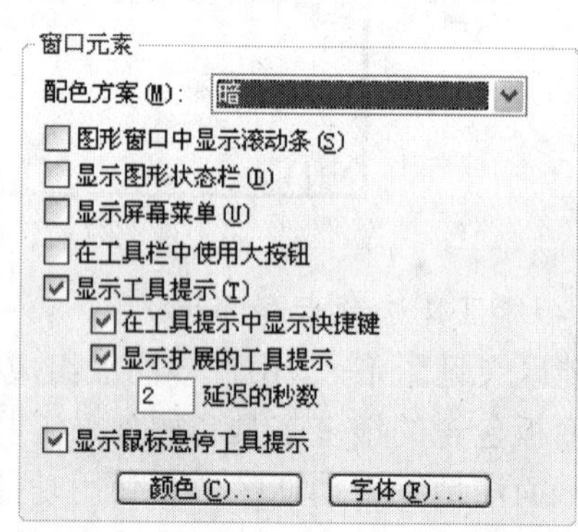

图 1-11 【显示】选项卡

1.5　开始创建新图形文件

执行【文件】/【新建】菜单命令或者单击【快速访问工具栏】上的新建按钮，就会出现【选择样板】对话框，如图 1-12 所示。

图 1-12 【选择样板】对话框

用户可以在样板列表中选择合适的样板文件，然后单击 打开(O) 按钮，这样就可以用选定样板新建一个图形文件，我们使用 acadiso.dwt 样板即可。

1.6　初试 AutoCAD 2009

认识了 AutoCAD 2009 的界面后，来试一试 AutoCAD 2009 的强大绘图功能。下面来绘制如图 1-13 所示的图形，大家根据提示做即可。

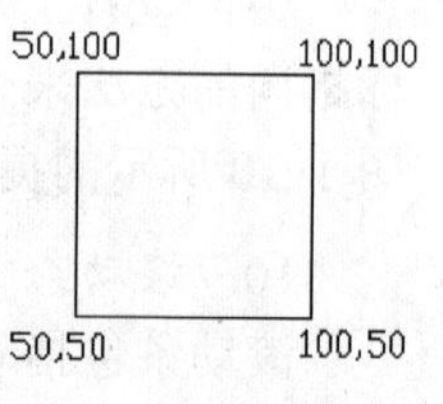

图 1-13　一个矩形

在【绘图】面板上，单击直线命令按钮，命令行的提示为：

命令：_line 指定第一点：50，50	输入直线的起点坐标值（50，50）；
指定下一点或 [放弃(U)]：100，50	输入直线的下一端点的坐标（100，50）；
指定下一点或 [放弃(U)]：100，100	输入直线的下一端点的坐标（100，100）；
指定下一点或 [闭合(C)/放弃(U)]：50，100	输入直线的下一端点的坐标（50，100）；
指定下一点或 [闭合(C)/放弃(U)]：50，50	输入直线的下一端点的坐标（50，50）；
指定下一点或 [闭合(C)/放弃(U)]：	回车结束命令，完成绘图。

两数字之间以英文逗号间隔，每输入一次参数，按空格键或回车键进入下一步。

1.7　保存 AutoCAD 2009 文件

1.7.1　存盘方式

计算机硬件故障、电压不稳、用户操作不当或软件问题都会导致错误，使用户无法编辑或打印图形。经常保存工作可以确保系统发生故障时将数据丢失降到最低限度。常用的存盘方式有：

● 保存（Save）

在运行 AutoCAD 2009 时，可能遇到意外断电或死机等恶劣情况，一旦这些恶劣情况发生，我们未存放到磁盘的图样文件就可能丢失，前功尽弃。所以要养成经常存盘的习惯。

以上面我们绘制的正方形为例讲述保存步骤：

（1）单击保存命令按钮，出现【图形另存为】对话框，如图 1-14 所示。

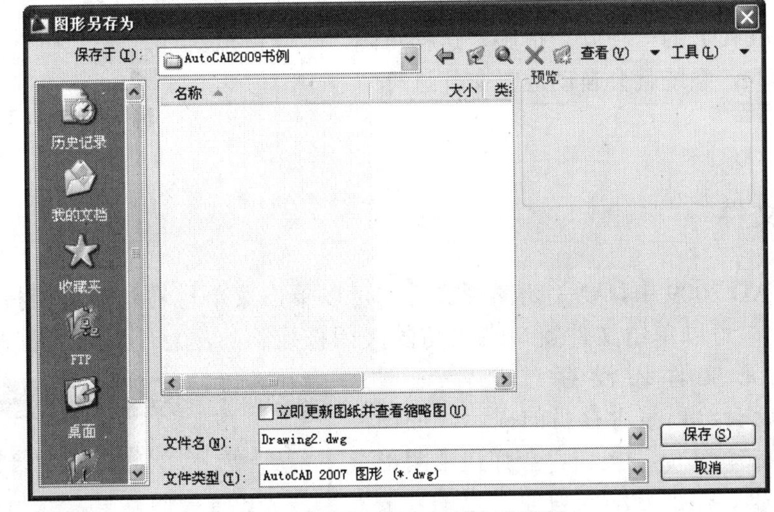

图 1-14　【图形另存为】对话框

（2）在【文件名】后面的文本编辑框中输入要保存文件的名称，我们可以输入“矩形”两字（完全覆盖原来的默认名字），在【保存于】右边的下拉列表中选择要保存文件的路径，我设置的目录是 C:\autocad 2009 书例，当这些都设置完成后，单击 保存(S) 按钮，图形文件就会以“矩形”为名字存放在 C:\ autocad 2009 书例这个目录下了，AutoCAD 图样默认的扩展名为.dwg。

（3）注意这时在标题栏上有变化，会显示当前文件的名字和路径。如果继续绘制，再单击存盘按钮时就不会出现上述的对话框，系统会自动以原名、原目录保存修改后的文件。

保存命令可以通过【文件】/【保存】来实现。如果在上次存盘后，你所作的修改是错误的，可以在关闭文件时不存盘，文件将仍保存着原来的结果。

存盘时，我们一般把文件集中存放到某一个固定的地方，以便管理和查找。

● 另存为【Save as】

当我们需要把图形文件做备份时，或者放到另一条路径下时，用上面讲的“保存”方式是完成不了的。这时可以用另一种存盘方式——“另存为”。

执行【文件】/【另存为】，会弹出【图形另存为】对话框，其文件名称和路径的设置与“保存”相同，就不具体介绍了，参照上面讲的进行即可。

1.7.2 自动保存

自动保存图形的步骤：

（1）执行【工具】/【选项】菜单命令，出现【选项】对话框。

（2）在【选项】对话框，单击打开【打开和保存】选项卡，选择【自动保存】复选项，并在【保存间隔分钟数】输入框内输入数值，如图 1-15 所示。

（3）单击 确定 按钮完成设置。

这是 AutoCAD 的一种安全措施，这样每隔指定的间隔时间，系统就会自动地对文件进行一次保存。

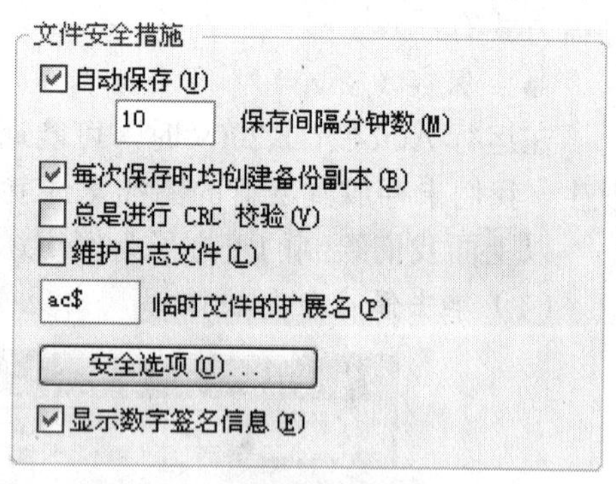

图 1-15 【打开和保存】选项卡

1.8 关闭文件

在 AutoCAD 2009 中，要关闭图形文件，可以单击菜单栏右边的关闭按钮（如果不显示菜单栏，可以单击文件窗口右上角的关闭按钮，注意不是应用程序窗口），如果当前的图形文件还没有存过盘，这时 AutoCAD 2009 会给出是否存盘的提示，如图 1-16 所示。单击 是(Y) 按钮，会弹出【图形另存为】对话框，存盘方法同前面讲过的，按照上面的步骤进行即可。存盘后，文件被关闭。如果单击 否(N) 按钮，则文件不保存退出，选择 取消 按钮，会取消关闭文件操作。

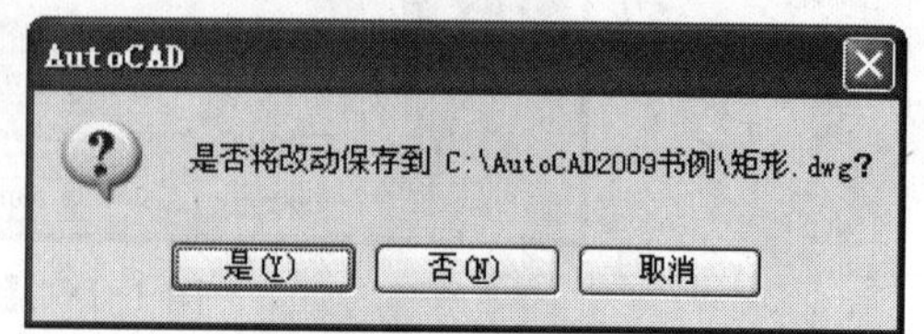

图 1-16 提示信息

可以通过执行【文件】/【关闭】命令来关闭文件。

1.9　打开旧文件

对于一张图，我们可能一次完不成，以后要继续进行绘制，或者完成存盘后发现文件中有错误与不足，要进行编辑修改，这时就要把旧文件打开，重新调出来。

要打开一个文件，可以单击打开命令按钮，弹出【选择文件】对话框，如图 1-17 所示。在对话框中选择要打开的文件，先找到存放文件的路径，单击名为“矩形”的图形文件，右边的预览窗口会显示该文件的图形（如果没有预览窗口，用户可以在【查看】下拉菜单中选择【预览】选项），单击 打开(O) 按钮，旧的文件就被打开了。在 打开(O) 按钮右面有一个倒黑三角，单击它会打开一个下拉列表，用户可以选择“打开”、“以只读方式打开”、“局部打开”、“以只读形式局部打开”。

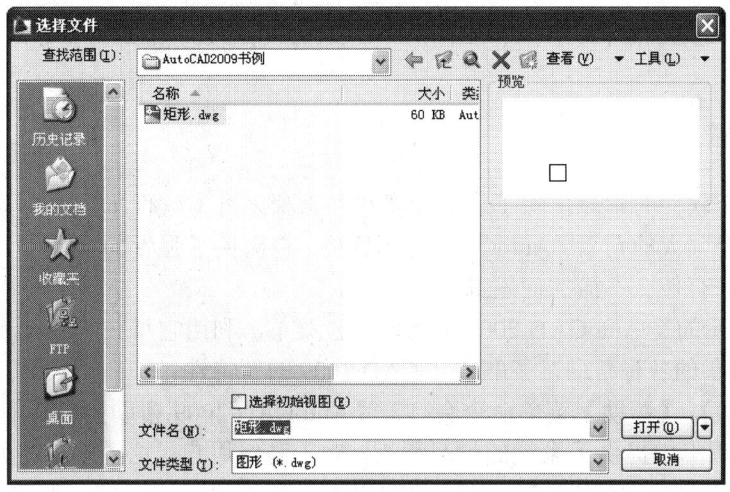

图 1-17 【选择文件】对话框

要打开一个文件，也可以通过执行【文件】/【打开】命令来执行。

如果要查找文件，可以使用对话框中的【工具】/【查找】命令，出现【查找】对话框，如图 1-18 所示。用户可以使用它快速定位要找的文件。

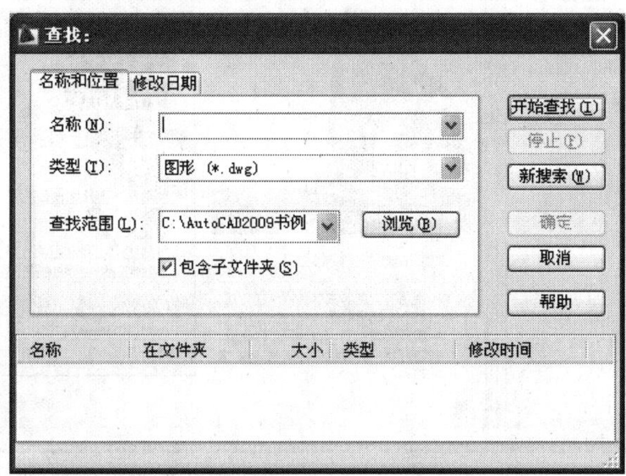

图 1-18 【查找】对话框

1.10　退出 AutoCAD 2009

AutoCAD 2009 支持多文档操作，也就是说，可以同时打开多个图形文件，同时在多张图纸上进行操作，这对提高工作效率是非常有帮助的。但是，为了节约系统资源，要学会有选择地关闭一些暂时不用的文件。当完成绘制或者修改工作，暂时用不到 AutoCAD 2009 时，最好先退出 AutoCAD 2009 系统，再进行别的操作。在这一节主要学习如何退出 AutoCAD 2009 系统。

退出 AutoCAD 2009 系统的方法，与关闭图形文件的方法类似。单击标题栏中的关闭按钮，如果当前的图形文件以前没有保存过，系统也会给出是否存盘的提示。如果不想存盘，单击[否(N)]按钮；要保存，参照着前面讲过的方法与步骤进行即可。

可以通过执行【文件】/【退出】命令退出 AutoCAD 2009 系统。

1.11　获得帮助

对于每一个软件的学习，除了靠参考资料和教师之外，软件本身都提供了一个强大的帮手。AutoCAD 也不例外。它提供了强大的帮助功能，用户有什么不懂的问题都可以问它。

图 1-19 所示的是 AutoCAD 2009 的帮助下拉菜单，利用它可获得 AutoCAD 提供的各种帮助，了解 AutoCAD 2009 的新特性。

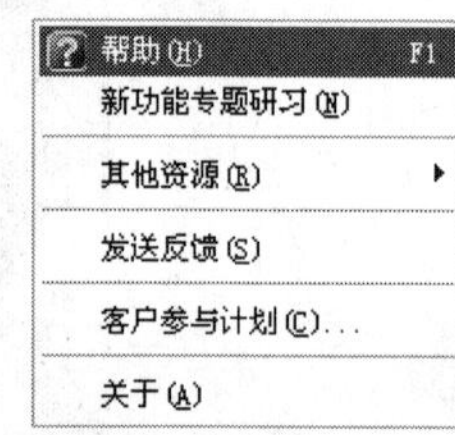

图 1-19　帮助菜单

执行【帮助】/【帮助】菜单命令会打开【AutoCAD 2009 帮助】对话框，如图 1-20 所示。【目录】选项卡中提供了系统的学习教程，对于高级用户是必看内容。如果还有不明白的问题，只要知道它的名称就会找到相关的主题。

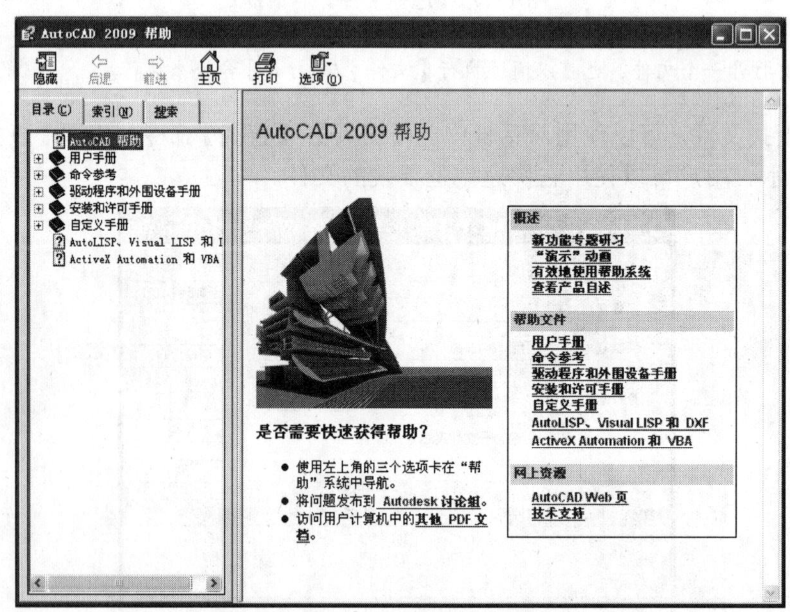

图 1-20　【AutoCAD 2009 帮助】窗口

另外，用户可以执行【帮助】/【新功能专题研习】菜单命令激活【新功能专题研习】窗口，如图 1-21 所示。通过它用户可以快速了解和学习 AutoCAD 2009 的新功能。

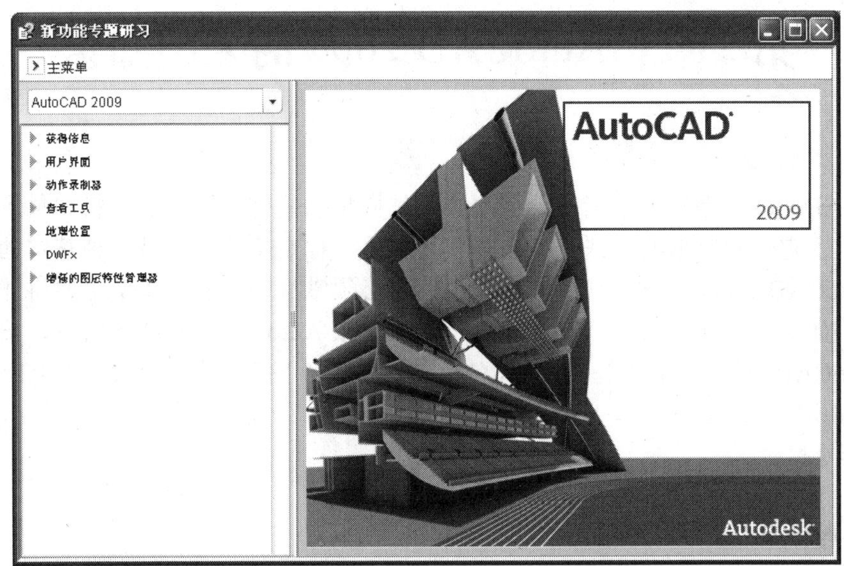

图 1-21 【新功能专题研习】窗口

1.12 本章小结

本章是 AutoCAD 2009 的入门介绍，主要讲了 AutoCAD 的发展，AutoCAD 2009 的新功能，如何启动 AutoCAD 2009，AutoCAD 2009 的界面组成，如何新建、保存、关闭、打开图形文件，如何获得帮助，退出 AutoCAD 2009 系统等问题。通过本章的讲解，可以为后续学习打好坚实基础。

1.13 习题

（1）AutoCAD 为什么应用得如此广泛？

（2）怎样启动、关闭 AutoCAD 2009？

（3）怎样新建、打开、关闭、保存一个文件？

（4）怎样获得帮助？

第 2 章　AutoCAD 2009 的入门知识

AutoCAD 2009 是一个精确的绘图软件，怎样精确地确定图形的形状和位置，是我们应该掌握的，定位和定形的方法有好几种，其中用坐标定位和定形是一种基本的方法。另外，对 AutoCAD 2009 的一些基本操作也是读者必须掌握的内容。本章主要讲述怎样使用坐标定位，如何给 AutoCAD 2009 下命令，如何结束 AutoCAD 2009 的命令，鼠标的基本操作，AutoCAD 2009 菜单的基本操作，AutoCAD 2009 的对话框，AutoCAD 2009 的功能键等入门知识。

【本章重点】

- 坐标定位；
- 命令操作；
- 鼠标操作；
- 菜单基本操作；
- 对话框与功能键。

2.1　怎样使用坐标定位

当进入 AutoCAD 2009 的界面时，系统默认的坐标系统是"世界坐标系"。坐标系图标中标明了 X 轴和 Y 轴的正方向，如图 2-1 所示，输入的点就是依据这两个正方向来进行定位的。

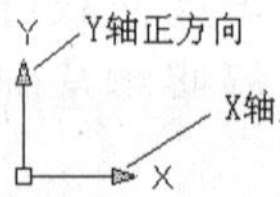

图 2-1　坐标系图标

一般用坐标来定位进行输入时，常用到绝对坐标输入和相对坐标输入。

2.1.1　绝对坐标输入

绝对坐标是指相对于当前坐标系原点的坐标，常用到的绝对坐标输入方法有绝对直角坐标输入和绝对极坐标输入两种。

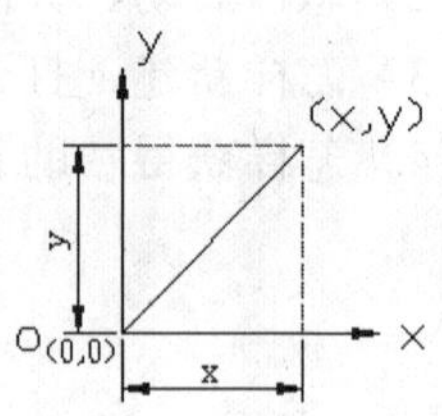

图 2-2　绝对直角坐标定义

绝对直角坐标定义如图 2-2 所示。当知道了某点的绝对直角坐标后，要在 CAD 系统中确定该点，可以键盘输入：X 向的坐标值和 Y 向的坐标值，两值之间必须用英文逗号","隔开，这就是绝对直角坐标输入的格式。

例如，已知某点的 X 坐标值为 50，Y 坐标值为 30，在执行点的输入命令时，应该输入：50, 30。

下面来绘制一下如图 2-3 所示的图，会对绝对直角坐标有一个清楚的了解。

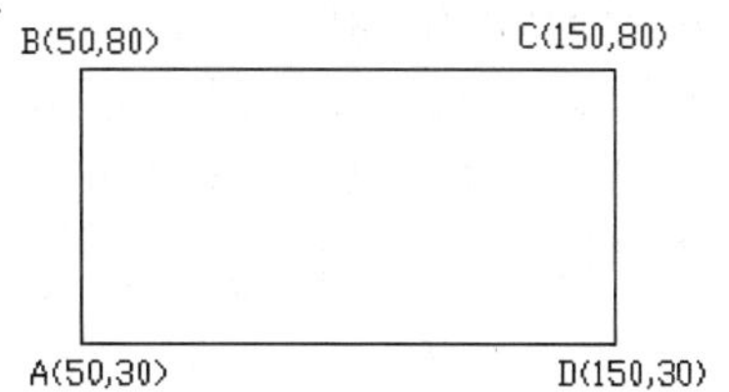

图 2-3　矩形图

单击功能区【绘图】面板上的直线按钮，命令行提示为：

```
命令：_line 指定第一点：50，30                     输入 A 点的绝对坐标值；
指定下一点或 [放弃(U)]：50，80                     输入 B 点的绝对坐标值；
指定下一点或 [放弃(U)]：150，80                    输入 C 点的绝对坐标值；
指定下一点或 [闭合(C)/放弃(U)]：150，30            输入 D 点的绝对坐标值；
指定下一点或 [闭合(C)/放弃(U)]：50，30             输入 A 点的绝对坐标值，这时图形封闭；
指定下一点或 [闭合(C)/放弃(U)]：                   回车结束命令。
```

这里所输入的坐标值都是绝对直角坐标值。

绝对极坐标是由极径ρ和极角φ构成，点的绝对极坐标的极径是该点与原点之间的距离。极角是该点与原点的连线与 X 轴正方向的夹角。逆时针为正，如图 2-4 所示。在 AutoCAD 2009 中绝对极坐标是按“极径<极角”这种格式输入的。

下面绘制图 2-5 所示的直角三角形，单击绘制直线命令按钮，命令提示为：

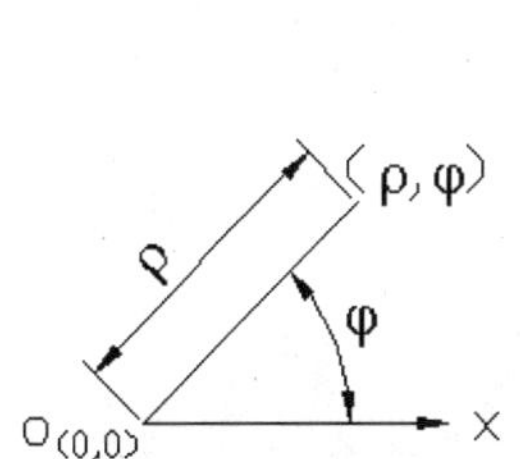

图 2-4　绝对极坐标定义

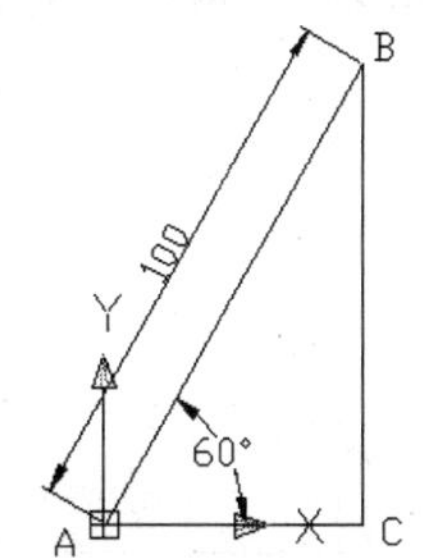

图 2-5　直角三角形

```
命令：_line 指定第一点：0<0                    输入 A 点的绝对极坐标；
指定下一点或 [放弃(U)]：100<60                 输入 B 点的绝对极坐标；
指定下一点或 [放弃(U)]：50<0                   输入 C 点的绝对极坐标；
指定下一点或 [闭合(C)/放弃(U)]：c              输入字母 C 并回车封闭三角形。
```

上面这些点的确定，就是用的绝对极坐标输入方法，用这种方法输入时，应该输入绘制点与原点之间连线的长度和两点连线与 X 轴正方向的夹角，中间必须用英文的“<”隔开。在 AutoCAD 中，系统默认设置的 0° 是 X 轴的正方向，逆时针旋转为正值；反之，为负值。从这点来看，绝对极坐标使用起来不是很方便，因为用户必须花时间计算绘制点与原点之间的距离，以及两点连线与 X 轴正向的夹角。

2.1.2 相对坐标输入

在一张图中，有时只知道某一个点的坐标值（用户可以根据制图需要自行确定），而其他点的坐标值要通过尺寸换算才能求出。这样，如果还用上面讲到的方法来输入，会显得较笨拙，并且效率和准确度都会降低。那怎么办？这时可以用相对坐标输入。相对坐标是指相对于前一输入点的坐标。常用到的相对坐标输入有：

1. 相对直角坐标输入

相对直角坐标输入与绝对直角坐标输入的方法基本相同，只不过 X、Y 轴的坐标是相对于前一点的坐标差，并且要在输入坐标值的前面加上“@”符号。

如图 2-6 所示的例图，图中知道 A 点的绝对坐标值，要输入 B、C、D 点的绝对直角坐标，必须根据边长的尺寸关系求出来，极其浪费时间，如遇到复杂的图形，求起来也很麻烦。我们可以这样做：

单击绘制直线命令钮，命令行提示如下：

命令：_line 指定第一点：30，20	输入 A 点的绝对坐标值；
指定下一点或 [放弃(U)]：@0，30	输入 B 点相对与 A 点的坐标值；
指定下一点或 [放弃(U)]：@100，0	输入 C 点相对与 B 点的坐标值；
指定下一点或 [闭合(C)/放弃(U)]：@0，-30	输入 D 点相对与 C 点的坐标值；
指定下一点或 [闭合(C)/放弃(U)]：c	输入 C 并回车，封闭图形。

讲一下输入的含义，如“@0，30”中的“0”是 B 点的 X 坐标与 A 点的 X 坐标之差，“30”是 B 点的 Y 坐标与 A 点的 Y 坐标之差。通过相对直角坐标输入确定点就非常方便，但要特别注意相对坐标的输入方法，以及相对坐标值的算法。不能忽视相对坐标值的正负号问题。

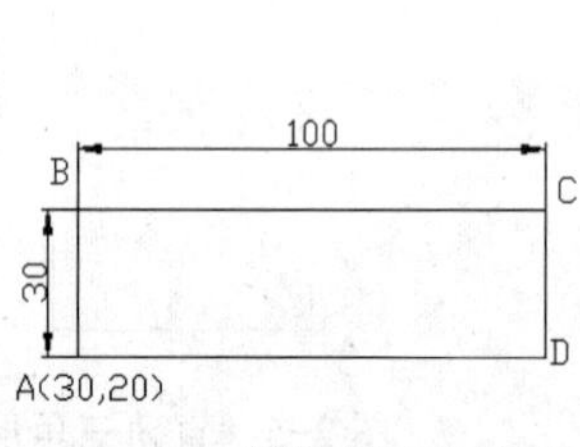

图 2-6 标注尺寸的矩形

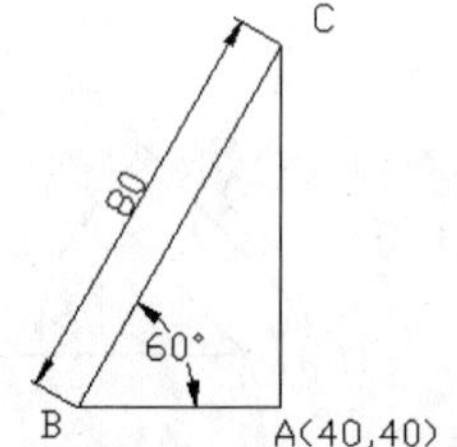

图 2-7 60° 直角三角形

2. 相对极坐标输入

相对极坐标输入与绝对极坐标输入类似，不同之处要在输入坐标值的前面加“@”符号，应该注意的问题在讲相对直角坐标输入时已经提到。输入点的相对极坐标由该点与前一点连线的长度和该连线与 X 轴正向的夹角构成。这一点与绝对极坐标是截然不同的，用户一定要注意，下面来看如图 2-7 所示的例图。

单击绘制直线命令钮，命令行提示如下：

命令：_line 指定第一点：40，40	输入 A 点绝对直角坐标值；
指定下一点或 [放弃(U)]：@40<180	输入 B 点相对极坐标；
指定下一点或 [放弃(U)]：@80<60	输入 C 点相对极坐标；
指定下一点或 [闭合(C)/放弃(U)]：c	输入 C 并回车，封闭图形。

这里综合讲到了几种坐标的使用方法，对于一些点，不管坐标值知道与否，都可以轻松地确定。在输入点的坐标时，不要局限于用某种方法，哪种方法适合你，哪种方法简单，就用哪种。

2.2 如何给 AutoCAD 2009 下命令

利用 AutoCAD 2009 进行绘图时，必须给它下达命令，系统才能按照我们给出的命令进行操作。如何给 AutoCAD 2009 下命令呢？常用的下命令方法有面板法、工具栏法和下拉菜单法三种。

- 面板法

这是 AutoCAD 2009 的新功能，功能区由许多面板组成，这些面板被组织到依任务进行标记的选项卡中。功能区面板包含的很多工具和控件与工具栏和对话框中的相同。用户可以直接使用面板上的命令按钮（如图 2-8 所示的【绘图】面板）。建议把这种方法作为首选方法，本书的讲解也是围绕着面板进行的。

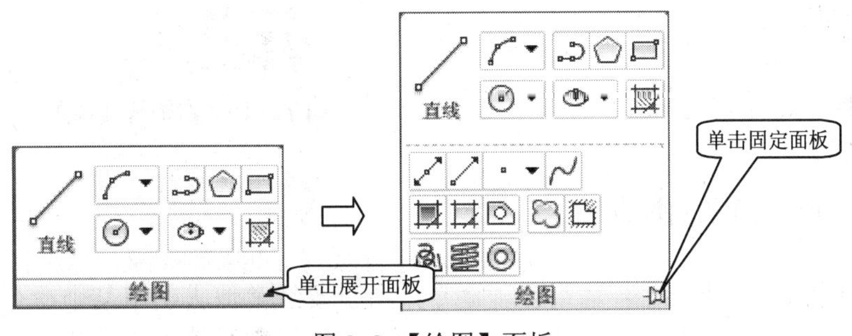

图 2-8 【绘图】面板

- 工具栏法

给 Auto CAD 2009 下命令还可以使用工具栏法，如要画直线，直接单击【绘图】工具栏上的直线命令按钮就可以了。

- 下拉菜单法

下拉菜单法也是一种比较实用的下命令方法。例如，要执行绘制“直线”命令可以执行下拉菜单，如图 2-9 所示，在菜单栏单击【绘图】后，出现下拉菜单，单击【直线】选项，就可开始绘制直线。

- 命令行输入

通常情况下，绘制一个图形必须确定很多参数，例如上面绘制三角形时系统不断要求输入点的参数，这是按钮和菜单不能完成的，结合命令行可以连续地输入参数，从而实现人机交互，大大提高制图效率。同样，可以利用命令行输入来启动命令，例如启动“直线”命令，可以在“命令:”提示后面输入“LINE”或者其简写“L”。

如果要重复执行一个命令，这里有一个小技巧，按回车键或空格键就可以重复执行刚执行完的命令。假设刚执行完“直线”命令，按回车键或空格键将重复执行画直线命令。如果按鼠标右键则会出现一个快捷菜单，如图 2-10 所示，选择【重复直线（R)】选项即可。

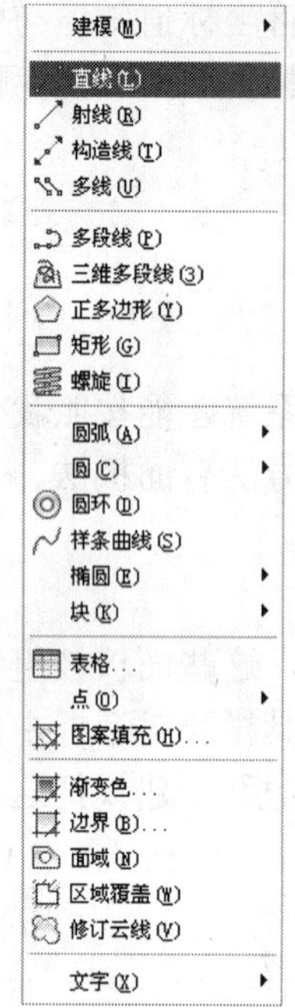

图 2-9 【绘图】菜单

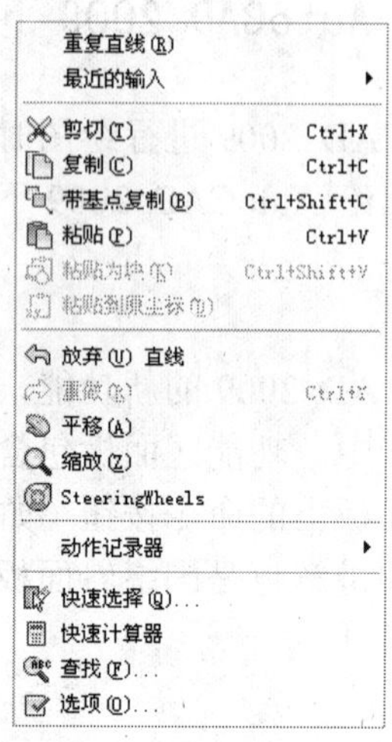

图 2-10 右键快捷菜单

2.3 结束（响应）绘图命令

绘制一幅图，一般需要综合运用多种命令，所以要经常地去结束某个命令，接着执行新的命令，有些命令在完成时会自动结束，像圆、矩形、椭圆等。但有些命令需要人工去结束它，比如画直线、多点等命令。

结束命令主要有以下四种方法：

- 回车；
- 空格；
- 鼠标右键；
- Esc键。

下面简单介绍一下这四种结束命令的方法：

（1）回车：它是最常用的结束命令的方法，比如画一条线段，当确定了第二点时，直接回车，就会结束命令，否则它就会要求用户给出下一点的参数。

（2）空格：在 AutoCAD 2009 中，空格的作用与回车的作用是一样的（文本编辑器除外）。

（3）鼠标右键：用右键来结束命令，在以前的版本就已经存在，但在 AutoCAD 2009 中它的功能更加强大，它比以前多出了一个右键菜单。还是以画线命令为例，要结束绘制时，单击鼠标右键会出现如图 2-11 所示的快捷菜单。此时将光标移到【确认】处，单击鼠标左键可以结束命令，与回

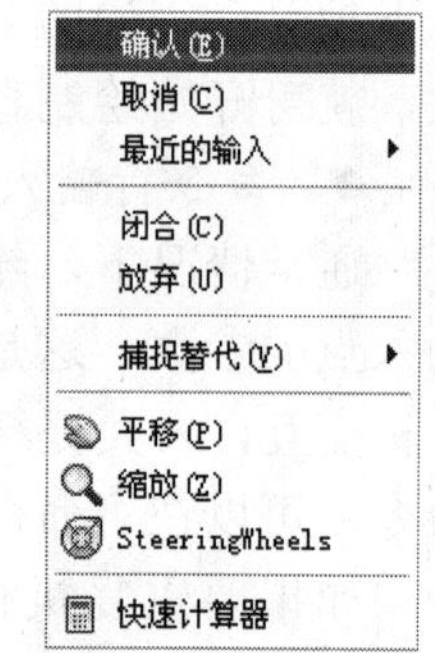

图 2-11 快捷菜单

车效果相同。在 AutoCAD 2000 以前的版本中回车、空格、鼠标右键的作用是一样的。

（4）Esc 键：在 AutoCAD 2009 中，可以说是 Esc 键的功能最强大，无论命令是否完成，都可通过按 Esc 键来取消命令。比如执行绘制多点命令（【绘图】/【点】/【多点】），就只能通过 Esc 键来结束命令。

2.4 鼠标操作

鼠标在 AutoCAD 操作中起着非常重要的作用，是我们不可缺少的工具。AutoCAD 采用了大量的 Windows 的交互技术，使鼠标操作的多样化、智能化程度更高。在 AutoCAD 中绘图、编辑都要用到鼠标操作，灵活使用鼠标，对于加快绘图速度，提高绘图质量有着非常重要的作用，所以这里有必要先介绍一下鼠标指针在不同情况下的形状和鼠标的几种使用方法。

2.4.1 鼠标指针形状

作为 Windows 的用户，大家都知道鼠标指针有很多样式，不同的形状代表现在系统在干什么或系统要求用户干什么。当然 AutoCAD 2009 也不例外。了解鼠标的指针形状对用户进行 AutoCAD 操作的意义是显而易见的。因此，在这里用列表的形式介绍各种经常遇到的鼠标指针形状的含义，如表 2-1 所示。

表 2-1　各种鼠标指针形状含义

指针	含义	指针	含义
┼	正常绘图状态	⤢	调整右上左下大小
↖	选择状态	↔	调整左右大小
┼	输入状态	⤡	调整左上右下大小
□	选择目标状态	↕	调整上下大小
🔍+	实时放大状态	✋	视图平移符号
↖	移动实体状态	I	插入文本符号
÷	调整命令窗大小	👆	帮助超文本跳转

2.4.2 鼠标基本操作

鼠标的基本操作主要有以下几种方法：

（1）指向：把鼠标指针移动到某一个工具栏按钮上，系统会自动显示出该图标按钮的名称和作用。

（2）单击左键：把鼠标指针移动到某一个对象，单击鼠标左键。通常单击鼠标左键主要应用在以下场合：

- 选择目标；
- 确定十字光标在绘图区的位置；
- 移动水平、竖直滚动条；
- 单击命令按钮，执行相应命令；
- 单击对话框中命令按钮，执行相应命令；
- 单击打开下拉菜单，选择相应的命令；

● 打开下拉列表，选择相应的选项。

（3）单击右键：把鼠标指针指向某一个对象，按一下鼠标右键。单击鼠标右键主要应用在以下场合：

● 在工具栏上单击鼠标右键，会出现工具栏设置对话框，用户可以定制别的工具栏；
● 结束选择目标；
● 弹出快捷菜单；
● 结束命令。

（4）双击：把鼠标指针指向某一个对象或图标，快速按两下鼠标左键。双击鼠标左键主要应用在启动应用程序上。

（5）拖动：在某对象上按住鼠标左键，移动鼠标指针位置，在适当的位置释放。拖动鼠标主要应用在以下场合：

● 拖动滚动条以快速在水平、垂直方向移动视图；
● 动态平移、缩放当前视图；
● 拖动工具栏到合适位置；
● 在选中的图形上，单击按住鼠标左键拖动，可以移动对象的位置。

（6）间隔双击：在某一个对象上单击鼠标左键，间隔一会儿再单击一下，这个间隔要超过双击的间隔，间隔双击主要应用于文件名或层的名字。在文件名或层名上间隔双击后就会进入编辑状态，这时就可以改名了。

2.5 菜单基本操作

AutoCAD 2009 提供了三种形式的菜单：下拉菜单、快捷菜单和屏幕菜单（该菜单不做介绍）。下面分别介绍各种菜单的使用方法。

2.5.1 下拉菜单

AutoCAD 2009 使用菜单浏览器打开菜单（单击界面左上角的菜单浏览器按钮可以打开菜单），也可以在【快速访问工具栏】上使用右键快捷菜单的【显示菜单栏】选项显示菜单栏。AutoCAD 2009 的下拉菜单有以下特点：

● 下拉菜单中，右面有小三角的菜单项，表示该菜单项还有子菜单；
● 下拉菜单中，右面有省略号的菜单项，表示选择该菜单项后会显示一个对话框；
● 右面没有省略号或小三角的菜单项，即为可直接执行的命令。

AutoCAD 2009 有 11 个一级菜单，下面分别对各个一级菜单做一下简单介绍：

● 【文件】：通过该菜单可以新建、打开、保存、关闭文件，也可以设置页面、打印文件，还可以退出 AutoCAD 2009 等。

● 【编辑】：通过该菜单可以对图形或文字进行复制、剪切、粘贴等编辑操作。

● 【视图】：通过该菜单可以对图形进行缩放和平移、对窗口进行分割、对三维图形进行渲染、设置工具栏等。

● 【插入】：用户可以利用该菜单进行文件、图块和外部引用的插入和链接等。

● 【格式】：用户可用该菜单对图层、颜色、线型、线宽、文本式样、标注式样、点的式样、多重线的式样、单位、厚度等进行定义。

- 【工具】：用户可以从此菜单中得到对象特性管理器、设计中心、工具选项板窗口、选项对话框等。
- 【绘图】：这里面包含了几乎所有的绘制两维和三维实体的命令。
- 【标注】：利用此菜单可以为图样标注尺寸。
- 【修改】：利用该菜单可以对已有图形进行编辑操作，如复制、旋转、拉伸、移动、剪切、打断、分解等。
- 【窗口】：在执行多文件操作时，利用此菜单可以层叠、水平或竖直排列多个文件窗口，也可以在此菜单下选择已打开的文件。前面讲过多文件操作是 AutoCAD 2000 以后版本新增功能，【窗口】这个菜单就是为多文件而设计的。
- 【帮助】：用户可通过此项菜单获得所需的帮助信息。

2.5.2 快捷菜单

AutoCAD 2009 提供有对象捕捉以及与当前操作相对应的快捷菜单，用户可以利用这些菜单快速、高效地完成绘图工作。

2.5.2.1 对象捕捉快捷菜单

当光标处在作图区内时，按住 Shift 或 Ctrl 键后单击鼠标右键，AutoCAD 2009 会弹出如图 2-12 所示的快捷菜单。绘图时利用该菜单可以迅速、准确地捕捉到一些特殊点或筛选出特殊点的某一个坐标值。

2.5.2.2 与当前操作相对应的快捷菜单

当光标位于绘图区时，单击鼠标右键，系统会弹出与当前操作相对应的快捷菜单。根据当前操作的不同，AutoCAD 可弹出 5 种不同形式的快捷菜单。

- 默认快捷菜单

如果当前没有命令在执行，在绘图窗口中的任一点单击鼠标右键，AutoCAD 弹出默认的快捷菜单，如图 2-13 所示，利用该菜单可以实现 AutoCAD 的一些基本操作。

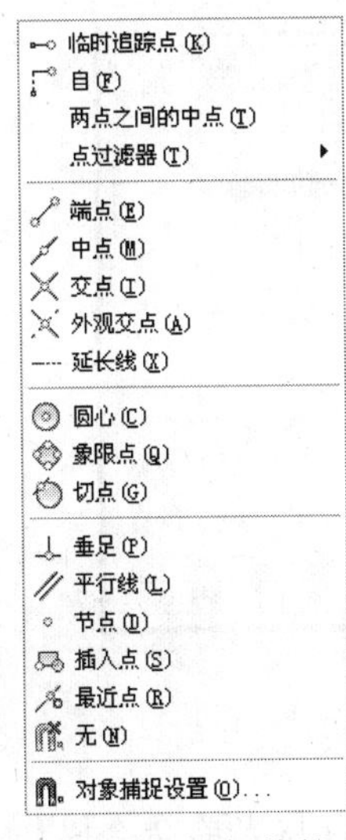

图 2-12　对象捕捉快捷菜单

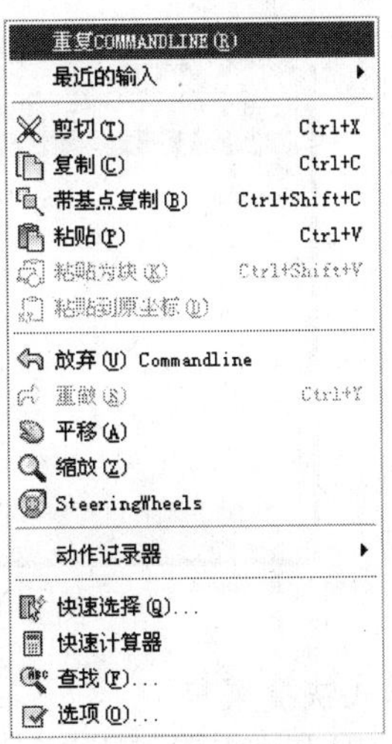

图 2-13　缺省快捷菜单

● 编辑模式快捷菜单

如果当前没有命令执行，在选择的对象上单击鼠标右键，AutoCAD 弹出编辑模式的快捷菜单，如图 2-14 所示，利用该菜单可以快速完成编辑等操作。

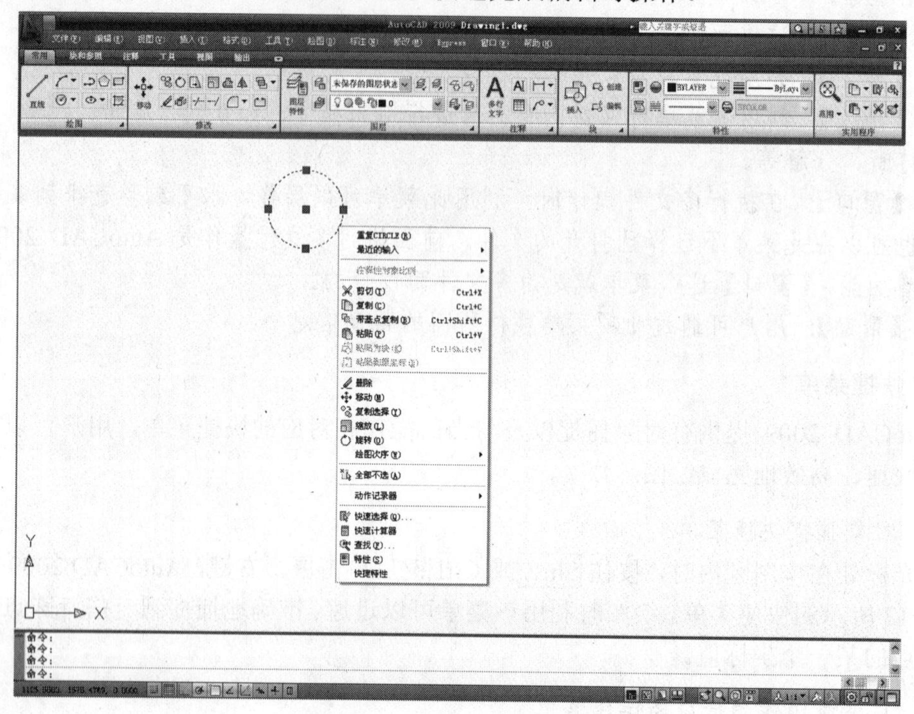

图 2-14　编辑模式快捷菜单

● 对话框模式快捷菜单

显示对话框时单击鼠标右键，AutoCAD 会弹出与当前对话框操作相对应的快捷菜单，利用该菜单可完成相应的操作，如图 2-15 所示的是与线型管理器对话框对应的快捷菜单。

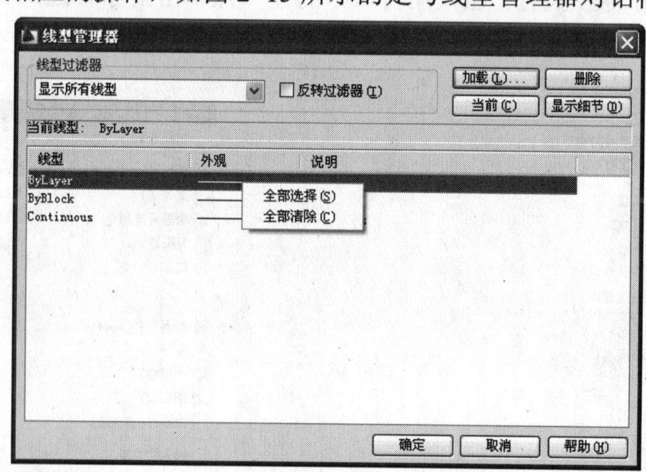

图 2-15　对话框模式快捷菜单

● 命令模式快捷菜单

执行命令过程中单击鼠标右键，AutoCAD 会弹出显示有与当前命令操作对应的各选择项的快捷菜单，用户可通过此菜单确定选择项。如图 2-16 所示为执行画线命令时单击鼠标右键出现的快捷菜单。

● 其他形式的快捷菜单

AutoCAD 2009 还提供了其他形式的快捷菜单，如在命令窗口中单击鼠标右键，AutoCAD 会弹出命令窗口快捷菜单，如图 2-17 所示。利用它可以了解执行过的命令，快速打开【选项】对话框。另外当鼠标指针落在任何一个工具栏上时，单击鼠标右键会弹出控制工具栏显示快捷菜单，利用它可以迅速打开需要的工具栏。

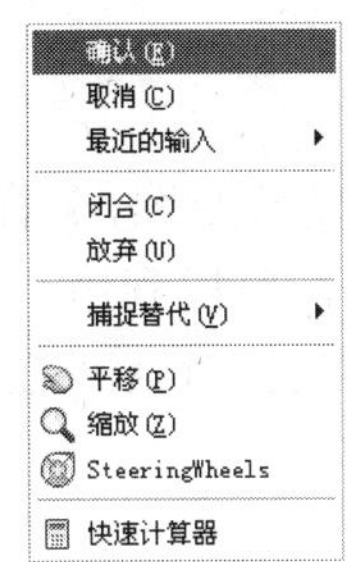

图 2-16 命令模式快捷菜单

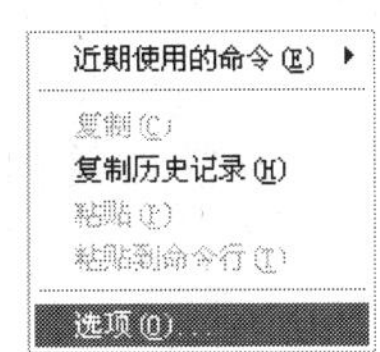

图 2-17 命令窗口快捷菜单

2.6 对话框与功能键

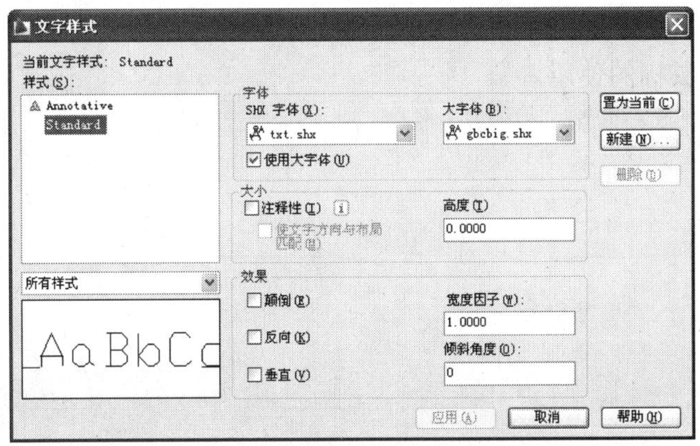

图 2-18 设置文字式样对话框

表 2-2 功能键

功 能 键	功 能	功 能 键	功 能
F1	获得帮助	F7	栅格显示模式控制
F2	从命令窗口切换到文本窗口	F8	正交模式控制
F3	打开或关闭执行对象捕捉	F9	栅格捕捉模式控制
F4	打开或关闭数字化仪	F10	极轴模式控制
F5	可遍历三个等轴测平面	F11	对象捕捉追踪模式控制
F6	打开或关闭动态 UCS	F12	动态输入控制

AutoCAD 2009 还有一个最大的优点就是人机交互界面好，在执行命令过程中，大量采用对话框的形式，能使一些复杂的操作在不知不觉的交互中完成。AutoCAD 2009 对话框完全符合 Windows 对话框的风格与操作习惯，它一般由各种按钮、文本编辑框、滚动条、下拉列表等组成。如图 2-18 所示的是一个设置文字式样的对话框。

AutoCAD 2009 提供了一些功能键，利用它们可以快速地使用 AutoCAD 的一些功能，在此，介绍 12 个功能键的作用，如表 2-2 所示。

2.7 本章小结

本章系统地介绍了在 AutoCAD 2009 中怎样利用坐标精确绘图，怎样给 AutoCAD 2009 下命令，怎样结束（响应）一个命令，怎样进行鼠标操作，怎样利用 AutoCAD 2009 的菜单，怎样使用对话框和功能键等内容。通过本章的学习，应该对 AutoCAD 2009 的基本操作有一个初步的了解，为以后学习作好铺垫。

2.8 习题

（1）怎样理解绝对直角坐标与相对直角坐标？
（2）怎样理解绝对极坐标与相对极坐标？
（3）怎样结束 AutoCAD 2009 的一个命令？
（4）简述一下鼠标的使用。

第 3 章　基本绘图工具

以前在图板上绘图时，铅笔是主要工具，还要辅助使用丁字尺、三角尺、圆规等工具，作图慢，精确度低，图中若有相同的地方，也要重复绘制，这会使绘图效率大大降低。

现在用 AutoCAD 2009 进行绘图，把我们从铅笔中解放出来，再也不用担心绘制的水平、垂直线是否会倾斜，更不用担心线的长度是否精确、圆弧是否合乎标准。只要使用方法正确，这些在手工绘图时较难处理的问题在这里都可以迎刃而解。

本章学习几种基本几何形状的绘制，如直线、圆及圆弧、矩形、椭圆、正多边形及多线、点、多段线、样条曲线以及如何打剖面线等。

本章主要命令按钮位于功能区的常用选项卡内的【绘图】面板上，如图 3-1 所示。

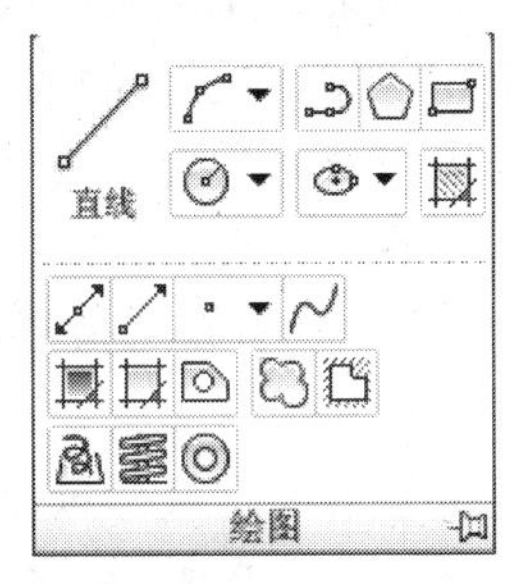

图 3-1 【绘图】面板

【本章重点】

- 绘制基本几何形状级指示;
- 图案填充。

3.1　直线的绘制

直线是构成图形实体的基本元素。直线的绘制是通过确定直线的起点和终点完成的，对于首尾相连的折线，可以在一次直线命令中完成，上一段直线的终点是下一段直线的起点。这里，首先学习一下任意直线和水平垂直线的绘制。绘制直线可以通过图标按钮或者下拉菜单【绘图】/【直线】命令完成。

下面来绘制如图 3-2 所示的任意直线。

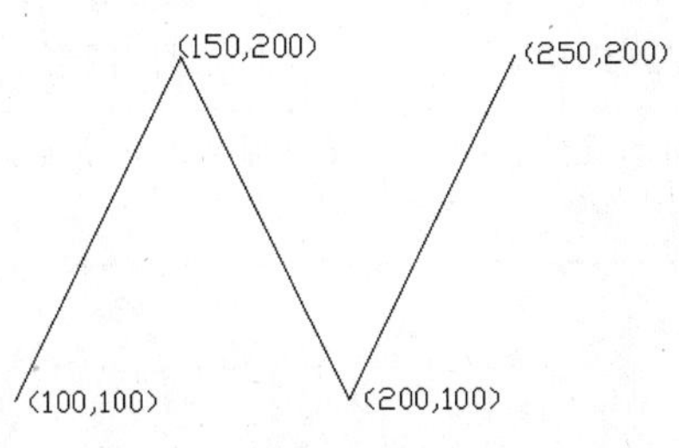

图 3-2　任意直线

单击图标按钮，命令行提示：

命令：_line 指定第一点：100，100

指定下一点或 [放弃(U)]：150，200

指定下一点或 [放弃(U)]：200，100

指定下一点或 [闭合(C)/放弃(U)]：250，200

指定下一点或 [闭合(C)/放弃(U)]：　　　按回车键或者空格键结束命令。

按顺序输入图形的各个端点坐标，最后一步按回车键结束命令。在绘制过程中，如果输入点的坐标出现错误，可以输入字母“u”回车，撤销上一次输入点的坐标，继续输入而不必重新执行绘制直线命令。如果要绘制封闭图形，不必输入最后一个封闭点，而直接键入字母“C”，回车即可。

如果要绘制水平或垂直线，可以单击状态栏上的按钮，使正交状态开启（图标变蓝），在确定了直线的起始点后，用光标控制直线的绘制方向，直接输入直线的长度即可。利用正交方式可以方便地绘制如图 3-3 所示的矩形图样。

单击直线按钮，命令行提示：

命令：_line 指定第一点：100，100　　　确定 A 点；

打开正交工具：在状态栏上按钮处单击鼠标左键或者使用功能键 F8 都可以开启正交状态，这时鼠标只能在水平或竖直方向移动，向右拖动光标，确定直线的走向沿 X 轴正向，如图 3-4 所示，输入长度值 100 回车。用同样方法确定其余直线的方向，输入长度值。

在处在开启状态的按钮上再次单击鼠标或者直接按功能键 F8 都可以取消正交。

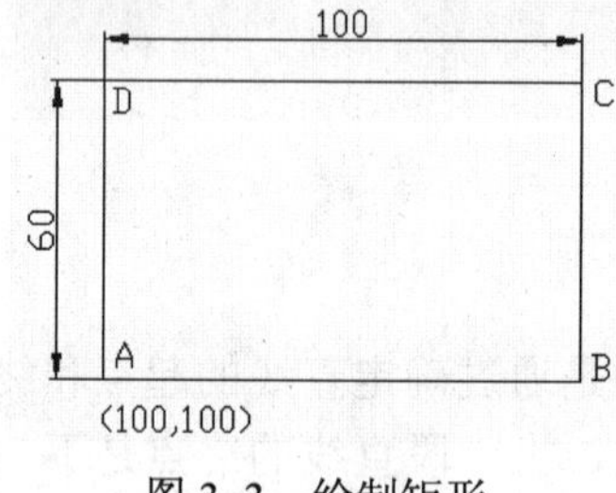

图 3-3　绘制矩形

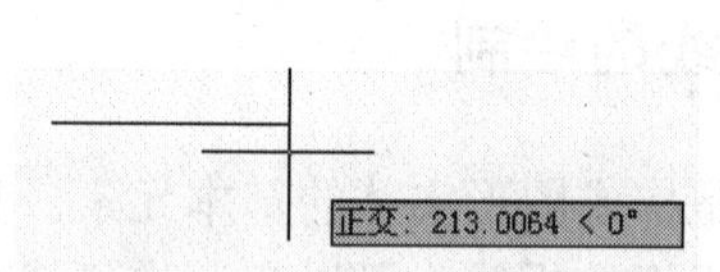

图 3-4　确定直线走向

指定下一点或 [放弃(U)]：<正交 开> 100　　　确定 B 点；

指定下一点或 [放弃(U)]：60　　　确定 C 点；

指定下一点或 [闭合(C)/放弃(U)]：100　　　确定 D 点；

指定下一点或 [闭合(C)/放弃(U)]：c　　　封闭图形。

建议长度值不要输入负号，要画的线向哪个方向延伸，就把鼠标向哪个方向拖动，然后输入正的长度值即可。

3.2　圆及圆弧的绘制

圆及圆弧是作图过程中经常遇到的两种基本实体。所以有必要掌握在不同的已知条件下，绘制圆和圆弧的方法。根据已知条件的不同，AutoCAD 2009 提供了 6 种绘制圆的方法，11 种绘制圆弧的方法，下面我们分别来看一下。

3.2.1　圆的绘制

单击【绘图】面板上 按钮中的黑三角，可以看到与圆绘制有关的所有命令按钮，如图 3-5 所示。

如图 3-6 所示，通常遇到的圆一般都是这个样子的，要确定圆的形状和位置需要两个参数：圆心坐标和半径长度。

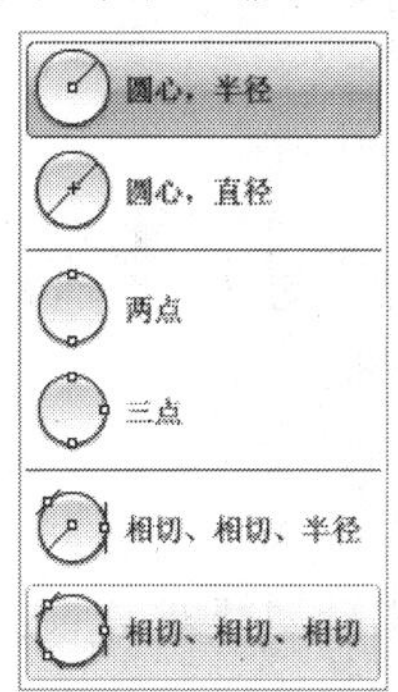

图 3-5　圆绘制按钮

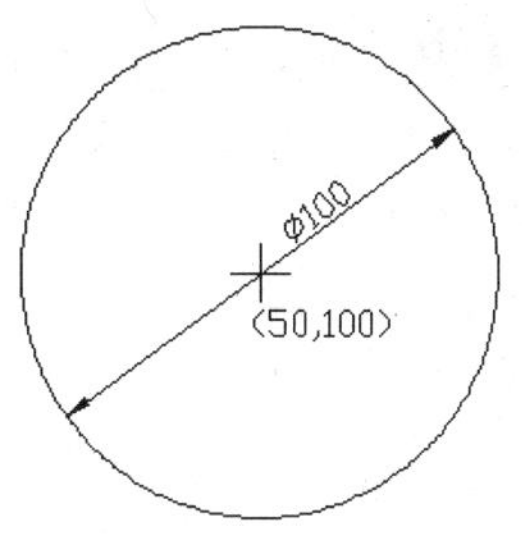

图 3-6　圆

要绘制它，可以单击【圆心，半径】按钮，命令行提示如下：

命令：_circle 指定圆的圆心或 [三点(3P)/两点(2P)/切点、切点、半径(T)]：50，100

输入圆心坐标；

指定圆的半径或 [直径(D)]：50　　　　输入圆的半径，完成圆的绘制。

此命令可以通过下拉菜单【绘图】/【圆】/【圆心、半径】来执行，如图 3-7 所示。下拉菜单中，详细地列出了 6 种绘制圆的方法，与图 3-5 对应。

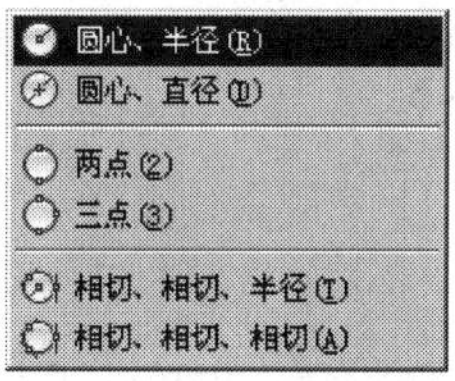

图 3-7 【圆】的子菜单

下面再分别来看一下其余 5 种绘制圆的方法：

3.2.1.1　圆心，直径法

这种方法与上面讲的【圆心，半径】法类似，只是我们确定了圆心后，输入的是圆的直径。还以图 3-6 为例，单击【圆心，直径】命令按钮，命令行提示如下：

命令：_circle 指定圆的圆心或 [三点(3P)/两点(2P)/切点、切点、半径(T)]：50，100

输入圆心坐标；

指定圆的半径或 [直径(D)] <50.0000>：_d 指定圆的直径 <100.0000>：　回车。

读者注意到命令提示中有[ ]括住的内容，这是可选项，用户可以输入( )中的字母进行选项切换。在<>中的内容是要输入参数的默认值，如果要输入的值等于该默认值，可以直接回车接受，如果不等于，则需要重新输入。

此方法可以直接通过下拉菜单【绘图】/【圆】/【圆心、直径】来实现。

3.2.1.2　三点法

我们知道不在同一条线上的三点可以唯一确定一个圆，用三点法绘制圆要求输入圆周上的三个点来确定圆。如图 3-8 所示的圆就可以用三点法来绘制。

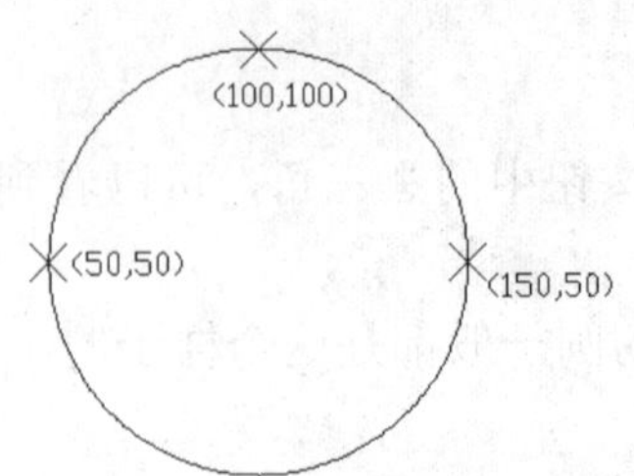

图 3-8 三点法绘制圆

单击【三点】命令按钮，命令行提示如下：

命令：_circle 指定圆的圆心或 [三点(3P)/两点(2P)/切点、切点、半径(T)]：_3p
指定圆上的第一个点：50，50　　确定圆上第一个点；
指定圆上的第二个点：100，100　　确定圆上第二个点；
指定圆上的第三个点：150，50　　确定圆上第三个点。

此方法可通过下拉菜单【绘图】/【圆】/【三点】来实现。在确定圆周上三个点时，除了用坐标定位外，还可以用鼠标左键拾取点，这种方法若结合后面讲到的捕捉命令一起用，绘制圆会很方便。

3.2.1.3 两点法

两点法中确定的两个点连成一条直线构成圆的直径。这两点一旦确定，圆的圆心和直径就都定下来了，圆是唯一的。图 3-9 中的圆就是用两点法绘制的。

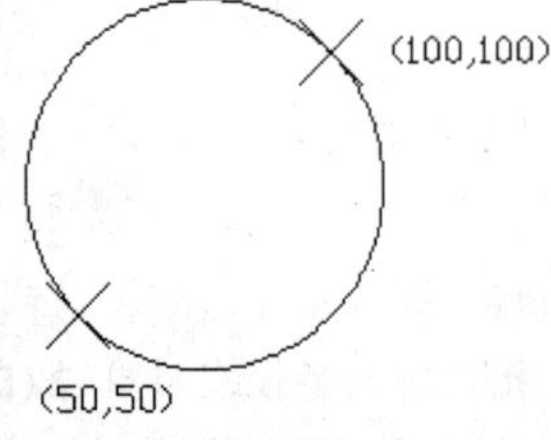

图 3-9 两点法绘制圆

单击【两点】命令按钮，命令行提示如下：

命令：_circle 指定圆的圆心或 [三点(3P)/两点(2P)/切点、切点、半径(T)]：_2p
指定圆直径的第一个端点：50，50　　输入第一点；
指定圆直径的第二个端点：100，100　　输入第二点。

此方法可通过下拉菜单【绘图】/【圆】/【两点】来实现。

3.2.1.4 相切、相切、半径法

用这种方法时要确定与圆相切的两个实体，并且要确定圆的半径。图 3-10 是用相切、相切、半径法来绘制与两个已知圆相切且半径为 20 的圆。

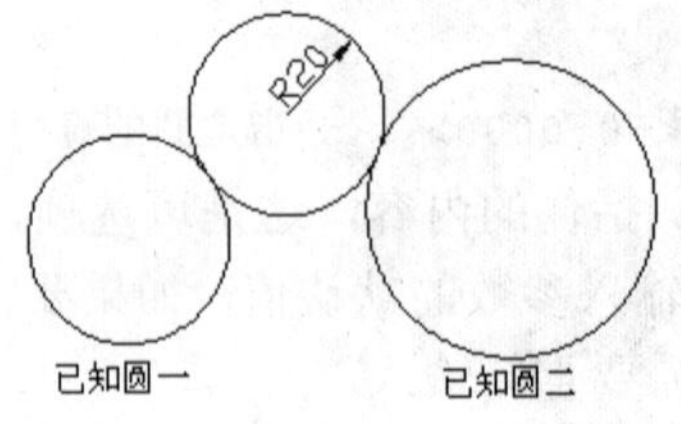

图 3-10 相切、相切、半径法绘制圆

单击【相切，相切，半径】命令按钮，命令行提示如下：

命令：_circle 指定圆的圆心或 [三点(3P)/两点(2P)/切点、切点、半径(T)]：_ttr
指定对象与圆的第一个切点：　　移动鼠标到已知圆一的上半部，出现拾取切点符号

	◯... 时，单击鼠标左键，如图 3-11 所示；
指定对象与圆的第二个切点：	移动鼠标到已知圆二的上半部，出现拾取切点符号时，单击鼠标左键；
指定圆的半径 <29.3749>：20	指定圆的半径，完成圆的绘制。

如果输入圆的半径过小，系统绘制不出圆，在 AutoCAD 2009 的命令提示行会给出提示："圆不存在"，并退出绘制命令。如果在已知圆的下半部拾取切点，切圆将会绘制在两圆的下方。用户可以通过选取点的位置控制绘制圆的状态，比如在本例中可以绘制与一个已知圆内切、与另一个已知圆外切的圆，如图 3-12 所示。此方法还可通过下拉菜单【绘图】/【圆】/【相切、相切、半径】来实现。

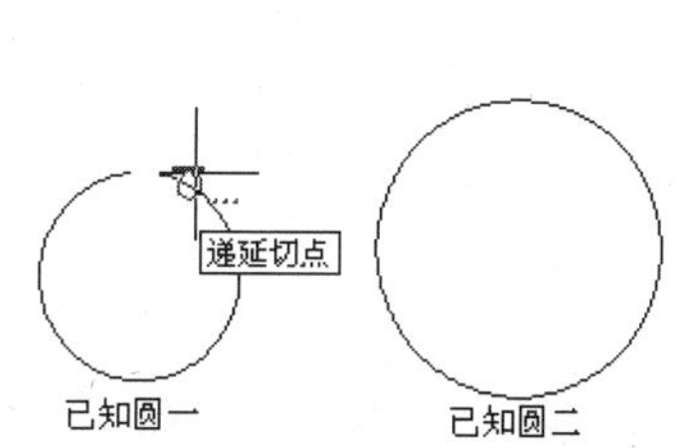

图 3-11　相切、相切、半径法绘制圆的过程

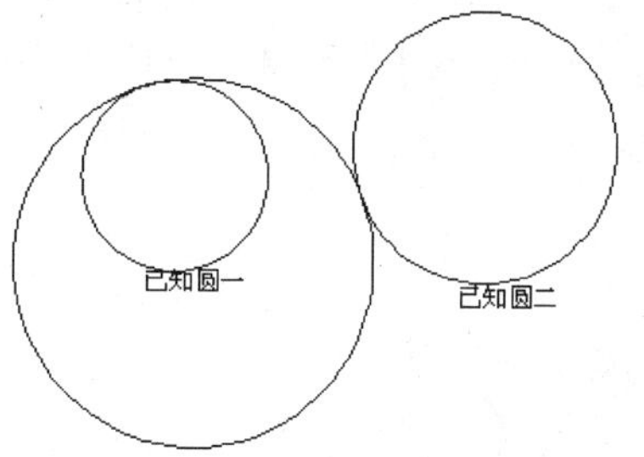

图 3-12　相切的另外情况

3.2.1.5　相切、相切、相切法

用此方法绘制圆时，要确定与圆相切的三个实体。例如，要绘制图 3-13 中的圆，就可以使用这个方法。

单击【相切，相切，相切】按钮，命令行提示：

命令：_circle 指定圆的圆心或 [三点(3P)/两点(2P)/切点、切点、半径(T)]：_3p

指定圆上的第一个点：_tan 到	移动鼠标到"边一"上出现相切标记◯...，单击鼠标；
指定圆上的第二个点：_tan 到	移动鼠标到"边二"上出现相切标记◯...，单击鼠标；
指定圆上的第三个点：_tan 到	移动鼠标到"边三"上出现相切标记◯...，单击鼠标。

注意在选择切点时，移动光标至拟相切实体，系统会出现相切标记◯...，如图 3-14 所示，出现标记时单击鼠标左键确定。

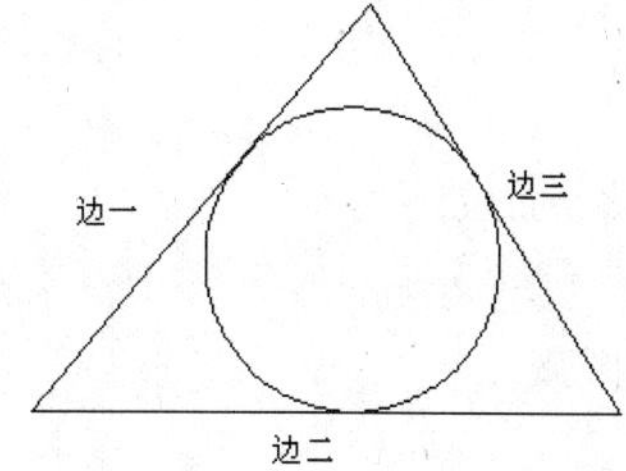

图 3-13　画已知三角形的内切圆

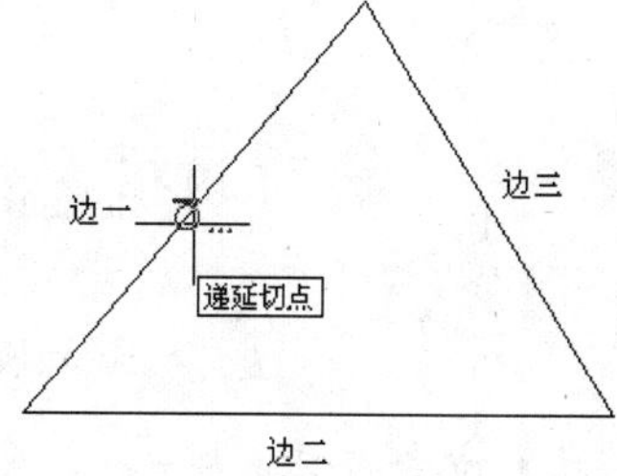

图 3-14　相切、相切、相切法绘制圆的过程

此方法可以直接通过下拉菜单【绘图】/【圆】/【相切、相切、相切】来实现。

3.2.2　圆弧的绘制

AutoCAD 2009 中提供了 11 种绘制圆弧的方法，即通过控制圆弧的起点、中间点、圆弧方向、圆弧所对应的圆心角、终点、弦长等参数，来控制圆弧的形状和位置。虽然 AutoCAD 提供了这么多绘制圆弧的方法，但经常用到的仅是其中的几种而已，在以后的章节中，将学到用“倒圆角”和“修剪”命令来间接生成圆弧的方法。这里只讲最常用到的三种绘制圆弧命令。

单击【绘图】面板上 按钮的黑三角，出现所有圆弧命令按钮，如图 3-15 所示。与此对应的【绘图】/【圆弧】菜单如图 3-16 所示。

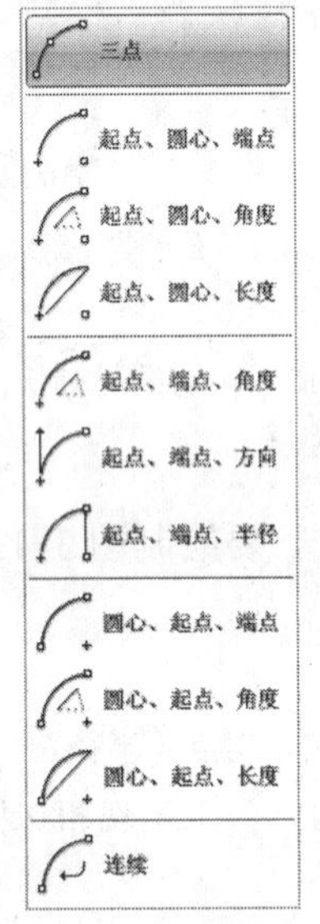

图 3-15　圆弧命令按钮

图 3-16　圆弧菜单

3.2.2.1　三点法

三点法绘制圆弧时，要依次输入圆弧的起点、中间点和终点。通过起点和终点确定圆弧的弦长，中间点确定圆弧的凸度，如图 3-17 所示。

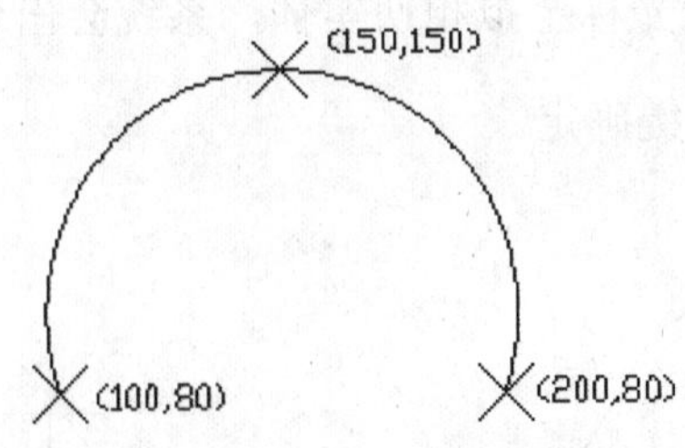

图 3-17　三点法绘制圆弧

单击【三点】命令按钮 ，命令行提示如下：

命令：_arc 指定圆弧的起点或 [圆心(C)]：100，80　　输入圆弧的起点；
指定圆弧的第二个点或 [圆心(C)/端点(E)]：150，150　　输入圆弧的中间点；
指定圆弧的端点：200，80　　输入圆弧的终点，完成圆弧绘制。

此方法可通过下拉菜单【绘图】/【圆弧】/【三点】来实现。

3.2.2.2 起点、端点、半径法

用这种方法绘制圆弧时必须知道或求出圆弧的半径，当然也要知道圆弧的起点和端点。下面绘制如图 3-18 所示的圆弧。

单击【起点，端点，半径】命令按钮，命令行提示如下：

命令：_arc 指定圆弧的起点或 [圆心(C)]：220，100　　输入起点坐标值；
指定圆弧的第二个点或 [圆心(C)/端点(E)]：_e
指定圆弧的端点：100，100　　输入端点坐标值；
指定圆弧的圆心或 [角度(A)/方向(D)/半径(R)]：_r
指定圆弧的半径：90　　输入圆弧半径值，完成圆弧绘制。

此方法可以通过下拉菜单【绘图】/【圆弧】/【起点、端点、半径】来实现。如果我们输入的起点坐标为（100，100），端点坐标为（220，100），绘制出来的圆弧将如图 3-19 所示。这是因为 AutoCAD 中默认设置的圆弧正方向为逆时针方向，圆弧沿正方向从起点生成到终点。

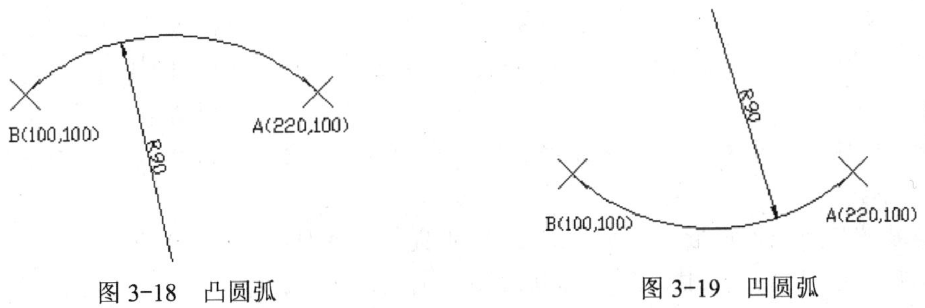

图 3-18 凸圆弧　　图 3-19 凹圆弧

3.2.2.3 起点、端点、角度法

用这种方法绘制任意圆心角对应的圆弧时，只要确定了圆弧的起点与端点，输入圆心角即可。圆弧也是从起点到端点按逆时针方向生成。现在来看一下图 3-20。

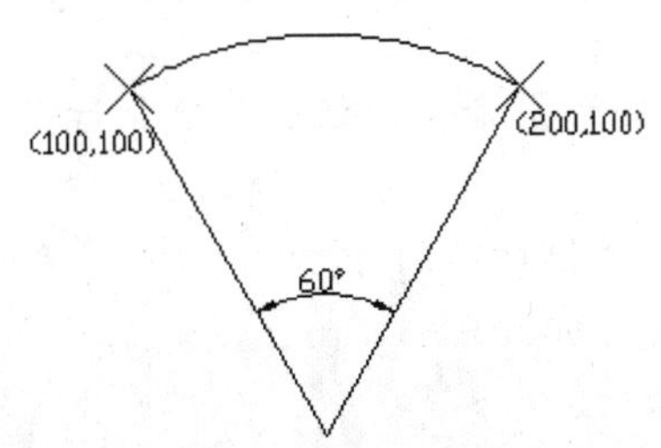

图 3-20 起点、端点、角度法绘制弧

单击【起点，端点，角度】命令按钮，命令行提示如下：

命令：_arc 指定圆弧的起点或 [圆心(C)]：200，100　　输入圆弧的起点坐标；
指定圆弧的第二个点或 [圆心(C)/端点(E)]：_e
指定圆弧的端点：100，100　　输入圆弧的端点坐标；
指定圆弧的圆心或 [角度(A)/方向(D)/半径(R)]：_a
指定包含角：60　　输入圆心角，结束圆弧绘制。

此方法可以通过下拉菜单【绘图】/【圆弧】/【起点、端点、角度】来实现。

3.3 矩形的绘制

矩形是最常用的几何图形，在创建实体时也会经常遇到。AutoCAD 2009 中提供了直接绘制矩形的命令，利用该命令绘制矩形时，只要确定矩形的两个对角点坐标位置，矩形就会自动生成。对角点的选择没有先后顺序，这使得执行起矩形命令来相当灵活。

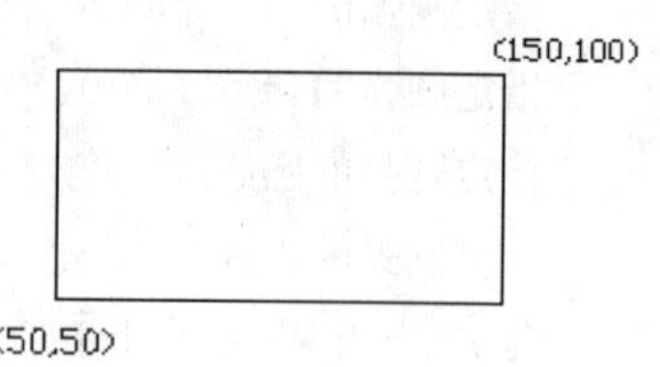

图 3-21　一般矩形

现在来绘制 3-21 所示的图，单击【绘图】面板上的【矩形】命令按钮，命令行提示如下：

命令：_rectang
指定第一个角点或 [倒角(C)/标高(E)/圆角(F)/厚度(T)/宽度(W)]：50，50
　　输入矩形一个角点；
指定另一个角点或 [面积(A)/尺寸(D)/旋转(R)]：150，100　　输入矩形的另一个对角点，完成矩形绘制。

对角点的输入一般用相对坐标或绝对坐标来确定。此命令可以通过下拉菜单【绘图】/【矩形】执行。

这是最平常的一种矩形，AutoCAD 2009 中提供了两种特殊的绘制矩形的功能，利用此命令可以绘制带圆角或倒角的矩形。

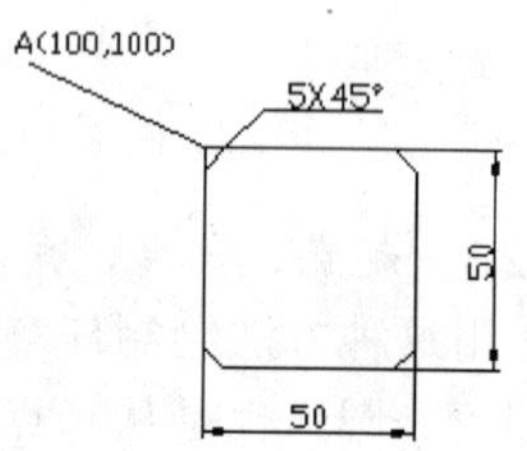

图 3-22　带倒角的矩形

3.3.1 带倒角的矩形

在工程制图中，经常遇到如图 3-22 中所示的矩形。要绘制这种矩形，可以调用 AutoCAD 系统中绘制带倒角的矩形命令。

单击【绘图】面板上的【矩形】命令按钮，命令行提示如下：

命令：_rectang
指定第一个角点或 [倒角(C)/标高(E)/圆角(F)/厚度(T)/宽度(W)]：c
指定矩形的第一个倒角距离 <0.0000>：5
指定矩形的第二个倒角距离 <5.0000>：
指定第一个角点或 [倒角(C)/标高(E)/圆角(F)/厚度(T)/宽度(W)]：100，100
指定另一个角点或 [面积(A)/尺寸(D)/旋转(R)]：@50，-50

在命令提示行的第一行中输入字母 C，就是调用倒角选项，然后输入 5 是确定倒角的距离，系统默认的第二个倒角距离与第一个倒角距离相等。如果不是 45 度倒角，可以人工修改第二个倒角距离，否则直接回车即可。

当输入的倒角距离大于矩形的边长时，不会绘制出倒角。

当倒角距离设置后，再次调用绘制矩形命令时，系统会保留上一次的设置，所以我们应该特别注意一下命令提示行的命令状态。例如，绘制完图 3-22 中的矩形后，再执行绘制矩形命令，命令提示行会出现这样的提示："当前矩形模式：倒角=5.0000 x 5.0000"。这说明，再绘制矩形依然会有 5×5 的倒角出现。要想绘制没有倒角或其他样式的矩形，必须在执行矩形命令过程中重新调入倒角选项，将其值重设为 0 或别的值。

3.3.2　带圆角的矩形

AutoCAD 中提供的另一种绘制特殊矩形的命令是绘制如图 3-23 所示的带有圆角的矩形。

单击【绘图】面板上的【矩形】命令按钮，命令行提示如下：

```
命令：_rectang
指定第一个角点或 [倒角(C)/标高(E)/圆角(F)/厚度(T)/宽度(W)]：f      切换到圆角选项；
指定矩形的圆角半径 <0.0000>：5                                     指定圆角半径；
指定第一个角点或 [倒角(C)/标高(E)/圆角(F)/厚度(T)/宽度(W)]：100，100
                                                                   指定矩形的一个角点；
指定另一个角点或 [面积(A)/尺寸(D)/旋转(R)]：@-100，50
                                                                   用相对坐标指定矩形
                                                                   的另一角点。
```

当输入的半径值大于矩形边长时，倒圆角不会生成；当半径值恰好等于一条边长的一半时，就会绘制成一个跑道形状，如图 3-24 所示。系统也会保留倒圆角的设置，要改变其设置值，方法同修改倒角距离一样。

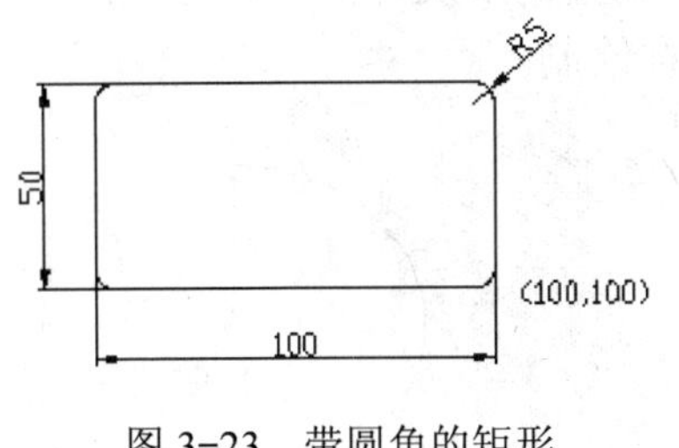

图 3-23　带圆角的矩形

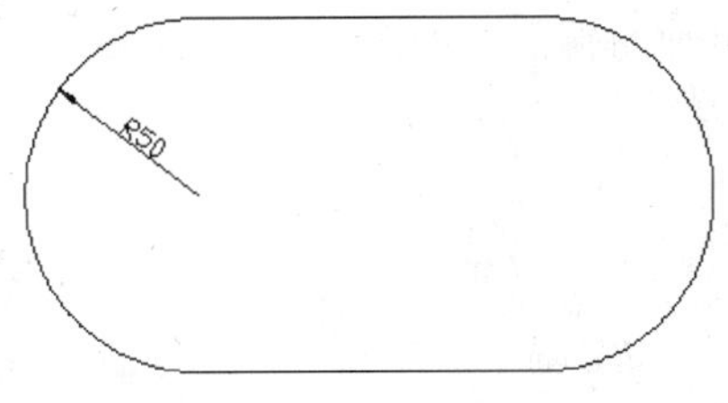

图 3-24　跑道形矩形

要养成看屏幕命令行提示的习惯，这是用户与计算机正确交流的重要前提。

3.4　椭圆及椭圆弧的绘制

图板绘图时，怎样绘制椭圆是必学内容，常用的方法有同心圆法和四心近似法，无论用那种方法都是非常麻烦的，在 AutoCAD 中这种绘图工作将变得非常简单。它主要通过椭圆中心、长轴和短轴三个参数来确定形状，当长轴与短轴相等时，便是一个圆了（特例）。

单击【绘图】面板上按钮的黑三角，展开与椭圆有关的所有命令按钮，如图 3-25 所示。【绘图】/【椭圆】菜单如图 3-26 所示。

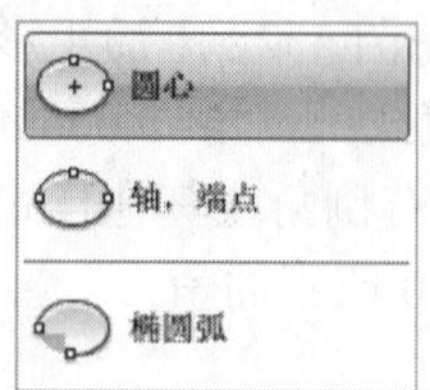

图 3-25　椭圆命令按钮

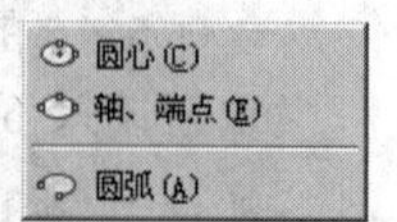

图 3-26　【椭圆】菜单

3.4.1　椭圆的绘制

常用绘制椭圆的方法有以下三种：

1. 给出某一轴的两端点与另一轴的端点到椭圆中心的距离（轴、端点法）

这种方法绘制椭圆必须知道椭圆的一条轴的两端点和另一条轴的半轴长，如图 3-27 所示的椭圆，可以用如下方法绘制：

单击【轴、端点】命令按钮，命令行提示如下：

命令：_ellipse

指定椭圆的轴端点或 [圆弧(A)/中心点(C)]：100，80　　输入横轴 A 端点坐标；

指定轴的另一个端点：200，80　　输入横轴 B 端点坐标；

指定另一条半轴长度或 [旋转(R)]：40　　输入竖轴半轴长度，完成绘制。

此方法可通过下拉菜单【绘图】/【椭圆】/【轴、端点】来实现。

2. 中心、长轴与短轴的一个端点（圆心法）

用这种方法绘制椭圆时，要能确定椭圆的中心位置，以及椭圆长、短轴的长度，根据长度求出轴的端点。如图 3-28 所示的椭圆可以这样绘制。

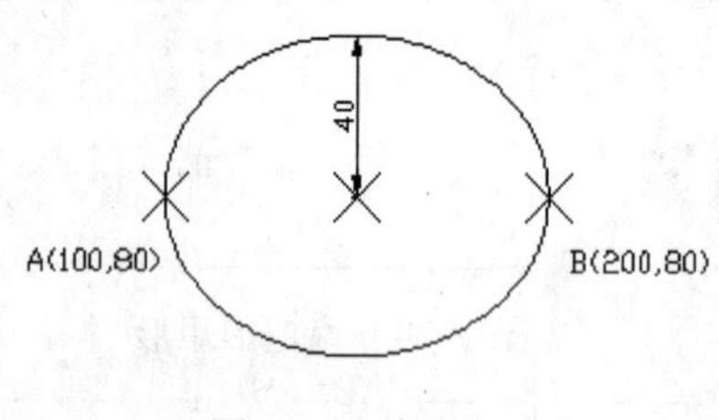

图 3-27　椭圆

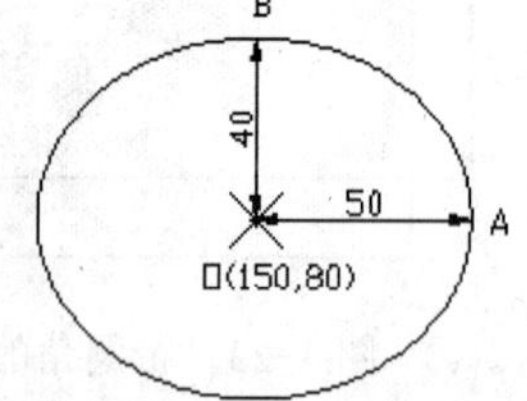

图 3-28　知道长短轴的椭圆

单击【圆心】命令按钮，命令行提示如下：

命令：_ellipse

指定椭圆的轴端点或 [圆弧(A)/中心点(C)]：_c

指定椭圆的中心点：150，80　　输入中心点坐标；

指定轴的端点：@50，0　　输入 A 点相对于 O 点的相对坐标；

指定另一条半轴长度或 [旋转(R)]：40　　输入短轴半轴长度，完成绘制。

此方法可通过下拉菜单【绘图】/【椭圆】/【圆心】来实现。

指定旋转角度，绘制圆在投影面上的椭圆图形（旋转法）

这种方法主要用来绘制圆在与圆所在平面有一定夹角的平面上投影形成的椭圆。这种投影关系可用图 3-29 来表示。利用这种关系来绘制图 3-30 中的椭圆，

单击【轴，端点】命令按钮，命令行提示如下：

命令：_ellipse

指定椭圆的轴端点或 [圆弧(A)/中心点(C)]：50，100

指定轴的另一个端点：150，100

指定另一条半轴长度或 [旋转(R)]：r

指定绕长轴旋转的角度：60

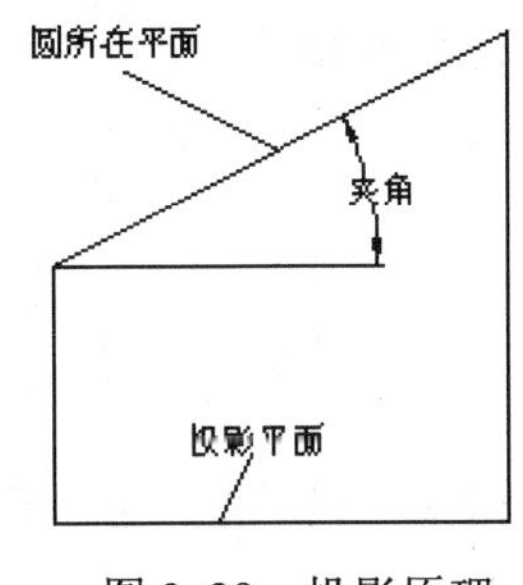

图 3-29 投影原理

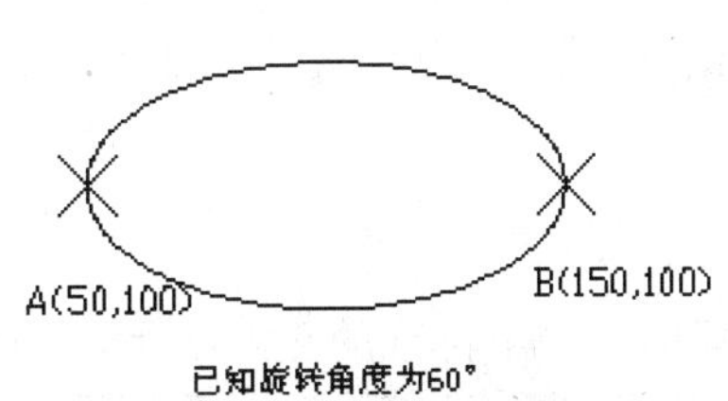

图 3-30 投影椭圆

输入角度的范围为 0°～89.4° 度。当输入的旋转角为 0° 时，生成圆形；当输入的旋转角为 90° 时，理论上投影是一条直线，但 AutoCAD 2009 把这种情况视为不存在，系统会提示：*无效*，并退出绘制命令。

3.4.2 椭圆弧的绘制

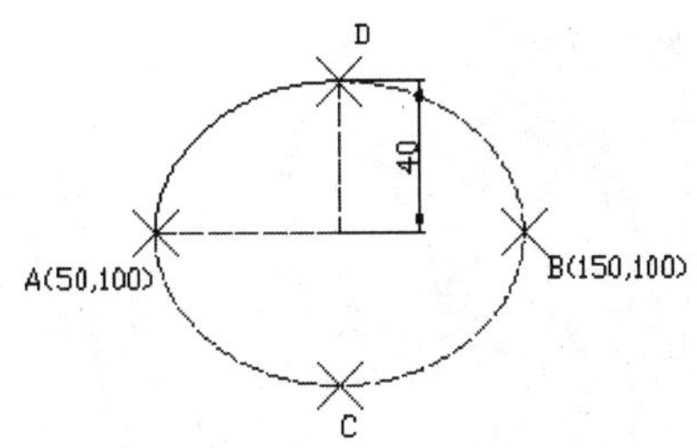

图 3-31 椭圆弧

在 AutoCAD 2009 中可以方便地绘制出椭圆弧。绘制椭圆弧的方法与上面讲的椭圆绘制方法基本类似。执行绘制椭圆弧命令，按照提示首先创建一个椭圆，然后在已有椭圆的基础上截取一段椭圆弧，下面绘制所示 A 点和 D 点之间的椭圆弧（见图 3-31）。

单击【椭圆弧】命令按钮，命令行提示如下：

命令：_ellipse

指定椭圆的轴端点或 [圆弧(A)/中心点(C)]：_a

指定椭圆弧的轴端点或 [中心点(C)]：50，100

指定轴的另一个端点：150，100

指定另一条半轴长度或 [旋转(R)]：40　　前三步绘制椭圆；

指定起始角度或 [参数(P)]：270　　确定椭圆弧的开始角度；

指定终止角度或 [参数(P)/包含角度(I)]：0　　确定椭圆弧的结束角度。

此命令可通过下拉菜单【绘图】/【椭圆】/【圆弧】执行。

3.5 正多边形的绘制

绘制工程图时经常会遇到正多边形，正多边形是各边相等且相邻边夹角也相等的多边形。在手工绘图时，要处理好正多边形的这些关系，绘制出标准的图形有一定难度。在 AutoCAD 2009 中，有一个专门绘制正多边形的命令（菜单命令是【绘图】/【正多边形】），通过这个命令，用户可以控制多边形的边数（边数取值在 3～1024 之间）、以及内接圆或外切圆的半径大小，从而绘制出合乎要求的多边形。下面就来学习正多边形的绘制。

3.5.1 内接于圆法

六角螺母是一个标准的正六边形，如图 3-32 所示。

要绘制这个正多边形，单击【绘图】面板上的正多边形命令按钮，命令行提示如下：

命令：_polygon 输入边的数目 <4>：6　　确定多边形的边数；

指定正多边形的中心点或 [边(E)]：100，100　　确定多边形的中心；

输入选项 [内接于圆(I)/外切于圆(C)] <I>：　　选择使用内接于圆法；

指定圆的半径：@0，50　　这时鼠标指针在多边形的角点上，如图 3-33 所示，确定鼠标指针所在角点的位置，从而确定多边形的方向，这很重要。

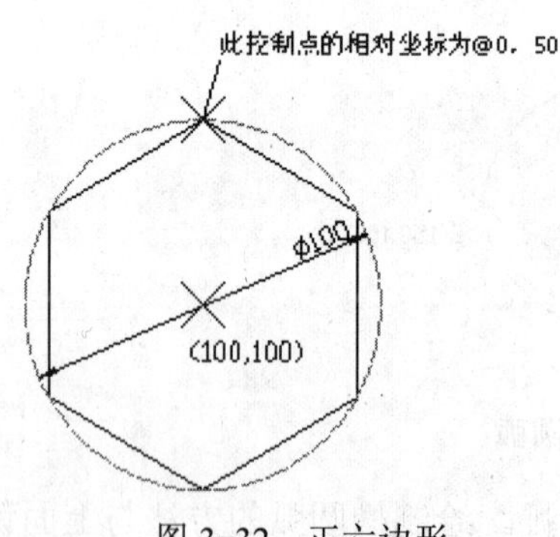

图 3-32　正六边形

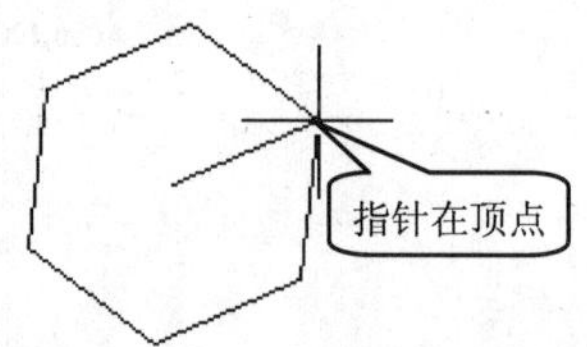

图 3-33　确定鼠标指针的位置

3.5.2 外切于圆法

绘制如图 3-34 所示的六边形，这个图形的已知条件与上一个不同，在本图中已知的是六边形的内切圆的半径，六边形外切于已知圆，下面来看绘制步骤。

单击【绘图】面板上的正多边形命令按钮，命令行提示如下：

命令：_polygon 输入边的数目 <4>：6　　确定多边形的边数；

指定正多边形的中心点或 [边(E)]：100，100　确定多边形的中心；
输入选项 [内接于圆(I)/外切于圆(C)] <I>：c　选择使用外切于圆法；
指定圆的半径：@0，50　这时鼠标指针在多边形边的中点上，如图 3-35 所示，确定鼠标指针所在边中点的位置，从而确定多边形的方向。

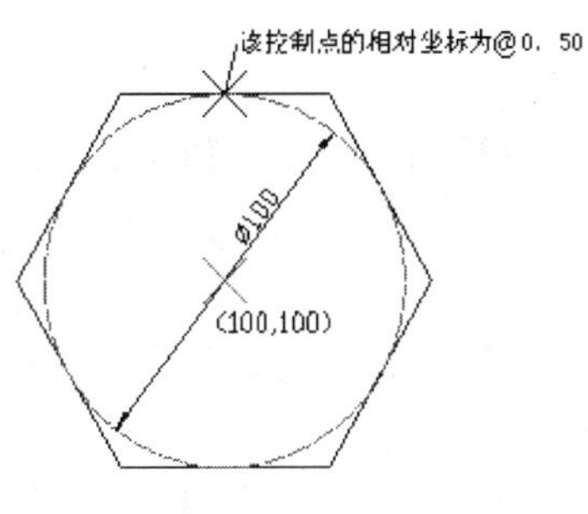

图 3-34　外切六边形

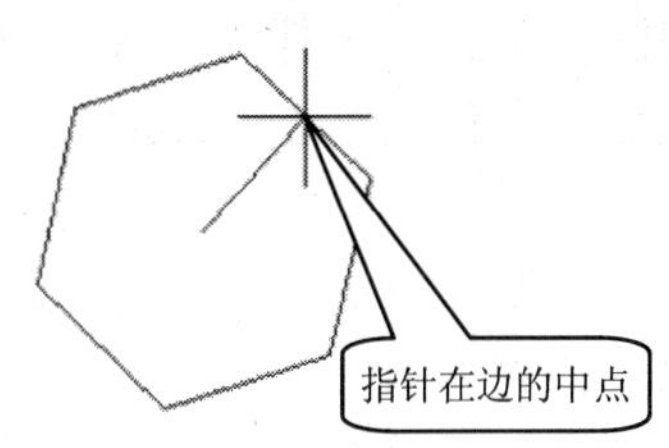

图 3-35　确定鼠标指针的位置

通过两种方法的比较，应该能发现正多边形的方向控制点规律为：用内接于圆法时，控制点为正多边形的某一角点；用外切于圆法时，控制点为正多边形一条边的中点。认识到这一点，自己可以尝试绘制图 3-36 中的正五边形。

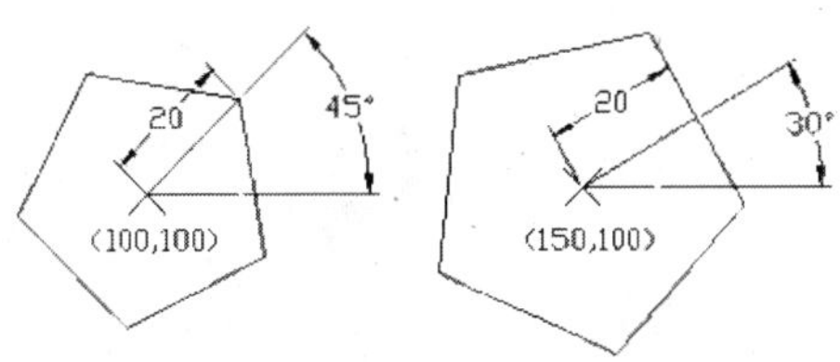

图 3-36　控制多边形的方向

控制点的确定以相对极坐标确定比较方便。

3.5.3　边长法

绘制如图 3-37 所示的六边形，已知条件为多边形的边长，这时用边长法来绘制就非常方便。

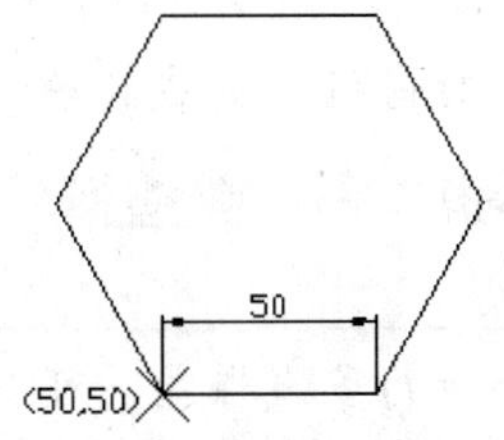

图 3-37　用边长法绘制多边形

单击【绘图】面板上的正多边形命令按钮⬠，命令行提示如下：

```
命令：_polygon 输入边的数目<4>：6          确定多边形的边数；
指定正多边形的中心点或 [边(E)]：e          切换到边长法；
指定边的第一个端点：50，50                指定边的第一个端点；
指定边的第二个端点：@50，0                指定边的第二端点，完成绘制。
```

3.6 多线的绘制

工程图样中相互平行的直线绘制起来很麻烦，如果平行直线间的距离不相等，线型也不同那就更令人伤脑筋了。AutoCAD 2009 中提供了绘制多线的命令，利用这个命令处理起多线来易如反掌。

下面来绘制如图 3-38 所示的多线图样，在进行绘制以前要先对多线进行属性定义。多线样式定义步骤如下：

（1）执行下拉菜单【格式】/【多线样式】，系统弹出【多线样式】对话框，如图 3-39 所示。

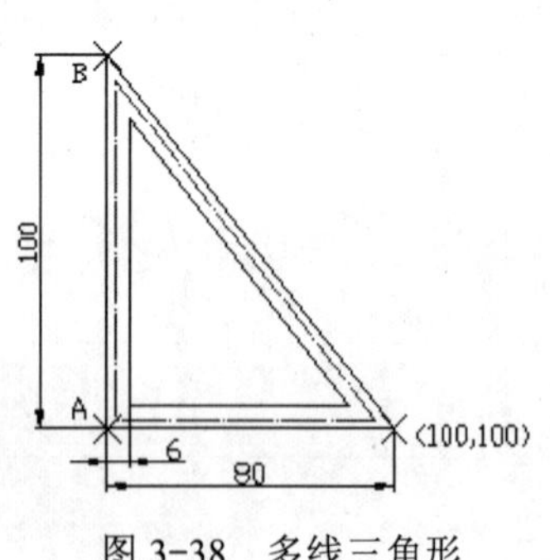

图 3-38　多线三角形

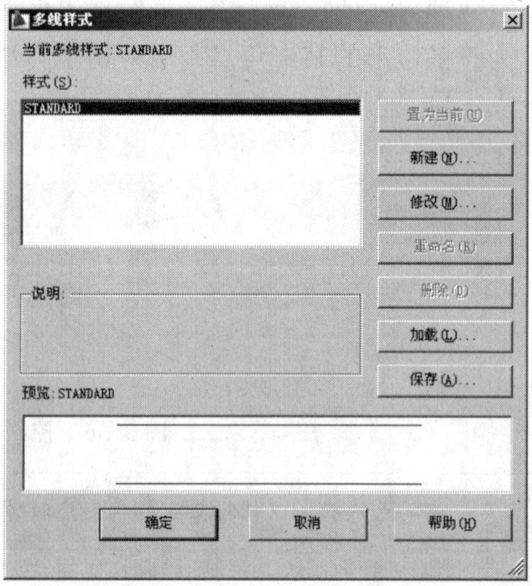

图 3-39 【多线样式】对话框

（2）使用已有样式：单击 加载... 按钮，弹出【加载多线样式】对话框，如图 3-40 所示。可以看到当前的样式文件名字是 AutoCAD 默认的文件名 “acad.mln”，在下面的下拉列表中显示的是本文件包含的多线样式，用户可以在样式名字上单击鼠标选中它，然后单击 确定 按钮，返回【多线样式】对话框，加载的多线样式为当前样式。

可在【加载多线样式】对话框中单击 文件... 按钮，将其他文件的多线样式加载，文件的扩展名为“.mln”。

（3）自定义样式：如果要设置新的多线样式，可以单击 新建(N)... 按钮，出现【创建新的多线样式】对话框，如图 3-41 所示，在【新样式名】后面的文本框中输入所设置的多线样式名称 G6，单击 继续 按钮打开【新建多线样式：G6】对话框，如图 3-42 所示。

（4）单击 添加 按钮，在【偏移】文本框中输入偏移值 0.1，在【颜色】下拉列表中选择元素的颜色特性为红色，如图 3-43 所示。

（5）单击 线型(Y)... 按钮进入【选择线型】对话框，选择元素的线型特性为【CENTER】，如图 3-44 所示。

> 如果列表中没有点划线线型，可以单击 按钮进行加载。

（6）此时【图元】区显示偏移为 0.1，颜色为红色，线型为【CENTER】，如图 3-45 所示。

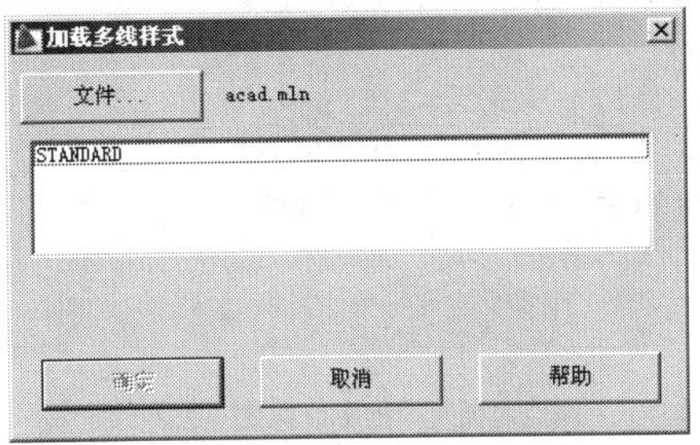

图 3-40 【加载多线样式】对话框

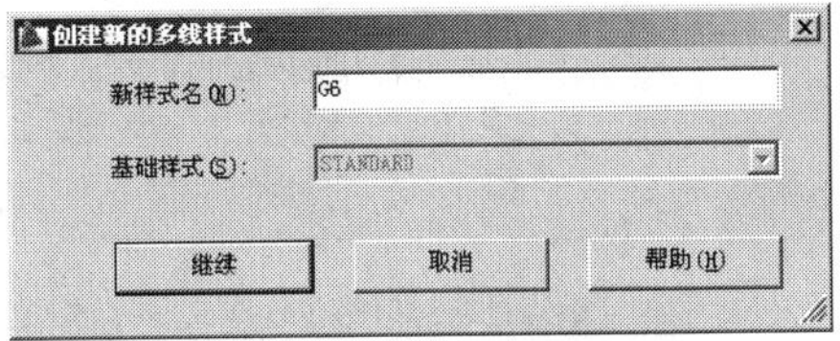

图 3-41 【创建新的多线样式】对话框

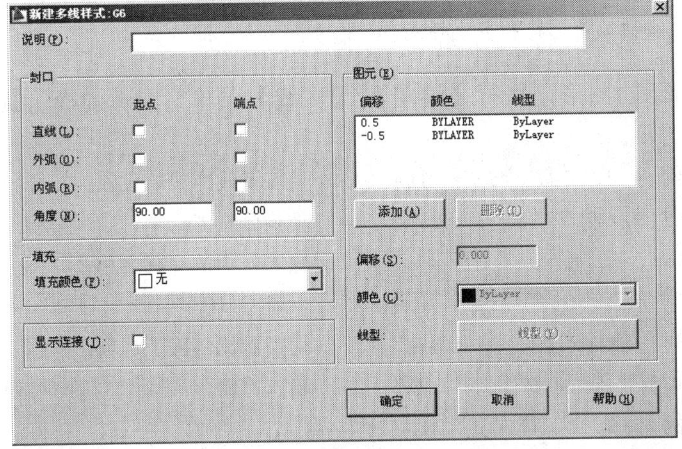

图 3-42 【新建多线样式：G6】对话框

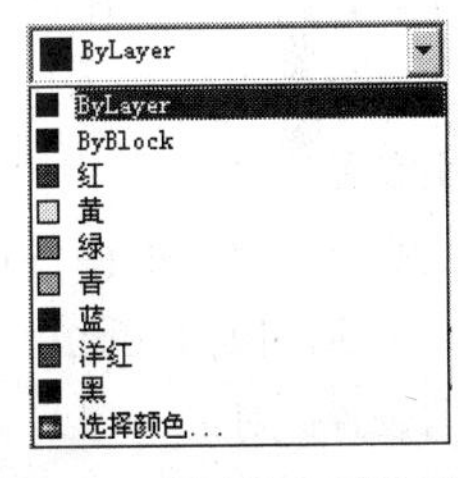

图 3-43 【颜色】下拉列表

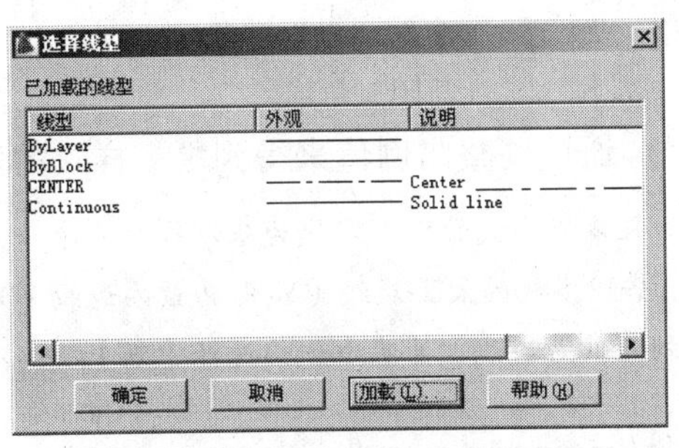

图 3-44 【选择线型】对话框

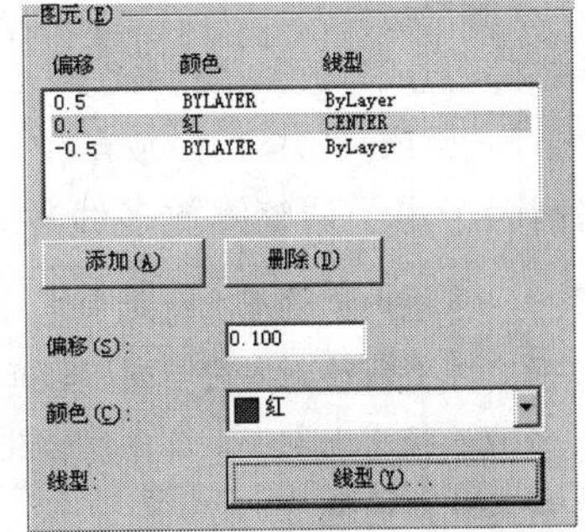

图 3-45 【图元】区

（7）另外可以使用【封口】区和填充区设置封口与填充，设置的效果如图 3-46 所示。

（8）单击 确定 按钮，返回【多线样式】对话框，为了方便在其他的文件中使用该样式，用户可以单击 保存... 按钮，将所设置的多线样式保存在 AutoCAD 2009 的 acad.mln 文件中，也可保存在其他以“.mln”为后缀的文件中，此项操作是可选操作。然后单击 确定 按钮，回到绘图状态。

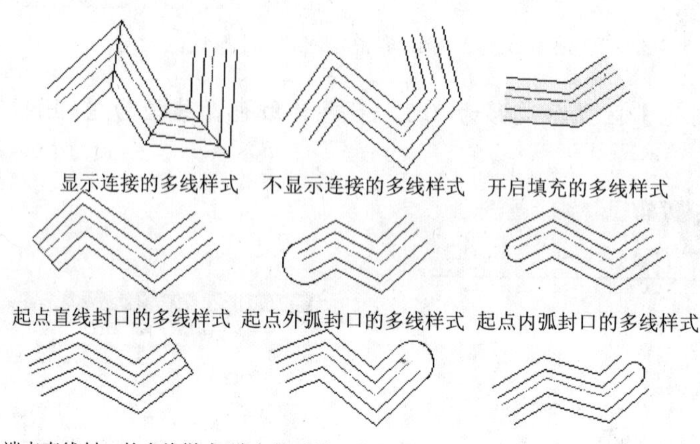

图 3-46 封口与填充

可以单击 修改(M)... 按钮编辑选择的多线样式。

现在开始绘制图 3-38 所示的图形，执行【绘图】/【多线】菜单命令，命令行提示：

命令：_mline
当前设置：对正 = 上，比例 = 20.00，样式 = STANDARD 当前多线样式的设置；
指定起点或 [对正(J)/比例(S)/样式(ST)]：st 切换到样式选项；
输入多线样式名或 [?]：G6 输入选用的样式名称；
当前设置：对正 = 上，比例 = 20.00，样式 = G6
指定起点或 [对正(J)/比例(S)/样式(ST)]：s 切换到比例因子选项；
输入多线比例 <20.00>：6 输入比例值；
当前设置：对正 = 上，比例 = 6.00，样式 = G6
指定起点或 [对正(J)/比例(S)/样式(ST)]：100，100 输入起点坐标；
指定下一点：@-80，0 输入 A 点相对坐标；
指定下一点或 [放弃(U)]：@0，100 输入 B 点相对坐标；
指定下一点或 [闭合(C)/放弃(U)]：c 封闭三角形。

比例因子用于调整缩放多线各元素的偏移值，通过调整比例值来得到更多样式的多线。

多线的测量基准线是由【对正】控制，如果要以多线的中间零线为基准线，应选择【无】项；当多线绘制方向与坐标轴正方向相同时，若以多线的最上层线（Y 轴为最左边线）为基准线应选择【上】项，以多线的最下层线（Y 轴为最右边线）为基准线应选择【下】项。反之，选择相反的选项。

根据提示绘制图 3-47 所示的多线时，如果按逆时针输入点，设置基准线应如下操作：

命令：_mline

当前设置：对正 = 无，比例 = 4.00，样式 = G6

指定起点或 [对正(J)/比例(S)/样式(ST)]：j　　　　切换到基准线控制项；

输入对正类型 [上(T)/无(Z)/下(B)] <无>：t　　　　选择【上】项。

如果按顺时针输入点，设置基准线应如下操作：

命令：_mline

当前设置：对正 = 上，比例 = 4.00，样式 = G6

指定起点或 [对正(J)/比例(S)/样式(ST)]：j　　　　切换到基准线控制项；

输入对正类型[上(T)/无(Z)/下(B)] <上>：b　　　　选择【下】项。

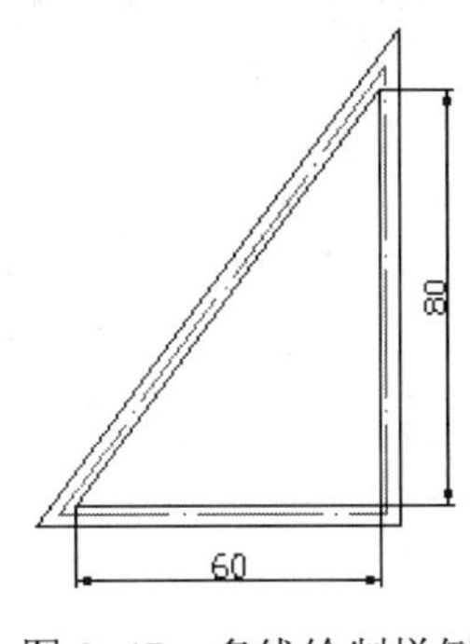

图 3-47　多线绘制样例

当多线样式已经使用，该样式的多线特性不能被再次修改。如果要修改，可以在绘图窗口删除用该样式绘制的多线。

3.7　如何打剖面线（图案填充）

若零件的内部结构较为复杂，在视图上会出现很多虚线，这些虚线往往与其他线条重叠，影响图形的清晰，不便于看图。为解决这个问题，在工程上用剖视图来表达内部结构。在剖视图中，剖切的断面称为剖面，为了区别剖面和非剖面，国标规定在剖面上画剖面线。AutoCAD 2009 的图案填充命令可以轻松完成这个任务。

3.7.1　一般填充

一般来讲，图案填充的操作步骤如下：

(1) 设置图案填充类型：在打剖面线之前，应该先给剖面线选择式样。要绘制图 3-48 所示的剖面线，可以单击【绘图】面板上的图案填充命令按钮，进入【图案填充和渐变色】对话框，如图 3-49 所示，在【图案填充】选项卡中单击【图案】右面的按钮或者单击【样例】右面的图样，会出现【填充图案控制板】对话框，单击 ANSI 切换到【ANSI】选项卡，如图 3-50 所示，选择【ANSI31】，单击 确定 按钮返回【图案填充和渐变色】对话框，剖面线的图样类型定义完成。

关于注释性见 12.7。

(2)定义剖面线的边界：定义剖面线的边界就是说将要在图形的哪一区域内打剖面线。

用拾取点的方法定义边界，剖面线的边界必须是个封闭的图形。单击拾取点按钮▣，这是对话框暂时隐去，单击要打剖面线的区域，边界变虚，如图 3-51 所示。边界选择完成后，按回车确定，返回【边界图案填充】对话框，单击预览按钮[预览]，看一下剖面线是否满足我们的要求，若剖面线太疏或太密，可以修改【比例】选项中的数值，直到满意。还可以修改【角度】选项的数值，定义剖面线的方向，单击[确定]按钮完成。

在预览状态下可以在绘图区单击鼠标或者按 Esc 键返回【图案填充和渐变色】对话框，如果单击鼠标右键会直接接受填充结果。

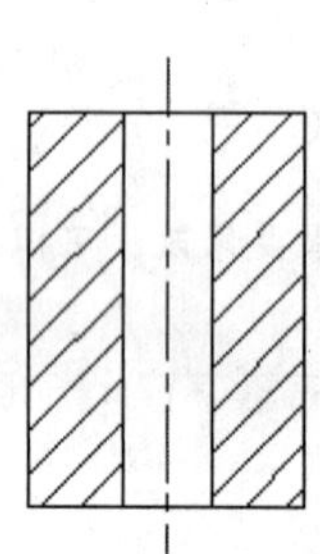

图 3-48 打了剖面线的图样

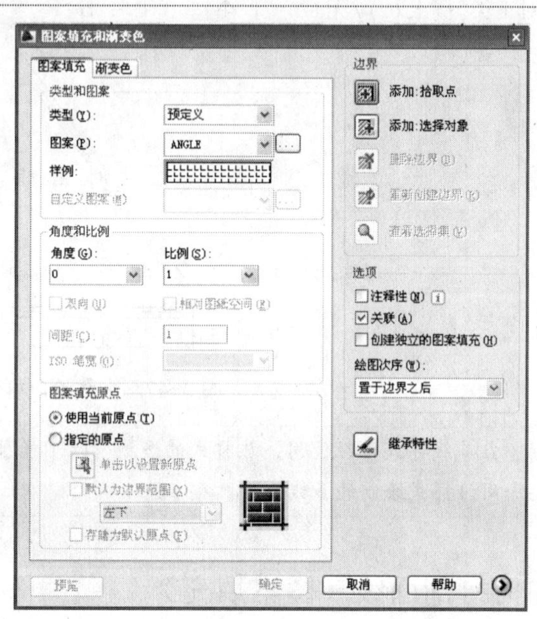

图 3-49 【图案填充和渐变色】对话框

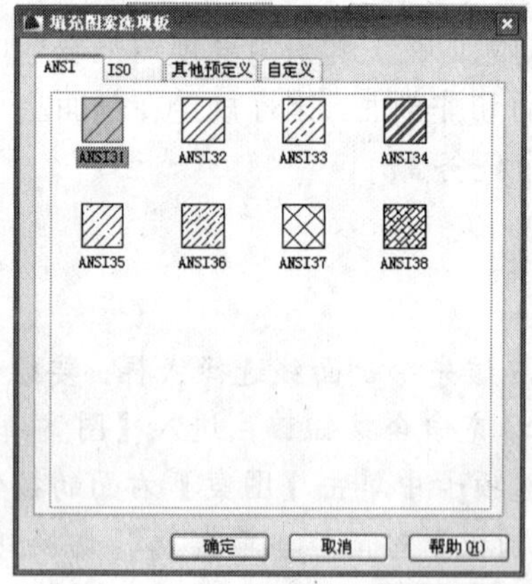

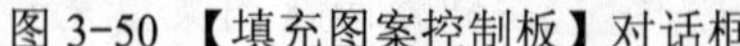

图 3-50 【填充图案控制板】对话框

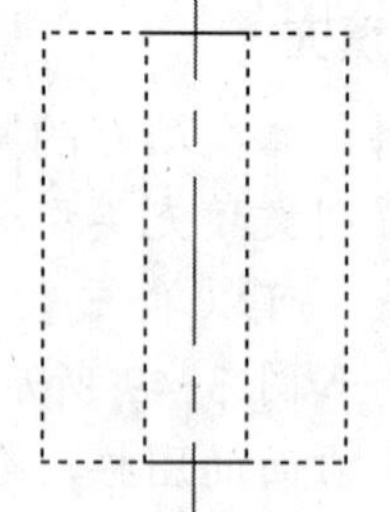

图 3-51 选择剖面区域

（3）用拾取点的方法确定填充区域时要注意两个问题，一是边界图形必须封闭，若不封闭 AutoCAD 2009 会给出如图 3-52 的提示。二是边界不能够重复选择，若重复选择 AutoCAD 2009 会给出如图 3-53 的提示。

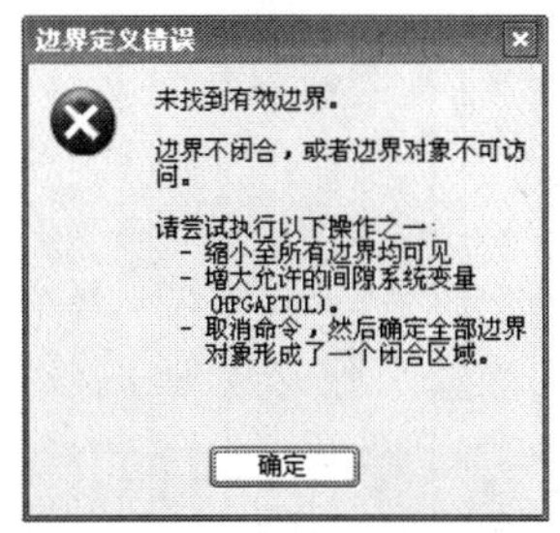

图 3-52 不封闭警告框

图 3-53 重复选择警告框

单击【图案填充和渐变色】对话框右下角的，可以展开对话框【允许的间隙】文本框，用户可以在此输入一个数值，如果未封闭区域的间隙小于该数值，系统可以认为它是封闭的，仍然可以进行图案填充。

上面通过一个简单的例子介绍来说明利用拾取点的办法确定填充区域，这种情况要求填充区域必须是封闭的，当填充区域不封闭的时候，可以先做辅助线把区域封闭，待填充完毕后再删除辅助线即可。也可以用选取对象按钮来解决，例如要完成图 3-54 的填充，在【边界图案填充】对话框中单击选择对象按钮，然后用鼠标拾取两条边界线，然后按照前面的步骤操作即可。用这种办法选取边界，不要求边界封闭。

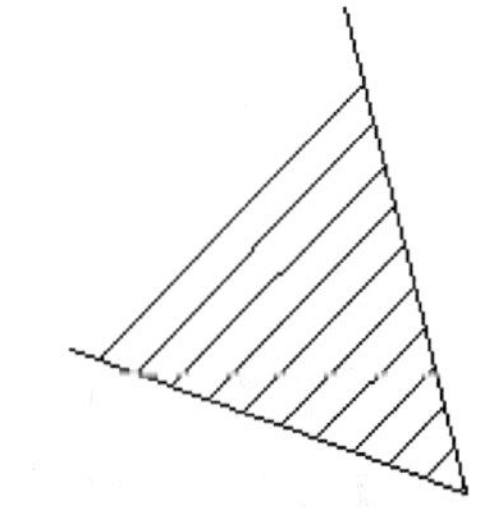

图 3-54 不封闭的图案填充

AutoCAD 2009 在【图案填充和渐变色】对话框中添加了【绘图次序】下拉列表，用于指定图案填充的绘图顺序。图案填充可以放在所有其他对象之后、所有其他对象之前、图案填充边界之后或图案填充边界之前。

3.7.2 复杂填充

进行图案填充时，如果遇到较大的填充区域内还有一个或者几个较小的封闭区域，这些区域被称为“岛”，AutoCAD 提供了岛解决方案，使用户可以自己决定哪些岛要填充，哪些岛不要填充。

3.7.2.1 删除岛

例如要完成如图 3-55 所示的填充，就要忽略方形内部的小圆形“岛”，在选择填充区域时要按下面的步骤进行：

(1) 单击拾取点按钮，在方形和小圆形之间区域单击鼠标，然后回车，返回【图案填充和渐变色】对话框。

(2) 单击删除边界按钮，对话框隐去，移动鼠标到小圆上单击，小圆由虚变实。这样在填充过程中会忽略小圆区域，按回车返回【图案填充和渐变色】对话框。

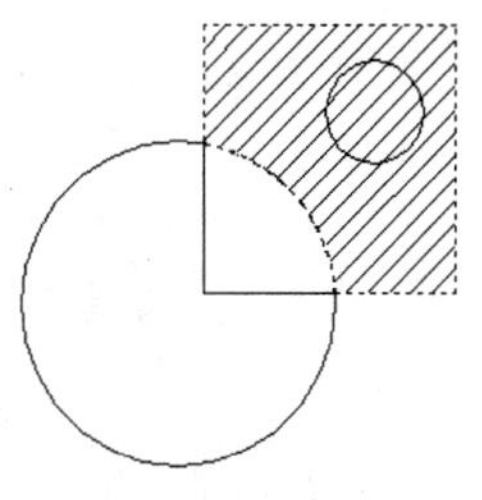

图 3-55 删除岛

3.7.2.2 高级岛侦测

AutoCAD 2009 中还提供了处理多重区域剖面线常用到的三种选项，称之为剖面线的高级设置。单击【图案填充和渐变色】对话框右下角的，可以展开对话框，如图 3-56 所示。

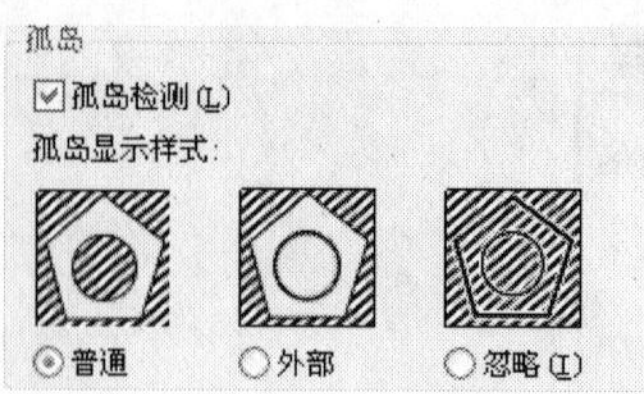

图 3-56 【孤岛】选项区

在【孤岛】选项区中列出了三种设置的名称和图例，系统默认的设置为【普通】。

用每一种格式分别给图 3-57 打剖面线，来形象地观察这三种设置的区别。在大圆与六边形之间拾取点，看看用这三种方法打出的剖面线是否如图 3-58 所示。

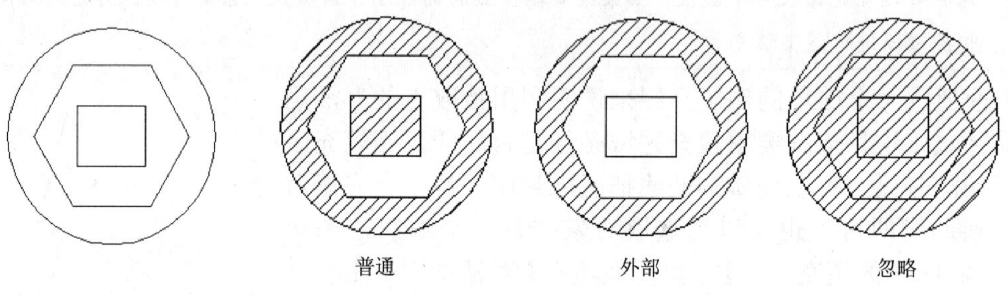

图 3-57　多岛包含图　　　　图 3-58　三种设置的区别

- 【普通】：由外部边界向内填充，如果碰到岛边界，填充断开直到碰到内部的另一个岛边界为止，又开始填充。对于嵌套的岛，采用填充与不填充的方式交替进行。
- 【外部】：仅填充最外层的区域，而内部的所有岛都不填充。
- 【忽略】：忽略内部所有的岛。

只有了解了它们之间的区别，才能在图案填充过程中，根据具体情况进行有效的高级设置。

3.7.3　边界关联

在【图案填充和渐变色】对话框的【选项】区，如图 3-59 所示，【关联性】复选框用于控制填充图案和填充边界的关系。

如果选择【关联性】，当填充区域被修改时，填充图案也会随着更新，如图 3-60 所示。

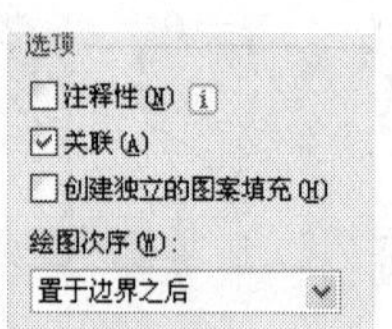

图 3-59 【组合】区

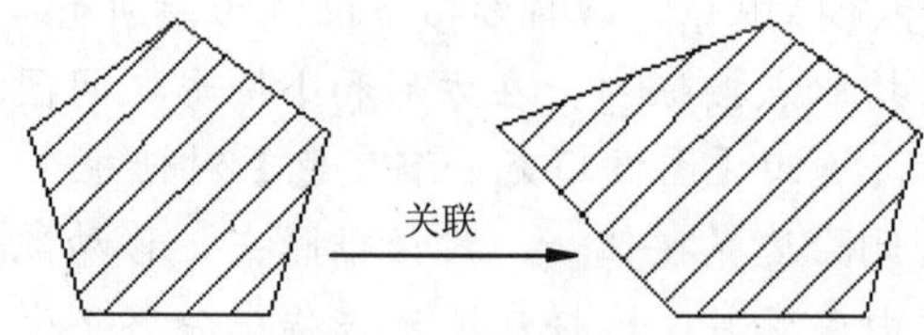

图 3-60 【关联】的情况

如果不选择【关联性】复选框，当填充区域被修改时，填充图案不会发生变化，如图 3-61 所示。

关于注释性请参照 12.7。

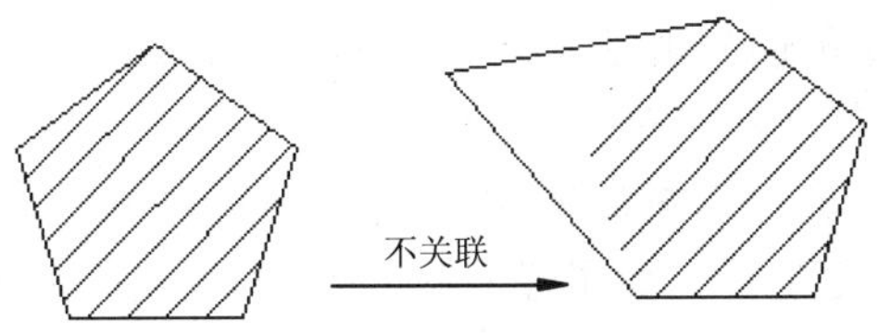

图 3-61 【不关联】的情况

3.7.4 特性继承

如图 3-62 所示，左边的矩形已经打上剖面线，右边的五边形要打上同样的剖面线，但是如果不知道左面的填充特性，要完成这个任务，就需要使用特性继承这个功能。步骤如下：

（1）单击图案填充命令按钮，进入【图案填充和渐变色】对话框，单击继承特性按钮，对话框暂时隐去，鼠标指针变为。

（2）在左边的剖面线上单击鼠标，这时鼠标指针形状变为，移动鼠标到五边形内部单击鼠标，五边形虚显，表示被选中，按回车键，返回对话框，单击 确定 按钮完成操作，结果如图 3-63 所示，从图中可以看出两个图形的剖面线的式样是一模一样的。

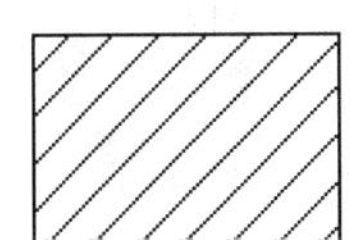
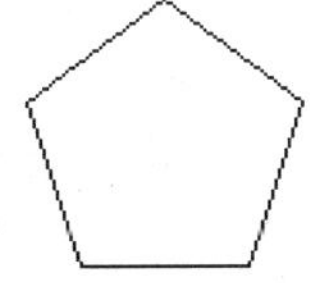

图 3-62 需填充的五边形

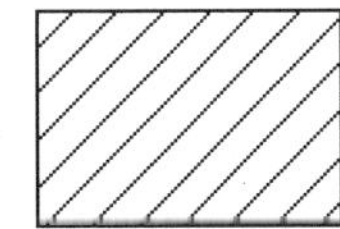
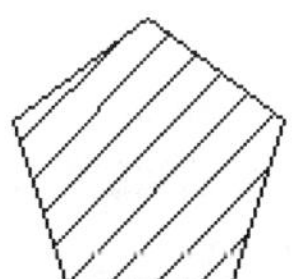

图 3-63 填充后的结果

3.7.5 渐变填充

使用【图案填充和渐变色】对话框中的【渐变色】选项卡可以定义要应用的渐变填充的外观。打开【渐变色】选项卡，如图 3-64 所示。

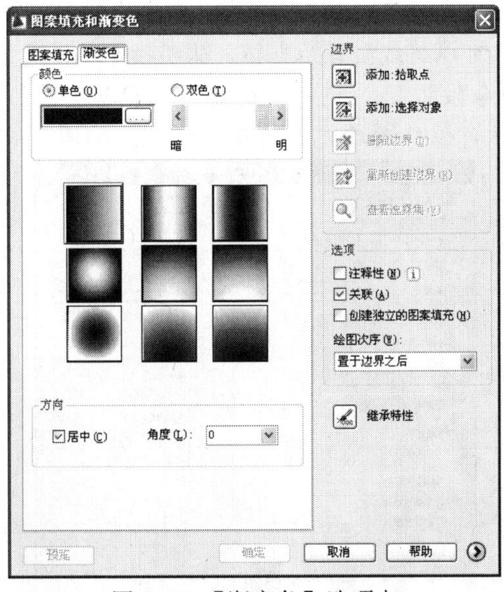

图 3-64 【渐变色】选项卡

下面是各选项的使用方法：

单色：指定使用从较深着色到较浅色调平滑过渡的单色填充。选择【单色】时，AutoCAD

显示浏览颜色按钮[...]和【色调】滑动条，如图 3-64 所示。

双色：指定在两种颜色之间平滑过渡的双色渐变填充。选择【双色】时，AutoCAD 分别为【颜色 1】和【颜色 2】显示带浏览按钮[...]的颜色样本，如图 3-65 所示。

居中：指定对称的渐变配置。如果没有选定此选项，渐变填充将朝左上方变化，创建光源在对象左边的图案。

角度：指定渐变填充的角度。相对当前 UCS 指定角度。此选项与指定给图案填充的角度互不影响。

渐变图案：显示用于渐变填充的九种固定图案（见图 3-64 中的 9 个正方形图案）。这些图案包括线性扫掠状、球状和抛物面状等图案。

以上是渐变填充的设置，填充方法与一般填充一样，这里就不再重复，图 3-66 是单色渐变填充和双色渐变填充的实例。

渐变色填充的打印与打印样式无关。

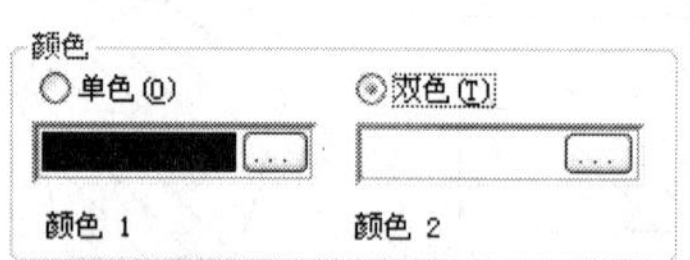

图 3-65　渐变填充

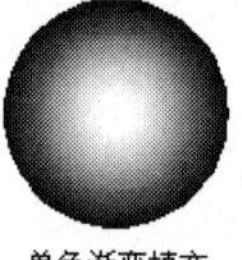

单色渐变填充

双色渐变填充

图 3-66　选择【双色】

3.7.6　创建用户定义的填充图案

（1）执行【格式】/【线型】命令，打开【线型管理器】，本例中以【HIDDEN】作为填充线型，如果列表中没有【HIDDEN】线型，单击[加载(L)...]按钮出现【加载或重载线型】对话框，在列表中选择“HIDDEN”，单击[确定]按钮，这时在【线型管理器】中就会出现该线型，选择它并单击[当前(C)]按钮，可以将线型置为当前，从而指定用户定义的填充图案的线型。

（2）单击图案填充命令按钮[▦]，进入【图案填充和渐变色】对话框，在【类型】列表中选择【用户定义】，用户可以修改填充的角度和间距，如图 3-67 所示。

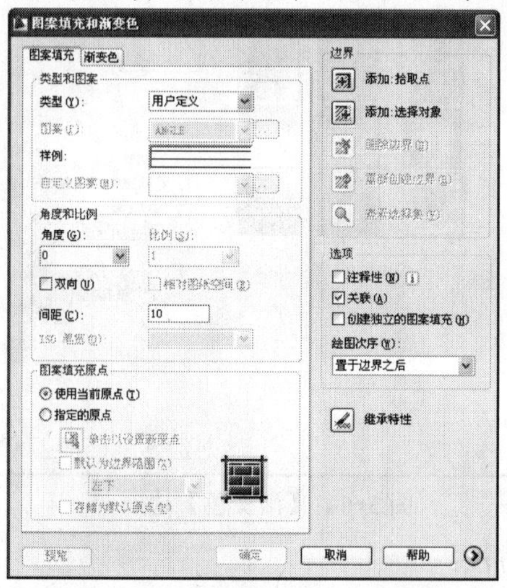

图 3-67　【边界图案填充】对话框

（3）选择填充区域的方法与前面讲述的一样，这里不再重复。

（4）填充的结果如图 3-68 所示。

（5）要使用图案中的相交直线，请选择【双向】，填充结果如图 3-69 所示。

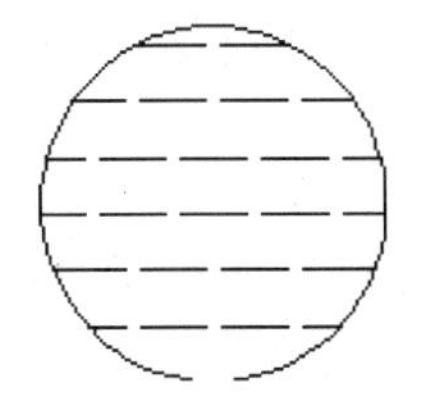

图 3-68　单向虚线填充

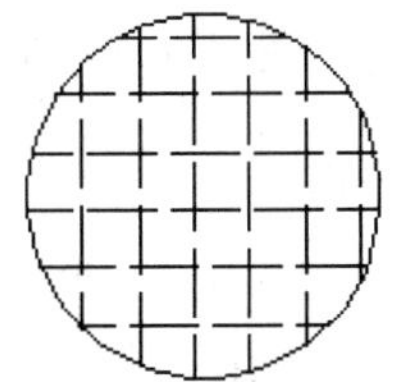

图 3-69　双向虚线填充

3.8　点的绘制

在绘图时，如果要把一条直线或圆弧分成几等份怎么办？要保留这些等分点又该怎么办？手工绘图时，要做到这一步可以用分规、尺子等工具辅助地进行，准确度低，速度慢；AutoCAD 2009 考虑到了这些情况，特别开发了点的绘制命令。

单击【绘图】面板上的 · ▾ 按钮，可以显示与点操作有关的按钮，如图 3-70 所示。与如图 3-71 所示的【绘图】/【点】下拉菜单对应。

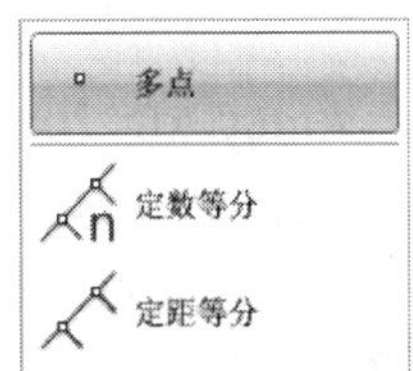

图 3-70　与点操作有关的按钮

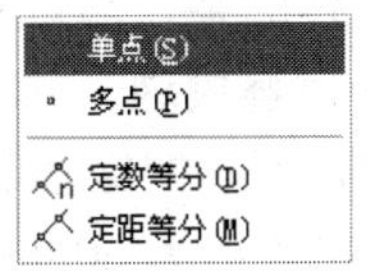

图 3-71　【绘图】/【点】下拉菜单

3.8.1　绘制单独的点

为了方便查看和区分点，在绘制点之前应先给点定义一种样式。执行下拉菜单【格式】/【点样式】，进入如图 3-72 所示的【点样式】对话框，选择一种点的样式，如选择☒这种样式，单击 确定 按钮保存退出。

单击【多点】命令按钮 · 多点 ，绘制点（100，100），如图 3-73 所示，命令行提示如下：

```
命令：_point
当前点模式：PDMODE=3  PDSIZE=0.0000
指定点：100，100
```

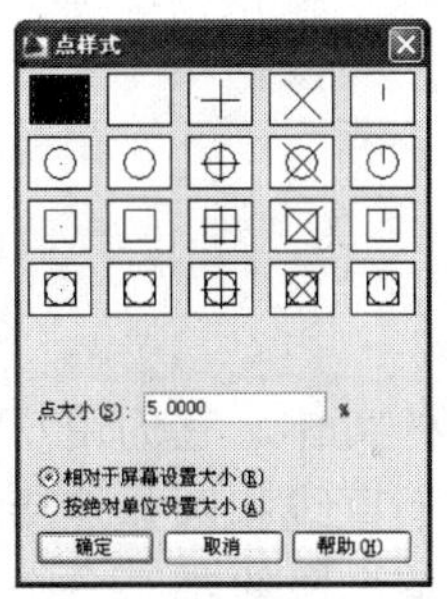

图 3-72 【点样式】对话框

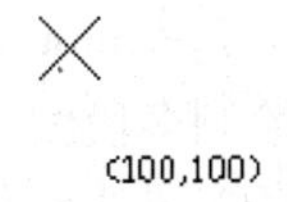

图 3-73　绘制一个点

在【指定点】提示下输入点的坐标，或者直接在屏幕上拾取点，系统提示输入下一个点，要退出该命令需按Esc键。

绘制单独点的命令可以通过下拉菜单【绘图】/【点】/【单点】执行。绘制完一个点后，自动结束命令。上例中用的命令可以通过下拉菜单【绘图】/【点】/【多点】执行。

3.8.2　绘制等分点

要把直线或圆弧的 N 等分点绘制出来，用上面讲到的方法不能实现，这时可以调用 AutoCAD 中专门用于绘制等分点的命令。如图 3-74 中把直线四等分，设置完点的格式后，单击定数等分按钮（或执行下拉菜单【绘图】/【点】/【定数等分】），命令行提示如下：

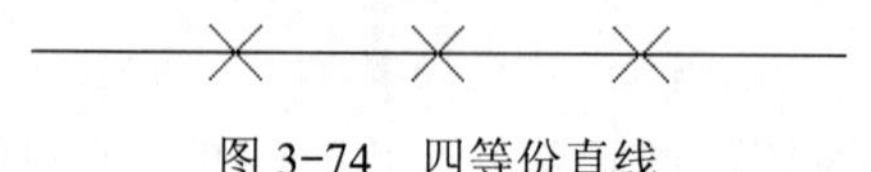

图 3-74　四等份直线

命令：_divide
选择要定数等分的对象：　　　　选择直线实体；
输入线段数目或 [块(B)]：4　　　　输入等分数 4。

3.8.3　绘制等距点

如果要从实体的某一端点开始绘制等距点，该怎么办？AutoCAD 2009 中的绘制等距点命令可以轻松地解决这一问题。绘制等距点时以哪一个点为起点来进行计算的呢？答案是：选择物体时，拾取框比较靠近哪一个端点，就以那一个端点为起点。图 3-75 中，在长 200 的直线上标出距离为 60 的点，以左端点为起点，定义好点的样式后，单击定距等分按钮（或执行下拉菜单【绘图】/【点】/【定距等分】），命令行提示如下：

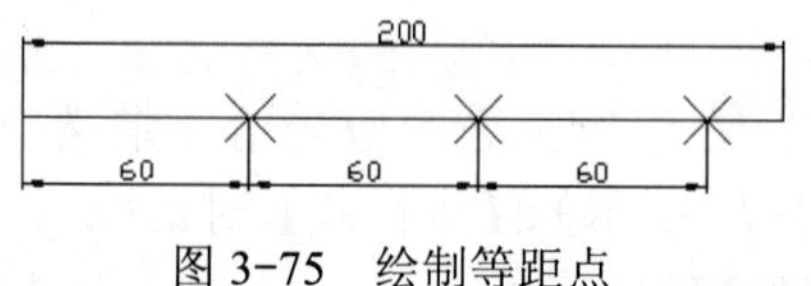

图 3-75　绘制等距点

命令：_measure
选择要定距等分的对象：　　　　靠近左端点，拾取直线；
指定线段长度或 [块(B)]：60　　　　输入距离值 60，回车等距点生成。

等距点不均分实体，注意拾取实体时，光标应该靠近开始等距的起点，这很重要。可以把块定义在点的位置上，关于块的相关内容请参见第 9 章。

3.9　绘制多段线

多段线（Pline）是 AutoCAD 绘图中比较常用的一种实体。它为用户提供了方便快捷的作图方式。通过绘制多段线，我们可以得到一个由若干直线和圆弧连接而成的折线或曲线，并且，无论这条多段线中包含多少条直线或弧，整条多段线都是一个实体，可以统一对其进行编辑。另外多段线中各段线条还可以有不同的线宽，这对于制图同样非常有利。在二维制图中，它主要用于箭头的绘制。

在 AutoCAD 中，绘制多段线的命令是 Pline。启动 Pline 命令有三种方式：

- 利用下拉菜单【绘图】/【多段线】;
- 在命令行【命令:】提示符下输入“Pline”（或简捷命令 PL）;
- 在【绘图】面板上单击多段线命令按钮。

启动 Pline 命令之后，AutoCAD 命令行出现提示符：“指定起点：”，需用户定义多段线的起点。之后，命令行出现一组选项序列如下：

```
当前线宽为 0.0000                    当前线宽为 0。
指定下一个点或 [圆弧(A)/半宽(H)/长度(L)/放弃(U)/宽度(W)]:
```

现分别介绍这些选项：

（1）圆弧（A）：输入 A，可以画圆弧方式的多段线。回车后重新出现一组命令选项，用于生成圆弧方式的多段线。

```
指定圆弧的端点或
[角度(A)/圆心(CE)/方向(D)/半宽(H)/直线(L)/半径(R)/第二个点(S)/放弃(U)/宽度(W)]:
```

在该提示下，可以直接确定圆弧终点，拖动十字光标，屏幕上会出现预显线条。选项序列中各项意义如下：

- 角度（A）：该选项用于指定圆弧所对的圆心角;
- 圆心（CE）：为圆弧指定圆心;
- 方向（D）：取消直线与弧的相切关系设置，改变圆弧的起始方向;
- 直线（L）：返回绘制直线方式;
- 半径（R）：指定圆弧半径;
- 第二个点（S）：指定三点画弧。

其他各选项与 Pline 命令下的同名选项意义相同，下面再介绍。

（2）闭合（CL）：该选项自动将多段线闭合，即将选定的最后一点与多段线的起点连起来，并结束命令。

注意当多段线的宽度大于 0 时，若想绘制闭合的多段线，一定要用【闭合】选项，才能使其完全封闭。否则，即使起点与终点重合，也会出现缺口，如图 3-76 所示。

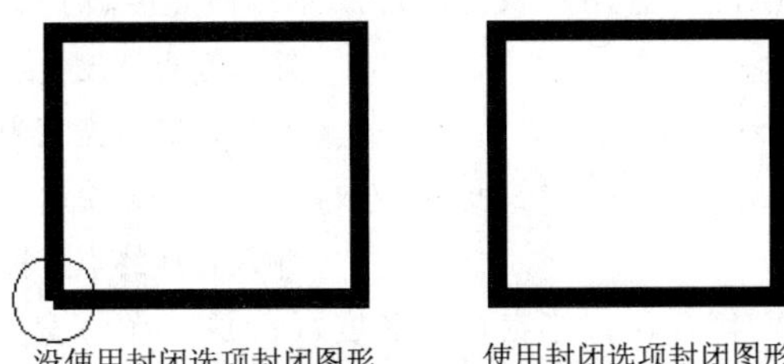

图 3-76　封口的区别

（3）半宽（H）：该选项用于指定多段线的半宽值，AutoCAD 将提示用户输入多段线的起点半宽值与终点半宽值。绘制多段线的过程中，宽线线段的起点和端点位于宽线的中心。

（4）长度（L）：定义下一段多段线的长度，AutoCAD 将按照上一线段的方向绘制这一段多段线。若上一段是圆弧，将绘制出与圆弧相切的线段。

（5）放弃（U）：取消刚刚绘制的那一段多段线。

（6）宽度（W）：该选项用来设定多段线的宽度值。选择该选项后，将出现如下提示：

指定起点宽度 <0.0000>：5　　　　起点宽度；

指定端点宽度 <5.0000>：0　　　　终点宽度。

起点宽度值均以上一次输入值为默认值，而终点宽度值则以起点宽度为默认值。

下面通过绘制图 3-77 来体会一下多段线命令的使用方法。

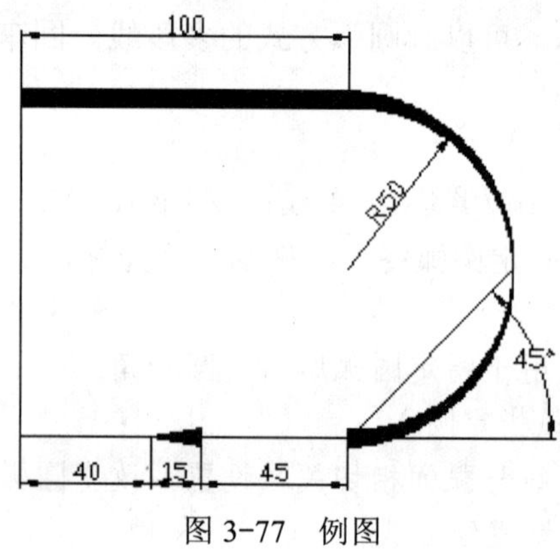

图 3-77　例图

设计步骤

在【绘图】面板上单击多段线命令按钮，命令行提示如下：

命令：_pline

指定起点：　　　　指定起点；

当前线宽为 0.0000

指定下一个点或 [圆弧(A)/半宽(H)/长度(L)/放弃(U)/宽度(W)]：w　输入 w；

指定起点宽度 <0.0000>：5　　　　输入起点宽度 5；

指定端点宽度 <5.0000>：　　　　回车，默认宽度为 5；

指定下一个点或 [圆弧(A)/半宽(H)/长度(L)/放弃(U)/宽度(W)]：@100，0

输入直线终点坐标值；

指定下一点或 [圆弧(A)/闭合(C)/半宽(H)/长度(L)/放弃(U)/宽度(W)]：w　输入 w；

指定起点宽度 <5.0000>：　　　　回车，默认宽度为 5；

指定端点宽度 <5.0000>：0　　　　输入 0，回车；

指定下一点或 [圆弧(A)/闭合(C)/半宽(H)/长度(L)/放弃(U)/宽度(W)]：a

a 切换到圆弧方式；

指定圆弧的端点或

```
[角度(A)/圆心(CE)/闭合(CL)/方向(D)/半宽(H)/直线(L)/半径(R)/第二个点(S)/放弃(U)/
宽度(W)]: a                                        输入 a;
指定包含角: -90                                     指定圆弧包含角度;
指定圆弧的端点或 [圆心(CE)/半径(R)]: r              切换到半径方式;
指定圆弧的半径: 50                                  输入半径;
指定圆弧的弦方向 <0>: -45                           输入圆弧的弦方向;
指定圆弧的端点或
[角度(A)/圆心(CE)/闭合(CL)/方向(D)/半宽(H)/直线(L)/半径(R)/第二个点(S)/放弃(U)/
宽度(W)]: w                                        输入 w;
指定起点宽度 <0.0000>:                              确定开始线宽;
指定端点宽度 <0.0000>: 5                            确定结束线宽;
指定圆弧的端点或
[角度(A)/圆心(CE)/闭合(CL)/方向(D)/半宽(H)/直线(L)/半径(R)/第二个点(S)/放弃(U)/
宽度(W)]: a                                        输入 a;
指定包含角: -90                                     指定圆弧包含角;
指定圆弧的端点或 [圆心(CE)/半径(R)]: r              切换到半径方式;
指定圆弧的半径: 50                                  输入半径;
指定圆弧的弦方向 <270>: 225                         输入圆弧的弦方向;
指定圆弧的端点或
[角度(A)/圆心(CE)/闭合(CL)/方向(D)/半宽(H)/直线(L)/半径(R)/第二个点(S)/放弃(U)/
宽度(W)]: L                                        输入 L,切换到直线方式;
指定下一点或 [圆弧(A)/闭合(C)/半宽(H)/长度(L)/放弃(U)/宽度(W)]: w    输入 w;
指定起点宽度 <5.0000>: 0                            确定开始线宽;
指定端点宽度 <0.0000>:                              确定结束线宽;
指定下一点或 [圆弧(A)/闭合(C)/半宽(H)/
长度(L)/放弃(U)/宽度(W)]: @-45, 0                   输入直线下一点坐标值;
指定下一点或 [圆弧(A)/闭合(C)/半宽(H)/长度(L)/放弃(U)/宽度(W)]: w    输入 w;
指定起点宽度 <0.0000>: 5                            确定开始线宽;
指定端点宽度 <5.0000>: 0                            确定结束线宽;
指定下一点或 [圆弧(A)/闭合(C)/半宽(H)/长度(L)/放弃(U)/宽度(W)]: @-15, 0
                                                    输入直线下一点坐标值;
指定下一点或 [圆弧(A)/闭合(C)/半宽(H)/长度(L)/放弃(U)/宽度(W)]: @-40, 0
                                                    直线下一点坐标值;
指定下一点或 [圆弧(A)/闭合(C)/半宽(H)/长度(L)/放弃(U)/宽度(W)]: c
                                                    封闭图形。
```

在用 AutoCAD 绘制机械图样过程中，一般有两种线宽：粗和细。它们一般不是通过 Width 参数设置的，线的宽度主要是通过层来管理的，详细内容见层管理相关章节。而多段线绘制主要用来绘制线宽发生渐变的场合，如箭头等。

3.10 样条曲线绘制

在 AutoCAD 的二维绘图中，样条曲线主要用于波浪线、相贯线、截交线的绘制。它必须给定 3 个以上的点，想要画出的样条曲线具有更多的波浪时，就要给定更多的点。样条曲线是由用户给定若干点，AutoCAD 自动生成的一条光滑曲线，下面通过绘制图 3-78 来说明样条曲线命令的用法。

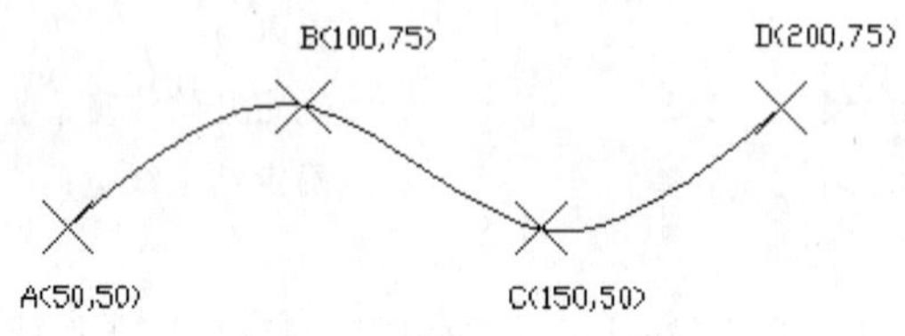

图 3-78 画波浪线

单击【绘图】面板上的样条曲线命令按钮，命令行提示如下：

命令：_spline	
指定第一个点或 [对象(O)]：50，50	指定 A 点；
指定下一点：100，75	指定 B 点；
指定下一点或 [闭合(C)/拟合公差(F)] <起点切向>：150，50	指定 C 点；
指定下一点或 [闭合(C)/拟合公差(F)] <起点切向>：200，75	指定 D 点；
指定下一点或 [闭合(C)/拟合公差(F)] <起点切向>：	回车结束指定点；
指定起点切向：	移动鼠标单击确定起点切线方向，直接回车切向为系统默认方向；
指定端点切向：	同上。

此命令可通过下拉菜单【绘图】/【样条曲线】来执行。

样条曲线选项【拟合公差】的功能是：当拟合公差的值为零时，样条曲线严格通过用户指定的每一点。当拟合公差的值不为零时，AutoCAD 画出的样条曲线并不通过用户指定的每一点，而是自动拟合生成一条圆滑的样条曲线，拟合公差值是生成的样条曲线与用户指定点之间的最大距离，如图 3-79 所示。

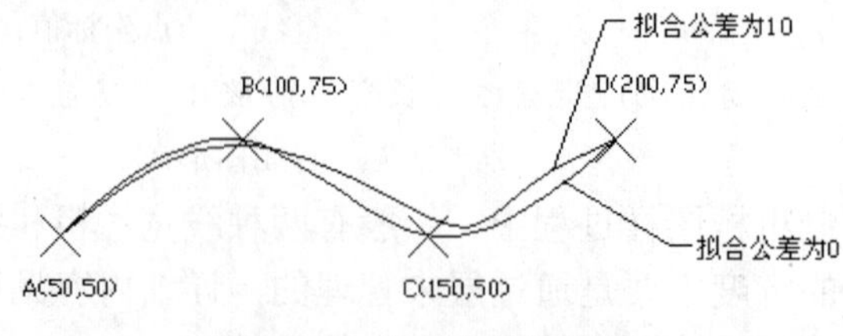

图 3-79 拟合公差的影响

3.11　修订云线

在检查或用红线圈阅图形时，可以使用修订云线功能亮显标记，以提高工作效率。修订云线命令用于创建由连续圆弧组成的多段线以构成云线形对象。

可以从头开始创建修订云线，也可以将闭合对象（如圆、椭圆、闭合多段线或闭合样条曲线）转换为修订云线。

从头创建云线的步骤：

单击【绘图】面板上的修订云线命令按钮，命令行提示如下：

命令：_revcloud	
最小弧长：15　　最大弧长：15　　样式：普通	
指定起点或［弧长(A)/对象(O)/样式(S)］<对象>：	单击鼠标指定云线的起点；
沿云线路径引导十字光标…	沿着云线路径移动十字光标，要更改圆弧的大小，可以沿着路径单击拾取点。要结束云线可以单击鼠标右键（或回车）；
修订云线完成。	云线绘制完成，如图 3-80 所示。

> 要闭合修订云线，请移动十字光标返回到它的起点，系统会自动封闭云线。

如果用户要改变弧长，可以根据提示输入字母 A，然后回车切换到【弧长】选项，指定新的最大和最小弧长，默认的弧长最小值和最大值设置为 0.5000 个单位。弧长的最大值不能超过最小值的三倍。

图 3-80　完成的云线

将闭合对象转换为修订云线的步骤：

单击【绘图】面板上的修订云线命令按钮，命令行提示如下：

命令：_revcloud	
最小弧长：15　　最大弧长：15　　样式：普通	
指定起点或［弧长(A)/对象(O)/样式(S)］<对象>：	回车切换到【对象】选项；
选择对象：	选择图 3-81 中的矩形对象；
反转方向［是(Y)/否(N)］<否>：	是否反转圆弧的方向；
修订云线完成。	云线自动转换，如图 3-81 所示。

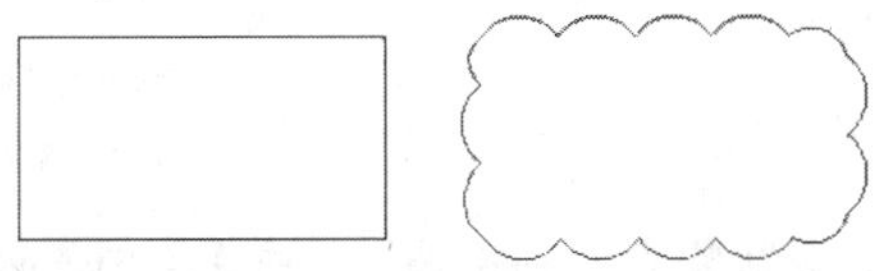

图 3-81　将闭合对象转换为修订云线

3.12　创建无限长线

向一个或两个方向无限延伸的直线（分别称为射线和构造线）可用作创建其他对象的

参照。例如，可以使用构造线查找三角形的中心、准备同一个项目的多个视图或创建临时交点用于对象捕捉等。

无限长线不会改变图形的总面积。因此，它们的无限长标注对缩放或视点没有影响，并且会被显示图形范围的命令忽略。和其他对象一样，也可以对无限长线进行编辑操作。在工程绘图过程中，常使用无限长线作为绘图的辅助线。

3.12.1 构造线

单击【绘图】面板上的构造线命令按钮，命令行提示：

命令：_xline 指定点或 [水平(H)/垂直(V)/角度(A)/二等分(B)/偏移(O)]：

指定一个点以定义构造线的根，此点可以使用后面讲述的中点捕捉进行捕捉；

指定通过点：　指定第二个点，即构造线要经过的点；

指定通过点：　根据需要继续指定构造线。所有后续参照线都经过第一个指定点，按回车可以结束命令。

通过指定两点绘制的构造线如图 3-82 所示。

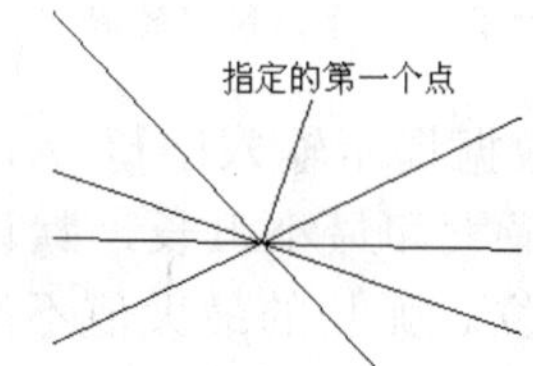

图 3-82　绘制多条交于第一点的构造线

另外使用中括号中的选项还可以绘制特殊要求的构造线。

1. 使用【水平】选项

使用【水平】选项，可以绘制水平的构造线，单击【绘图】面板上的构造线命令按钮，命令行提示：

命令：_xline 指定点或 [水平(H)/垂直(V)/角度(A)/二等分(B)/偏移(O)]：h

输入字母“h”，然后回车切换到【水平】选项；

指定通过点：　指定构造线要经过的点，按回车键可以结束命令。

2. 使用【垂直】选项

使用【垂直】选项，可以绘制竖直的构造线，单击【绘图】面板上的构造线命令按钮，命令行提示：

命令：_xline 指定点或 [水平(H)/垂直(V)/角度(A)/二等分(B)/偏移(O)]：v

输入字母“v”，然后回车切换到【垂直】选项；

指定通过点：　指定构造线要经过的点，按回车键可以结束命令。

3. 使用【角度】选项

使用【角度】选项，可以按指定的角度创建构造线，单击【绘图】面板上的构造线命令按钮，命令行提示：

命令：_xline 指定点或 [水平(H)/垂直(V)/角度(A)/二等分(B)/偏移(O)]：a	
	输入字母“a”，然后回车切换到【角度】选项；
输入构造线的角度 (0) 或 [参照(R)]：60	输入构造线的角度；
指定通过点：	指定构造线要经过的点，按回车键可以结束命令。

如果用户使用【参照】选项，首先需要选定参照线，然后指定与选定参照线之间的夹角。此角度从参照线开始按逆时针方向测量。

4. 使用【二等分】选项

使用【二等分】选项，可以创建一条构造线，它经过选定的角顶点，并且将选定的两条线之间的夹角平分。单击【绘图】面板上的构造线命令按钮，命令行提示：

命令：_xline 指定点或 [水平(H)/垂直(V)/角度(A)/二等分(B)/偏移(O)]：b	
	输入字母“b”，然后回车切换到【二等分】选项。
指定角的顶点：	指定角的顶点；
指定角的起点：	指定角的起点；
指定角的端点：	指定角的端点，回车结束命令，如图 3-83 所示。

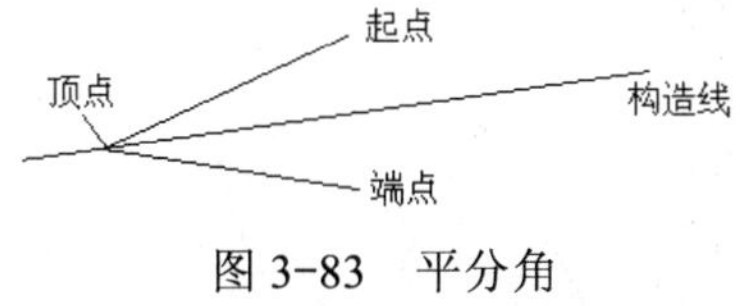

图 3-83 平分角

关于点的捕捉参考捕捉相关章节。

5. 使用【偏移】选项

创建平行于另一个对象的构造线。使用【偏移】选项，可以创建平行于另一个对象的构造线。单击【绘图】面板上的构造线命令按钮，命令行提示：

命令：_xline 指定点或 [水平(H)/垂直(V)/角度(A)/二等分(B)/偏移(O)]：o	
	输入字母“o”，然后回车切换到【偏移】选项；
指定偏移距离或 [通过(T)] <10.0000>：	入偏移距离；
选择直线对象：	选择要平行的对象；
指定向哪侧偏移：	在选择对象的一侧单击，就会在那一侧产生构造线。

如果用户使用【通过】选项，可以创建从一条直线偏移并通过指定点的构造线。

3.13 本章小结

本章详细讲解了直线的绘制、圆及圆弧的绘制、矩形的绘制、椭圆及椭圆弧的绘制、正多边形的绘制、多线的绘制、图案填充、点的绘制、多段线绘制、构造线、修订云线、样条曲线绘制等。通过本章的学习，用户可以轻松绘制制图过程中经常出现的图形实体，如直线、圆和弧、多边形、剖面线、波浪线等。在这一章只是学会如何画，而配合后面介绍的编辑功能，就可以绘制出满意的图样。

3.14 习题

1. 概念题

（1）在绘制椭圆弧时怎样识别角度的零点？

（2）在 AutoCAD 2009 中系统默认的角度的正向和弧的形成方向是逆时针还是顺时针？

（3）用正多边形命令绘制正多边形时有两个选择：内接于圆和外切于圆。试问用这两种方法怎样控制正多边形的方向？

（4）利用 Rotation 选项绘制椭圆时，输入的角度有限制吗？限制的范围是多少？

2. 操作题

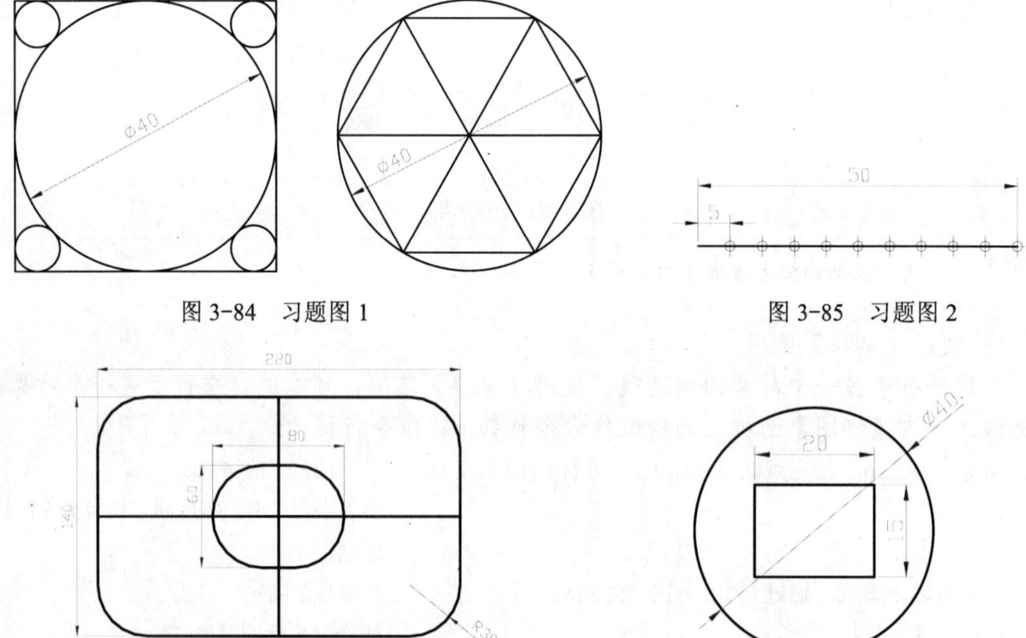

图 3-84 习题图 1

图 3-85 习题图 2

图 3-86 习题图 3

图 3-87 习题图 4

第 4 章 对象捕捉与追踪

在利用 AutoCAD 绘图时，最大的优点就是比手工制图精确。例如，从相交直线的交点向外绘制别的实体，手工绘制时，不管用多么精确的仪器进行辅助选取交点，都必须用眼睛进行判断，误差一定会有的，但使用 AutoCAD，可以输入交点的坐标值，这时误差理论上为零，只是有时并不知道交点的坐标值是多少。在这一点上，AutoCAD 为用户想得很周到，它专门提供了对象捕捉的命令，用此命令，可以快速准确地找到所需点，大大提高绘图效率。

所谓对象捕捉，是指在执行绘图命令需要输入一个点时，调用此命令，光标自动锁定到所需点，它可以捕捉图元上的端点、交点、中点、垂足、切点、圆的象限点和圆心等特殊位置点。对象捕捉不能单独使用，只能配合绘图或编辑命令执行。

【本章重点】

- 点的智能化确定；
- 靶框的设置；
- 自动对象捕捉的设置；
- 栅格和栅格捕捉；
- 对象捕捉追踪；
- 极轴追踪；
- 点的坐标过滤。

4.1 点的智能化确定

要以一条线段的端点为圆心绘制一个半径恰为线段长度一半的圆时，在 AutoCAD 中，完全可以不用手工输入圆心坐标及半径，利用对象捕捉功能，就可以准确无误并快速地完成。在 AutoCAD 中，点的智能化确定是靠对象捕捉完成的，对象捕捉包含多种类型：

- 端点捕捉；
- 中点捕捉；
- 交点捕捉；
- 垂足捕捉；
- 圆心捕捉；
- 象限点捕捉；
- 切点捕捉；
- 临时追踪点；
- 捕捉自；

- 延长捕捉;
- 平行捕捉。

下面详细讲解一下它们的功能。首先调出【对象捕捉】的工具栏。在【快速访问工具栏】上右击，弹出快捷菜单，选择【工具栏】/【AutoCAD】/【对象捕捉】选项，显示出【对象捕捉】工具栏，如图 4-1 所示，移动鼠标指针到工具条的标题栏处，按下鼠标左键拖动鼠标指针，将工具条移到合适的区域，放开鼠标左键。

图 4-1 【对象捕捉】工具栏

4.1.1 端点捕捉

端点捕捉按钮是用来捕捉实体的端点，如线段、圆弧等。在捕捉时，将光标移到要捕捉的端点一侧，就会出现一个捕捉端点标记□，单击鼠标左键即可。下面用一个例子来说明它的功能。

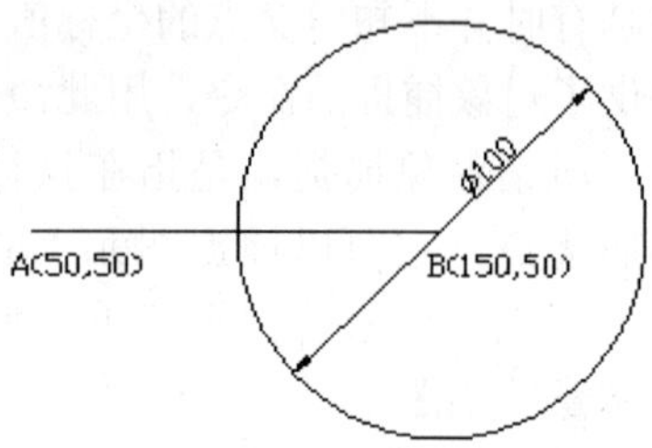

【例 4-1】 已知线段 AB，A（50，50），B（150，50），以 B 点为圆心，以 AB/2 为半径画圆，如图 4-2 所示。

图 4-2 端点捕捉

作图步骤如下：

单击直线命令按钮，命令行提示如下：

命令：_line 指定第一点：50，50　　输入 A 点坐标，回车；

指定下一点或 [放弃(U)]：150，50　　输入 B 点坐标，回车；

指定下一点或 [放弃(U)]：　　回车；

单击【圆心，半径】命令按钮，命令行提示如下：

命令：_circle 指定圆的圆心或 [三点(3P)/两点(2P)/相切、相切、半径(T)]：_endp 于

　　单击端点捕捉按钮，将光标移到 B 点附近，出现端点捕捉标记□时，单击鼠标左键；

指定圆的半径或 [直径(D)]：50　　确定圆的半径，回车。

对象捕捉作为一种点坐标的智能输入法，是在执行了绘图命令要求输入点时调用，不能单独使用。

4.1.2 中点捕捉

中点捕捉按钮是用来捕捉直线或圆弧的中点，捕捉时只要把光标移到直线或圆弧上即可。

如上例，圆半径是线段长度的一半，此时只要在最后一步把输入 50 改为捕捉中点即可，下面是具体说明：

指定圆的半径或[直径(D)]：_mid 于　　单击中点捕捉，将光标移到线段上，出现捕捉标记△时，单击鼠标左键。如图 4-3 所示。

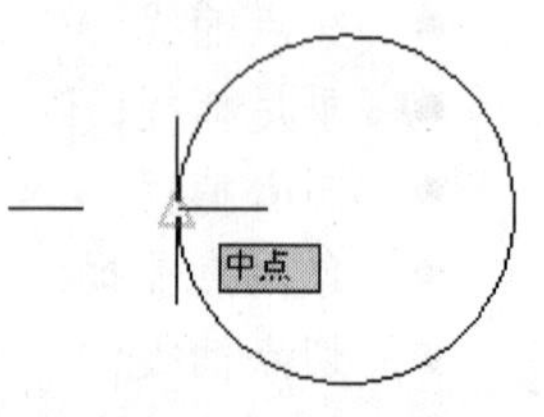

图 4-3 中点捕捉

4.1.3 交点捕捉

交点捕捉按钮是用来捕捉实体之间的交点，它要求实体之间在空间内确定有一个真实交点，不管相交或延长相交都可以。捕捉交点时，光标必须落在交点附近。

【例 4-2】 已知 AB 垂直 CD 交于 E，以 E 点为圆心，以 50 为半径画圆，如图 4-4 所示。

首先画出两线段 AB 和 CD，单击【圆心，半径】命令按钮，命令行提示如下：

命令：_circle 指定圆的圆心或 [三点(3P)/两点(2P)/相切、相切、半径(T)]：_int 于　　确定圆心位置，单击交点捕捉按钮，将光标移到交点 E 处，出现捕捉标记时，单击鼠标左键；

指定圆的半径或 [直径(D)]：50　　确定圆的半径。

图 4-4 中交点已经画出，有时虽然实体相交，但交点没有画出，该怎么办呢？如图 4-5 所示。

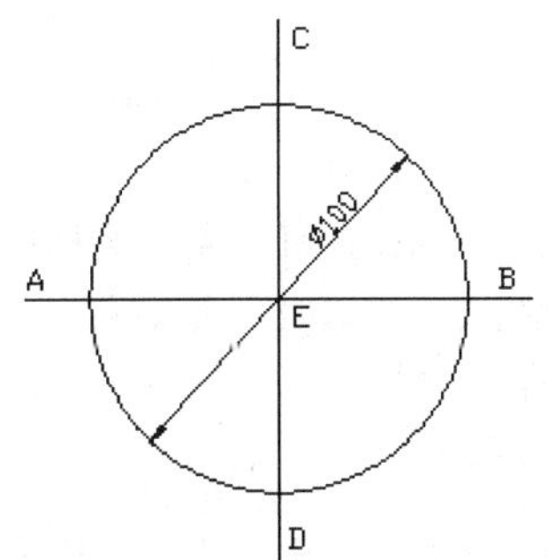

图 4-4　可见交点捕捉

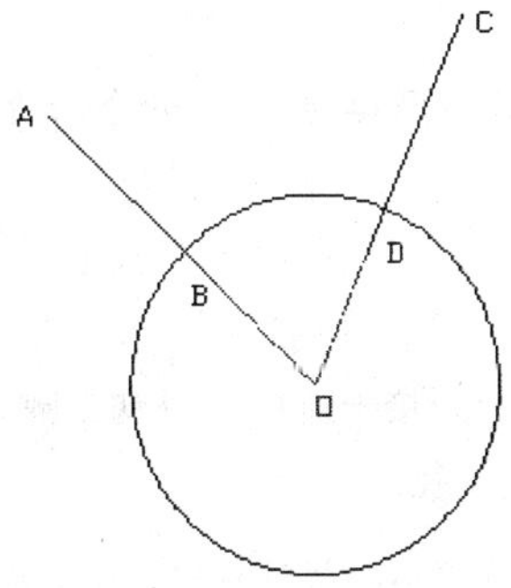

图 4-5　不可见交点捕捉

画出 AB，CD，单击【圆心，半径】命令按钮，命令行提示如下：

命令：_circle 指定圆的圆心或 [三点(3P)/两点(2P)/相切、相切、半径(T)]：_int 于　　单击交点捕捉按钮，将光标移到 AB 上，出现捕捉标记×…时，单击鼠标左键。

和　　再将光标移到 CD 上出现交点捕捉标记×时，单击鼠标左键，这样圆心被确定在 AB、CD 的交点上；

指定圆的半径或 [直径(D)]：50　　确定圆的半径。

外观交点捕捉用于捕捉外观交点，在二维绘图中与交点捕捉的作用一样，这里就不再重复。

4.1.4 垂足捕捉

用垂足捕捉按钮捕捉到的点与当前已有的点的连线垂直于捕捉点所在的实体，如从线外某点向直线引垂线确定垂足时，垂足捕捉就非常适用，下面用实例来说明它的用法。

【例 4-3】 从 A（200，80）点作直线 AB 垂直于已知线段 CD，垂足为 B，如图 4-6 所示。

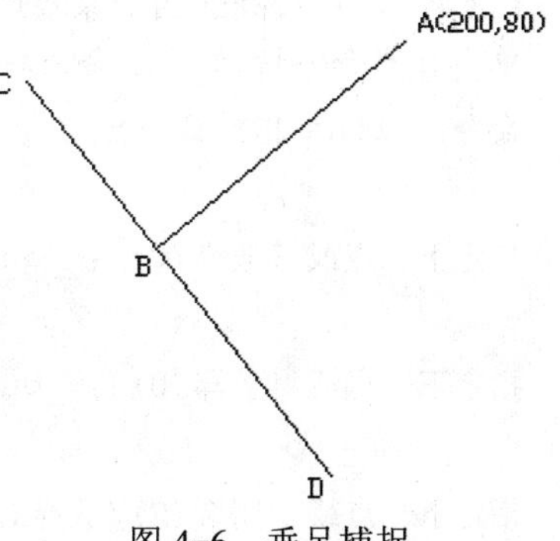

图 4-6　垂足捕捉

单击直线命令按钮，命令行提示如下：

命令：_line 指定第一点：200，80　　执行绘直线命令，输入 A 点坐标；

指定下一点或 [放弃(U)]：_per 到　　单击垂足捕捉按钮，移动光标到 CD 上，出现捕捉标记时，单击鼠标左键；

指定下一点或 [放弃(U)]：　　回车结束操作。

同样，如果要画一条直线垂直于圆，步骤一样，只不过是把圆看成是线段 CD，读者可以试一下。实际上是一条连接圆心的线，这条线垂直于该点的切线方向。

4.1.5　圆心捕捉

为圆心捕捉按钮，使用该命令可以捕捉到圆、圆弧、圆环、椭圆及椭圆弧的圆心，在绘制同心圆或从圆心绘制实体时，不论知不知道圆心坐标，调用它都是最快捷、最有效的途径。

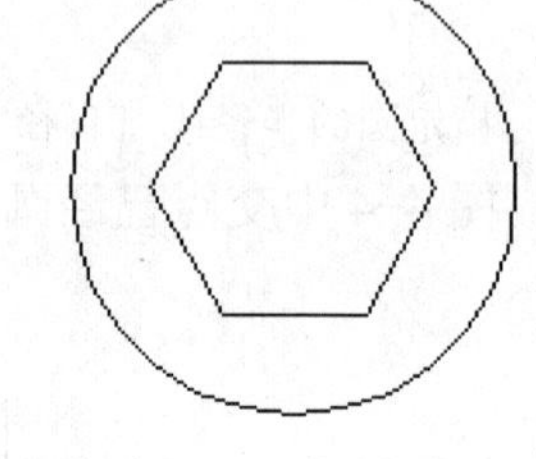

图 4-7　圆心捕捉

【例 4-4】 在圆内绘制六边形，圆心与六边形中心重合，如图 4-7 所示。

单击正多边形按钮，命令行提示：

命令：_polygon 输入边的数目 <4>：6　　输入 6，表示六边形；

指定正多边形的中心点或 [边(E)]：_cen 于　　单击圆心捕捉按钮，将光标移到圆周上，待出现捕捉标记○时单击鼠标；

输入选项[内接于圆(I)/外切于圆(C)]<I>：　　回车；

指定圆的半径：　　确定半径。

在圆心捕捉过程中，当鼠标移到圆周上，在圆心处出现一个带有“+”符号的临时点，这时把光标放在圆周上或放在圆心附近，都可以捕捉到圆心。

4.1.6　象限点捕捉

象限点捕捉按钮是捕捉圆、圆弧、圆环或椭圆在整个圆周上的四分点，一个圆从 0° 位置四等分后，每一部分称为一个象限，象限在圆上的连接部位就是象限点，也就是 0°、90°、180°、270° 位置。在调用象限点捕捉命令时，可以捕捉到光标最近处的一个象限点作为输入点。下面通过实例来讲一下它的用法。

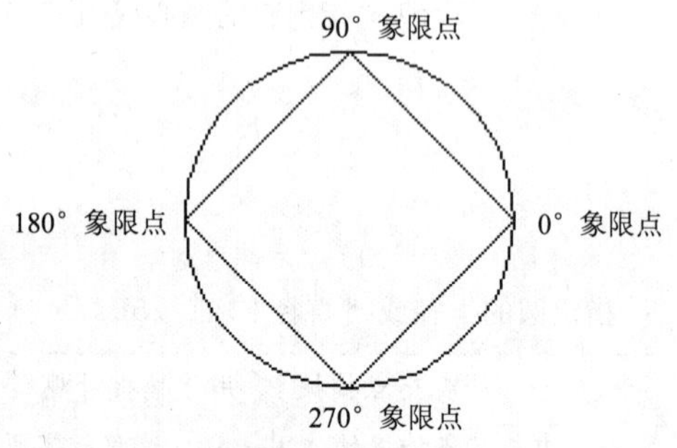

图 4-8　象限点捕捉

【例 4-5】 连接圆的四个象限点，如图 4-8 所示。

单击直线命令按钮，命令行提示如下：

命令：_line 指定第一点：_qua 于　　单击象限捕捉按钮，移动鼠标到 0° 象限点位置，出现捕捉标记◇，单击 鼠标；

指定下一点或 [放弃(U)]：_qua 于　　单击象限捕捉按钮，移动鼠标到 90° 象限点位置，出现捕捉标记◇，单击鼠标；

指定下一点或 [放弃(U)]：_qua 于　　单击象限捕捉按钮，移动鼠标到 180° 象限点位置，出现捕捉标记◇，单击鼠标；

指定下一点或 [闭合(C)/放弃(U)]：_qua 于　　单击象限捕捉按钮，移动鼠标到 270° 象限

	点位置，出现捕捉标记◇，单击鼠标；
指定下一点或 [闭合(C)/放弃(U)]：c	封闭图形。

4.1.7　切点捕捉

为切点捕捉按钮，当所绘制实体与圆、圆弧或椭圆相切时，调用此命令可以捕捉到它们之间的切点，切点即可以作为第一输入点，也可以作为第二输入点。

【例 4-6】 如图 4-9 所示，已知圆 E 外一点 A，作 AB，AC 与已知圆相切。

单击直线命令按钮，命令行提示如下：

命令：_line 指定第一点：	指定 A 点；
指定下一点或 [放弃(U)]：_tan 到	单击切点捕捉按钮，移动鼠标到圆 E 附近，出现捕捉标记时，单击鼠标；
指定下一点或 [放弃(U)]：	回车，再回车继续执行直线命令；
命令：_line 指定第一点：_endp 于	调用端点捕捉，在 A 点附近，出现端点捕捉标记□时，单击鼠标；
指定下一点或 [放弃(U)]：_tan 到	单击切点捕捉按钮，移动鼠标到圆 E 附近，出现捕捉标记时，单击鼠标；
指定下一点或 [放弃(U)]：	回车结束。

捕捉切点时应该把鼠标移动到切点的近似位置处。

【例 4-7】 绘制如图 4-10 所示两个圆的一条外公切线和一条内公切线。

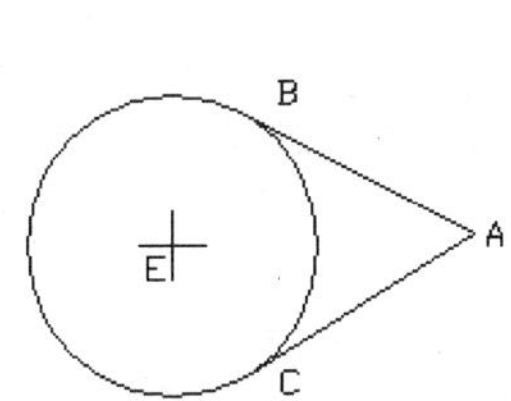

图 4-9　切点捕捉

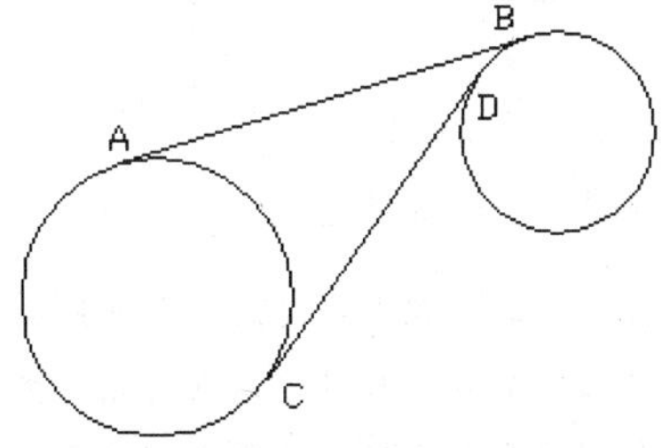

图 4-10　圆的内外切线

单击直线命令按钮，命令行提示如下：

命令：_line 指定第一点：_tan 到	调用切点捕捉命令，把光标移到 A 点附近，出现捕捉标记时，单击鼠标；
指定下一点或 [放弃(U)]：_tan 到	调用切点捕捉命令，把光标移到 B 点附近，出现捕捉标记时，单击鼠标；
指定下一点或 [放弃(U)]：	回车，再回车继续直线命令；
命令：	
LINE 指定第一点：_tan 到	调用切点捕捉命令，把光标移到 C 点附近，出现捕捉标记时，单击鼠标；
指定下一点或 [放弃(U)]：_tan 到	调用切点捕捉命令，把光标移到 D 点附近，出现捕捉标记时，单击鼠标；

指定下一点或［放弃(U)］：　　回车结束绘制。

4.1.8　临时追踪点捕捉

临时追踪点按钮，是通过指定临时对象追踪点，然后会出现水平或垂直的追踪线，用户确定追踪方向后，输入一个距离值从而确定一个点。

【例4-8】 已知矩形，以矩形的左上角点向右50的点为圆心，以40为半径画圆，如图4-11所示。

单击【圆心，半径】命令按钮，命令行提示如下：

命令：_circle 指定圆的圆心或［三点(3P)/两点(2P)/相切、相切、半径(T)］：_tt

指定临时对象追踪点：_endp 于　　单击临时追踪点按钮，然后调用端点捕捉来捕捉矩形的左上角点为临时追踪点，这时出现一条虚线，如图4-12所示，移动鼠标到追踪方向上；

指定圆的圆心或[三点(3P)/两点(2P)/相切、相切、半径(T)]：50

输入50回车，这样就可以确定圆心；

指定圆的半径或［直径(D)］<52.9121>：40　　确定半径。

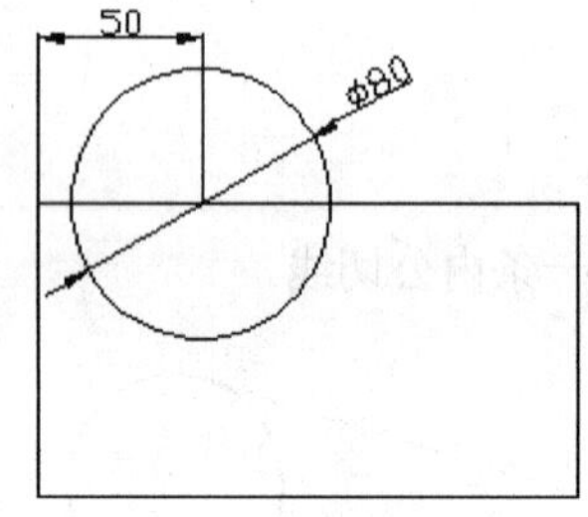

图4-11　临时追踪

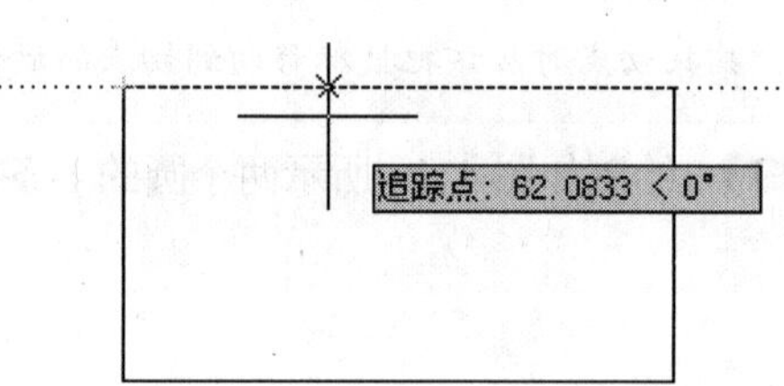

图4-12　追踪过程

调用临时追踪点捕捉时，光标处显示轨迹点也就是我们所需要的点与临时追踪点的相对极坐标值，我们可以根据显示值单击鼠标确定点，但要获得准确长度值较困难，不如直接输入长度值来确定点。

4.1.9　捕捉自

使用捕捉自按钮可以从临时参照点处偏移点，以临时参照点为基点确定需要的点。

【例 4-9】 在正方形外画一个圆，要求圆与正方形位置如图4-13所示。

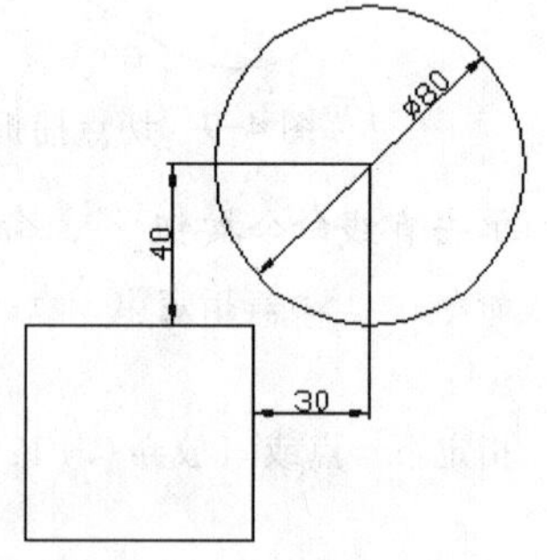

图4-13　捕捉自例图

单击【圆心，半径】命令按钮，命令行提示如下：

命令：_circle 指定圆的圆心或［三点(3P)/两点(2P)/相切、相切、半径(T)］：_from

基点：_endp 于 <偏移>：@30，40　　单击捕捉自按钮，然后调用端点捕捉捕捉正方形的右上角点为基点，再输入偏移值“@30，40”，确定圆心；

指定圆的半径或 [直径(D)] <40.0000>:　确定半径。

调用捕捉自命令来确定点时，只能输入要确定点对基点的相对坐标值。

4.1.10　捕捉到延长线

捕捉到延长线按钮是用来捕捉直线或圆弧延长线方向上的点，在延长线上捕捉点时，直接输入距离值即可。

【例 4-10】 已知线段 AB，根据尺寸标注绘出线段 CD，如图 4-14 所示。

单击直线命令按钮，命令行提示如下：

命令：_line 指定第一点：_ext 于 50　　单击捕捉到延长线按钮，移动光标到 B 点，出现一个临时点标记“ + ”，沿 AB 延长线方向移动鼠标，出现一条追踪线，如图 4-15 所示，从键盘上输入距离 50，确定 C 点；

指定下一点或 [放弃(U)]：@80<45　　确定 D 点；

指定下一点或 [放弃(U)]：　　回车。

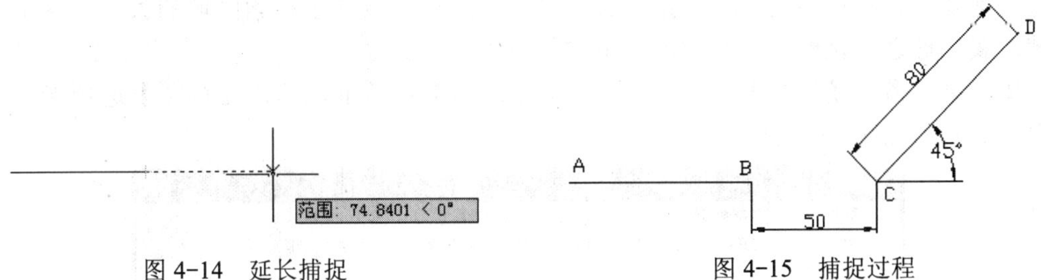

图 4-14　延长捕捉　　图 4-15　捕捉过程

4.1.11　平行捕捉

平行捕捉按钮是用来捕捉直线平行线上的点，这种捕捉方式只能用在直线上。它作为点坐标的智能输入，不能用作第一输入点，只能作为第二输入点。

【例 4-11】 已知直线 AB 和点 C，过 C 点绘直线 CD 平行于 AB，CD 长 100，如图 4-16 所示。

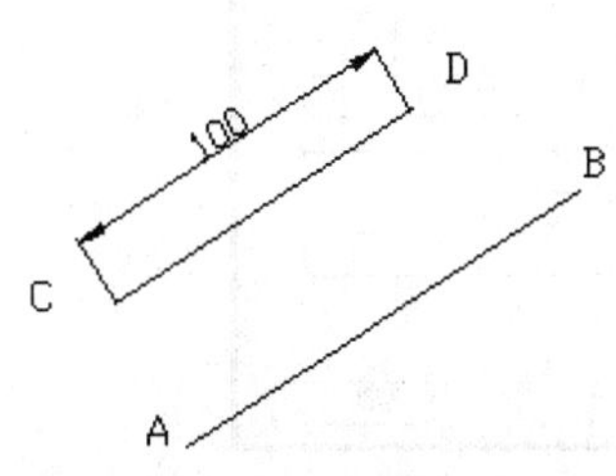

图 4-16　平行线绘制　　图 4-17　进行平行捕捉

单击直线命令按钮，命令行提示如下：

命令：_line 指定第一点：　　确定 C 点；

指定下一点或 [放弃(U)]：_par 到 100　　调用平行捕捉，将光标移到 AB 上，出现捕捉标记二，再将光标移到与 AB 平行的位置，再次出现捕捉标记，并有一条虚线在平行处出现，如图 4-17 所示，输入长度 100，回车。

4.1.12 其他

- 点的捕捉：这里所说的点并不是一般的点，而是用绘制点命令绘制的真正意义的点对象。点的捕捉只能捕捉真正的点。它的图标按钮是。
- 插入点的捕捉：插入点捕捉可以用来捕捉属性、图块、图像和文本的插入点，它的命令图标按钮是。
- 最近点捕捉：最近点捕捉可以捕捉一个对象上距光标中心最近的点。这些对象包括圆弧、圆、椭圆、椭圆弧、直线、多重线等。它的命令图标按钮是，常用于非精确绘图。
- 无捕捉：无捕捉按钮禁止对当前选择对象捕捉。

4.2 靶框的设置

在执行前面讲的捕捉命令时，都要移动十字光标靠近目标所在对象才能捕捉到目标点。那么光标要离目标点多远才能捕捉到目标点呢？这主要取决于搜索区域的大小，这个搜索区域，我们称之为靶框，下面学习一下它的设置方法。

执行菜单命令【工具】/【选项】，弹出【选项】对话框，单击【草图】选项卡，使该项内容显示，如图 4-18 所示。

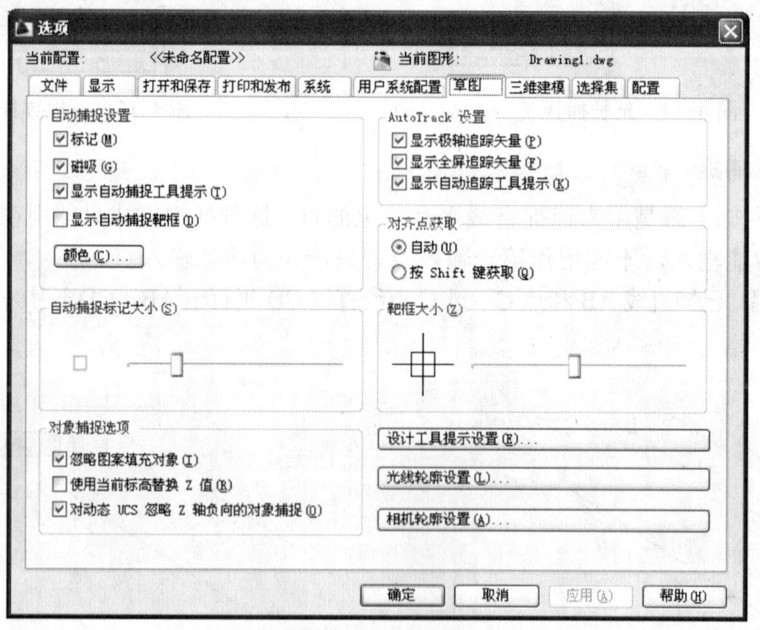

图 4-18 【草图】选项卡

在【自动捕捉标记大小】中移动滑块可以设置捕捉标记的大小，在【自动捕捉标记颜色】下拉列表中设置标记的颜色，在【靶框大小】中移动滑块可以设置靶框的大小。选中【显示自动捕捉靶框】选项，在捕捉过程中显示靶框，使用【显示自动追踪工具提示】选项，控制自动捕捉工具提示的显示。工具栏提示是一个标签，用来描述捕捉到的对象部分。如图 4-19 所示，设置完毕后，单击 确定 按钮退出。

在以后的捕捉过程中，十字光标将会变成带有一小方框的十字光标，这个方框就是靶框，只要目标实体穿过靶框，就可以捕捉到所需目标，当有多个实体穿过该靶框时，系统将会自动捕捉离靶心最近的目标点。

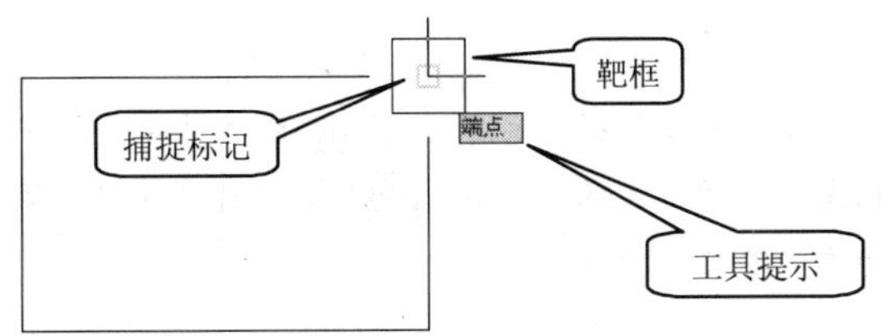

图 4-19　靶框和提示的显示

4.3　自动对象捕捉的设置

前面所讲的对象捕捉虽然可以替代手工输入点的坐标，但每执行一次都要选择一次捕捉方式，这是十分繁琐的，有什么简单方法呢（注意上面是为了讲解各个捕捉工具的使用才调出【对象捕捉】工具栏的，而实际使用中，我们使用自动捕捉）？AutoCAD 中的自动捕捉就是为了克服这一点不足而设置的，只要事先设置好要捕捉的多种方式，系统就会自动地执行捕捉，直到不让它运行为止。

下面来设置和调用该命令。移动光标至状态栏的 处，单击鼠标右键出现快捷菜单，单击【设置】选项，进入【草图设置】对话框，如图 4-20 所示，选中【启用对象捕捉】选项，表示打开自动捕捉，在【对象捕捉模式】中选择想要用到的捕捉方式，设置好后单击 确定 按钮退出。

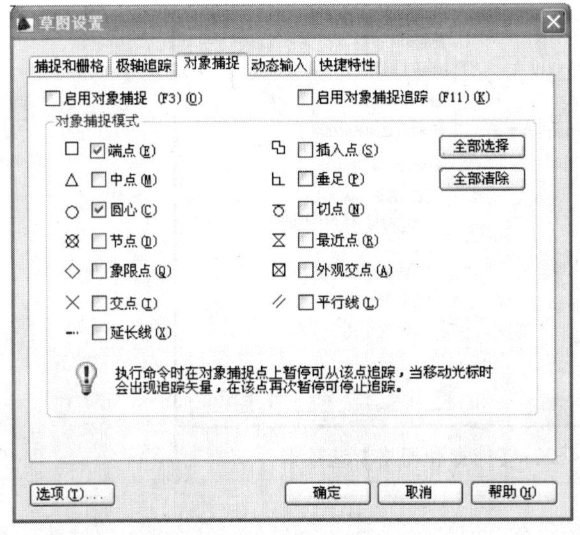

图 4-20　【对象捕捉】选项卡

图 4-21　快捷菜单

移动光标至状态栏的□处，单击鼠标右键出现快捷菜单，如图 4-21 所示，当前带框的是已选择项，可以在上面快速选择要使用的捕捉选项。

利用菜单命令【工具】/【草图设置】也可以打开【草图设置】对话框进行设置，这样以后执行对象捕捉过程中，系统就会自动捕捉设置好的目标点。在状态栏的□处单击鼠标，按钮处于按下状态（□）时，自动捕捉打开，反之关闭。用 F3 功能键同样可以打开和关闭自动捕捉功能。

如果设置了多个执行对象捕捉，可以按 TAB 键为某个特定对象遍历所有可用的对象捕捉点。例如，如果在光标位于圆上的同时按 TAB 键，自动捕捉将显示用于捕捉象限点、交点和中心的选项。自动捕捉不宜设的过多过滥。

4.4　栅格和栅格的捕捉

在绘制工程草图时，经常要把图绘制在坐标纸上，以方便定位和度量。AutoCAD 中也提供了类似这种坐标纸的功能，这就是下面要讲的栅格和栅格捕捉。

栅格是显示在屏幕上的一些等距离点，可以对点间的距离进行设置，在确定对象长度、位置和倾斜程度时，通过数点就可以完成度量。

栅格捕捉是设置了其间隔距离后，调用它，十字光标只能在屏幕上作等距离跳跃，我们把光标跳动的间距称为捕捉分辨率。

栅格和栅格捕捉的设置：使用菜单命令【工具】/【草图设置】，或者在状态栏上▦（捕捉模式）或▦（栅格显示）按钮上单击鼠标右键，出现快捷菜单，选择【设置】选项，都会出现【草图设置】对话框，选择【捕捉和栅格】选项卡，如图 4-22 所示。

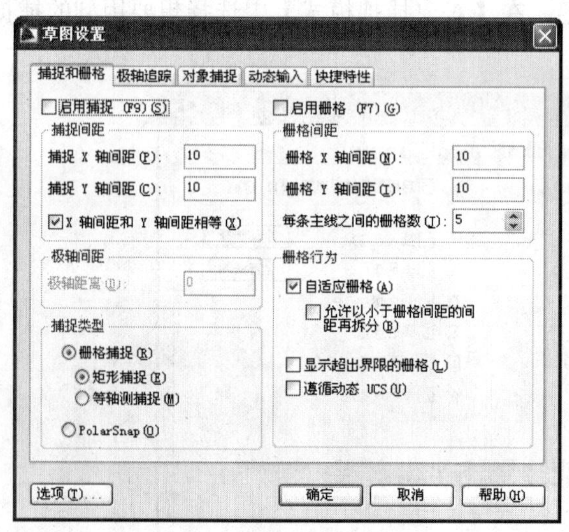

图 4-22 【捕捉和栅格】选项卡

在右边【栅格】区中：

● 【栅格 X 轴间距】：指定 X 方向（水平）栅格点的间距，如果该值为 0，则栅格采用【捕捉 X 轴间距】中的值，默认值为 10。

- 【栅格 Y 轴间距】：指定 Y 方向（垂直）栅格点的间距，如果该值为 0，则栅格采用【捕捉 Y 轴间距】中的值，默认值为 10。

选择【启用栅格】，可以打开栅格，屏幕上将显示按 X 轴、Y 轴间距设置的栅格点。另外还可以利用 F7 功能键，或者单击▦按钮打开和关闭栅格功能。

在左边的【捕捉】区中：

选择【启用捕捉】，可以打开栅格捕捉，系统将按 X 轴、Y 轴间距控制光标移动的距离，另外还可以利用 F9 功能键，或者单击▦按钮打开和关闭栅格捕捉功能。

- 【捕捉 X 轴间距】：指定 X 方向（水平）的捕捉间距，该值必须为正实数，默认值为 10。
- 【捕捉 Y 轴间距】：指定 Y 方向（垂直）的捕捉间距，该值必须为正实数，默认值为 10。
- 【角度】：按指定角度旋转捕捉栅格。

一般情况下，捕捉间距应与栅格间距一致。从上面可以看出，如果把【栅格 X 轴间距】和【栅格 Y 轴间距】两个参数设置为 0，要调整捕捉间距与栅格间距，只需调整【捕捉 X 轴间距】和【捕捉 Y 轴间距】两个参数即可。

AutoCAD 默认设置：栅格距离为 X=10，Y=10，捕捉分辨率为 10，通过下面一个例题来说明一下它的用法，

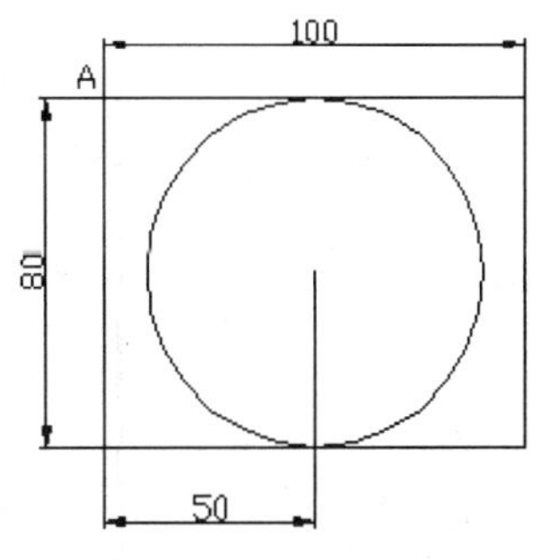

图 4-23　方圆图形

【例 4-12】 绘制，如图 4-23 所示的图形。

分析图形：图形中标注的尺寸都是 10 的倍数，所以在【捕捉和栅格】选项卡中间距设为 10，然后进行绘图，单击状态栏上▦（捕捉模式）和▦（栅格显示）按钮分别启用捕捉和栅格，执行绘制矩形命令，命令行提示如下：

```
命令：_rectang
指定第一个角点或 [倒角(C)/标高(E)/圆角(F)/厚度(T)/宽度(W)]：指定 A 点；
指定另一个角点或 [面积(A)/尺寸(D)/旋转(R)]：拖动光标向右 10 个格，向下 8 个格，鼠标指
                                          会自动磁吸到栅格点上，单击鼠标；
单击【圆心，半径】命令按钮[圆心，半径]，命令行提示如下：
命令：_circle 指定圆的圆心或 [三点(3P)/两点(2P)/相切、相切、半径(T)]：
                                          从 A 点开始，将光标向右移动 5 个格，向下
                                          移动 4 个格，单击鼠标确定圆心；
指定圆的半径或 [直径(D)] <40.0000>：确定半径。
```

如果感觉鼠标指针在屏幕上不能自由移动（跳动），并且妨碍别的鼠标操作时（如选择），检查一下栅格捕捉是否开启。

4.5　自动追踪功能

AutoCAD 的自动追踪功能包括两个部分：极轴追踪和对象捕捉追踪功能。启用

AutoCAD 的极轴追踪功能，在绘图过程中确定了绘图的起点后，系统会自动显示出当前鼠标所在位置的相对极坐标，用户可以通过输入极半径长度的办法来确定下一个绘图点。启用对象捕捉追踪功能后，绘图时，当系统要求输入点时，它会基于指定的捕捉点沿指定方向进行追踪。对象捕捉追踪与极轴追踪的最大不同在于：前者需要在图样中有可以捕捉的对象，而后者则没有这个要求。下面来看一下两种追踪的具体使用过程。

4.5.1　极轴追踪

极轴追踪是用来追踪在一定角度上的点的坐标智能输入方法，用极轴追踪需要先设置一下角度，让系统在一定角度上进行追踪。

移动光标到状态栏上的按钮位置，单击鼠标右键，出现一个快捷菜单，选择【设置】选项，弹出【草图设置】对话框，如图 4-24 所示。极轴追踪的开启有以下三种办法：

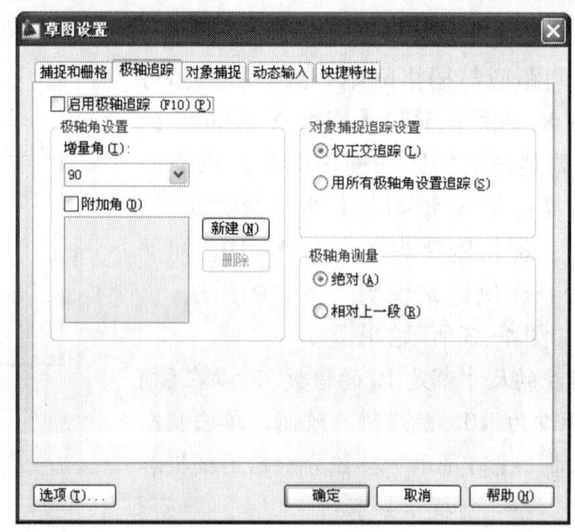

图 4-24 【极轴追踪】对话框

- 选中【启用极轴追踪】选项；
- 利用 F10 功能键；
- 在状态栏上单击按钮。

【增量角】下拉列表：可以选择或者输入极轴追踪角度。当输入点和基点的连线与 X 轴的夹角等于该角，或者是该角的整数倍时，屏幕上会显示追踪路径和相对极坐标标签。

【附加角】：如果除了成规律变化的角度之外，还有特殊追踪角，用户可以选择【附加角】选项，再单击新建(N)按钮，出现一个文本输入框，输入角度回车即可。如果要删除一个附加角，选中附加角，单击删除按钮即可。

在【对象捕捉追踪设置】区域中，两个选项与后面讲的对象捕捉追踪有关：

【仅正交追踪】：当对象捕捉追踪打开时，仅显示通过已获得的捕捉点的水平或垂直追踪路径。

【用所有极轴角设置追踪】：当对象捕捉追踪打开时，可以沿预先设置的极轴角方向进行追踪。

在【极轴角测量】区域设置极轴角的测量基准。

【绝对】：极轴角的测量基准是 X 轴的正方向。

【相对于上一段】：极轴角的测量基准是刚绘制的上一段直线的方向，如图 4-25 所示。

【例 4-13】 利用极轴追踪绘制如图 4-26 所示的图形。

首先分析图形，发现这是一个倾斜角度为 45° 的正方形，四条边的倾斜角度都是 45° 的倍数，所以设置【增量角】为 45°，然后开始绘制。

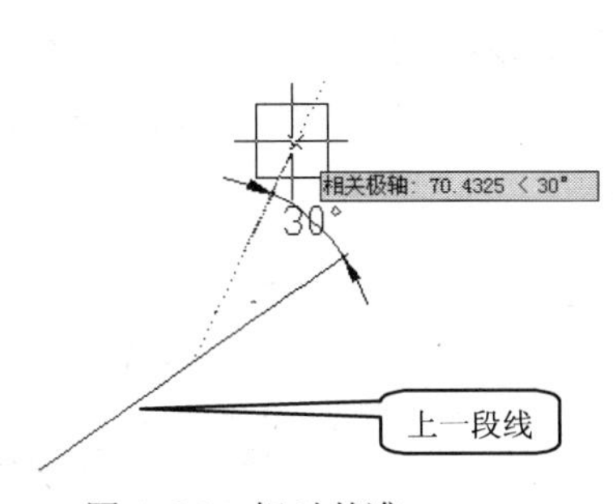

图 4-25 相对基准

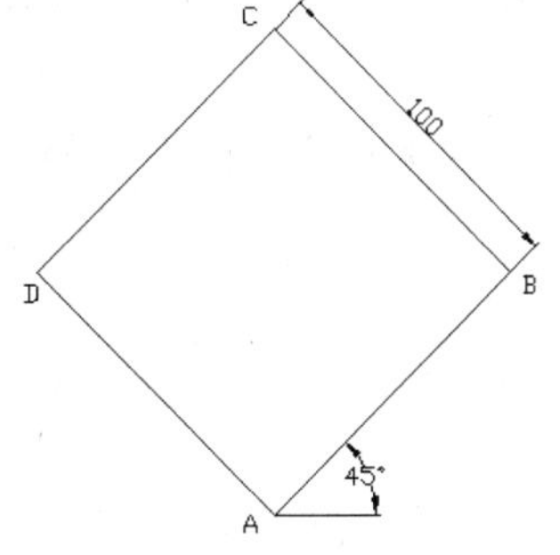

图 4-26 极轴追踪举例

执行直线命令，命令行提示如下：

命令：_line 指定第一点：	确定第一点 A；
指定下一点或 [放弃(U)]：100	移动鼠标出现追踪角度为 45° 的追踪线，如图 4-27 所示，输入长度 100，回车得到 B 点；
指定下一点或 [放弃(U)]：100	移动鼠标出现追踪角度为 135° 的追踪线时，输入长度 100，回车得到 C 点；
指定下一点或 [闭合(C)/放弃(U)]：100	移动鼠标出现追踪角度为 225° 的追踪线时，输入长度 100，回车得到 D 点；
指定下一点或 [闭合(C)/放弃(U)]：c	封闭图形。

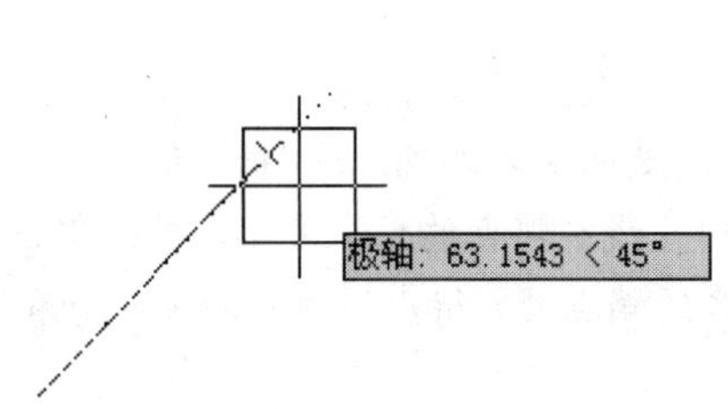

图 4-27 追踪过程

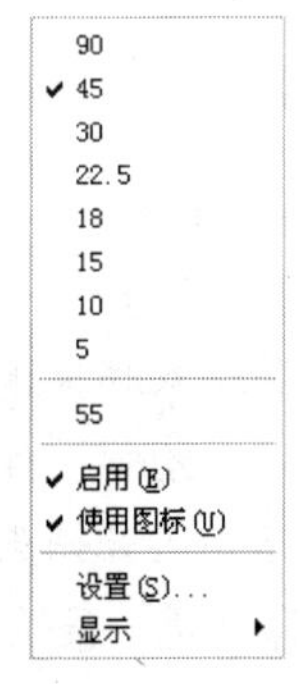

图 4-28 快捷菜单

移动光标到状态栏上的 按钮位置，单击鼠标右键，出现一个快捷菜单，如图 4-28 所示，可以快速选择增量角。

4.5.2 对象捕捉追踪

首先来看一下对象捕捉追踪的设置对话框，移动光标到状态栏上的 位置，单击鼠标右键出现一个快捷菜单，选择【设置】选项，弹出【草图设置】对话框，系统自动选择【对象捕捉】选项卡，如图 4-20 所示。设置对象捕捉追踪还有一点诀窍，首先用户应该知道要从实体的那一类捕捉点进行追踪，比如说在下例中要从实体的中点进行追踪，用户需要选择的选项是【中点】和【启用对象捕捉追踪】。单击 确定 按钮结束设置。

如果不选【中点】选项，就不能从“中点”这个捕捉点进行追踪。

【例 4-14】 绘制如图 4-29 所示的图样，注意圆的圆心在矩形的中心位置。

（1）首先绘制矩形，然后执行绘圆命令，这时系统提示输入圆心坐标，移动鼠标指针到矩形长边的中点位置，待出现中点捕捉符号和一个“+”后，上下移动鼠标会出现一条追踪线，如图 4-30 所示。

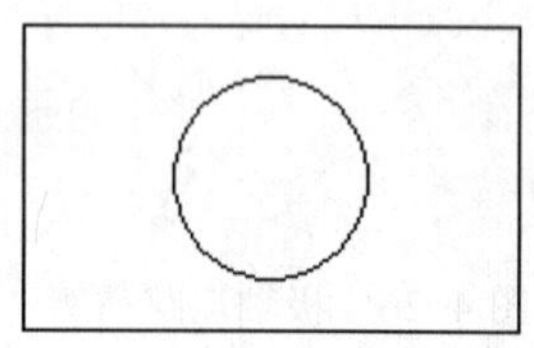

图 4-29　矩形中的圆

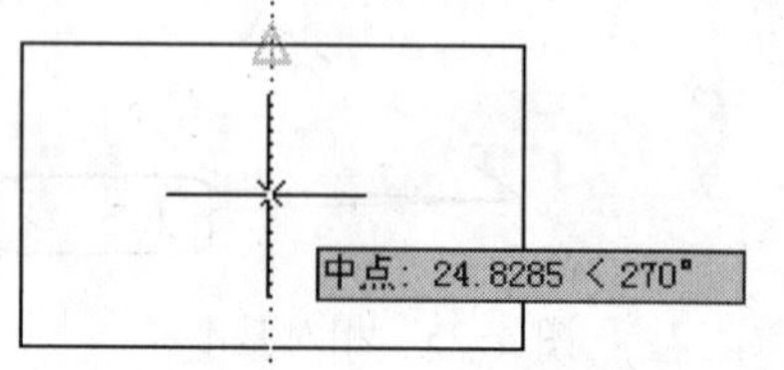

图 4-30　垂直方向中点追踪

（2）按同样的方法移动鼠标到短边的中点处，出现另一条追踪线，如图 4-31 所示。

（3）移动鼠标到矩形的中心位置，会发现有两条相交的追踪线，如图 4-32 所示。

（4）单击鼠标左键，圆心就确定了，然后输入半径就可以绘制出圆了。

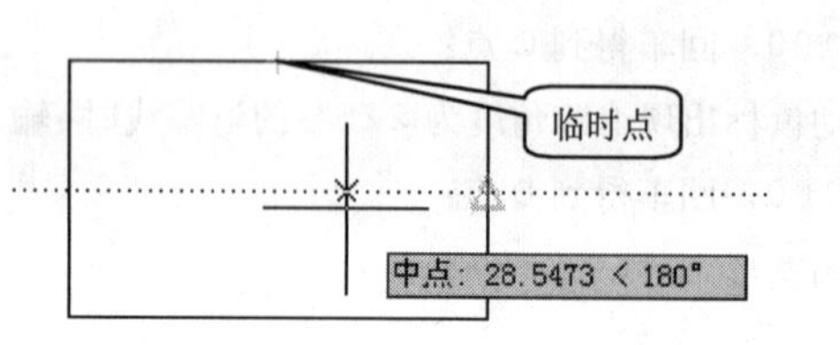

图 4-31　水平方向中点追踪

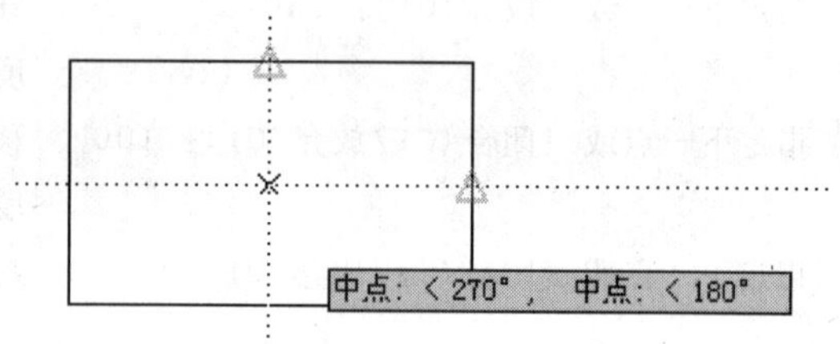

图 4-32　两条捕捉线交汇

在上例中讲的是两方向追踪，但在大多数情况下是单向追踪，如要从某一个实体的端点上方 50 处绘制另一个实体，如图 4-33 所示，就是单向追踪。下面来示范一下：

（1）设置对象捕捉追踪，选中【端点】，目的是从实体的端点进行追踪。

（2）下一步绘制一条线，使线的起点在已知直线右端点的正上方 100 处。单击直线命令按钮 ，系统提示输入开始点，移动鼠标指针到直线的端点处，待出现端点捕捉符号和一个“+”后，向上移动鼠标出现一条追踪线，如图 4-34 所示。

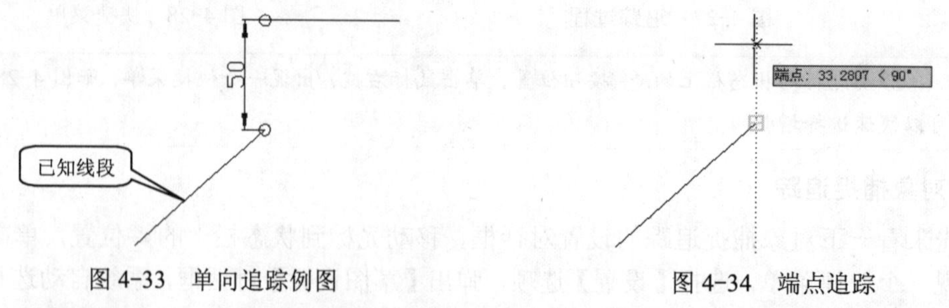

图 4-33　单向追踪例图　　　图 4-34　端点追踪

（3）直接用键盘输入 50 即可确定线段起点位置。应该注意的是把鼠标指针放在要追踪的方向上，如果目标点在基准点的上方，就把鼠标指针放在上方，这样直接输入正距离值就可以。

用户也可能注意到前面利用对象捕捉追踪时，只能沿正交方向追踪，能不能也沿极轴追踪中设置的极轴方向追踪呢？回答是可以的，不过要设置一下。具体的设置过程如下：

（1）打开【草图设置】对话框，选择【极轴追踪】选项卡，如图 4-24 所示，选择增量角为 45°。

（2）在【对象捕捉追踪设置】区域中，选择【用所有极轴角设置追踪】选项。单击 确定 按钮结束设置，就可以沿极轴角方向进行对象捕捉追踪了。

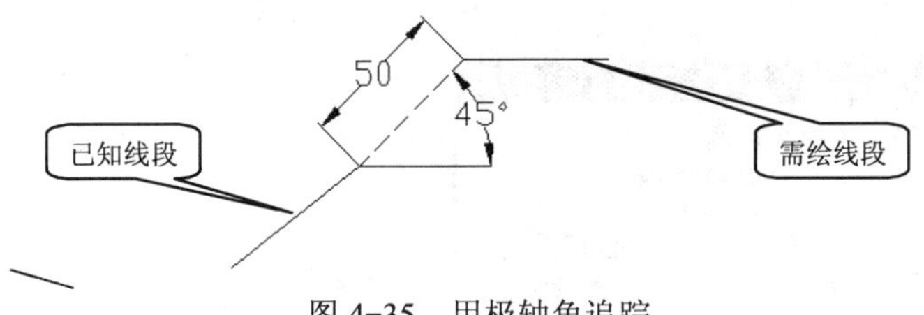

图 4-35　用极轴角追踪

例如要绘制如图 4-35 所示的线段，用上述方法就比较容易完成。首先按要求设置好【用所有极轴角设置追踪】选项和对象捕捉追踪，具体操作步骤如下：

（1）单击绘制直线命令按钮，系统提示输入开始点，移动鼠标指针到直线的端点处，待出现端点捕捉符号和一个“+”后，移动鼠标，当鼠标指针与基准点的连线与水平方向大约成 45° 时，出现一条追踪线，如图 4-36 所示。

（2）直接用键盘输入 50 即可确定线段起点位置。

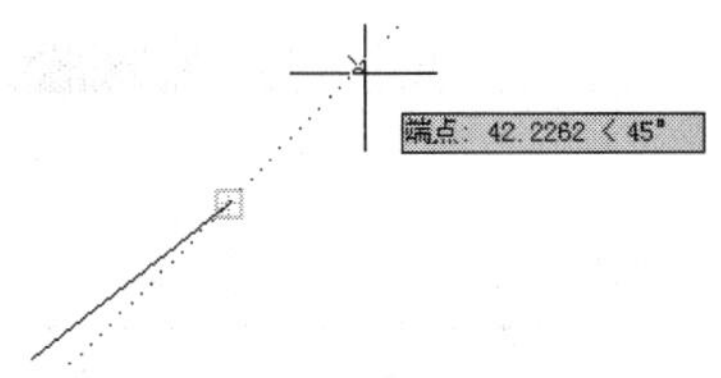

图 4-36　45° 方向追踪

4.6　点的坐标过滤

在绘图过程中，如果一个所需点的 X 坐标与某一个已知点 X 坐标相等，而 Y 坐标与另一个已知点的 Y 坐标相等，也就是要把第一个点的 X 坐标和第二点的 Y 坐标提取出来赋给所需点，这就需要用到点的坐标过滤。

下面以一个简单的例子来说明点的坐标提取过程。

【例 4-15】 如图 4-37 所示，从圆的圆心向右 50mm 处的 A 点向 B 点绘制一条线，B 点的 X 坐标是矩形左上角点的 X 坐标，Y 坐标是圆的下象限点的 Y 坐标。

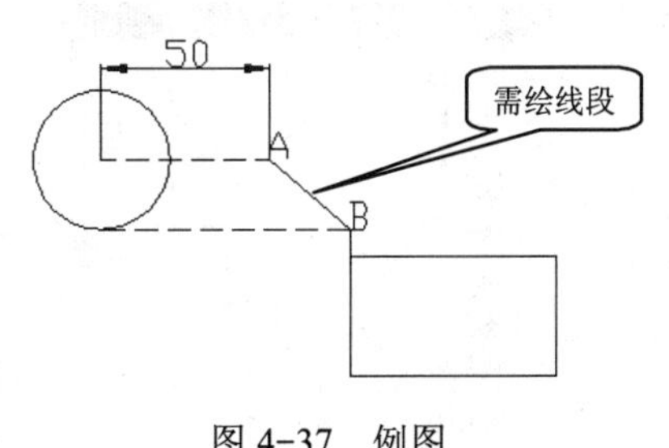

图 4-37　例图

在绘图前自动捕捉和捕捉追踪设置如图 4-38 所示。

执行直线命令，命令行提示如下：

命令：_line 指定第一点：50　　移动鼠标指针到圆的圆心，待出现圆心捕捉符号○后向右移动鼠标，这时出现追踪路线标记表示是从圆心开始追踪的，如图 4-39 所示，从键盘输入 50，然后回车；

指定下一点或 [放弃(U)]：.X 于 (需要 YZ)：　这时提示要求输入下一点，按住 Ctrl 键，单击鼠标右键，出现一个捕捉快捷菜单，如图 4-40 所示。选择【点过滤器】选项中的【X】项，这时返回绘图区域，捕捉矩形的左上角点，系统提示需要 YZ，捕捉圆的下象限点；

指定下一点或 [放弃(U)]：　回车结束绘制。

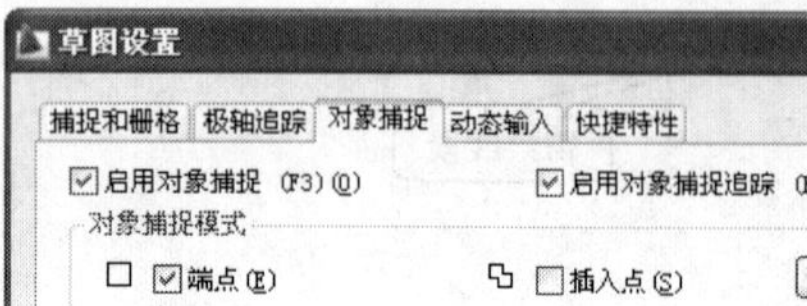

图 4-38　设置捕捉追踪

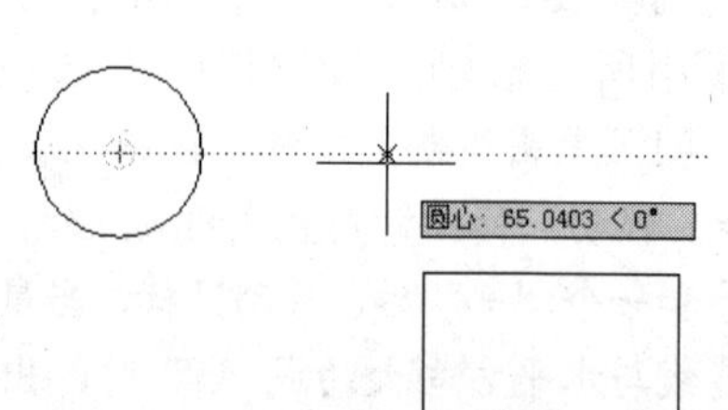

图 4-39　追踪过程

当然这个例题可以用双向追踪来完成，当系统提示输入下一点时，先从圆的下象限点向右追踪，再从矩形的左上角点向上追踪，两追踪迹线的交点就是所需点，再单击鼠标即可。如图 4-41 所示。

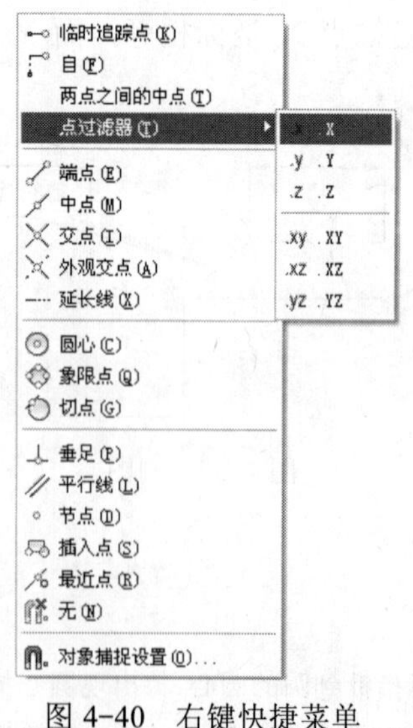

图 4-40　右键快捷菜单

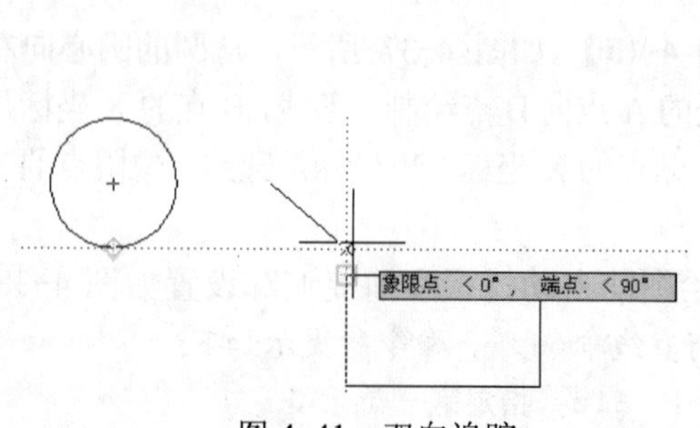

图 4-41　双向追踪

4.7　动态输入

动态输入是 AutoCAD 2006 版本后的新增功能，主要由指针输入、标注输入、动态提示三部分组成。

单击状态栏上的 按钮或按 F12 键可以关闭或打开动态输入，按钮是蓝色状态时，动态输入激活，为灰色时关闭。

在 按钮上单击鼠标右键，出现快捷菜单，选择【设置】选项，打开【草图设置】对话框的【动态输入】选项卡，如图 4-42 所示，可以对动态输入进行设置。

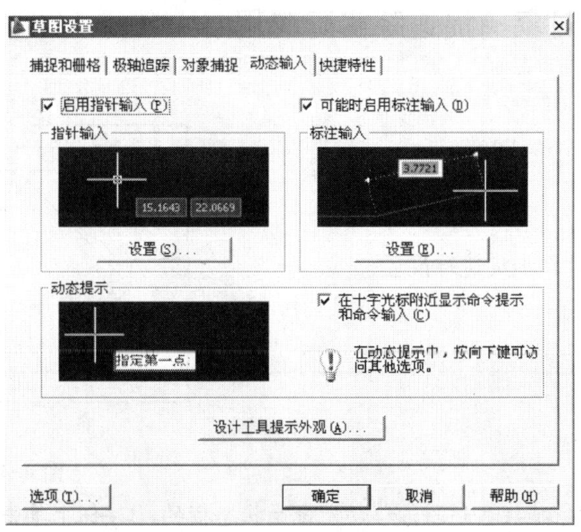

图 4-42 【动态输入】选项卡

在【动态输入】选项卡中有【指针输入】、【标注输入】和【动态提示】三个区域，分别控制动态输入的三项功能。

● 指针输入：当启用指针输入且有命令在执行时，十字光标的位置将在光标附近的工具栏提示中显示为坐标，可以在工具栏提示中输入坐标值，而不是在命令行中输入，使用 Tab 键可以在多个工具栏提示中切换。在开启动态输入后，当提示指定下一个点时，若按 x，y 格式输入可以指定与前一点的相对直角坐标。若输入一个值后按 Tab 键，接下来要输入的值是角度，这样实际上是使用相对极坐标确定点。

如果仅启用了指针输入或标注输入，按两次键盘上的下箭头键可以查看和选择选项。如图 4-43 是执行圆命令时，按两次下箭头键的提示。

● 标注输入：启用标注输入时，当命令提示输入第二点时，工具栏提示将显示距离和角度值。按 Tab 键在工具栏之间切换输入。

如果同时打开指针输入和标注输入，则标注输入在可用时将取代指针输入。

● 动态提示：选择【在十字光标附近显示命令提示和命令输入（C)】选项启用动态提示，提示会显示在光标附近，用户可以按向下箭头键查看和选择选项。图 4-44 所示的是执行矩形命令时的动态提示。

动态输入可以输入命令、查看系统反馈信息、响应系统，能够取代 AutoCAD 传统的命令行，使用快捷键Ctrl+9可以关闭或打开命令行的显示，在命令行不显示的状态下可以仅使用动态输入方式输入或响应命令，为用户提供了一种全新的操作体验。

图 4-43 圆命令动态提示

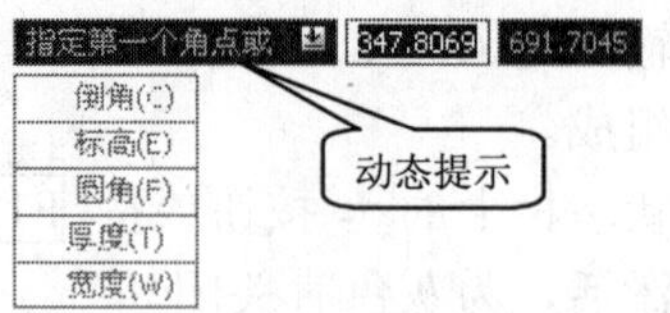

图 4-44 矩形命令动态提示

4.8 自动捕捉和对象捕捉追踪实际应用

设计要求

绘制如图 4-45 所示的图样。

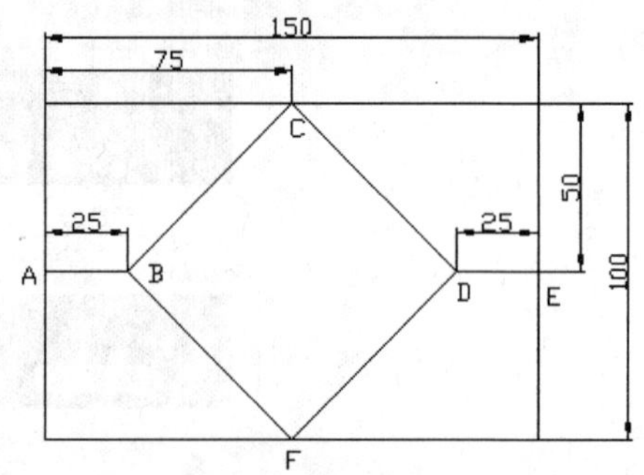

图 4-45 例图

设计思路

（1）自动捕捉和对象捕捉追踪设置。

（2）矩形命令。

（3）直线命令。

设计步骤

1. 基本设置

首先来设置自动对象捕捉和追踪。移动光标至状态栏的□按钮上单击鼠标右键，弹出快捷菜单，单击【设置】，进入【草图设置】对话框，作如图 4-46 设置，选择【启用对象捕捉】，表示打开自动捕捉，选择【启用对象捕捉追踪】，表示打开自动捕捉追踪，在【对象捕捉模式】中选中想要用到的捕捉方式，一般如图设置即可。这样，在以后的执行对象捕捉过程中，系统就会自动捕捉所有预设的目标点。

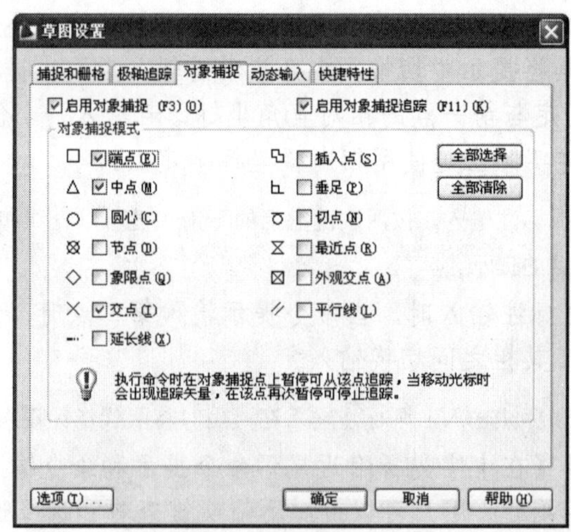

图 4-46 【草图设置】对话框

2. 绘制操作

单击矩形命令按钮，命令行提示:

命令：_rectang

指定第一个角点或 [倒角(C)/标高(E)/圆角(F)/厚度(T)/宽度(W)]： 指定矩形的左下角点；

指定另一个角点或 [面积(A)/尺寸(D)/旋转(R)]：@150, 100 指定矩形的右上角点；

矩形绘制完成，下面步骤就是应用自动对象捕捉辅助执行。

单击直线命令按钮，命令行提示如下:

命令：_line 指定第一点:	移动光标到 A 点附近，出现中点捕捉符号△单击拾取 A 点；
指定下一点或 [放弃(U)]：25	向右水平移动光标时，出现虚线，如图 4-47 所示，输入长度值 25，回车得到 B 点；
指定下一点或 [放弃(U)]:	移动光标到 C 点附近，出现中点捕捉符号△，单击拾取 C 点；
指定下一点或 [闭合(C)/放弃(U)]：25	移动光标到 E 点附近，出现中点捕捉符号△，向左移动鼠标出现追踪线后，如图 4-48 所示，输入 25，确定 D 点；
指定下一点或 [闭合(C)/放弃(U)];	捕捉中点 E;

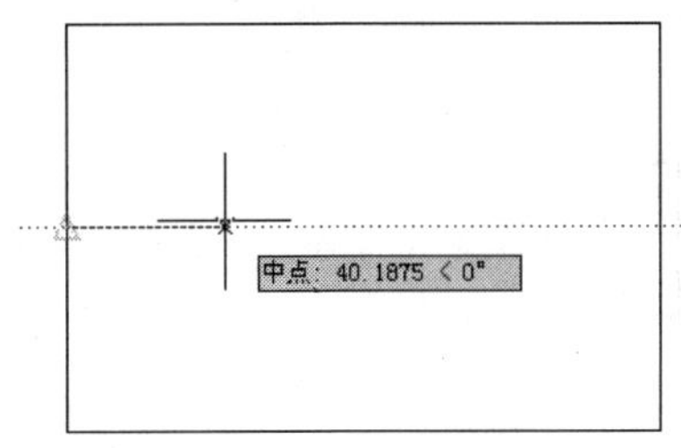

图 4-47 中点向右追踪

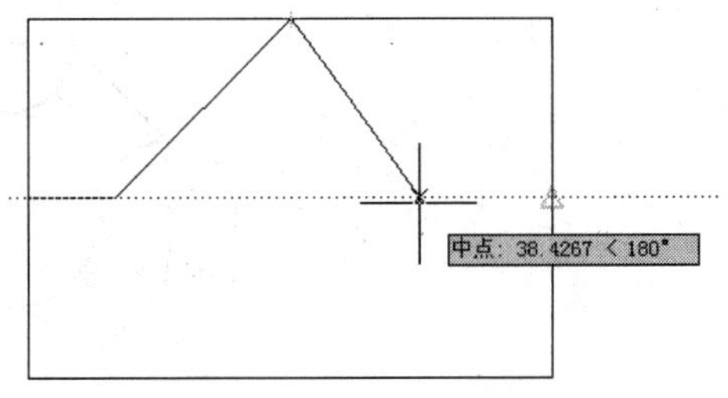

图 4-48 中点向左追踪

回车重新执行绘制直线命令:

命令：_line 指定第一点:	捕捉 AB 的端点 B 点；
指定下一点或 [放弃(U)]:	捕捉中点 F;
指定下一点或 [放弃(U)]:	捕捉 DE 的端点 D 点；
指定下一点或 [闭合(C)/放弃(U)]:	回车，绘制完毕。

4.9 本章小结

本章是对坐标输入点的有利补充，点的捕捉和追踪是 AutoCAD 2009 中最常使用确定点的方法，在本章中主要讲述了以下几种确定点的方法：

- 手动执行对象捕捉；
- 设置自动对象捕捉；
- 栅格与栅格捕捉；
- 极轴追踪；

- 自动对象捕捉追踪;
- 点坐标过滤。

利用坐标输入与上述方法配合使用，基本可以确定所有要求输入的点。用户一定要掌握和灵活使用上述确定点的方法，只有这样才能大大提高工作效率。

4.10 习题

1. 概念题

（1）简要介绍F9、F7、F10、F3、F11等功能键的作用。

（2）最近点捕捉是捕捉离什么最近的点？

（3）怎样设置自动捕捉？自动捕捉的项目是越多越好吗？

（4）怎样设置极轴追踪的附加角度？

（5）栅格捕捉与对象捕捉有什么区别？

（6）怎样设置从实体的端点追踪？

2. 操作题

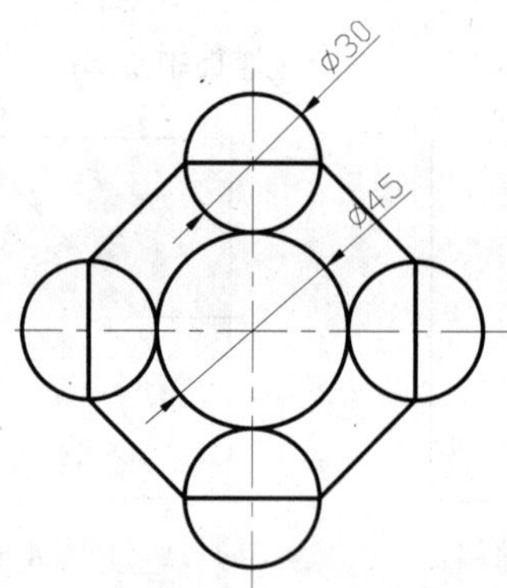

图 4-49 习题图 1

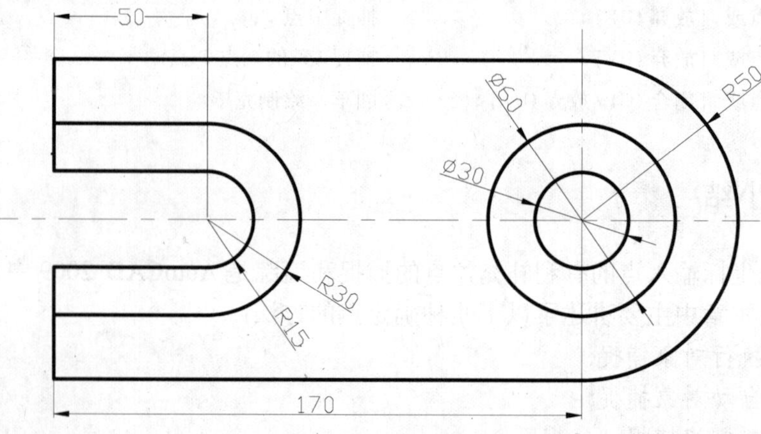

图 4-50 习题图 2

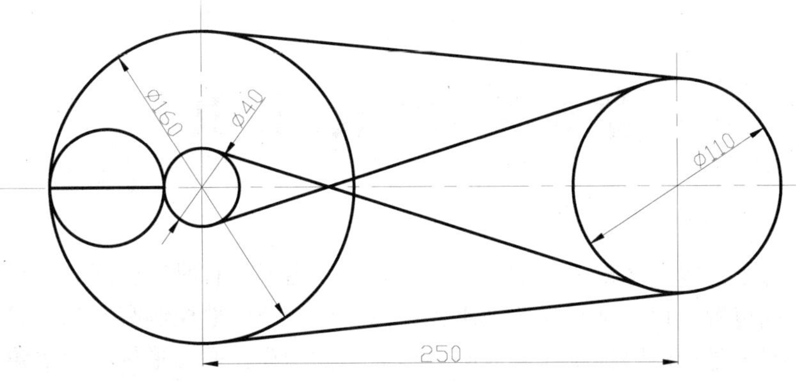

图 4-51　习题图 3

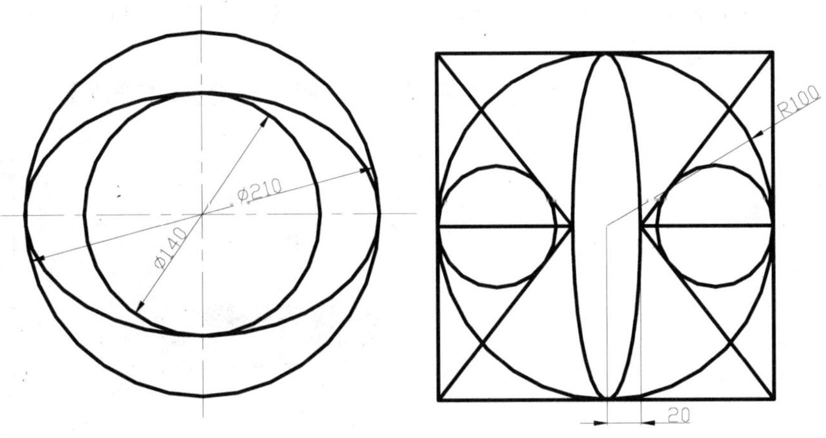

图 4-52　习题图 4

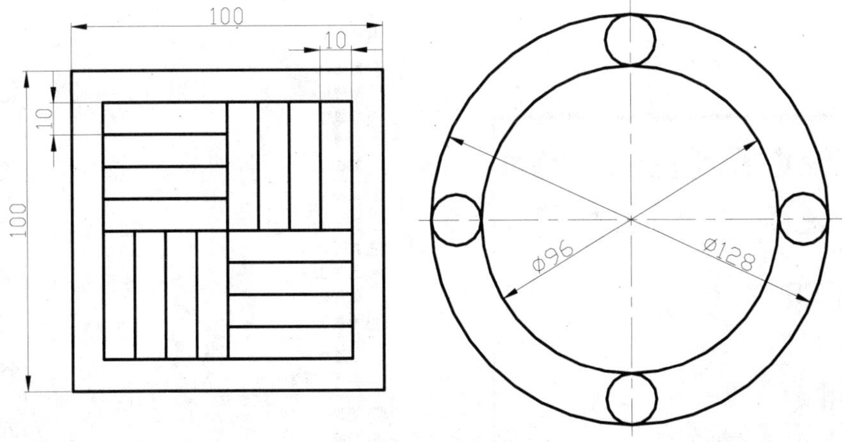

图 4-53　习题图 5

第5章　修 改 工 具

在绘图过程中，我们经常会遇到一些复杂的对称图形。有时也会遇到一些相同或类似的图样在不同的位置出现，是否需要像手工绘图那样一个个地绘制呢？当所绘制的直线或弧过长或过短时，是否清除掉重新绘制呢？当需要把已存在的图形旋转一定角度时，是否要再重复一遍绘制过程呢？不必这么麻烦，AutoCAD 的编辑工具为我们解决了这些手工制图时难以解决的问题。通过修改工具，可以任意地移动图样，改变图样的大小，复制图形。编辑工具具有很高的智能性。通过这一章的学习，可以进一步认识到利用 AutoCAD 来绘制图样时的高效率特点。

【修改】面板如图 5-1 所示，【修改】下拉菜单如图 5-2 所示，【修改】工具栏如图 5-3 所示。

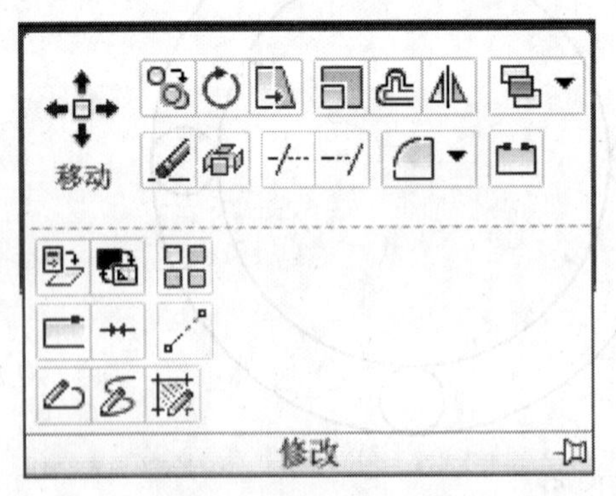

图 5-1 【修改】面板

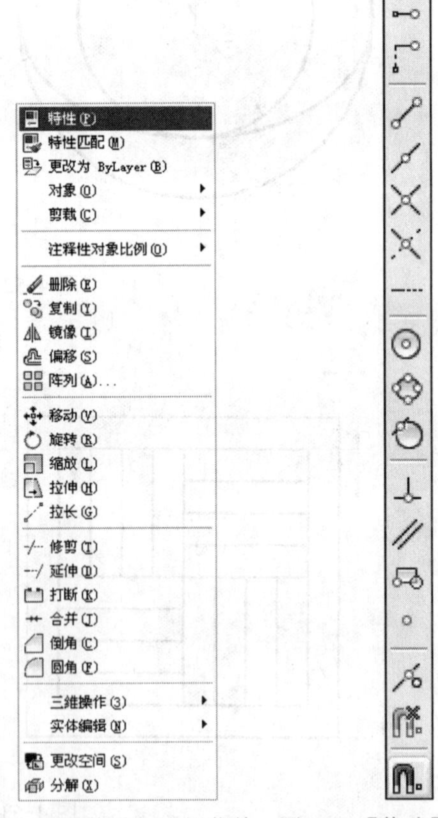

图 5-2 【修改】下拉菜单　图 5-3 【修改】工具栏

【本章重点】

- 常用修改工具；
- 面域；
- 夹点编辑；
- 选择对象。

5.1　删除

在绘图过程中，我们常常遇到一些不想使其在最终图样中出现的实体，像一些辅助线或者一些错误图形。这时，就可以用删除命令，将不需要的实体清除掉。

要将图 5-4 中 a 图编辑成 b 图，可以执行删除命令，将两条直线实体清除。

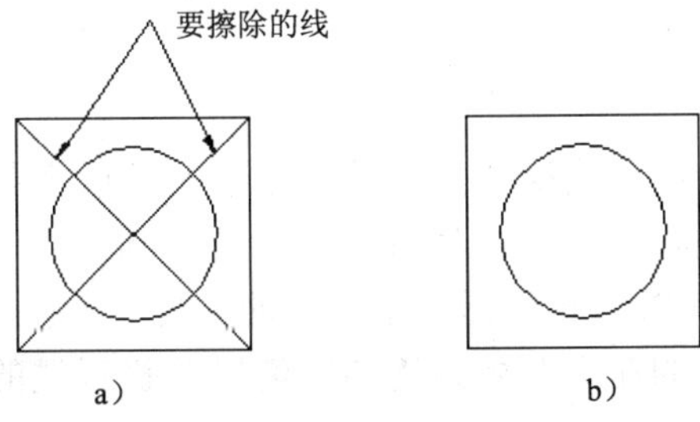

图 5-4　擦除实体

单击【修改】面板上的删除命令按钮，命令行提示：

命令：_erase

选择对象：找到 1 个　　这时鼠标指针变为小方框，移动鼠标到要擦除的直线上单击，直线虚显，表示被选中，如图 5-5 所示；

选择对象：找到 1 个，总计 2 个　　再选另外一条线；

选择对象：　　回车结束选择，同时删除完成。

在上例中使用的是单选法，即一次选一个对象。要是想一次多选几条有没有简单的方法呢？用框选的方法，一次就可以多选一些实体。使用框选方式选择图形，分为左框选和右框选两种方式。

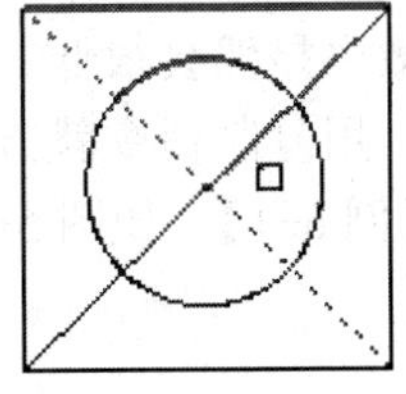

图 5-5　选中对象

左框选法：先确定选择框的左上角点 A，然后向右拉出窗口，并确定选择框的右下角点 B。用这种方法可以选中选择框内的图形对象，这些图形对象全部包含在选择框内，如图 5-6 所示。

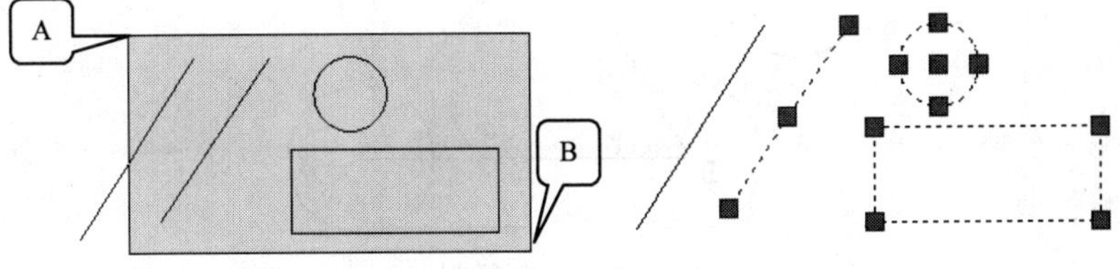

图 5-6　左框选

右框选法：先确定选择框的右上角点 A，然后向左拉出窗口，并确定选择框的左下角点 B，用这种方法无论包含或经过选择框的对象都会被选中，如图 5-7 所示。

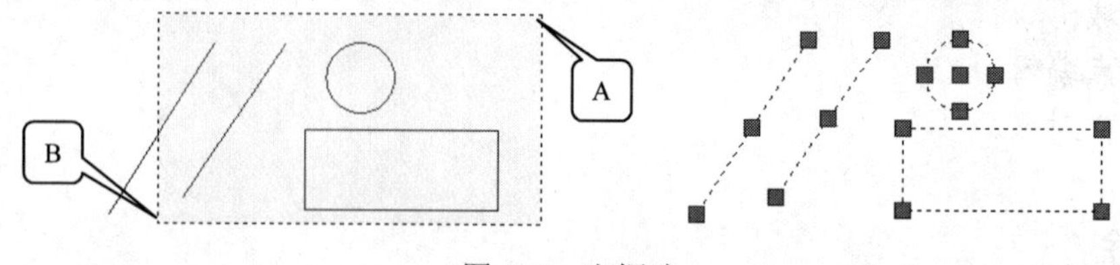

图 5-7 右框选

选中对象，然后按 Delete 键也可以删除选择的对象。另外删除命令可以使用【修改】/【删除】菜单命令完成。

5.2 放弃与重做

在绘图过程中，难免会出现误操作如：绘制错了实体或者删除错了实体，当绘制错了实体时可以擦除，但如果删除错了实体怎么办？重新绘制当然也可以，但绘图效率就降低了。AutoCAD 中的放弃与重做为我们提供了很大的方便。

放弃命令可以从最后的命令开始，逐步取消以前执行过的命令，直到取消到本次绘图启动时的状态，放弃是无限次的。

重做命令与放弃命令功能恰好相反。它只能紧接在放弃命令之后执行，并且只恢复最后一次的放弃操作，它把放弃命令所放弃的命令重新执行一遍，恢复是有限的。

放弃命令可以用快捷键 ctrl+Z 完成，重做命令可以用快捷键 ctrl+Y 完成。

5.3 复制

在一张图中，经常会出现一些相同或类似的实体。如果将实体一个一个地重复绘制，工作效率显然会很低。在手工绘图时没有办法解决这个问题，但在 AutoCAD 中处理这类问题，用复制命令就方便多了，可以将任意复杂的实体复制到图纸某个地方。

【例 5-1】 如图 5-8，需要在 A、B、C 三点处分别复制圆。

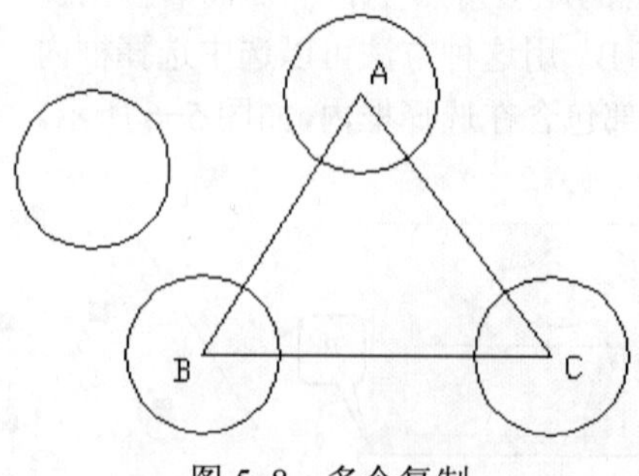

图 5-8 多个复制

单击【修改】面板上的复制对象命令按钮，命令行提示如下：

命令：_copy
选择对象：找到 1 个　　选择圆对象；
选择对象：
当前设置：　复制模式 = 多个
指定基点或 [位移(D)/模式(O)] <位移>:　　捕捉圆心作为复制基点；
指定第二个点或 <使用第一个点作为位移>:　　捕捉目标点 A；
指定第二个点或 [退出(E)/放弃(U)] <退出>:　　捕捉目标点 B；
指定第二个点或 [退出(E)/放弃(U)] <退出>:　　捕捉目标点 C；
指定第二个点或 [退出(E)/放弃(U)] <退出>:　　回车结束复制，如图 5-8 所示。

复制目标点可以用相对坐标确定，基点与目标点重合。此命令也可以通过下拉菜单【修改】/【复制】来执行。

5.4　镜像

在机械制图中，经常会遇到一些对称的图形，如某些底座、轴和支架等。我们可以制作出对称图形的一半，然后用镜像命令将另一半对称图形复制出来。下面，通过实例来介绍它的用法。

【例 5-2】 如图 5-9a 中所示一个图形和一条直线 12，要生成图 b 的实体，可以直接用镜像命令。

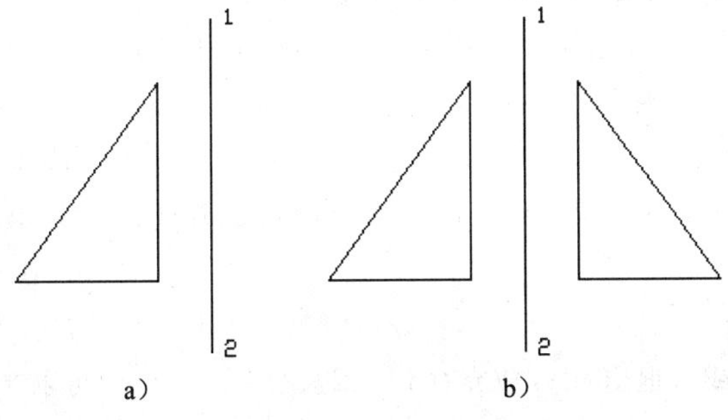

a)　　b)

图 5-9　例 5-2 图

单击【修改】面板上的镜像命令按钮，命令行提示如下：

命令：_mirror
选择对象：指定对角点：找到 3 个　　选择左面的三角形，可用框选法；
选择对象：　　回车结束选择；
指定镜像线的第一点：　　捕捉 12 线的 1 点；
指定镜像线的第二点：　　捕捉 12 线的 2 点，从而定义对称轴；
是否删除源对象？[是(Y)/否(N)] <N>:　　回车。

如果在镜像的同时删除源实体，在“是否删除源对象？[是(Y)/否(N)] <N>:”命令行输入“Y”，回车即可。

该命令可以通过下拉菜单【修改】/【镜像】来执行。比较一下此命令生成实体与复制命令生成实体有什么区别，不难发现复制命令生成的实体与原实体的对应位置不变，而镜像生成的实体与源实体对应位置沿镜像线对称。

5.5 偏移

偏移命令在绘制平行直线或者同心圆、等距圆弧等实体时，会收到事半功倍的效果。在这一节中主要介绍：

- 直线的偏移；
- 圆的偏移。

5.5.1 直线的偏移

直线的偏移是在绘制平行线时最常用到的方法，用这种方法绘制平行线非常有效。下面通过例题来说明一下。

【例 5-3】 已知直线 AB，在 AB 上面作 CD 平行于 AB，与 AB 距离为 20，如图 5-10 所示。

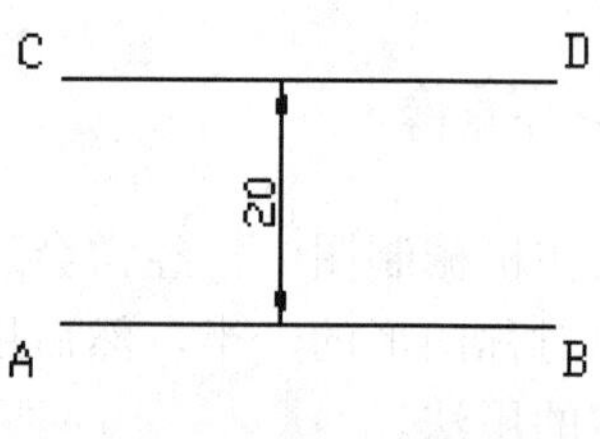

图 5-10　例 5-3 图

单击【修改】面板上的偏移命令按钮，命令行提示如下：

命令：_offset	
当前设置：删除源=否　图层=源　OFFSETGAPTYPE=0	
指定偏移距离或 [通过(T)/删除(E)/图层(L)] <通过>：20	输入偏移距离 20；
选择要偏移的对象，或 [退出(E)/放弃(U)] <退出>：	选择偏移的对象，在线段 AB 上单击鼠标；
指定要偏移的那一侧上的点，或 [退出(E)/多个(M)/放弃(U)] <退出>：	AB 上方单击鼠标，确定要偏移的方向，如图 5-11 所示，完成偏移；
选择要偏移的对象，或 [退出(E)/放弃(U)] <退出>：	可以继续选择对象以上面指定的距离进行偏移。如果不继续偏移，直接按回车键。

此命令可以通过下拉菜单【修改】/【偏移】来执行。在选择实体时，只能选择一个单独的实体。偏移命令默认上次偏移的距离值，所以在执行该命令时，一定要先查看一下状态行偏移距离的数值，看是否要进行调整。

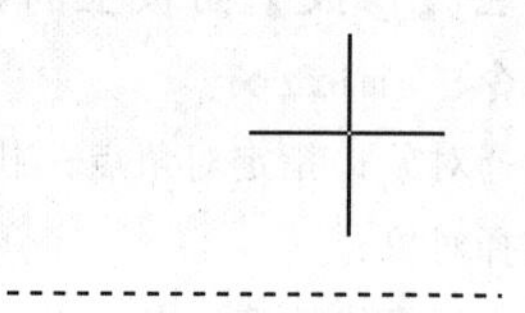

图 5-11　确定偏移方向

如不知道要偏移的距离，而只知道偏移的实体要经过某点，请选择【通过】选项，系统会询问经过点，可以通过捕捉的办法获得经过点。

5.5.2 圆的偏移

圆的偏移，主要是用来生成同心圆，用这种方法还可以得到用椭圆、弧、多边形、矩形命令生成实体的同心结构，下面通过例题来说明它的用法。

【例 5-4】 已知同心圆如图 5-12 所示，半径差为 5。

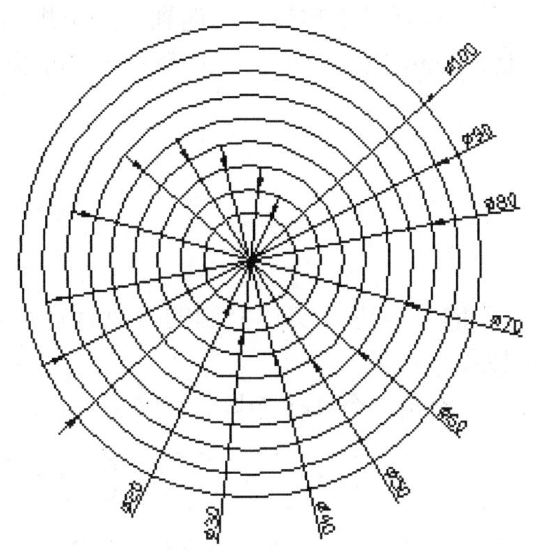

图 5-12　例 5-4 图

首先绘制直径为 100 的圆，然后单击偏移命令按钮，命令行提示如下：

命令：_offset

当前设置：删除源=否　图层=源　OFFSETGAPTYPE=0

指定偏移距离或 [通过(T)/删除(E)/图层(L)] <20.0000>:5　　指定偏移距离 5；

选择要偏移的对象，或 [退出(E)/放弃(U)] <退出>:　　选择直径为 100 的圆作为偏移对象；

指定要偏移的那一侧上的点，或 [退出(E)/多个(M)/放弃(U)] <退出>:　　m 设置为多个偏移；

指定要偏移的那一侧上的点，或 [退出(E)/放弃(U)] <下一个对象>:　　在圆内单击鼠标，确定偏移方向，依此类推绘制其余的同心圆。

利用偏移命令可以方便地绘制图 5-13 所示的图形。

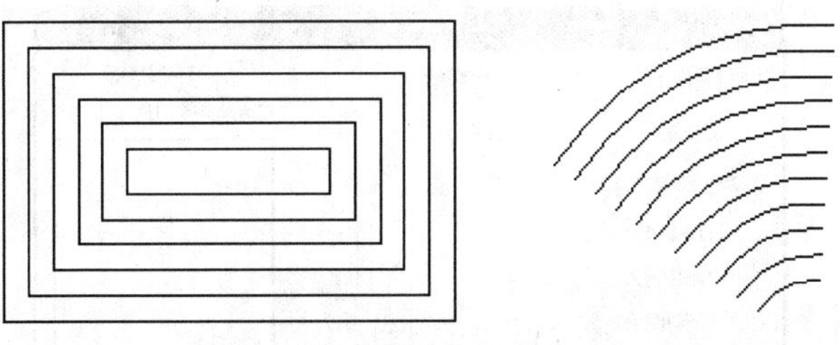

图 5-13　同心矩形和同心圆弧

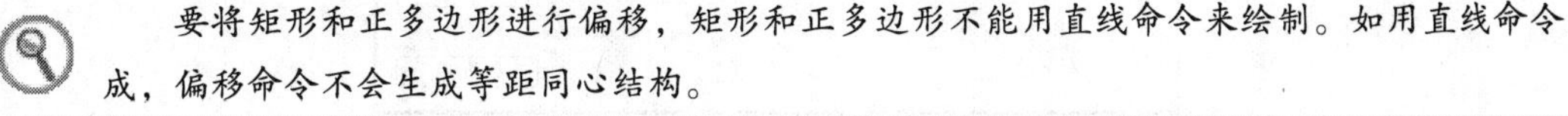

要将矩形和正多边形进行偏移，矩形和正多边形不能用直线命令来绘制。如用直线命令生成，偏移命令不会生成等距同心结构。

5.6 阵列

上面讲过多重复制命令可以复制多个实体，但遇到一些呈规则分布的实体时，用多重复制命令并不是十分方便、快捷。AutoCAD 中提供的阵列命令，可以快捷准确地解决这类问题。

阵列分为两类：

- 矩形阵列；
- 环形阵列。

5.6.1 矩形阵列

矩形阵列是按照行列方阵的方式进行实体复制的。执行矩形阵列时必须确定想阵列的行数、列数及行间距、列间距。

【例 5-5】 已知一个圆 A，绘制一个 4×5 矩阵，行距为 30，列距为 35，如图 5-14 所示。

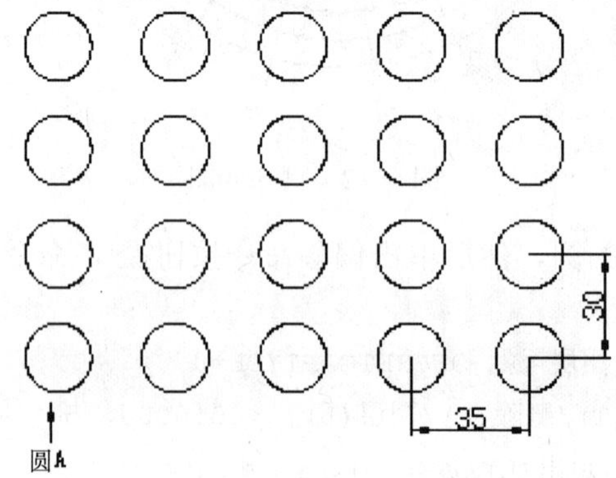

图 5-14 例 5-5 图

操作步骤：

（1）单击【修改】面板上的阵列命令按钮，或者执行【修改】/【阵列】命令，出现【阵列】对话框，如图 5-15 所示。选择【矩形阵列】选项，在【行】右边的文本输入框内输入阵列的行数“4”，在【列】右边的文本输入框中输入阵列的列数“5”。在【行偏移】右边的文本输入框中输入阵列的行间距，在【列偏移】右边的文本输入框中输入阵列的列间距，在本例中行间距为 30，列间距为 35。

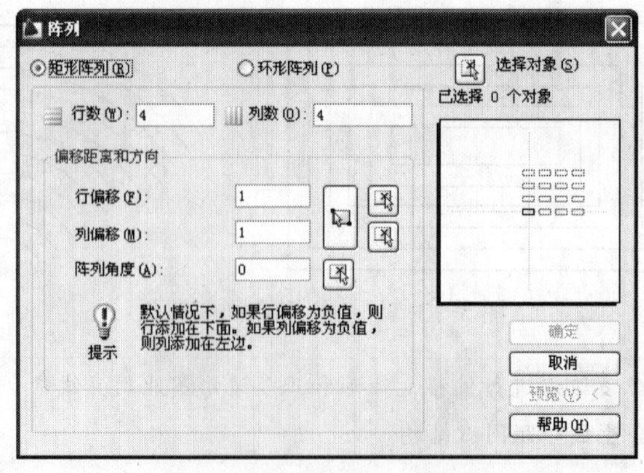

图 5-15 【阵列】对话框

（2）然后单击选择对象按钮，对话框暂时消失，鼠标指针变为拾取状态，选取要进行阵列操作的对象，在本例中选取圆 A，然后回车，对话框重新出现。

（3）要确认阵列结果，直接单击 确定 按钮即可。如果要先看一下阵列结果是否满意，可以单击 预览(V) < 按钮，对话框会暂时消失，用户可以看到阵列效果，拾取或按 Esc 键返回到对话框或单击鼠标右键接受阵列。

行偏移和列偏移可以通过单击按钮，然后在图上通过拾取两个点来确定。两个点的距离就是偏移量，但是用户应注意偏移有正负之分。对于行偏移，如果拾取的第二点的 Y 坐标大于第一点的 Y 坐标，则偏移值为正，反之为负。对于列偏移，如果拾取的第二点的 X 坐标大于第一点的 X 坐标，则偏移值为正，反之为负。

下面讲述一下按钮的作用，利用这个按钮可以确定一个矩形，用这个矩形的长宽来代表阵列的行偏移和列偏移，这里要注意的是矩形的形成方向与阵列的生成方向是一致的。

如果行偏移为负值，则行添加在下面，如果列偏移为负值，则列添加在左面。

5.6.2　环形阵列

环形阵列是将所选实体按圆周等距复制。这个命令需要确定阵列的圆心和阵列的个数，以及阵列图形所对应的圆心角等。下面通过例题来介绍它的用法。

【例 5-6】 已知圆和一个正六边形，六边形中心在圆的 90° 象限点上，沿圆周绘制 6 个相同正六边形，要求圆周均布，如图 5-16 所示。

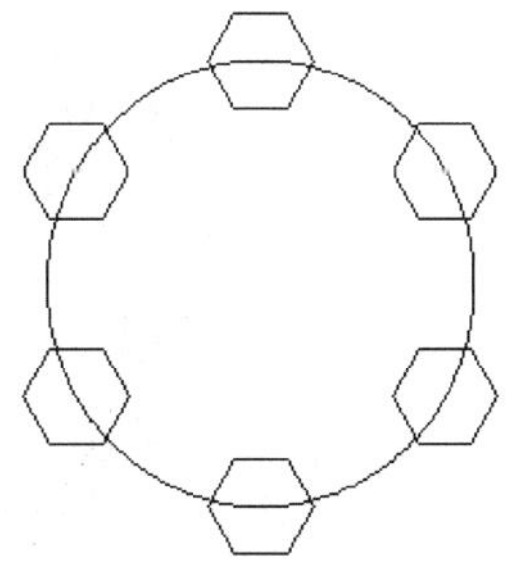

图 5-16　例 5-6 图

操作步骤：

（1）单击【修改】面板上的阵列命令按钮，或者执行【修改】/【阵列】命令，出现【阵列】对话框，选择【环形阵列】，对话框如图 5-17 所示。

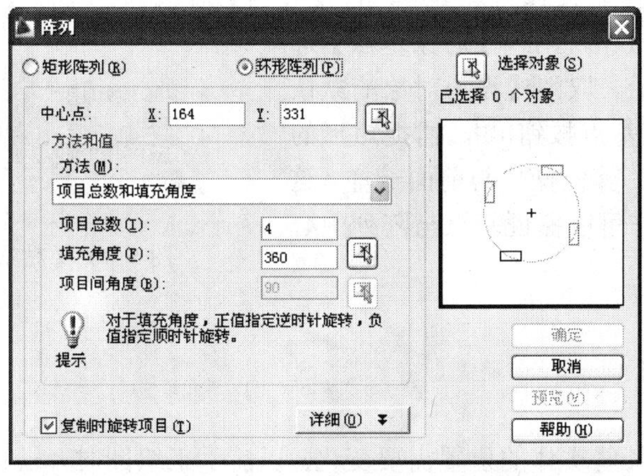

图 5-17　【环形阵列】对话框

（2）单击【中心点】右边的拾取中心点按钮，对话框暂时消失，捕捉圆的圆心作为环形阵列的中心。

（3）对话框重新出现，在【方法】下面的下拉列表中选取【项目总数和填充角度】，然后在【项目总数】右面的文本输入框中输入环形填充的项目总数，本例中为 6。在【填充角度】右面的文本输入框中输入填充的角度，在本例中输入 360。也可以利用右面的按钮在屏幕上指定，注意指定的角度是从原点拉出的线与 X 轴正向的夹角，这里不再详细介绍，有兴趣的用户可以自己实验一下。

（4）然后单击选择对象按钮，对话框暂时消失，鼠标指针变为拾取状态，选取要进行阵列操作的对象，在本例中选取六边形，然后回车，对话框重新出现，单击 确定 按钮即可。

用户可能注意到在对话框中有【复制时旋转项目】选项，进行上面例子操作时，本选项是选中的。如果不选择此项，则环形阵列时实体不旋转，那么上例就会生成如图 5-18 所示的实体布局。

对于填充角度，以源实体为基准，逆时针为正值，顺时针为负值。

如果复制时不想旋转项目，又要复制项目分布在圆周上，如图 5-19 所示。图中圆周阵列了一矩形，矩形的中点到圆心的距离相等。

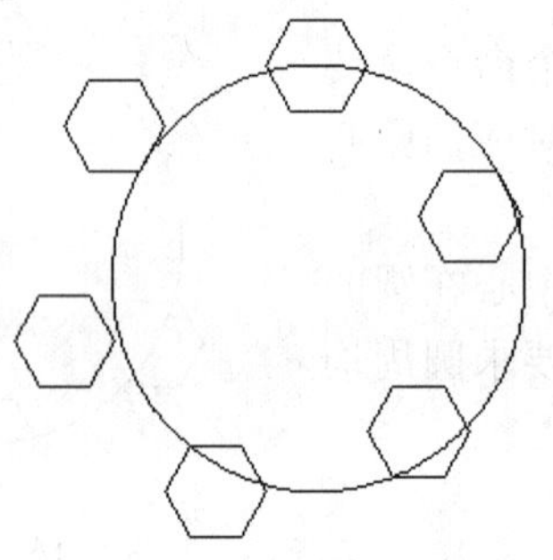

图 5-18　不旋转的情况

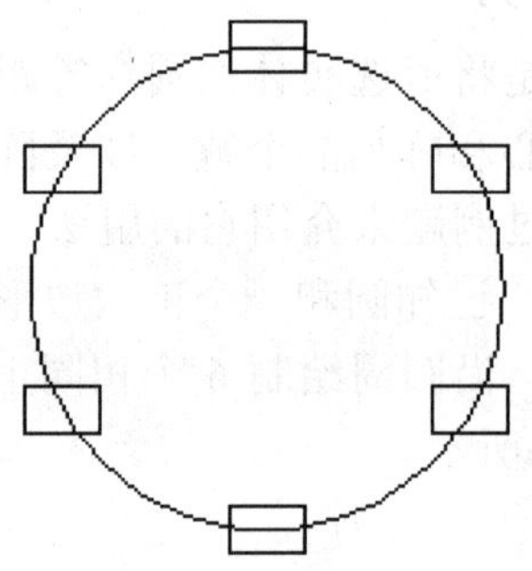

图 5-19　圆周阵列直线

这种情况可以使用对象基点来实现，在【阵列】对话框中去掉【复制时旋转项目】选项，单击 详细(O) 按钮，出现【对象基点】选项区，如图 5-20 所示。取消【设为对象的默认值】选择，单击拾取基点按钮，捕捉矩形的中心点作为对象基点。其他操作与前面一样，这里不再重复。这样操作可以保证基点与阵列中心的距离是相等的。

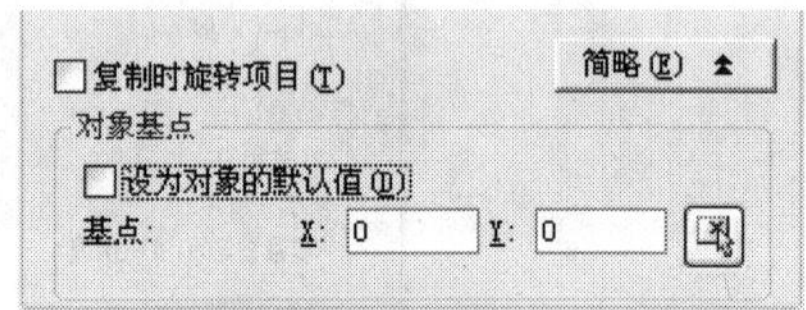

图 5-20 【对象基点】选项区

5.7　移动和旋转

在工程制图时，某些实体的位置需要变化。以前手工绘图时，只有将先前的实体擦掉，再在新的位置上重新绘制。而用 AutoCAD 绘图时遇到这种情况，只要调用移动命令进行调整即可。有时候还需要把其中一个实体旋转一个角度，这是手工绘图无法直接实现的，但使用 AutoCAD 来绘图遇到这种情况，就可以用旋转命令将图形旋转一定角度，达到倾斜要求。这一节就来学习一下：

- 移动；
- 旋转。

5.7.1　移动

移动命令与前面所讲的复制命令参数有些类似，不同之处在于移动操作后，原位置的实体不再存在，通过下面的例题可以看出。

【例 5-7】 如图 5-21 所示，把圆移动到 A 点位置。

单击【修改】面板上的移动命令按钮，命令行提示如下：

命令：_move	
选择对象：找到 1 个	选择圆；
选择对象：	（可以选择多个对象）回车结束选择；
指定基点或 [位移(D)] <位移>:	捕捉圆心作为移动的基点；
指定第二个点或 <使用第一个点作为位移>:	捕捉 A 点作为移动的目标点，结果 如图 5-22 所示。

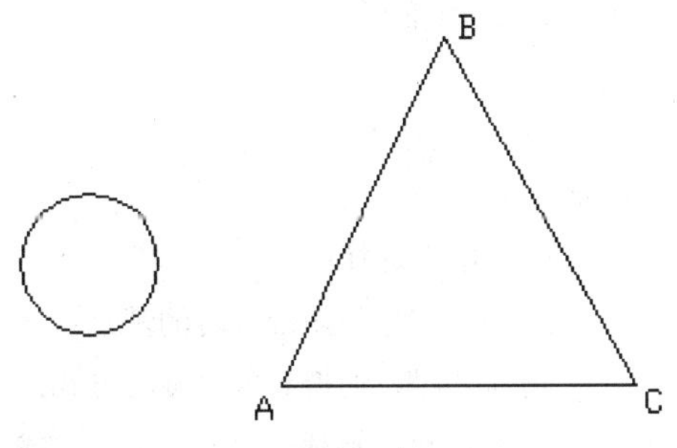

图 5-21　例 5-7 图

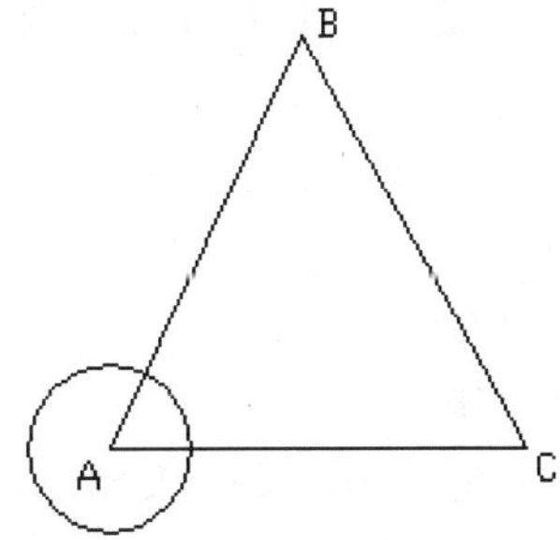

图 5-22　移动结果

该命令可以通过【修改】/【移动】命令执行，当确定移动的基点后，位移的第二点可以通过输入点的坐标（包括绝对坐标和相对坐标）来确定。

5.7.2　旋转

旋转图形时，可以直接输入一个角度，让实体绕选择的基点进行旋转。也可以用设定的三个点的夹角来作为旋转角进行参照旋转。

5.7.2.1　直接输入角度

【例 5-8】 如图 5-23 所示，把矩形绕 A 点旋转 45°。

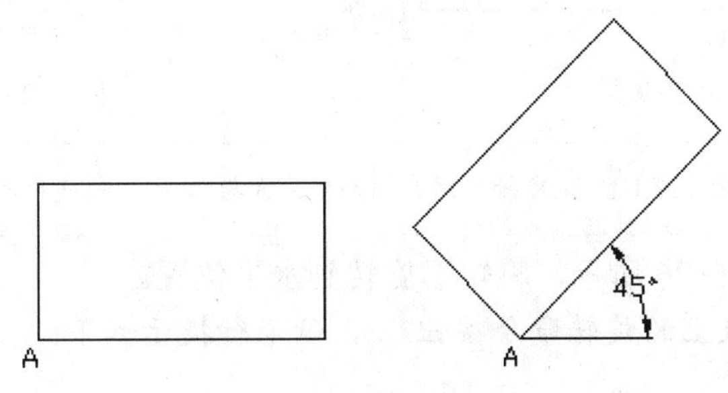

图 5-23　例 5-8 图

单击【修改】面板上的旋转命令按钮，命令行提示如下：

命令：_rotate
UCS 当前的正角方向： ANGDIR=逆时针 ANGBASE=0 当前默认设置；
选择对象：指定对角点：找到 1 个 选择矩形；
选择对象： （可以选择多个对象）回车结束选择；
指定基点： 捕捉 A 点作为旋转的基点，这时移动鼠标，矩形会绕 A 点旋转；
指定旋转角度，或 [复制(C)/参照(R)] <0>: 45 输入旋转角度，逆时针为正。

该命令可以通过下拉菜单【修改】/【旋转】来执行，旋转角有正负之分：逆时针为正值，顺时针为负值。使用【复制(C)】选项可以在旋转后保留源对象。

5.7.2.2 参照旋转

当需要旋转的实体的旋转角不能直接确定时，可以用这种参照旋转法来进行旋转。

【例 5-9】 如图 5-24 所示，三角形和矩形，将矩形旋转，使 CD 边与 BC 边重合。

单击【修改】面板上的旋转命令按钮，命令行提示如下：

命令：_rotate
UCS 当前的正角方向：ANGDIR=逆时针 ANGBASE=0
选择对象：找到 1 个 选择矩形；
选择对象： 回车结束选择；
指定基点： 捕捉 C 点作为矩形旋转的基点；
指定旋转角度，或 [复制(C)/参照(R)] <45>:r 输入“r”，切换到参照旋转方式；
指定参照角 <0>：指定第二点： 捕捉 C 点，再捕捉 D 点，把 CD 线的角度作为参照角；
指定新角度或 [点(P)] <0>： 捕捉 B 点，把 CB 线的角度作为新角度，旋转结果如图 5-25 所示。

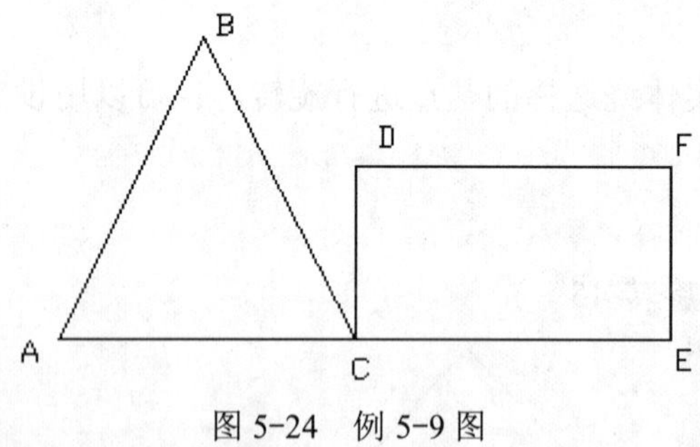

图 5-24 例 5-9 图

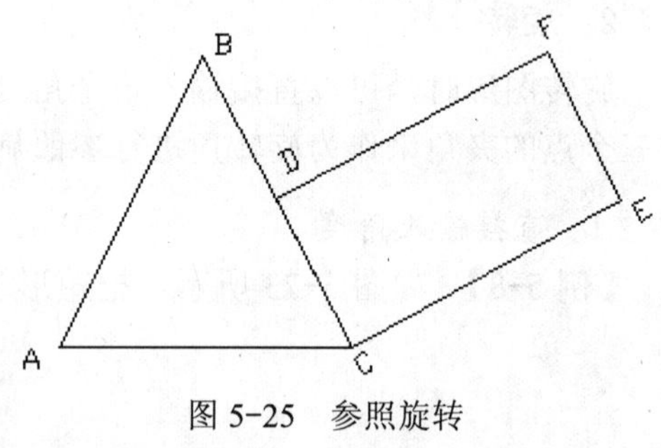

图 5-25 参照旋转

其实旋转角就是线 CD 与 X 轴之间夹角与线 CB 与 X 轴正向夹角之差，即 CD 与 CB 的夹角。

【例 5-10】 如图 5-26 所示，将矩形旋转到水平位置。

单击【修改】面板上的旋转命令按钮，命令行提示如下：

命令：_rotate
UCS 当前的正角方向： ANGDIR=逆时针 ANGBASE=0
选择对象：找到 1 个 选择矩形；

选择对象： 回车结束选择；
指定基点： 捕捉 C 点作为旋转的基点；
指定旋转角度，或 [复制(C)/参照(R)] <23>: r 输入“r”，执行参照旋转；
指定参照角 <0>：指定第二点： 捕捉 C 点，再捕捉 F 点，把 CF 线角度作为参照角；
指定新角度或 [点(P)] <113>:0 指定新角度为 0°，完成旋转。

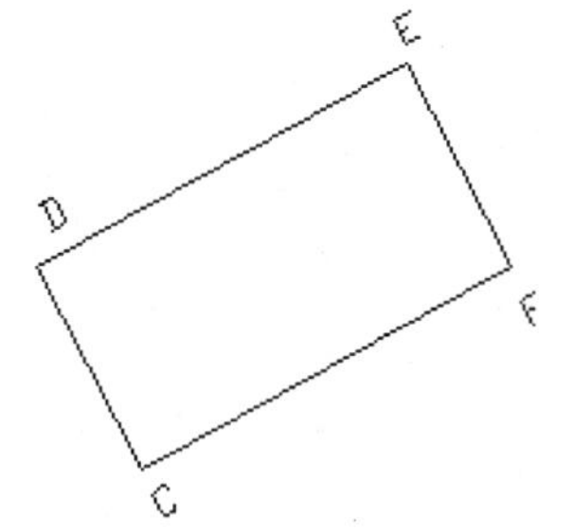

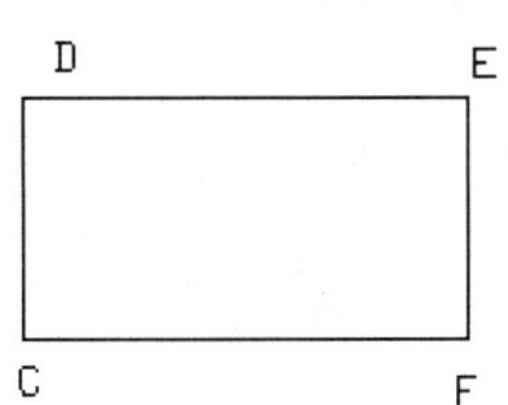

图 5-26 旋转矩形

如果要将某一个实体中的一条线连同实体转到一定角度，可以利用上述办法来做。只要在最后一个提示“指定新角度:”后面直接输入要转到的角度即可。X 轴正向为 0°，逆时针为正。

5.8 比例缩放

利用比例缩放功能可以将选中的对象以指定点为基点进行比例缩放，比例缩放可分为两类：

- 比例因子缩放；
- 参照缩放。

5.8.1 比例因子缩放

比例因子缩放就是缩放的倍数比。因子为 1 时，图形大小不变，小于 1 时图形将缩小，大于 1 时，图形会放大，同时实体尺寸也随之缩放。

【例 5-11】 如图 5-27 所示，将一个 100×50 的矩形缩为原来的 50%。

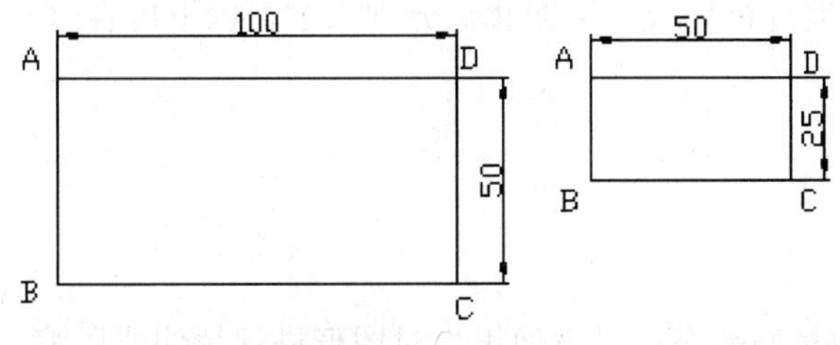

图 5-27 例 5-11 图

单击【修改】面板上的缩放命令按钮，命令行提示如下：

命令：_scale
选择对象：找到 1 个 选择矩形；

选择对象:	回车结束选择;
指定基点:	选择 A 点作为缩放基点;
指定比例因子或 [复制(C)/参照(R)] <1.0000>:	0.5 输入比例 0.5，回车即可完成操作。

使用【复制(C)】选项可以在比例缩放后保留源对象。

5.8.2 参照缩放

用比例因子缩放，必须知道比例因子，如果不知道比例因子，但知道缩放后实体的尺寸，可以用参照缩放。其实缩放后的尺寸与原尺寸比值就是一个比例因子。下面通过实例来介绍它的用法。

【例 5-12】 如图 5-28 所示，已知未知尺寸六边形，把它缩放为一个边长为 30 的六边形。

单击【修改】面板上的缩放命令按钮，命令行提示如下:

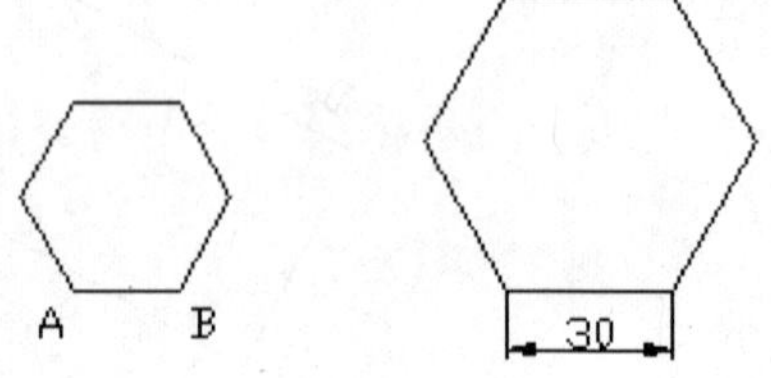

图 5-28 例 5-12 图

命令: _scale	
选择对象: 找到 1 个	选择六边形;
选择对象:	回车结束选择;
指定基点:	捕捉 A 点作为缩放的基点;
指定比例因子或 [复制(C)/参照(R)] <2.0000>:	输入" r"，执行参照缩放;
指定参照长度 <30.0000>:	指定第二点:捕捉 A 点，然后捕捉 B 点，把 AB 作为参照长度;
指定新的长度或 [点(P)] <200.0000>:30	输入新长度 30，完成操作。

此命令可通过下拉菜单【修改】/【缩放】执行。

5.9 拉伸、拉长、延伸

当绘制完的实体长度需要改变，或部分实体的位置需要改变，而与之相关联的实体长度也要随之变长或变短时，用户完全没必要重新绘制实体，用 AutoCAD 中的拉伸、拉长和延伸命令可以轻松地进行修改。下面我们分别来学习以下内容:

- 拉伸;
- 拉长;
- 延伸。

5.9.1 拉伸

AutoCAD 提供的拉伸命令可以方便用户对图形进行拉伸或压缩。

【例 5-13】 绘制一个 60×40 的矩形。拉伸为右边的 100×40 的矩形，如图 5-29 所示。

单击【修改】面板上的拉伸命令按钮，命令行提示如下:

命令: _stretch

以交叉窗口或交叉多边形选择要拉伸的对象...

选择对象：指定对角点：找到 1 个　　用右框选法选择矩形，如图 5-30 所示，注意选择框不要包含 A、D 点，如果包含了，就会变成移动操作；

选择对象：　　回车结束选择；

指定基点或 [位移(D)] <位移>:　　捕捉 A 点作为拉伸的基点；

指定第二个点或 <使用第一个点作为位移>:　　@40，0

指定位移的第二点，决定拉伸多少。

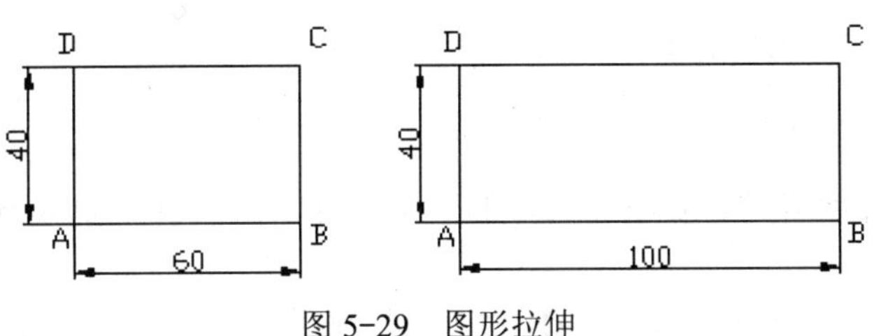

图 5-29 图形拉伸

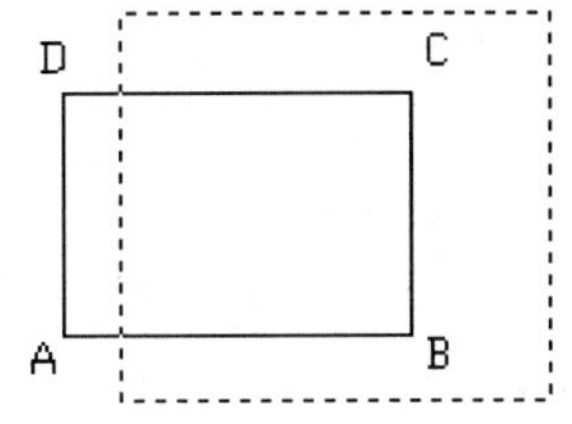

图 5-30 选择拉伸实体的方法

此命令可以通过下拉菜单【修改】/【拉伸】来执行。选择实体时必须用框选或交叉多边形选择方式。只有选择框内的端点位置会被改变，框外端点位置保持不变。当实体的端点全被框选在内时，该命令等同移动命令。

5.9.2 拉长

执行拉长命令，被选择的直线或圆弧实体的长度将被伸长或缩短。用拉长命令中的：

- 增量；
- 百分数；
- 全部；
- 动态。

四个选项来改变直线或圆弧实体的长度。

5.9.2.1 增量

选【增量】选项拉长时，我们可以直接输入实体要拉长的长度。

【例 5-14】 如图 5-31 所示，已知直线 AB，将其沿 AB 方向拉长 100。

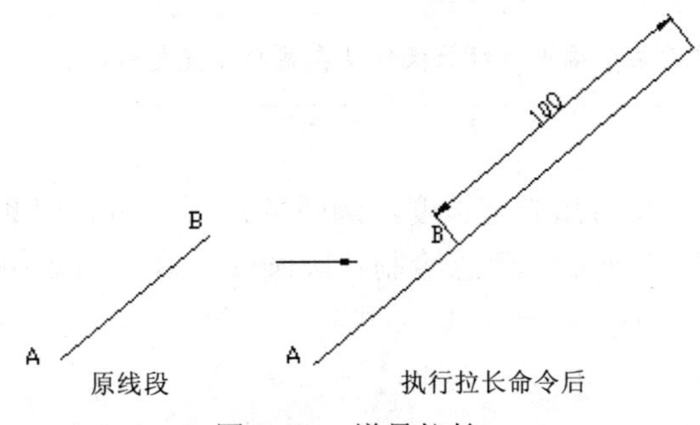

图 5-31 增量拉长

执行【修改】/【拉长】菜单命令（或单击【修改】面板上的拉长命令按钮），命令行提示如下：

命令：_lengthen

选择对象或 [增量(DE)/百分数(P)/全部(T)/动态(DY)]:DE　　输入 DE，选增量项；
输入长度增量或 [角度(A)] <0.0000>: 100　　输入要拉长的长度 100；
选择要修改的对象或 [放弃(U)]:　　光标靠近 B 端，选择 AB；
选择要修改的对象或 [放弃(U)]:　　回车结束。

拉长的长度可正可负。正值时，实体被拉长，负值时实体被缩短。拉长圆弧时，圆弧不能够封闭，也不能缩短为零，直线也不能缩短为零。

从被选择实体靠近拾取点的端点开始拉长或缩短。

5.9.2.2　百分数

百分数拉长是相对于被选实体而言的。要取原实体的一半，可以输入 50，要取原实体的两倍，可以输入 200。

【例 5-15】 如图 5-32 所示，用上例的图，将 AB 缩短为原来的一半，A 点位置不变。

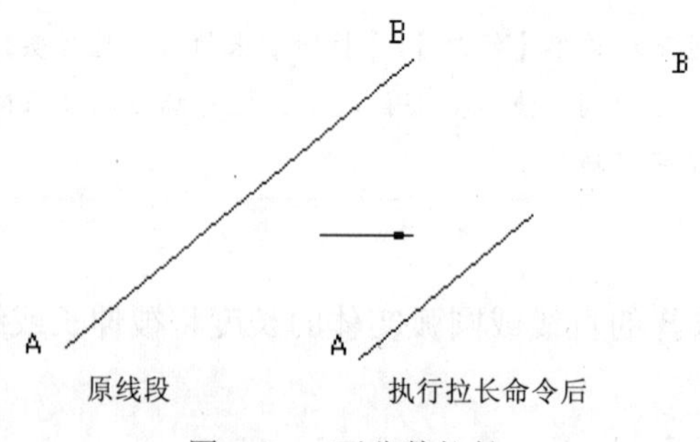

图 5-32　百分数拉长

单击【修改】面板上的拉长命令按钮，命令行提示如下：

命令: _lengthen
选择对象或 [增量(DE)/百分数(P)/全部(T)/动态(DY)]: P　输入 P，选百分数项；
输入长度百分数 <100.0000>: 50　　输入缩放比例 50；
选择要修改的对象或 [放弃(U)]:　　拾取点靠近 B 点，选择线段 AB；
选择要修改的对象或 [放弃(U)]:　　回车结束。

拾取对象时靠近某个端点，拉长操作就在某个端点起作用，而另外一个端点不动。

5.9.2.3　全部

全部是用来确定直线或圆弧的总长度，圆弧的总圆心角。用此命令可以把实体量化。

【例 5-16】 如图 5-33 所示，随意绘制一段圆弧，修改圆弧使其所对圆心角为 60°。

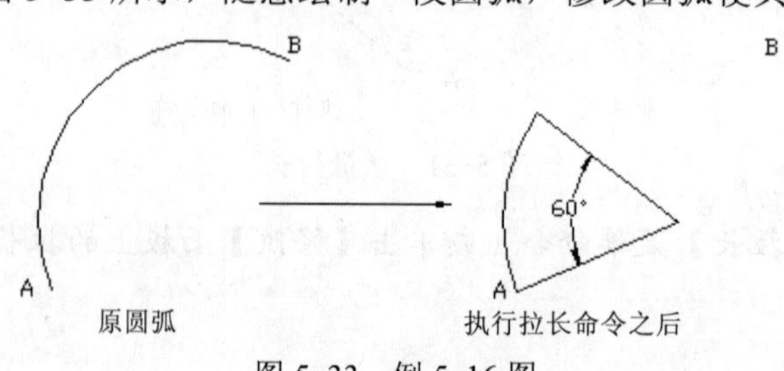

图 5-33　例 5-16 图

执行【修改】/【拉长】菜单命令，命令行提示如下：

命令：_lengthen	
选择对象或 [增量(DE)/百分数(P)/全部(T)/动态(DY)]:T	输入 T，选择全部项；
指定总长度或 [角度(A)] <100.0000)>:A	输入 A，选择角度项；
指定总角度 <57>:60	输入圆弧的总圆心角 60°；
选择要修改的对象或 [放弃(U)]:	选择圆弧；
选择要修改的对象或 [放弃(U)]:	回车结束。

若在命令行提示“指定总长度或 [角度(A)]: ”后直接输入数值，则为要改变的直线或圆弧的总长度值。

5.9.2.4　动态拉长

动态拉长是拉长命令中唯一不定量的拉长选项。根据绘图的需要可以进行动态性拉长，直到满足要求为止。

【例 5-17】　动态改变上例中直线 AB 的长度。

执行【修改】/【拉长】菜单命令，命令行提示如下：

命令：_lengthen	
选择对象或 [增量(DE)/百分数(P)/全部(T)/动态(DY)]:DY	输入“DY”，切换到动态选项；
选择要修改的对象或 [放弃(U)]:	在直线上靠近 B 点处单击鼠标；
指定新端点:	拖动鼠标就会发现线段随鼠标移动而伸缩，如图 5-34 所示，伸缩合适后单击鼠标确定；
选择要修改的对象或 [放弃(U)]:	可以继续选择实体进行伸缩，回车结束命令。

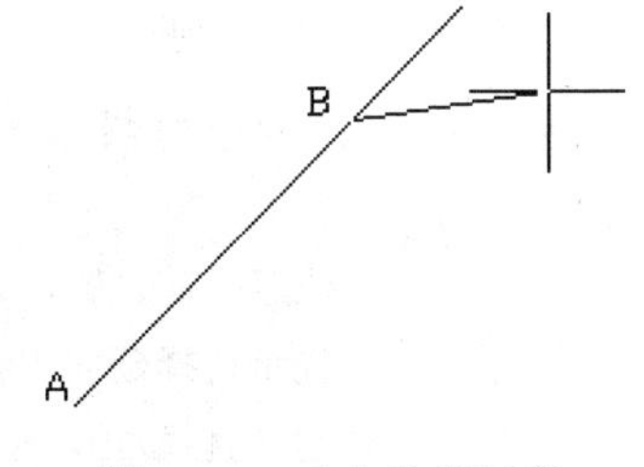

图 5-34　动态伸缩过程

利用动态拉长，可以在同一实体或不同实体上多次进行拉长操作，直到回车结束命令。

5.9.3　延伸

在一些图中，由于移动了实体，使本应相交的实体分离或原实体间本来就分离，想让实体相交，但拉长的距离不知道，求解复杂。这时就可以用到延伸命令。执行延伸命令时，只需确定延伸边界，系统会自动完成延伸过程，省略了求解的麻烦。

【例 5-18】　如图 5-35 所示，已知线段 AB 与 CD，延长 AB 与 CD 相交。

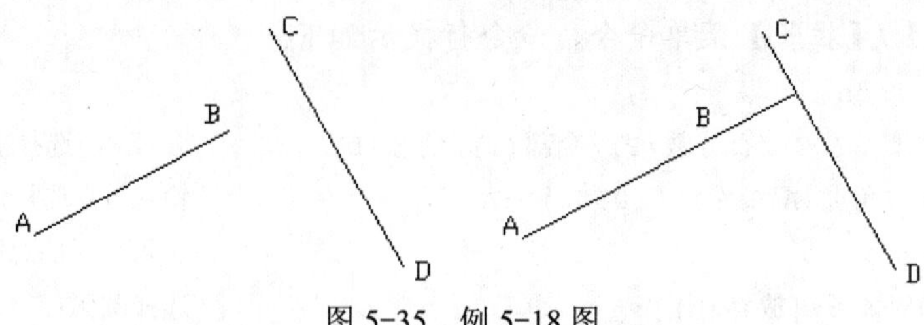

图 5-35　例 5-18 图

单击【修改】面板上的延伸命令按钮，命令行提示如下：

命令：_extend

当前设置：投影=UCS，边=无

选择边界的边…　　提示需要选择延伸边界；

选择对象：找到 1 个　　选择线段 CD；

选择对象：　　回车结束选择；

选择要延伸的对象，或按住 Shift 键选择要修剪的对象，或[栏选(F)/窗交(C)/投影(P)/边(E)/放弃(U)]：　　选择线段 AB，AB 就会延伸到 CD 上；

选择要延伸的对象，或按住 Shift 键选择要修剪的对象，或[栏选(F)/窗交(C)/投影(P)/边(E)/放弃(U)]：　　回车结束命令。

【例 5-19】 如图 5-36 所示，要把 AB 线拉伸到 AB 与 CD 交点位置，利用【例 5-18】的操作步骤做不到，需要重新设置边界延伸模式。

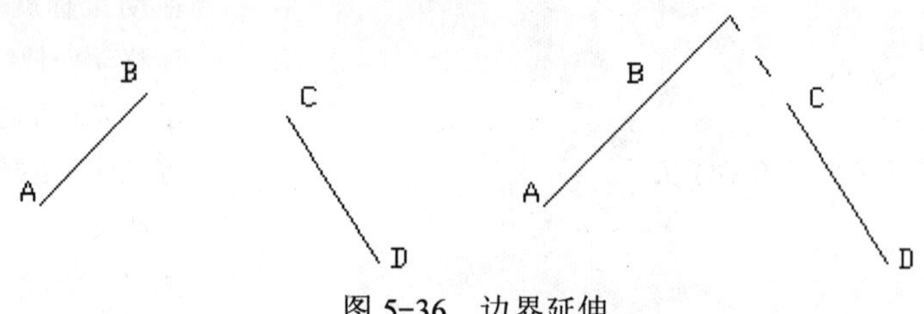

图 5-36　边界延伸

单击【修改】面板上的延伸命令按钮，命令行提示如下：

命令：_extend

当前设置：投影=UCS，边=无　　注意当前设置，边界是不延伸的；

选择边界的边…　　提示选择延伸边界；

选择对象：找到 1 个　　选择直线 CD，作为延伸边界；

选择对象：　　回车结束选择；

选择要延伸的对象，或按住 Shift 键选择要修剪的对象，或[栏选(F)/窗交(C)/投影(P)/边(E)/放弃(U)]：E　　输入“E”，切换到边延伸模式切换状态；

输入隐含边延伸模式 [延伸(E)/不延伸(N)] <不延伸>：e E

输入“E”表示边界是可延伸的；

选择要延伸的对象，或按住 Shift 键选择要修剪的对象，或[栏选(F)/窗交(C)/投影(P)/边(E)/放弃(U)]：　　单击直线 AB，AB 会延伸到交点处。

选择要延伸的对象，或按住 Shift 键选择要修剪的对象，或[栏选(F)/窗交(C)/投影(P)/边(E)/放弃(U)]：　　回车结束命令。

该命令可以通过下拉菜单【修改】/【延伸】来执行，另外要注意延伸命令的状态，如果“边=无”表明边界是不延伸的，如果“边界=延伸”表明边界是延伸的，用户可以根据自己的需要设置。

【例 5-20】 如图 5-37 所示，利用延伸命令把 BE 这段直线修剪掉。

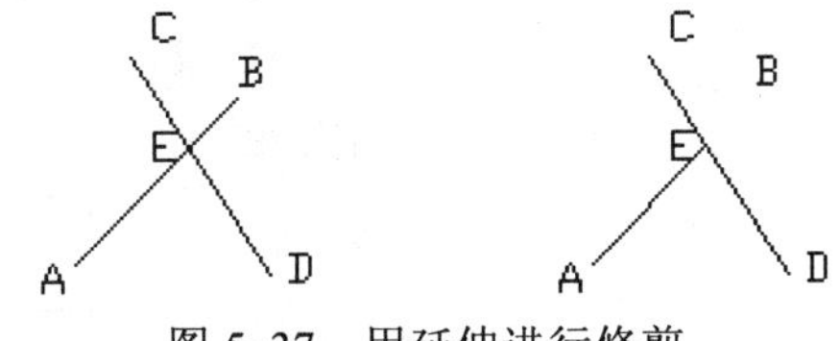

图 5-37　用延伸进行修剪

单击【修改】面板上的延伸命令按钮，命令行提示如下：

命令：_extend

当前设置：投影=UCS，边=延伸

选择边界的边...　　提示选择延伸边界；

选择对象：找到 1 个　　选择直线 CD 作为延伸边界；

选择对象：　　回车结束选择；

选择要延伸的对象，或按住 Shift 键选择要修剪的对象，或[栏选(F)/窗交(C)/投影(P)/边(E)/放弃(U)]：　　按住 Shift 键，单击 BE 这段线段，BE 会被修剪掉；

选择要延伸的对象，或按住 Shift 键选择要修剪的对象，或[栏选(F)/窗交(C)/投影(P)/边(E)/放弃(U)]：　　回车结束命令。

在命令提示行“选择要延伸的对象，或按住 Shift 键选择要修剪的对象，或[栏选(F)/窗交(C)/投影(P)/边(E)/放弃(U)]:”中提示“按住 Shift 键选择要修剪的对象”，说明延伸命令和下面要讲的修剪命令在选择完边界后，按住 Shift 键可以切换。

5.10　修剪与打断

在绘图过程中，经常遇到将一个实体超出边界的部分剪掉或者将实体打断为两部分等情况。手工绘图时，用橡皮可以擦除，但在 AutoCAD 中用擦除命令就失灵了。AutoCAD 为用户提供了修剪和打断命令，在做这类工作时就十分方便了。这一节主要学习如下知识：

- 修剪；
- 打断。

5.10.1　修剪

修剪命令在执行时，AutoCAD 首先要求确定修剪边界，然后再以边界为剪刀，剪掉实体的一部分，被剪部分不一定与修剪边界直接相交（延长须相交）。

【例 5-21】 如图 5-38 所示，绘制一个圆和一个矩形，要求把圆内的矩形边去除。

单击【修改】面板上的修剪命令按钮，命令行提示如下：

命令：_trim

当前设置：投影=UCS，边=无

选择剪切边...

选择对象：找到 1 个　　　　　　　　选择圆作为剪切边界；

选择对象：　　　　　　　　　　　　回车结束剪切边的选择；

选择要修剪的对象，或按住 Shift 键选择要延伸的对象，或[栏选(F)/窗交(C)/投影(P)/边(E)/删除(R)/放弃(U)]：　　　　　　　　选择圆内的矩形部分；

选择要修剪的对象，或按住 Shift 键选择要延伸的对象，或[栏选(F)/窗交(C)/投影(P)/边(E)/删除(R)/放弃(U)]：　　　　　　　　回车结束。

结果如图 5-39 所示。

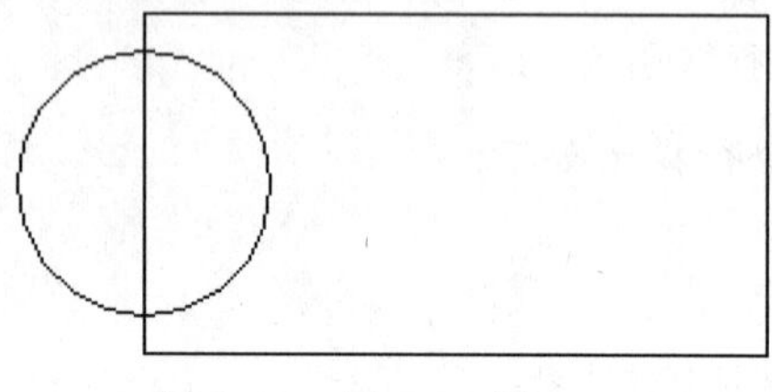

图 5-38　例 5-21 图

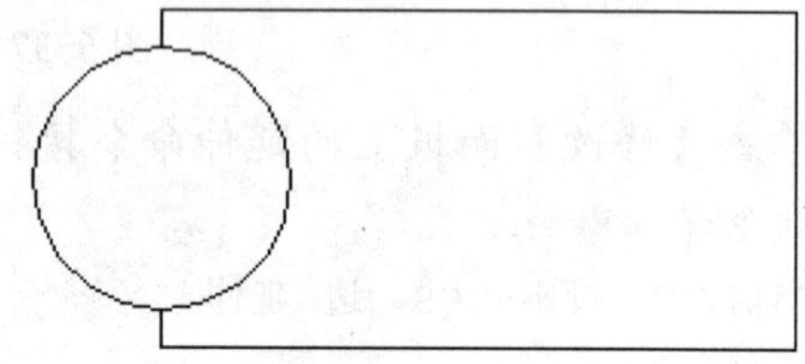

图 5-39　修剪结果图

【例 5-22】 用修剪命令，将图 5-40 中左图改为右图。

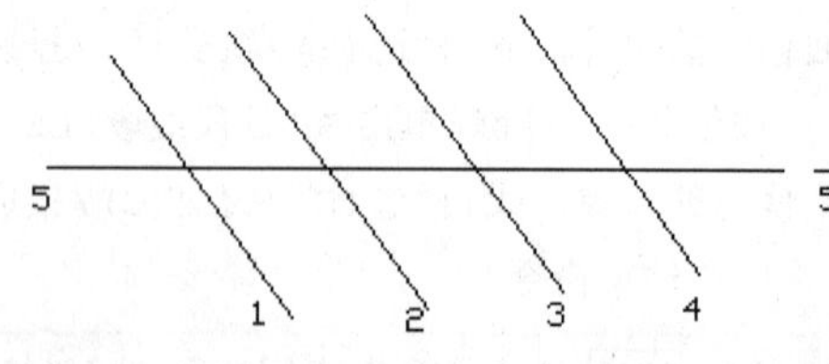

图 5-40　例 5-22 图

单击【修改】面板上的修剪命令按钮，命令行提示如下：

命令：_trim

当前设置：投影=UCS，边=无

选择剪切边...

选择对象：指定对角点：找到 4 个　　　　选择直线 1~4 作为剪切边界；

选择对象：　　　　　　　　　　　　　　回车结束剪切边界选择；

选择要修剪的对象，或按住 Shift 键选择要延伸的对象，或[栏选(F)/窗交(C)/投影(P)/边(E)/删除(R)/放弃(U)]：　　　　　　　　选择直线 5 在直线 1 和 2 之间的部分；

选择要修剪的对象，或按住 Shift 键选择要延伸的对象，或[栏选(F)/窗交(C)/投影(P)/边(E)/删除(R)/放弃(U)]：　　　　　　　　选择直线 5 在直线 3 和 4 之间的部分；

选择要修剪的对象，或按住 Shift 键选择要延伸的对象，或[栏选(F)/窗交(C)/投影(P)/边(E)/删除(R)/放弃(U)]：　　　　　　　　回车结束。

该修剪命令可以通过下拉菜单【修改】/【修剪】执行。

修剪命令有时可以起到延伸命令的作用，如图 5-41 所示，利用修剪命令就可以延长直线 CD 与 AB 相交。

单击【修改】面板上的修剪命令按钮，命令行提示如下：

命令：_trim

当前设置:投影=UCS，边=无

选择剪切边...

选择对象：找到 1 个　　选择直线 AB 作为煎切边界；

选择对象：　　回车结束边界选择；

选择要修剪的对象，或按住 Shift 键选择要延伸的对象，或[栏选(F)/窗交(C)/投影(P)/边(E)/删除(R)/放弃(U)]:　　按住 Shift 键，然后单击直线 CD，CD 就会延伸与 AB 相交；

选择要修剪的对象，或按住 Shift 键选择要延伸的对象，或[栏选(F)/窗交(C)/投影(P)/边(E)/删除(R)/放弃(U)]:　　回车结束命令。

在“选择要修剪的对象，或按住 Shift 键选择要延伸的对象，或[栏选（F）/窗交（C）/投影（P）/边（E）/删除（R）/放弃（U）]:”提示中有一个【边（E）】选项，输入 E 后，有两个选择[延伸（E）/不延伸（N）]。一个是延伸剪切边界，另一个是不延伸剪切边界。当剪切线和被剪切线相交时，两者没有区别，但当剪切线和被剪切线不相交时，两者才有区别，选择【不延伸（N)】将不能剪切。如图 5-42 所示，A 图中有两条线 1 和 2。选择 2 作为剪切边界。B 图是选择【延伸（E)】的情况，C 图是选择【不延伸（N)】的情况。

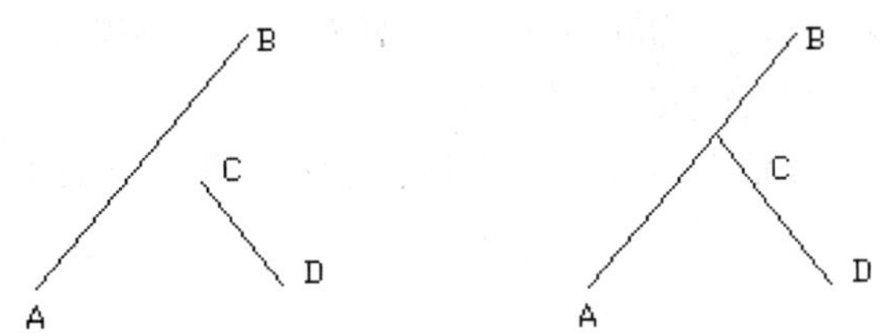

图 5-41　修剪命令的延伸作用

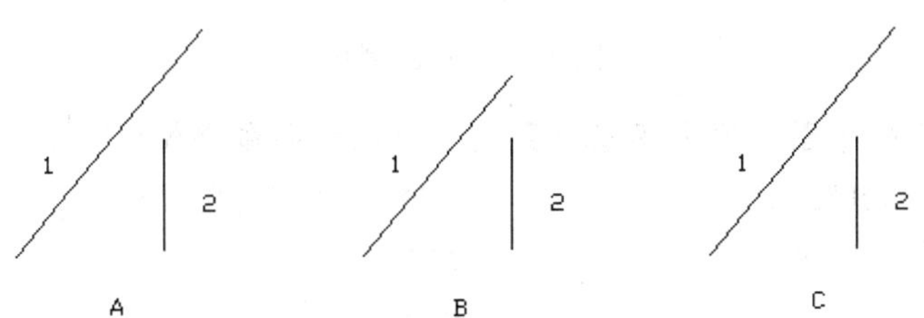

图 5-42 【边】选项的两个选择的对比

在使用修剪命令时，可以选中所有参与修剪的实体，作为【选择剪切边...】的回应，让它们互为剪刀。绘图过程中，修剪命令与偏移、阵列命令配合使用，会大大提高绘图效率。下面通过例题来体会一下用法。

【例 5-23】 如图 5-43 所示，画左图时用到阵列命令，下面用修剪命令将左图改为右图

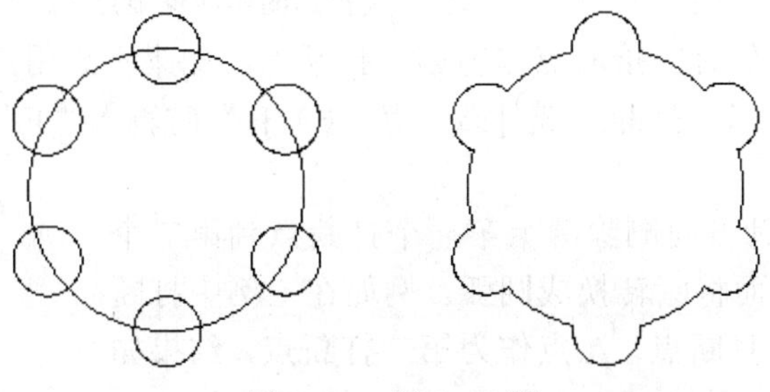

图 5-43　例 5-23 图

单击【修改】面板上的修剪命令按钮，命令行提示如下:

命令：_trim

当前设置：投影=UCS，边=无

选择剪切边...

选择对象：指定对角点：找到 7 个　　　　框选所有实体作为剪切边；

选择对象：　　　　回车结束剪切边选择；

选择要修剪的对象，或按住 Shift 键选择要延伸的对象，或[栏选(F)/窗交(C)/投影(P)/边(E)/删除(R)/放弃(U)]:　　　　在需要删除的部位单击鼠标。

5.10.2 打断

打断命令可以删除对象在两个指定点之间的部分。对直线，用打断命令可以从中间截去一部分，同时直线变成两段。对圆和椭圆，可以用打断命令去除一段弧。下面通过例题来说明打断命令的用法。

【例 5-24】 如图 5-44 所示，为执行打断命令得到的不同结果。

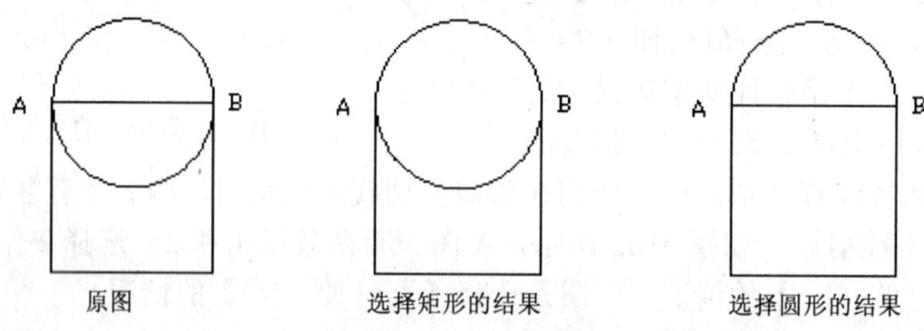

图 5-44　打断例图

要获得 5-44 中的中图，单击【修改】面板上的打断命令按钮，命令行提示如下：

命令：_break 选择对象：　　　　选择矩形作为打断对象；

指定第二个打断点或 [第一点(F)]：F　　　　输入 F；

指定第一个打断点：　　　　选择矩形的端点 A；

指定第二个打断点：　　　　选择矩形的端点 B。

要获得 5-44 中的右图，单击【修改】面板上的打断命令按钮，命令行提示如下：

命令：_break 选择对象：　　　　选择圆作为打断对象；

指定第二个打断点或 [第一点(F)]:F　　　　输入 F；

指定第一个打断点：　　　　选择圆的第三象限点 A；

指定第二个打断点：　　　　选择圆的第四象限点 B。

打断命令将选择对象时的拾取点作为第一打断点，如果不想用此点作为第一打断点，在命令行提示“指定第二个打断点或 [第一点（F）]：”时输入“F”回车，然后重新选择第一打断点。

AutoCAD 按逆时针方向删除圆上第一个打断点到第二个打断点之间的部分，从而将圆转换成圆弧。例如在上例中打断圆时，把 B 点作为第一打断点，A 点作为第二打断点，结果如图 5-45 所示。

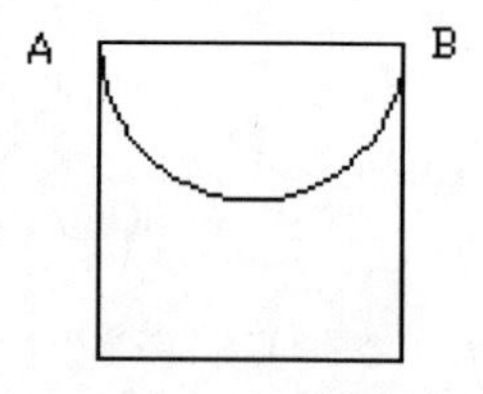

图 5-45　变换打断点

要将对象一分为二并且不删除某个部分，输入的第一个点和第二个点应相同。通过输入“@”指定第二个点即可实现此过程。也可以单击【修改】面板上的打断点命令按钮来完成。

该命令可以通过下拉菜单【修改】/【打断】来执行。要删除直线、圆弧或多段线的一端，请在要删除的一端以外指定第二个打断点。

5.11　倒角和圆角

在绘图过程中，倒角和圆角是经常遇到的。手工绘图时，画出倒角边后，再量取倒角距离，连成倒角，将多余的倒角边擦去。这样图面的整洁性遭到破坏，在用 AuotCAD 绘图时，遇到倒角和圆角，直接调用命令就可以解决了。单击【修改】面板上按钮的黑三角，出现【倒角】和【圆角】按钮，如图 5-46 所示。

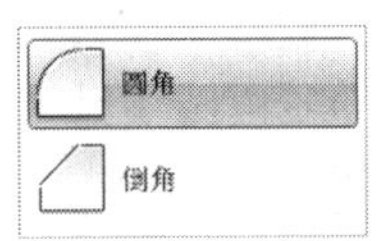

图 5-46 【倒角】和【圆角】按钮

5.11.1　倒角

在机件上倒角主要是为了去除掉锐边和安装方便。倒角多出现在轴段或机件外边缘。用 AutoCAD 绘制倒角时，当两个倒角距离不相等时，要特别注意倒角第一边与倒角第二边的区分。选错了边，倒角就不正确了。

【例 5-25】 如图 5-47 所示，在矩形右上角打 30×20 的倒角。

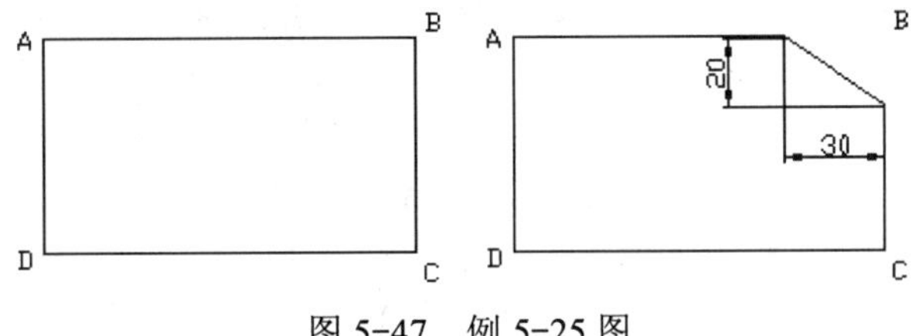

图 5-47　例 5-25 图

单击【修改】面板上的倒角命令按钮，命令行提示如下：

命令：_chamfer　　（“修剪”模式）当前倒角距离 1 = 10.0000，距离 2 = 10.0000

选择第一条直线或 [放弃(U)/多段线(P)/距离(D)/角度(A)/修剪(T)/方式(E)/多个(M)]:d

输入“d”，切换到倒角距离设置选项；

指定第一个倒角距离 <10.0000>: 30　　输入第一个倒角距离；

指定第二个倒角距离 <30.0000>: 20　　输入第二个倒角距离；

选择第一条直线或 [放弃(U)/多段线(P)/距离(D)/角度(A)/修剪(T)/方式(E)/多个(M)]:

选择 AB 边；

选择第二条直线，或按住 Shift 键选择要应用角点的直线：

选择 BC 边，完成倒角。

该命令可以通过下拉菜单【修改】/【倒角】来执行。当两个倒角距离不同的时候，要注意两条线的选中顺序。第一个倒角距离适用于第一条被选中的线，第二个倒角距离适用于第二条被选中的线。

执行倒角命令时，首先显示的是当前的倒角设置，如本例中显示的是"(“修剪”模式）当前倒角距离 1=10.0000，距离 2=10.0000"，用户在操作过程中要注意这个细节。当前使用的是修剪模式，倒角后多余线自动修剪。

在“选择第一条直线或 [放弃(U)/多段线(P)/距离(D)/角度(A)/修剪(T)/方式(E)/多个(M)]:”提示下输入“T”就可以切换到修剪设置选项，如果选择不修剪，执行倒角命令后就不会自动修剪多余的线。

在倒角设置中，可设置距离，也可设置角度。这个功能请用户根据设置距离的方式自己试一下。

使用【多个】选项可以向其他直线添加倒角和圆角而不必重新启动倒角（或圆角）命令。

使用【多段线】选项，AutoCAD 将对多段线每个顶点处的相交直线段倒角。倒角成为多段线的新线段。

如果选择的两个倒角对象是一条多段线的两个线段，则它们必须相邻或仅隔一个弧线段。如图 5-48 所示，如果它们被弧线段间隔，倒角将删除此弧并用倒角线替换它。如图 5-48 中的倒角结果。

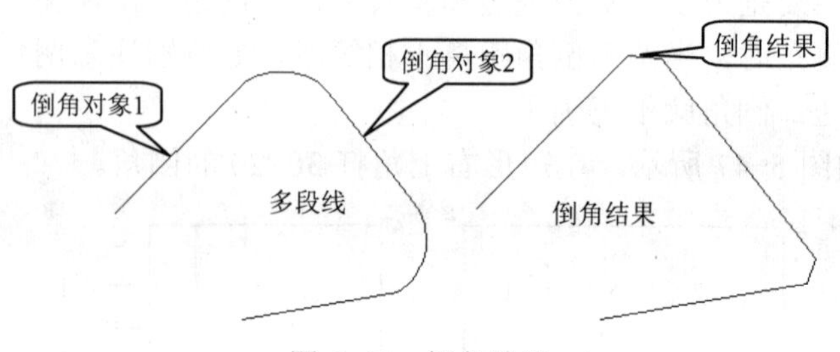

图 5-48　倒角结果

5.11.2　圆角

倒圆角主要出现在阶梯轴上（或零件过渡处），是为了消除阶梯处的应力集中，执行倒圆角的命令时，主要参数就是圆角半径，操作与倒角差不多。

5.11.2.1　简单圆角

【例 5-26】 如图 5-49 所示，已知矩形，将它倒圆角，半径为 15。

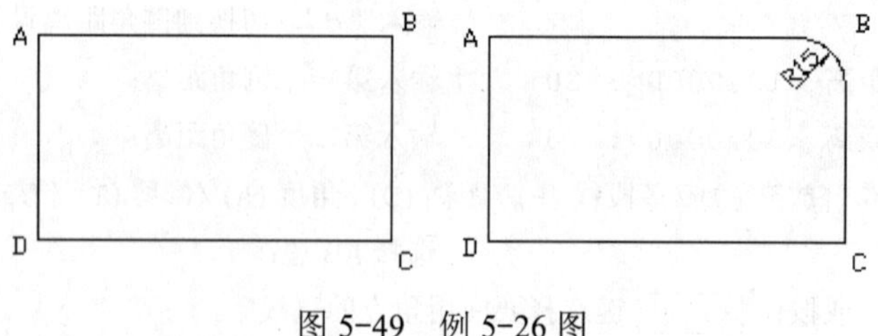

图 5-49　例 5-26 图

单击【修改】工具栏上的圆角命令按钮，命令行提示如下：

命令：_fillet

当前设置模式：模式 = 修剪，半径 = 10.0000

选择第一个对象或 [放弃(U)/多段线(P)/半径(R)/修剪(T)/多个(M)]: r

输入“r”，进行半径设置；

指定圆角半径 <10.0000>: 15 设置圆角半径；

选择第一个对象或 [放弃(U)/多段线(P)/半径(R)/修剪(T)/多个(M)]:

单击边 AB；

选择第二个对象，或按住 Shift 键选择要应用角点的对象：

单击边 BC，完成圆角。

该命令可通过下拉菜单【修改】/【圆角】来执行。若倒圆角半径大于某一边时，圆角不生成，系统会提示半径太大。

5.11.2.2 圆弧连接

圆角命令可以应用于圆弧连接，如图 5-50 所示，用 R20 的圆弧把 1 和 2 两条直线连接起来，就可以利用圆角命令。

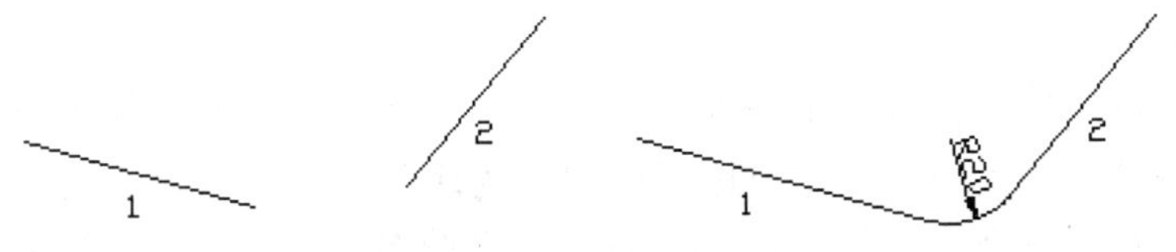

图 5-50 圆弧连接

单击【修改】工具栏上的圆角命令按钮，命令行提示如下：

命令：_fillet

当前设置模式：模式 = 修剪，半径 = 50.0000

选择第一个对象或 [放弃(U)/多段线(P)/半径(R)/修剪(T)/多个(M)]: r

输入“r”，切换到半径设置；

指定圆角半径 <50.0000>: 20 设置半径；

选择第一个对象或 [放弃(U)/多段线(P)/半径(R)/修剪(T)/多个(M)]:

选择直线 1；

选择第二个对象，或按住 Shift 键选择要应用角点的对象： 选择直线 2，圆弧连接自动完成。

选择【多个(M)】选项，可以在一次圆角（或倒角）命令中进行多次圆角（或倒角）。

5.11.2.3 为直线和多段线的组合加圆角

要对直线和多段线的组合进行圆角，直线或其延长线必须与多段线的直线段之一相交。如果打开【修剪】选项，则进行圆角的对象和圆角弧合并形成单独的新多段线，如图 5-51 所示。

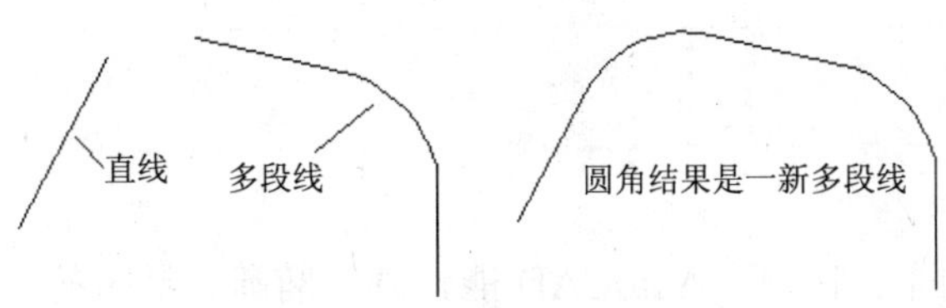

图 5-51 形成新多段线

5.11.2.4 为整个多段线加圆角

使用【多段线】选项可以为整个多段线加圆角或从多段线中删除圆角。

- 如果设置一个非零的圆角半径，AutoCAD 将在足够容纳圆角半径的每一多段线线段的顶点处插入圆角弧。
- 如果两个多段线线段收敛于它们之间的弧线段，AutoCAD 将删除弧线段，替换为圆角弧。
- 如果将圆角半径设置为 0，则不插入圆角弧。如果两条多段线直线段被一段圆弧段分割，AutoCAD 将删除这段圆弧并延伸直线直到它们相交，如图 5-52 所示。

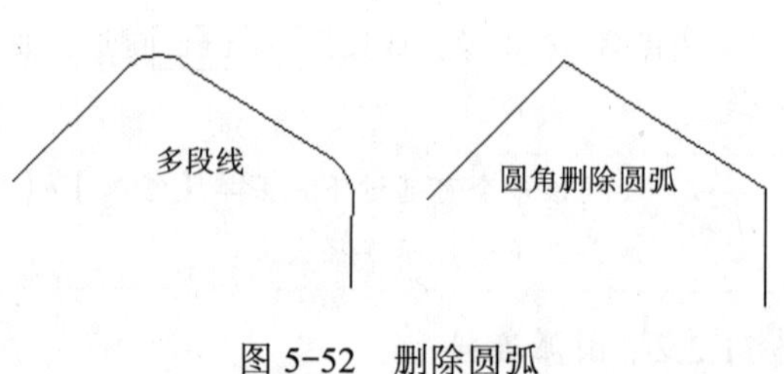

图 5-52 删除圆弧

5.12 分解对象

在对一组实体进行编辑时，可能这一组实体是一个整体，例如，用矩形命令绘制的矩形，多边形命令绘制的六边形，还有以后会用到的块，这时不能对其某一部分进行编辑，就需要把整体分解为一个个实体。AutoCAD 提供了分解命令，它为分解操作提供了一个有效工具。

【例 5-27】 如图 5-53 所示，已知矩形 ABCD，要求 AB 边移走。

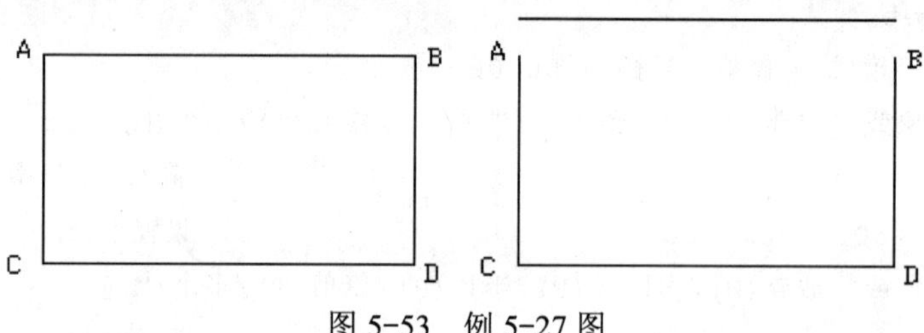

图 5-53 例 5-27 图

单击【修改】面板上的分解命令按钮，命令行提示如下：

```
命令: _explode
选择对象: 找到 1 个                选择矩形；
选择对象:                          回车结束操作。
```

这时在 AB 上单击鼠标，AB 可以被单独选中，把鼠标指针放在中间控制点上，按下鼠标左键，拖动鼠标，就可以改变直线 AB 的位置。

该命令可通过下拉菜单【修改】/【分解】来执行。

5.13 面域

面域是具有边界的平面区域。AutoCAD 能把圆、椭圆、封闭的二维多义线、封闭的样条曲线以及由圆弧、直线、二维多义线、椭圆弧、样条曲线等对象构成的封闭环创建成面域。构成这个环的元素一定要首尾相连，一个端点只能由两个元素共享，并且元素之间不能相交。AutoCAD 会自动从图样中抽取这样的环定义为面域。定义成面域后，可以运用布尔运算对面域进行编辑。面域命令是一个绘图命令，由于其使用方法的特殊性，所以放在修改这章中讲述。这一节主要介绍：

- 创建面域；
- 布尔运算；
- 面域数据提取。

5.13.1　创建面域

在 AutoCAD 中不能直接生成面域，只能利用创建面域命令将已有的封闭区域对象定义成面域。如图 5-54 所示，把一个矩形和一个圆形定义成面域。

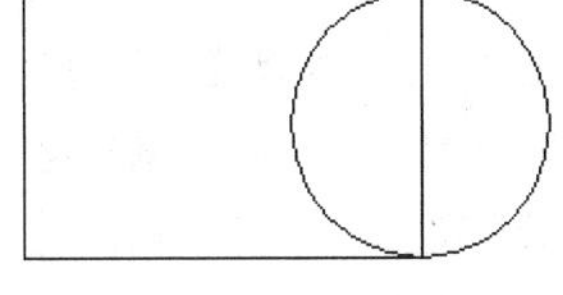

图 5-54　定义面域

单击【绘图】面板上的面域命令按钮，命令行提示如下：

```
命令：_region
选择对象：找到 1 个                    选择矩形；
选择对象：找到 1 个，总计 2 个         选择圆形；
选择对象：                             回车结束选择；
已提取 2 个环。
已创建 2 个面域。                      面域创建完成。
```

此命令可以通过下拉菜单【绘图】/【面域】执行。

已知图 5-55 所示的矩形和圆，要把矩形和圆的相交区域定义成面域，利用上述方法是不行的。AutoCAD 还提供了一种创建面域的方法—边界法。单击【绘图】面板上的边界命令按钮（执行下拉菜单【绘图】/【边界】），出现【边界创建】对话框，如图 5-56 所示。

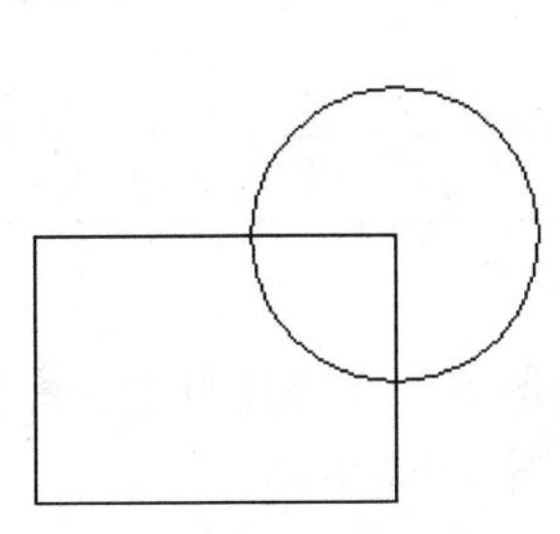

图 5-55　矩形和圆

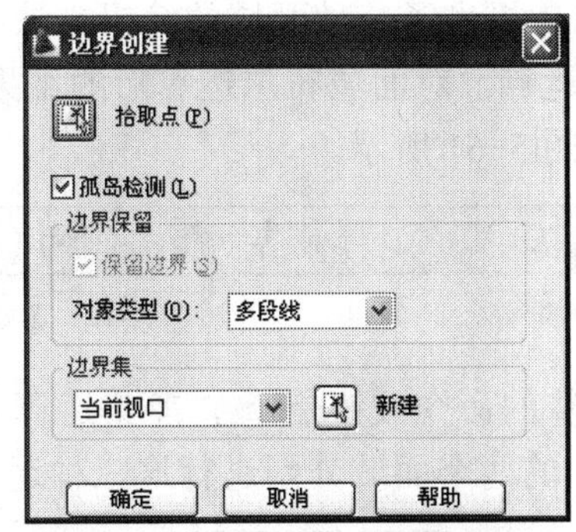

图 5-56　【边界创建】对话框

在【对象类型】选项中选择【面域】，单击拾取点按钮，对话框暂隐，在矩形和圆相交区域内部拾取点并回车，面域就会创建完成。

在区域内拾取点后，区域边界变成虚线框，如图 5-57 所示。

如果区域不封闭，系统会给出如图 5-58 所示的提示。

用这种方法生成的面域，把面域图形移动后会留下原图形的轮廓线，如图 5-59 所示。

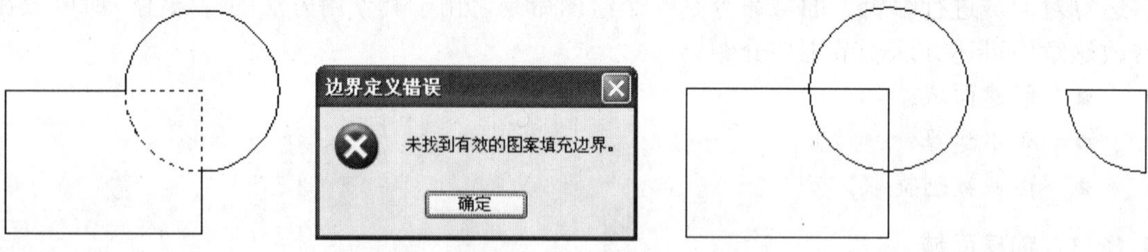

图 5-57　边界虚显　　图 5-58　警告对话框　　图 5-59　新建面域移出后的结果

虽然用【绘图】/【边界】命令创建面域会留下轮廓线，但是在一些特殊情况下，只能用此命令才能完成面域的创建，而用面域命令是行不通的。如图 5-60 所示，要把 a 图的阴影部分创建成面域，利用【绘图】/【边界】命令创建面域非常方便。将所创建的面域从原图移出，如 b 图所示。

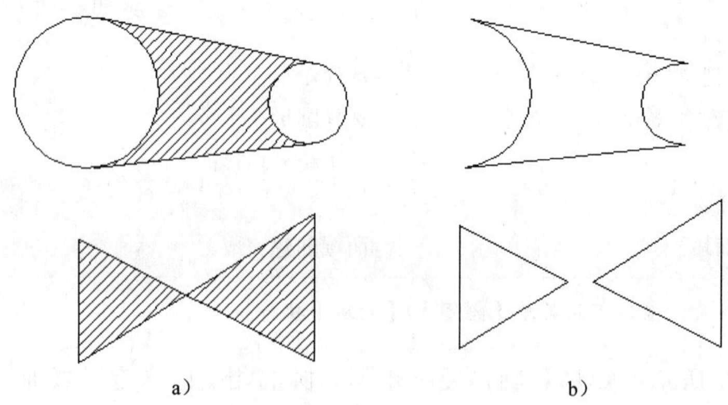

a）　　b）

图 5-60　利用【绘图】/【边界】命令创建面域

5.13.2　布尔运算

AutoCAD 提供了三种面域的编辑方法：并集运算、差集运算、交集运算，这几种方法统称为布尔运算。对面域布尔运算后的结果还是面域。这三个命令按钮在【实体编辑】工具栏上，如图 5-61 所示。

图 5-61　【实体编辑】工具栏

并集运算的命令按钮是，差集运算的命令按钮是，交集运算的命令按钮是。对图 5-54 中的两个面域分别进行这三种运算，结果如图 5-62 所示。

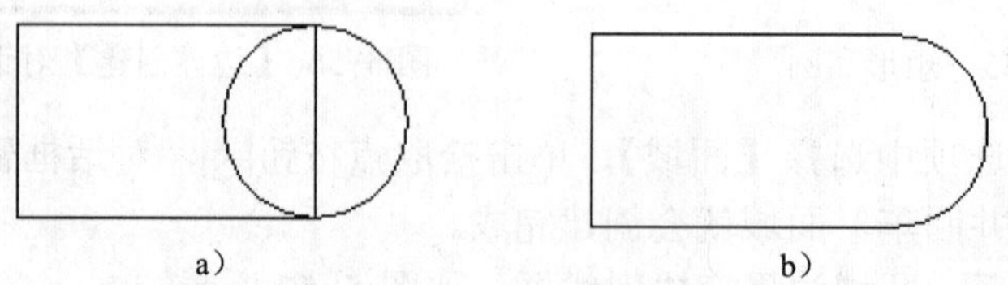

a）　　b）

图 5-62　面域运算

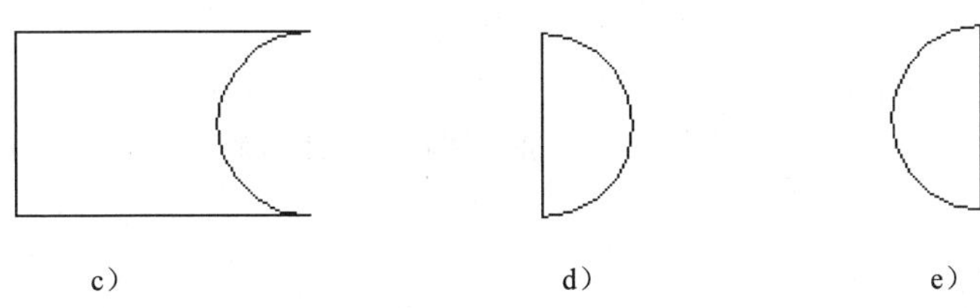

图 5-62　面域运算（续）

a）两个面域　b）并集运算：面域相加　c）差集运算：矩形面域减圆面域
d）差集运算：圆面域减矩形面域　e）交集运算：面域的交集

单击【实体编辑】工具栏上的并集命令按钮，命令行提示如下：

命令：_union
选择对象：找到 1 个　　　　　　　选择矩形面域；
选择对象：找到 1 个，总计 2 个　　选择圆面域；
选择对象：　　　　　　　　　　　回车结束命令，得到两者的并集，如图 5-62 中的 b 图所示。

单击【实体编辑】工具栏上的差集运算命令按钮，命令行提示如下：

命令：_subtract 选择要从中减去的实体或面域...
选择对象：找到 1 个　　　　　　　选择矩形面域作为被减区域；
选择对象：　　　　　　　　　　　回车；
选择要减去的实体或面域 ..
选择对象：找到 1 个　　　　　　　选择圆面域作为被减区域；
选择对象：　　　　　　　　　　　回车结束，得到如图 5-62 中 c 图所示的面域。

要得到图 5-62 中 d 图所示的面域，需要把圆面域作为被减对象，把矩形面域作为要减去的对象。

单击【实体编辑】工具栏上的交集运算命令按钮，命令行提示如下：

命令：_intersect
选择对象：找到 1 个　　　　　　　选择圆面域；
选择对象：找到 1 个，总计 2 个　　选择矩形面域；
选择对象：　　　　　　　　　　　回车结束命令，得到两者的交集，如图 5-62 中的 e 图所示。

通过编辑图 5-62 中的图，可以知道做并集、交集运算时，直接选择要合并或相交的面域实体后回车即可，而在做差集运算时，须先选择实体作为“被减数”，回车后再选择实体作为“减数”，两种实体的选择有先后顺序，所以做差集运算时会有两种结果出现。

【例 5-28】 运用面域的布尔运算，把图 5-63 中的 a 图编辑成 b 图式样。

绘制完成 a 图后，应先将图中的各实体创建成面域，然后再进行面域布尔运算。

单击【实体编辑】工具栏上的差集运算命令按钮，命令行提示如下：

命令：_subtract 选择要从中减去的实体或面域...

选择对象：找到 1 个	选择大圆面域，作为被减面域；
选择对象：	回车；
选择要减去的实体或面域 ..	
选择对象：找到 1 个	分别选择圆周均布的六个小圆面域；
选择对象：找到 1 个，总计 2 个	
选择对象：找到 1 个，总计 3 个	
选择对象：找到 1 个，总计 4 个	
选择对象：找到 1 个，总计 5 个	
选择对象：找到 1 个，总计 6 个	
选择对象：	回车结束选择，这时图形如图 5-64 所示。

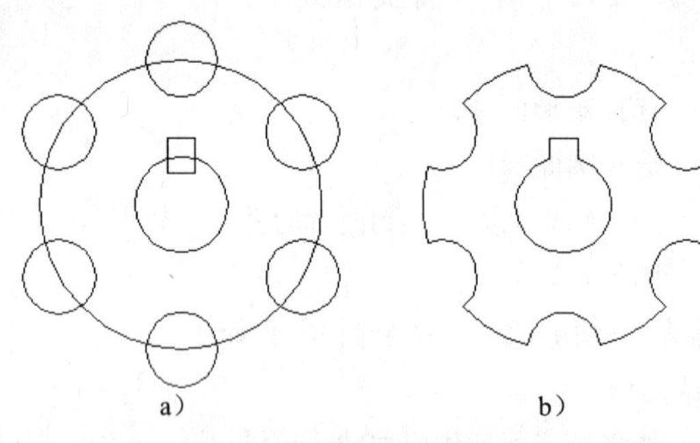

图 5-63　布尔运算举例

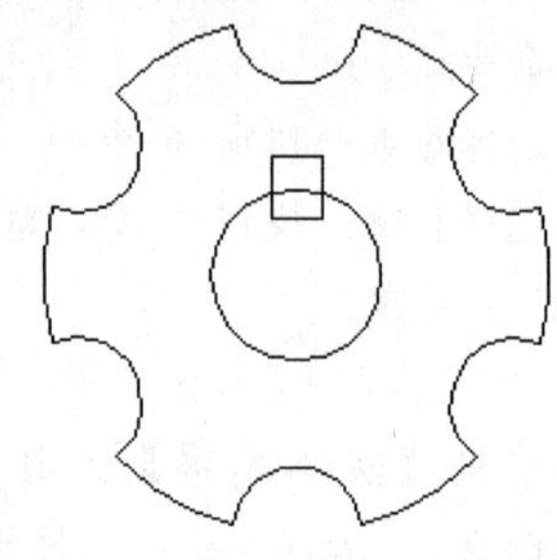

图 5-64　进行减运算后的图形

单击【实体编辑】工具栏上的并集命令按钮，命令行提示如下：

命令：_union	
选择对象：找到 1 个	选择中心小圆面域；
选择对象：找到 1 个，总计 2 个	选择矩形面域；
选择对象：	回车结束命令，从而完成整个图样。

布尔运算命令可以用下拉菜单【修改】/【实体编辑】来完成，【并集】执行并运算，【差集】执行差集运算，【交集】执行交集运算。

5.13.3　面域数据提取

面域既然是一个平面区域，它的面积、周长、边界框、质心、惯性矩、惯性积以及主力矩与质心的方向等参数如何求得呢？

AutoCAD 中的质量特性命令【工具】/【查询】/【面域/质量特性】，可以将面域的面积特性计算并显示出来。

该命令的按钮在【查询】工具栏上，如图 5-65 所示。

图 5-65 【查询】工具栏

单击面域/质量特性命令按钮，拾取面域回车，系统会自动切换出文本窗口，如图 5-66 所示。

如果想把面域的这些特性值保存，输入 Y 回车，弹出【创建质量与面积特性文件】对话框，如图 5-67 所示，可以把特性参数保存在以 mpr 为扩展名的文件中。

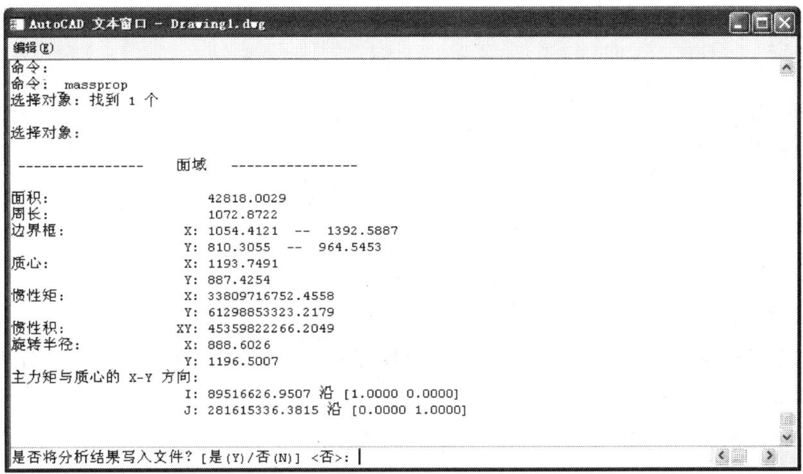

图 5-66　文本窗口

图 5-67　【创建质量与面积特性文件】对话框

5.14　对齐

在绘图过程中常常会遇到对齐对象的问题，如果没有学习过对齐命令，可以使用移动、旋转和比例缩放来完成任务，非常麻烦，有了对齐命令就可以一次完成，下面来介绍它的使用方法。

如图 5-68 所示，需要由 a 图得到 b 图。

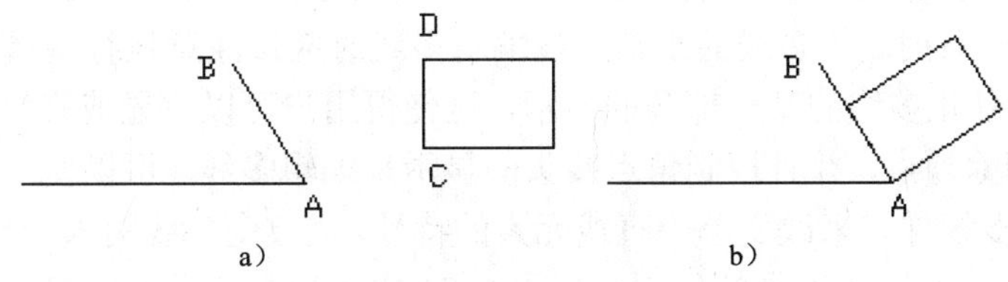

图 5-68　对齐

执行【修改】/【三维操作】/【对齐】菜单命令，命令行提示如下：

```
命令： _align
正在初始化...
选择对象：找到 1 个                              选择矩形；
选择对象：                                       回车结束选择；
指定第一个源点：                                 捕捉 C 点；
指定第一个目标点：                               捕捉 A 点；
指定第二个源点：                                 捕捉 D 点；
指定第二个目标点：                               捕捉 B 点，如图 5-69 所示，系统自动在
源点和目标点之间连线；
指定第三个源点或 <继续>：                        回车；
是否基于对齐点缩放对象？[是(Y)/否(N)] <否>：
                                                 回车结束对齐。
```

当选择两对点时，选定的对象可在二维或三维空间中移动、转动和按比例缩放以便与其他对象对齐。第一组源点和目标点定义对齐的基点，第二组源点和目标点定义旋转角度。

在输入了第二对点后，AutoCAD 会给出缩放对象提示。AutoCAD 将以第一目标点 A 和第二目标点 B 之间的距离作为按比例缩放对象的参考长度，只有使用两对点对齐对象时才能使用缩放。

如在上例中在“是否基于对齐点缩放对象？[是(Y)/否(N)] <否>:”提示下输入“Y”，将得到如图 5-70 所示的图样。

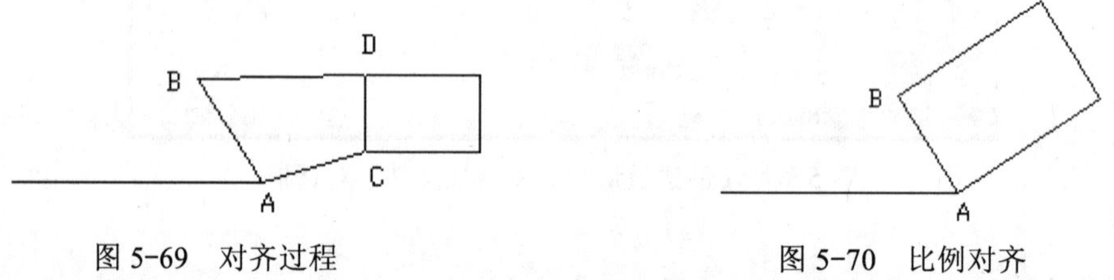

图 5-69 对齐过程　　图 5-70 比例对齐

对齐命令是移动、旋转、比例缩放三个命令的有机组合。

5.15 编辑多线

执行【修改】/【对象】/【多线】菜单命令，系统会弹出一个如图 5-71 所示的对话框，AutoCAD 提供了一系列编辑多线的工具。在编辑多线时应该注意执行编辑多线命令并不真正打断多线，只是禁止多线的某一部分的显示，这使得用户可以重显或修复打断部分。用户可以通过添加或删除顶点，并且控制角点接头的显示来编辑多线。可以使用多种方法使多线相交。也可以编辑多线样式来改变单个直线元素的特性，或改变多线的末端封口和背景填充。

下面就来介绍一下这些工具的使用。从图 5-71 中可以看出【多线编辑工具】对话框提供了 12 种工具。

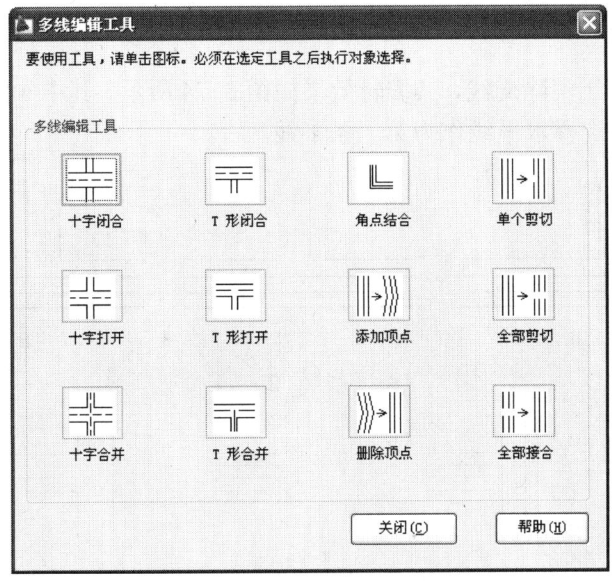

图 5-71 【多线编辑工具】对话框

下面以图 5-72 所示的两条相交多线为例，看用不同的多线编辑工具的处理结果。

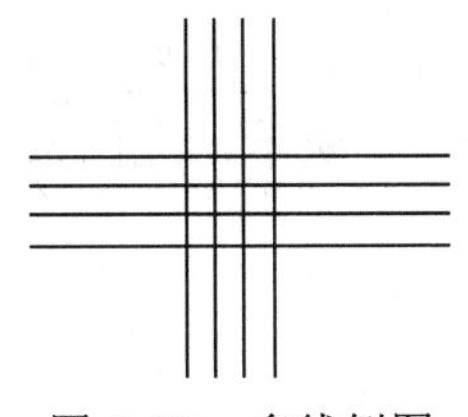

图 5-72　多线例图

5.15.1　十字型工具

三种十字型工具用于消除各种相交线。如果选择十字型工具，系统会提示用户选取两条多线。AutoCAD 一般总是切断用户所选的第一条多线，并根据所选工具切断第二条多线。

对合并十字型，AutoCAD 生成配对元素的直角，若有不配对元素，则它将不被切断。

图 5-73 所示，显示了运用十字型工具得到的结果。其中 a 图为选择垂直线作为第一条多线，b 图为选择水平线作为第一条多线。

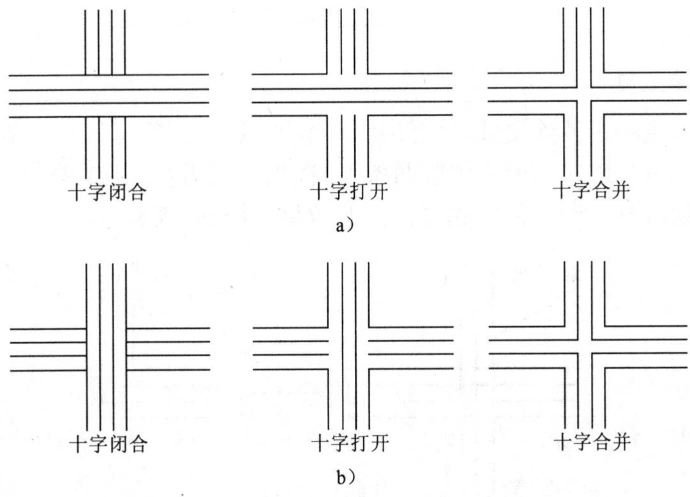

图 5-73　运用十字型工具

5.15.2 T字型工具

T 字型工具也用于消除交线，其编辑效果如图 5-74 所示。其中 a 图为选择垂直线作为第一条多线，b 图为选择水平线作为第一条多线。

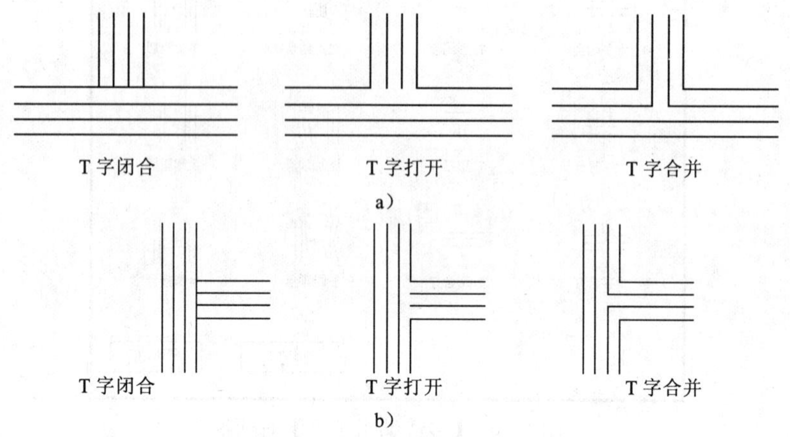

图 5-74 运用 T 字型工具

运用 T 字型工具编辑多线，选择第一条多线时，拾取点的位置也会影响编辑结果，如图 5-75 所示，左图拾取点在下方，右图拾取点在上方。

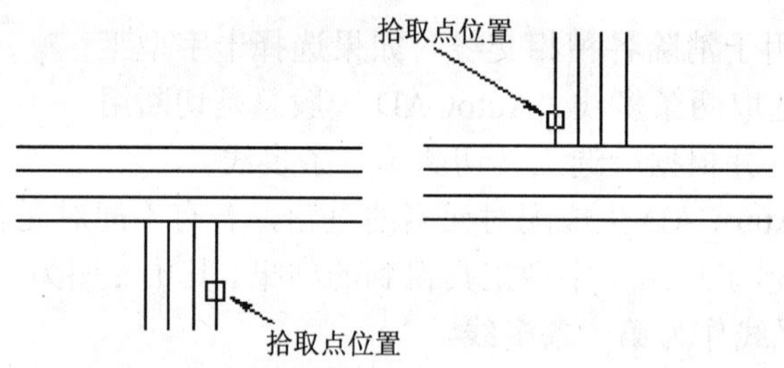

图 5-75 拾取点位置不同的结果

5.15.3 拐角连接工具

拐角连接工具也用于消除交线，它还可以消除多线一侧的延伸线，从而形成拐角。用户选此工具时，AutoCAD 提示用户选取两条多线，用户只需在想保留的多线部分上拾取点，系统会将多线剪切或延伸到它们的相交点，其效果如图 5-76 所示。

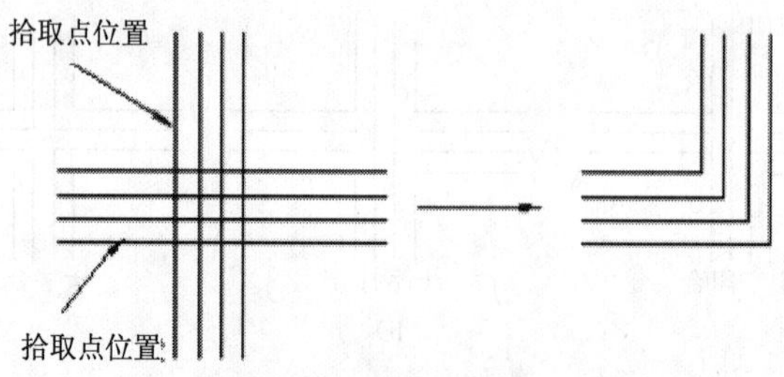

图 5-76 拐角连接工具

5.15.4　增加顶点工具和删除顶点工具

增加顶点工具可以为多线增加若干顶点，以便于处理，如拉伸等。删除顶点工具则从有三个或更多顶点的多线上删除顶点。若当前选取的多线只有两个顶点，该工具无效。如图 5-77 所示。

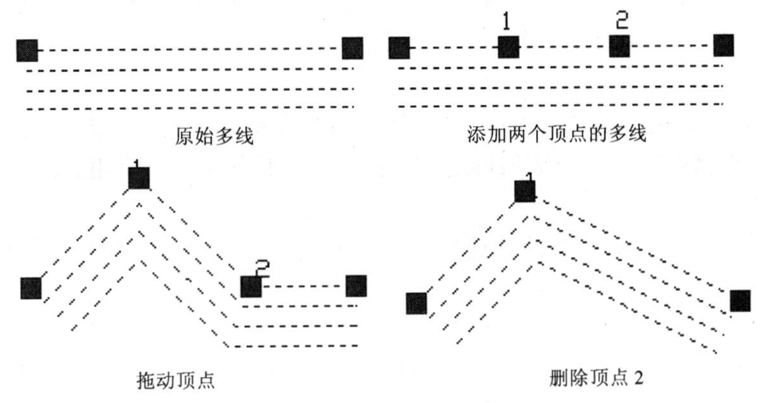

图 5-77　增加顶点工具和删除顶点工具

5.15.5　切断工具

切断工具用于切断多线。单个剪切用于切断多线中一条，只需要拾取要切断多线的某一条上的两个点，就可以把两个点之间的连线删除。同理，全部剪切用于切断整条多线。切断效果如图 5-78 所示。

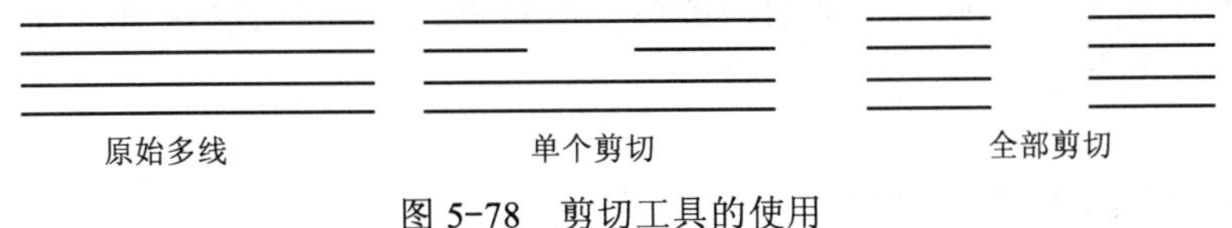

图 5-78　剪切工具的使用

5.15.6　全部接合工具

全部接合工具用于接合所选两点间的任何切断部分，其效果如图 5-79 所示。

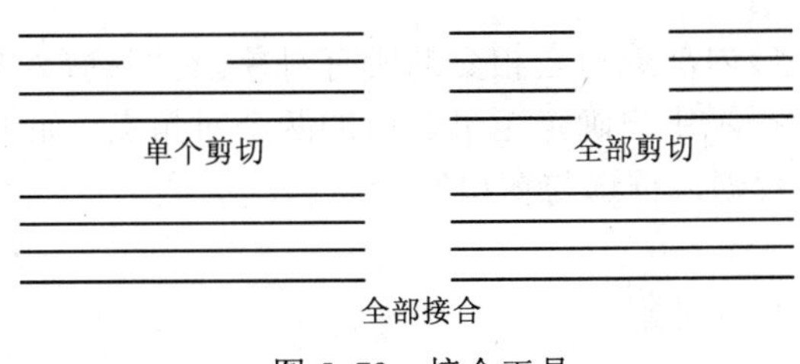

图 5-79　接合工具

5.16　对象选择

编辑命令执行之后，一般会出现“选择对象:”提示，十字光标变为小方框（称之为拾取框），系统要求用户选择要进行操作的对象。

用定点设备点取对象，或在对象周围使用选择窗口，或输入坐标，或使用下列选择对象方式，都可以选择对象。不管由哪个命令给出“选择对象”提示，都可以使用这些方法。要查看所有选项，请在命令行中输入？。

在“选择对象:”提示下输入“?”然后回车，命令行显示：

需要点或窗口(W)/上一个(L)/窗交(C)/框(BOX)/全部(ALL)/栏选(F)/圈围(WP)/圈交(CP)/编组(G)/添加(A)/删除(R)/多个(M)/前一个(P)/放弃(U)/自动(AU)/单个(SI)/子对象(SU)/对象(O)。

这些是 AutoCAD 提供的选择方法，用户可以根据需要选择适合的方法。在“选择对象：”提示下可以直接选择或输入一个选项再进行选择。下面具体讲一下常用选项的使用方法。

- 直接方式

这是一种默认的选择对象方法。选择过程：通过鼠标移动拾取框，使其压住要选择的对象，单击鼠标，该对象就会虚显，表明已被选中。

- 默认窗口方式

当出现“选择对象：”提示时，如果将拾取框移到图中的空白区域单击鼠标，AutoCAD 会提示：“指定对角点”。移动鼠标到另一个位置再单击鼠标，AutoCAD 自动以两个拾取点为对角点确定一矩形拾取窗口。如果矩形窗口是从左向右定义的，那么只有完全在矩形框内部的对象会被选中。如果拾取窗口是从右向左定义的，那么位于矩形框内部或者与矩形框相交的对象都会被选中。

- 窗口（W）

选择矩形（由两点定义）中的所有对象。在“选择对象：”提示下输入“w”并回车，AutoCAD 会依次提示用户确定矩形窗口的两个对角点。此方式与默认窗口方式的区别是可以压住对象拾取角点。

- 上一个（L）

选择最近一次创建的可见对象。

- 窗交（C）

选择区域（由两点确定）内部或与之相交的所有对象。在“选择对象：”提示下输入“c”并回车，AutoCAD 会依次提示用户确定矩形窗口的两个对角点。

- 框（BOX）

选择矩形（由两点确定）内部或与之相交的所有对象。在“选择对象：”提示下输入“box”并回车，AutoCAD 会依次提示用户确定矩形窗口的两个对角点。如果该矩形是从右向左指定的，框选与窗交等价。否则，框选与窗口等价。

- 全部（ALL）

选择非冻结图层上的所有对象。

- 栏选（F）

选择与选择栏相交的所有对象，如图 5-80 所示。栏选方法与圈交方法相似，只是 AutoCAD 中栅栏的最后一个矢量不闭合，并且栅栏可以与自己相交。在“选择对象：”提示下输入“f”

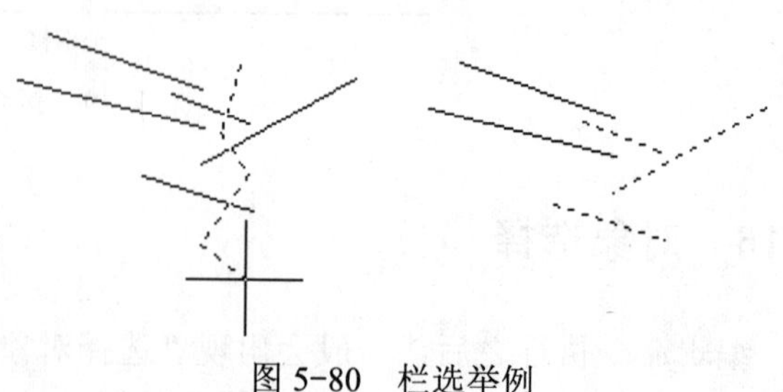

图 5-80　栏选举例

并回车，系统提示：

第一栏选点：　　指定一点；

指定直线的端点或 [放弃(U)]：　　指定下一点或输入 u 放弃上一个指定点。

● 圈围（WP）

选择多边形（通过待选对象周围的点定义）中的所有对象，如图 5-81 所示，该多边形可以为任意形状，但不能与自身相交或相切。AutoCAD 自动绘制多边形的最后一条边，所以该多边形在任何时候都是闭合的。在“选择对象：”提示下输入“wp”并回车，系统提示：

第一圈围点：　　指定一点；

指定直线的端点或 [放弃(U)]：　　指定下一点或输入 u 放弃上一个指定点。

● 圈交（CP）

选择多边形（通过在待选对象周围指定点来定义）内部或与之相交的所有对象，如图 5-82 所示。该多边形可以为任意形状，但不能与自身相交或相切。AutoCAD 自动绘制多边形的最后一条边，所以该多边形在任何时候都是闭合的。在“选择对象：”提示下输入“cp”并回车，系统提示：

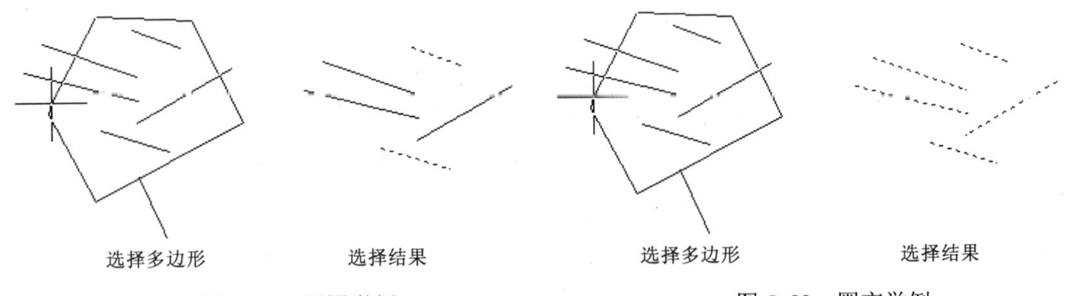

图 5-81　圈围举例　　图 5-82　圈交举例

第一圈围点：　　指定一点；

指定直线的端点或 [放弃(U)]：　　指定下一点或输入 u 放弃上一个指定点。

● 添加（A）

切换到“添加”模式：可以通过任意对象选择方法将选定对象添加到选择集中。“自动”和“添加”为默认模式。

● 删除（R）

在“选择对象：”提示下输入“r”并回车，切换到“删除”模式，可以使用任何对象选择方式将对象从当前选择集中去除。还有一种方法，按下 Shift 键选择对象，同样可以将选中的对象从当前选择集中去除。

● 放弃（U）

放弃选择最近加到选择集中的对象。

● 自动（AU）

切换到自动选择：指向一个对象单击即选择该对象。指向对象内部或外部的空白区中单击将形成窗选方法定义的选择框的第一个角点。“自动”和“添加”为默认模式。

● 单选（SI）

切换到单选方式：只选择指定的一个或一组对象，而不是连续提示进行更多的选择。

上面讲述了多种选择方法，它们各有所长，希望读者能够根据场合选择合适的方法快速地确定选择集。

5.16.1 使用快速选择

使用快速选择(QSELECT)，可以根据特性（如颜色）和对象类型过滤选择集。例如，只选择图形中所有红色的圆而不选择其他对象，或者选择除红色圆以外的其他对象。

下面的样例使用快速选择选择图形中的红色对象（颜色设置请参照后面的相关章节）。

（1）在【实用程序】面板上单击快速选择按钮，(或在【工具】菜单中选择【快速选择】)，出现【快速选择】对话框，如图 5-83 所示。

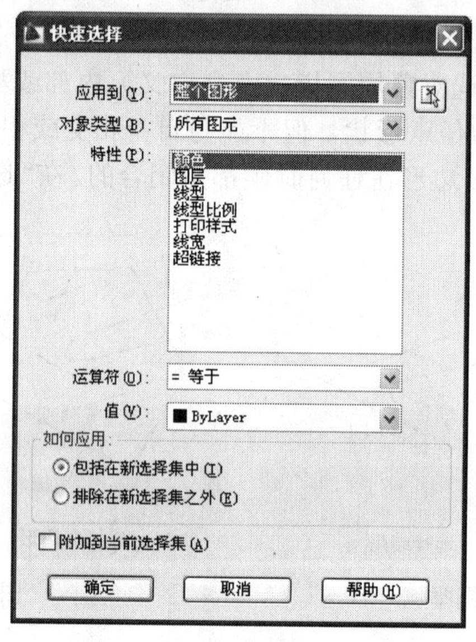

图 5-83 【快速选择】对话框

（2）在【快速选择】对话框的【应用到】下拉列表中选择【整个图形】选项。

（3）在【对象类型】下拉列表中选择【所有图元】选项。

（4）在【特性】下拉列表中选择【颜色】选项。

（5）在【运算符】下拉列表中选择【=等于】选项。

（6）在【值】下拉列表中选择【红色】选项。

（7）在【如何应用】选择区中，选择【包括在新选择集中】选择框。

（8）单击 确定 按钮。

这样 AutoCAD 选择图形中所有红色（不包括颜色为 BYLAYER 的红色对象）的对象并关闭【快速选择】对话框。

设置为 BYLAYER 的对象为红色是因为图层颜色为红色，它们并不包含在选择集中。

5.16.2 修改对象选择设置

执行【工具】/【选项】菜单命令，出现【选项】对话框，打开【选择】选项卡，如图 5-84 所示。利用该选项卡可以更改选择方法和拾取框大小。

如果在单选选择对象时，一次只能选一个对象，选别的对象时，前面选的对象会去掉选择，也就是说不能自动添加到选择集。这时可能【选择】选项卡中【用 Shift 键添加到选择集】复选框被选中。

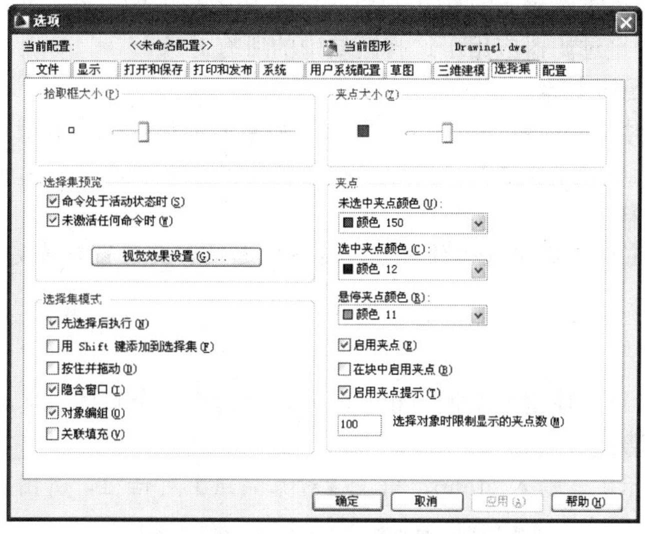

图 5-84 【选择】选项卡

5.16.3 对象选择过滤器

使用对象选择过滤器（FILTER）对话框与使用快速选择一样，可以根据特性（如颜色）和对象类型过滤选择集。

命名和保存过滤器的步骤：

（1）在命令提示下，输入 filter，出现【对象选择过滤器】对话框，如图 5-85 所示。

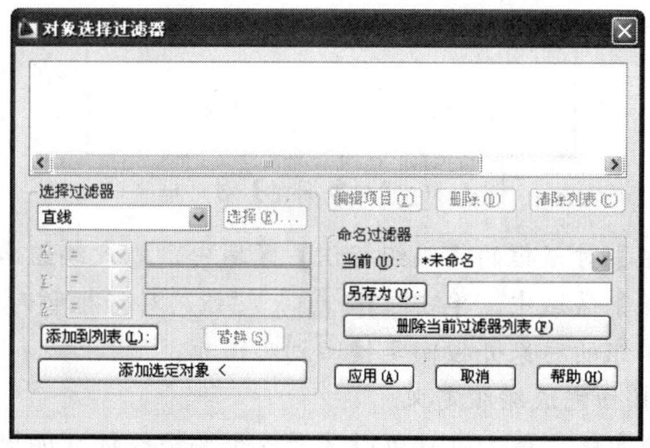

图 5-85 【对象选择过滤器】对话框

（2）在【对象选择过滤器】对话框的【选择过滤器】下拉列表中，选择过滤器（例如直线）。

（3）单击[添加到列表(L):]按钮，选择的过滤器会添加到对话框上面的列表中（可以设定多个过滤器，重复执行（2）、（3）步骤）。

（4）在[另存为(V):]按钮右面的输入框中，输入过滤器的名称，例如“直线过滤”，单击[另存为(V):]按钮。

（5）单击[应用(A)]按钮，就可以进行选择对象了，这样只有满足过滤器条件的对象才会被选中。

AutoCAD 应用该过滤器，这样用户将只能选择图形中的直线。如果使用选择区域选择对象，AutoCAD 将过滤器应用于选择区域中的所有对象。

使用命名过滤器的步骤：

（1）在“选择对象”提示下，输入 'filter（加单引号使其成为透明命令）。

（2）在【对象选择过滤器】对话框中选择要使用的命名过滤器，也可以新定义过滤器，然后单击[应用(A)]按钮。

（3）使用交叉窗口指定要选择的对象，这样仅选择由交叉窗口选定且符合过滤条件的对象。

5.16.4 命名编组

在 AutoCAD 中可以使用编组把不相干的元素组合成一个整体，下面介绍它的用法。

创建编组的步骤：

（1）在命令提示下，输入 group，出现【对象编组】对话框，如图 5-86 所示。

图 5-86 【对象编组】对话框

（2）在【对象编组】对话框的【编组标识】区域中，输入编组名称和说明。

（3）在【创建编组】区域中，单击[新建(N) <]按钮，对话框暂时关闭。

（4）选择要进行编组的对象并按回车键回到对话框。

（5）单击[确定]按钮完成编组定义。

在参与编组的任意实体上单击鼠标可以选择这个编组整体，如果要取消编组选择，可以随时按 Shift+Ctrl+A 关闭或打开编组选择。

用户还可以使用【对象编组】对话框对已定义的编组进行删除、添加、分解等操作，这里不再繁述。

5.17 夹点编辑

如果在未启动命令的情况下，单击选中某图形对象，那么被选中的图形对象就会以虚线显示，而且被选中图形的特征点（如端点、圆心、象限点等）将显示为蓝色的小方框，如图 5-87 所示。这样的小方框被称为夹点。

夹点有两种状态：末激活状态和被激活状态。如图 5-87 所示，选择某图形对象后出现的蓝色小方框就是末激活状态的夹点。如果单击某个末激活夹点，该夹点就被激活，以红色小方框显示。这种处于被激活状态的夹点又称为热夹点，以被激活的夹点为基点，可以对图形对象执行拉伸、平移、拷贝、缩放和镜像等基本修改操作。

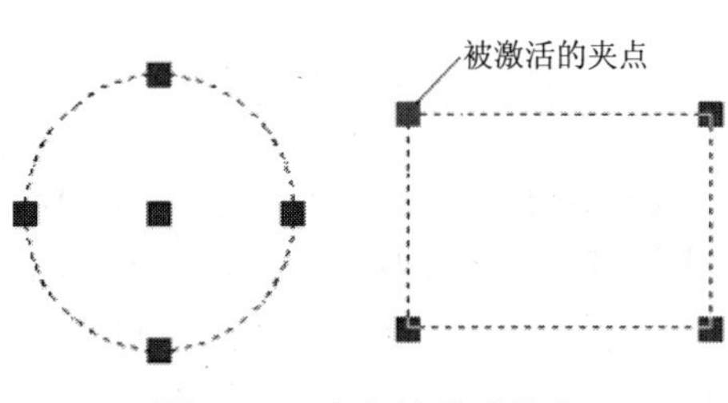

图 5-87　夹点的显示状态

使用夹点编辑功能，可以对图形对象进行各种不同类型的修改操作。其基本的操作步骤是“先选择，后操作”，分为三步：

- 在不输入命令的情况下，单击选择对象，使其出现夹点。
- 单击某个夹点，使其被激活，成为热夹点。
- 根据需要在命令行输入拉伸（ST）、移动（MO）、复制（CO）、缩放（SC）、镜像（MI）等基本操作命令的缩写，执行相应的操作。

5.17.1　夹点拉伸

拉伸是夹点编辑的默认操作，不需要再输入拉伸命令 ST。当激活某个夹点以后，命令行提示如下：

命令：

** 拉伸 **

指定拉伸点或 [基点(B)/复制(C)/放弃(U)/退出(X)]：

此时直接拉动鼠标，就可以将热夹点拉伸到需要的位置，如图 5-88 所示。

如果不直接拖动鼠标，还可以选择中括号中的选项：

【基点(B)】：选择其他点为拉伸的基点，而不是以选中的夹点为基准点。

【复制(C)】：可以对某个夹点进行连续多次拉伸，而且每拉伸一次，就会在拉伸后的位置上复制留下该图形，如图 5-89 所示。该操作实际上是拉伸和复制两项功能的结合。

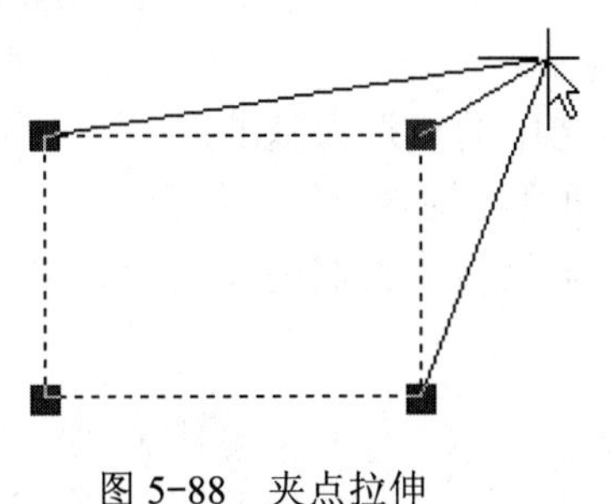

图 5-88　夹点拉伸

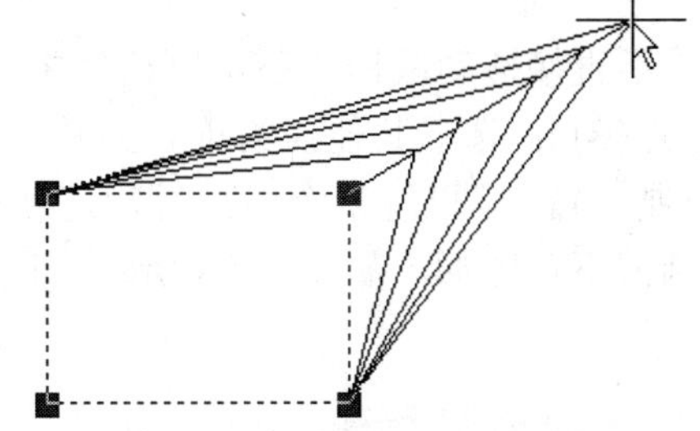

图 5-89　拉伸和复制的结合

5.17.2　夹点平移

激活图形对象上的某个夹点，在命令行输入平移命令的简写“mo”，就可以平移该对象。命令行提示如下：

命令：

** 拉伸 **

指定拉伸点或 [基点(B)/复制(C)/放弃(U)/退出(X)]：　mo　输入命令“mo”，切换到移动方式；

** 移动 **

指定移动点或 [基点(B)/复制(C)/放弃(U)/退出(X)]：　拖动鼠标移动图形，如图 5-90 所示，单击鼠标把图形放在合适的位置。

如果不直接拖动鼠标，还可以选择中括号中的选项：

【基点(B)】：选择其他点为平移的基点，而不是以选中的夹点为基准点。

【复制(C)】：可以对某个夹点进行连续多次平移，而且每平移一次，就会在平移后的位置上复制留下该图形，如图 5-91 所示。该操作实际上是平移和复制两项功能的结合。

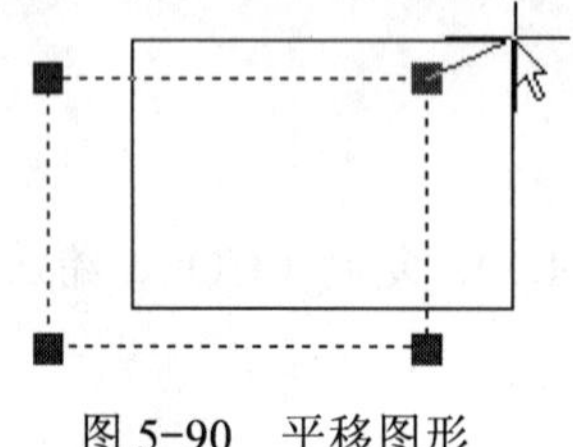

图 5-90　平移图形

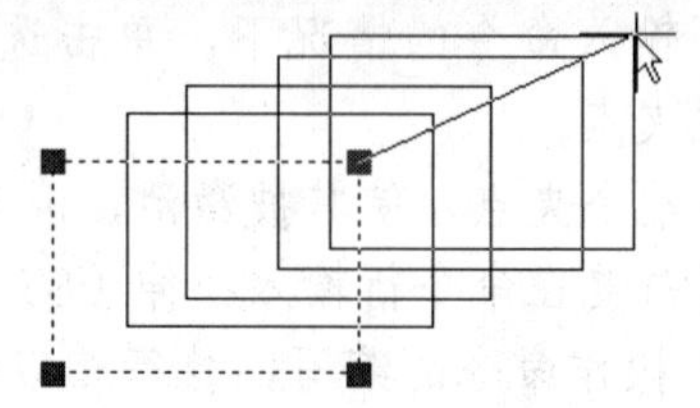

图 5-91　平移与复制结合

5.17.3　夹点旋转

激活图形对象上的某个夹点，在命令行输入旋转命令的简写“ro”，就可以绕着热夹点旋转该对象。命令行提示如下：

命令：

** 拉伸 **

指定拉伸点或 [基点(B)/复制(C)/放弃(U)/退出(X)]：ro　输入命令“ro”，切换到旋转方式；

** 旋转 **

指定旋转角度或 [基点(B)/复制(C)/放弃(U)/参照(R)/退出(X)]：　拖动鼠标旋转图形，如图 5-92 所示，通过单击鼠标或输入角度的办法把图形转到需要位置。

如果不直接拖动鼠标，还可以选择中括号中的选项：

【基点(B)】：选择其他点为旋转的基点，而不是以选中的夹点为基准点。

【复制(C)】：可以绕某个夹点进行连续多次旋转，而且每旋转一次，就会在旋转后的位置上复制留下该图形，如图 5-93 所示。该操作实际上是旋转和复制两项功能的结合。

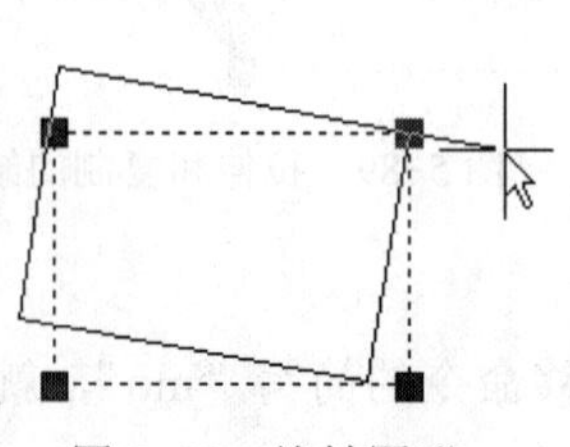

图 5-92　旋转图形

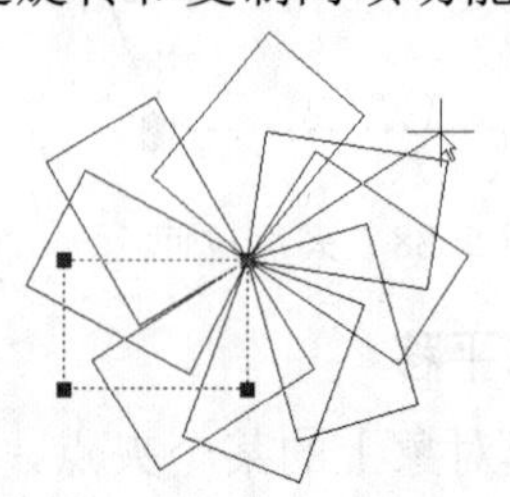

图 5-93　旋转与复制的结合

5.17.4　夹点镜像

激活图形对象的某个夹点，然后 在命令行输入镜像命令的简写 MI，可以对图形进行镜像操作。其中热夹点已经被确定为对称轴上的一点，只需要确定另外一点，就可以确定对称轴位置。具体操作方法如下：

命令：

** 拉伸 **

指定拉伸点或 [基点(B)/复制(C)/放弃(U)/退出(X)]: mi　　切换到镜像方式；

** 镜像 **

指定第二点或 [基点(B)/复制(C)/放弃(U)/退出(X)]:　　指定镜像轴的第二点，从而得到镜像图形，如图 5-94 所示。

【基点(B)】：选择其他点为镜像的基点，而不是以选中的夹点为基准点。

【复制(C)】：可以绕某个夹点进行连续多次镜像，而且每镜像一次，就会在镜像后的位置上复制留下该图形，如图 5-95 所示。该操作实际上是镜像和复制两项功能的结合。

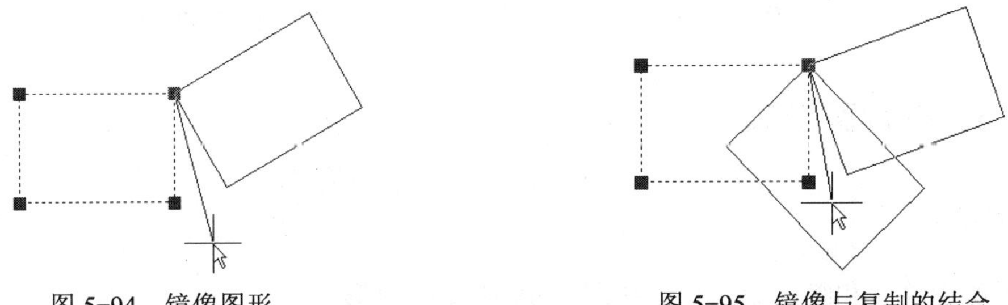

图 5-94　镜像图形　　　图 5-95　镜像与复制的结合

要进行多重复制，还可以在拖动鼠标的同时，按下 Shift 键即可。在夹点镜像时按住 Shift 键，可以在镜像以后保留源对象。

5.18　综合实例一

设计要求

已知如图 5-96 所示的两个圆和一条直线，做一个圆与两已知圆相切，并且圆心在直线上。

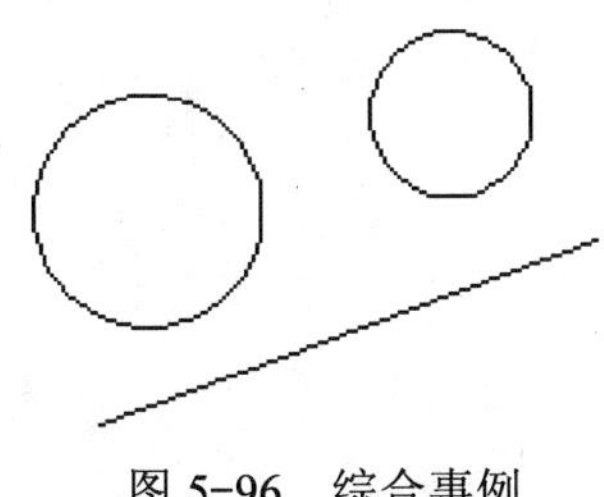

图 5-96　综合事例

设计思路

(1) 以直线为镜像线镜像两个圆。

（2）使用 TTT 法绘制圆。

设计步骤

（1）使用镜像命令，以直线为镜像线镜像两个圆，如图 5-97 所示。

（2）执行【绘图】/【圆】/【相切、相切、相切】命令使新绘制的圆与任三个圆相切，这样绘制的圆其圆心一定在直线上，如图 5-98 所示。

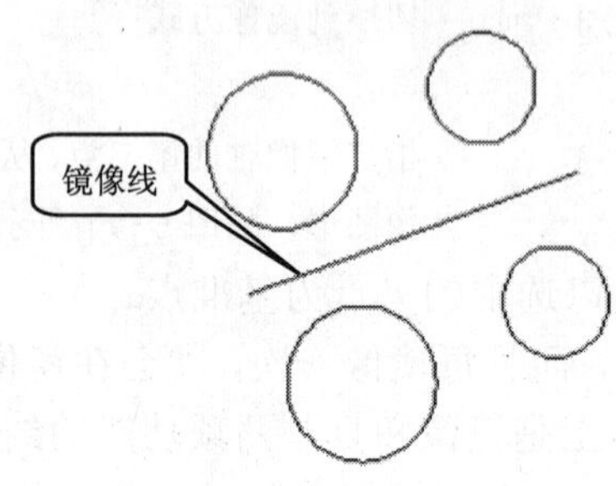

图 5-97 镜像两个圆

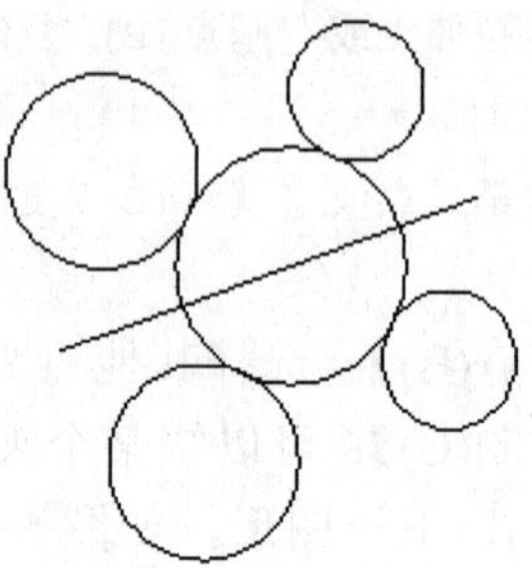

图 5-98 设计结果

5.19 综合实例二

设计要求

使用所学绘图和编辑命令绘制如图 5-99 所示的图形。

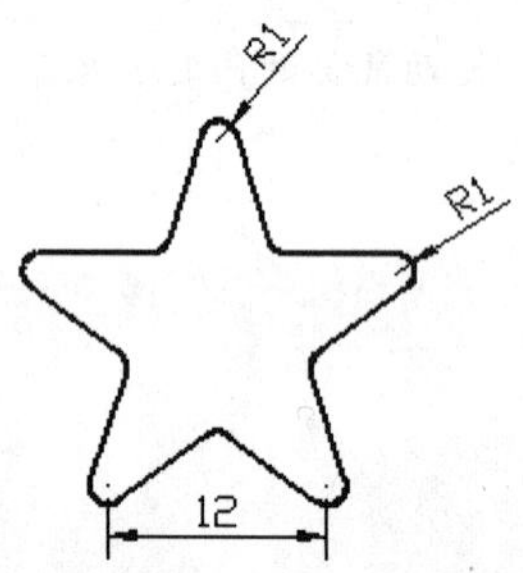

图 5-99 综合实例二图

设计思路

（1）正多边形命令。
（2）剪切命令。
（3）【绘图】/【边界】。
（4）偏移命令。
（5）倒圆命令。

设计步骤

（1）使用正多边形命令，以边长 12 绘制一个正 5 边形。然后连接顶点为五角星，如

图 5-100 所示。然后修剪图形为如图 5-101 所示。

（2）使用【绘图】/【边界】命令把图 5-101 中的五角星定义为多段线。

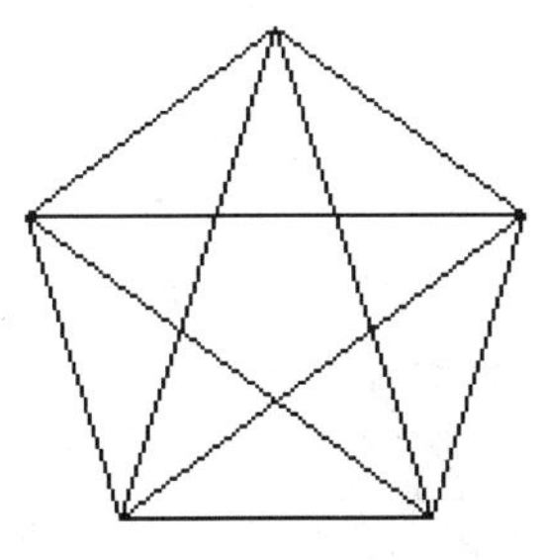

图 5-100　绘制五角星

图 5-101　修剪五角星

（3）使用偏移命令定义一个偏移距离为 1 的五角星，如图 5-102 所示。

（4）删除内部的五角星，然后对外部五角星的 10 个顶角进行圆角完成图样。

图 5-102　偏移五角星

5.20　本章小结

在本章中通过大量的示例详细介绍了擦除、放弃与重做、复制、镜像、偏移、阵列、移动和旋转、比例缩放、拉伸、拉长、延伸、修剪和打断、倒角和圆角、分解对象、面域、对齐、编辑多线、选择对象和夹点编辑等编辑方法。

绘制和编辑是 AutoCAD 中两个重要内容，只会画而不会编辑等于还是不会绘制图样，只有灵活地掌握该章所讲述的编辑命令，才能在绘制过程中得心应手。并且编辑命令可以使绘图过程大大简化。在本章后面的习题中都要用到编辑命令，希望大家在掌握本章内容的基础上，熟练地绘制出本章的习题。

5.21　习题

1. 概念题

（1）怎样删除用矩形命令绘制的矩形的一条边？

（2）怎样进行多次复制？

（3）怎样将一个倾斜的实体旋转为水平或垂直？

（4）怎样得到一个偏移实体，并且使之通过一个指定点？

（5）移动命令为什么需要指定基点？在实际应用中有什么用途？

（6）怎样在圆弧连接中使用倒圆角命令？举例说明。

2. 操作题

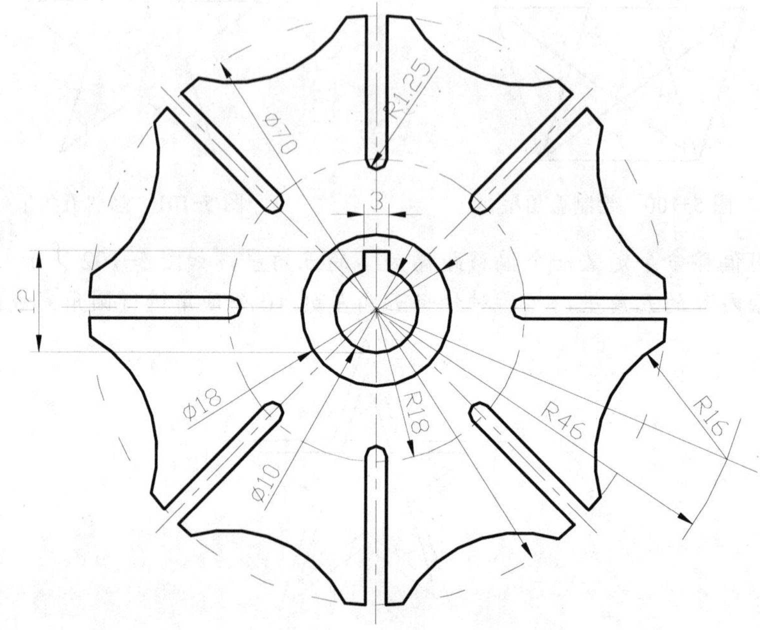

图 5-103　习题图 1

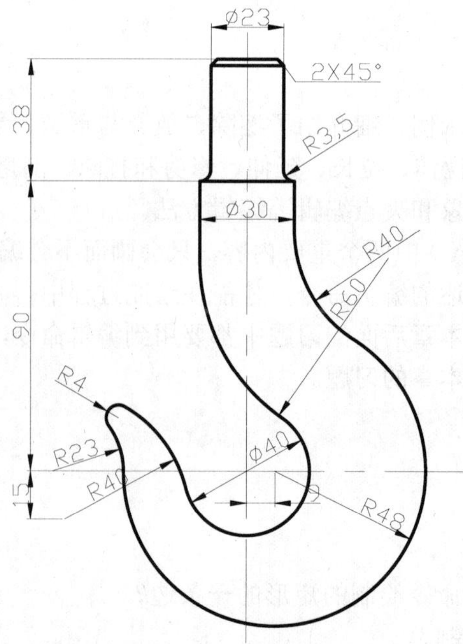

图 5-104　习题图 2

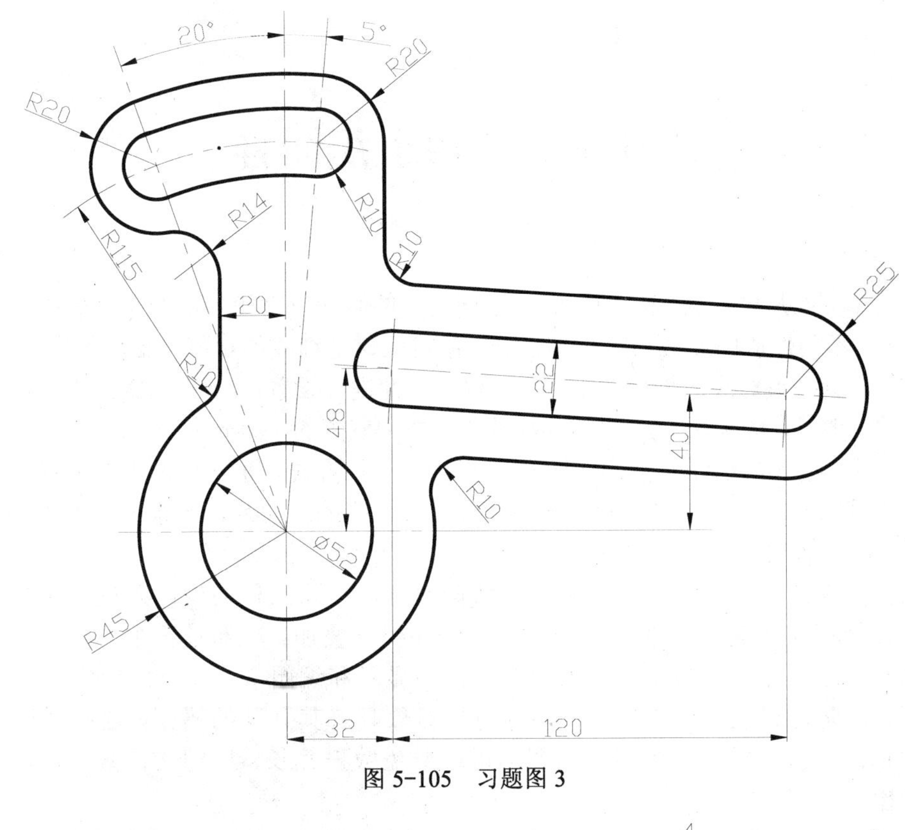

图 5-105　习题图 3

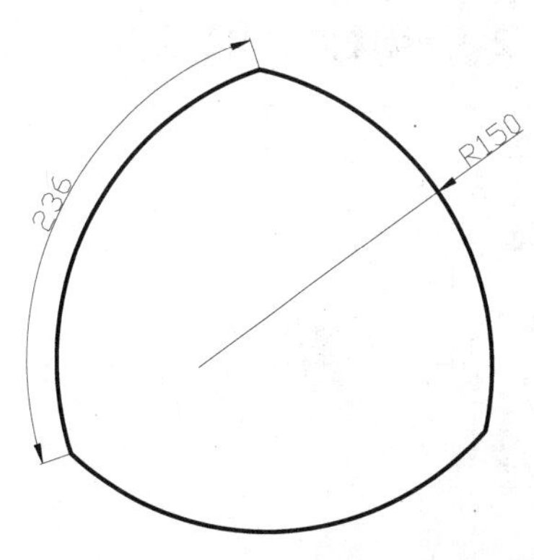

图 5-106　习题图 4

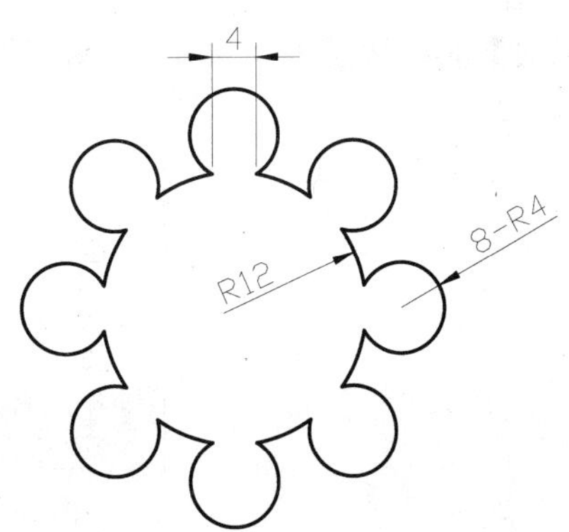

图 5-107　习题图 5

图 5-106 提示：使用起点、端点、半径法以 150 为半径随意绘制一段弧，然后使用【修改】/【拉长】命令的【全部】选项改变弧长为 236。

第 6 章　分层组织图样

按照国家标准规定，绘制机械图时，不同性质的线应该有不同的线型，如中心线、虚线、实线等，不同性质的线应该有粗细之分，粗线应该是细线的 2 倍。要得到符合标准的、清晰的图形，就必须对线的颜色、线型、线宽等属性进行设置，AutoCAD 提供了这些属性的设置方法。但是，如果每次绘图都进行设置是非常麻烦的，为此，AutoCAD 引进了图层这个概念。图层是 AutoCAD 用来组织和管理图形的一种方式。每一个图层中可以指定线型、线宽和颜色等属性，每一个图层就好像是一张没有厚度的透明片，一张图样由许多的透明片叠放在一起，各层之间完全对齐。

按图层组织图样有很多好处：有利于协同设计，不同工种的设计人员，可以将不同类型的设计数据组织到各自的图层中，最后进行统一叠加；绘制过程中，可以暂时关闭不相关的层，减少屏幕上显示的图形对象，提高显示和编辑效率；可以锁定或冻结完成绘制的层，已防对它们进行误操作；因为各层对象具有其共同的属性，这些属性只在图层属性中记录一次，所以按图层组织图形可以避免数据冗长，压缩文件数据量，提高系统处理效率。

【图层】面板如图 6-1 所示。【图层】工具栏如图 6-2 所示，【图层 II】工具栏如图 6-3 所示。

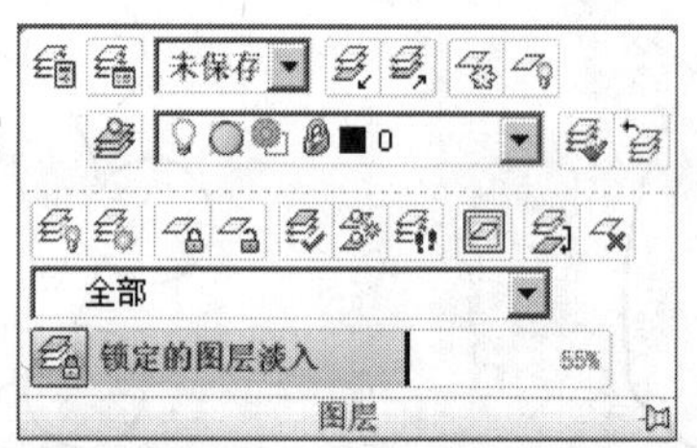

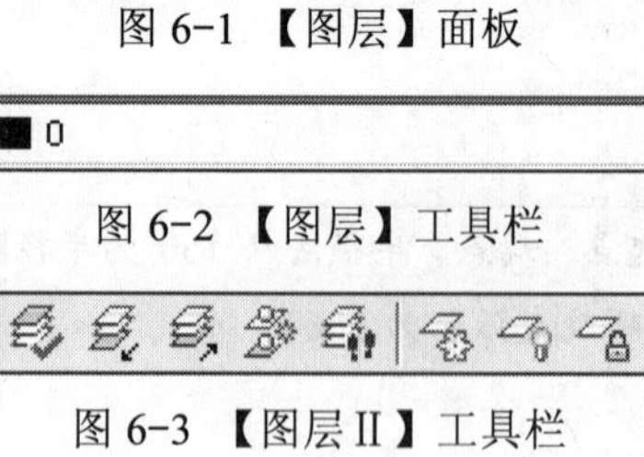

图 6-1 【图层】面板

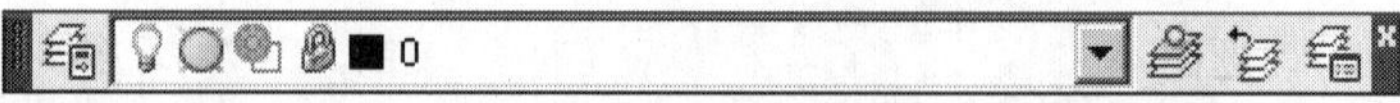

图 6-2 【图层】工具栏

图 6-3 【图层 II】工具栏

【本章重点】

- 图层的建立和管理；
- 图层转换器；
- 对象特性的查询和编辑。

6.1　图层概述

图层相当于图纸绘图中使用的重叠透明图纸。它们是 AutoCAD 中的主要组织工具，可以使用它们按功能组织信息以及执行线型、颜色和其他标准，如图 6-4 所示。

通过创建图层，可以将类型相似的对象指定给同一个图层使其相关联。例如，可以将构造线、轮廓线、虚线、点划线、文字、标注和标题栏等置于不同的图层上，然后进行控制。

- 图层上的对象在任何视口中是可见还是暗显。
- 是否打印对象以及如何打印对象。
- 为图层上的所有对象指定何种颜色。
- 为图层上的所有对象指定何种默认线型和线宽。
- 图层上的对象是否可以修改。

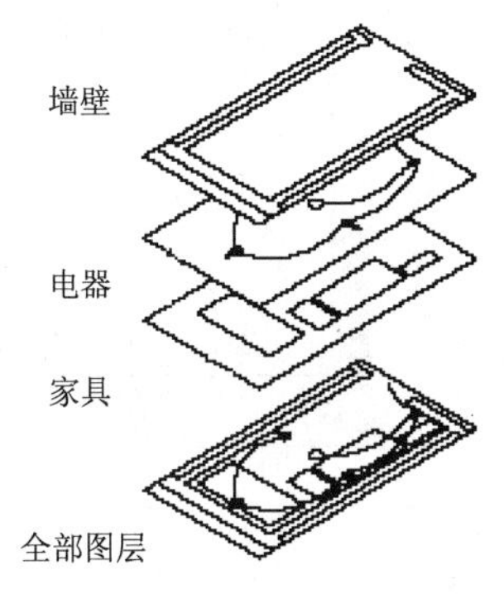

图 6-4　组织图层

开始绘制新图形时，AutoCAD 将创建一个名为 0 的特殊图层。默认情况下，图层 0 将被指定使用 7 号颜色（白色或黑色，由背景色决定）、CONTINUOUS 线型、“默认”线宽（默认设置是 0.01 英寸或 0.25 毫米）以及 NORMAL 打印样式。不能删除或重命名图层 0。

6.2　图层设置

要使用图层首先要建立图层，在 AutoCAD 中图层有如下特征参数：图层名称、线型、线宽、颜色、打开/关闭、冻结/解冻、锁定/解锁、打印特性等，每一层都围绕这几个参数进行设置。

6.2.1　建立新图层

单击【图层】面板上的图层特性命令按钮，出现【图层特性管理器】对话框，如图 6-5 所示，单击新建图层按钮，将在图层列表中自动生成一个新层，名称为【图层 1】，此时【图层 1】反白显示，可以直接用键盘输入图层新名称，这里输入“轮廓线”，然后回车（或在空白处单击），新层建立完成。

图层列表中【状态】和【说明】项是 AutoCAD 2005 新增的。

用同样的方法，可以建立其他的新层，单击对话框左上角的按钮可以退出此对话框。

如果图形进行了尺寸标注，图层列表中会出现一个【Defpoints】层，这个层只有在标注后才会自动出现，该层记录了定义尺寸的点，这些点是不显示的。【定义点】层是不能打印的，不要在此层上进行绘制。【0】层是默认层，这个层不能删除或改名。在没有建立新层之前，所有的操作都是在此层上进行的。图层特性管理器命令可以通过下拉菜单【格式】/【图层】执行。

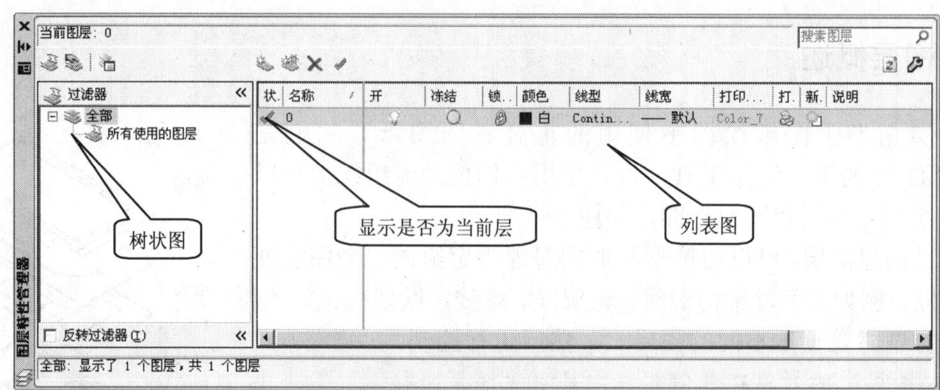

图 6-5 【图层特性管理器】对话框

在设置图层参数时，个人或单位应该有个统一的规范，以方便交流和协作。

6.2.2 改图层名称、颜色、线型和线宽

每一个图层都应该被指定一种颜色、线型和线宽，以便与其他的层区分，若图层的这些参数需要改变，可以进入到【图层特性管理器】对话框中进行修改。

要修改某层的名称，可以在该层名字上单击鼠标，使其所在行高亮显示，然后在名称处单击，使名称反白，进入文本输入状态，修改或重新输入名称即可。

要改变某层的颜色，直接单击该层【颜色】属性项，弹出【选择颜色】对话框，如图 6-6 所示，为图层选择一种颜色后，单击 确定 按钮退出【选择颜色】对话框。

要改变某层的线型，直接单击该层【线型】属性项，弹出【选择线型】对话框，如图 6-7 所示。

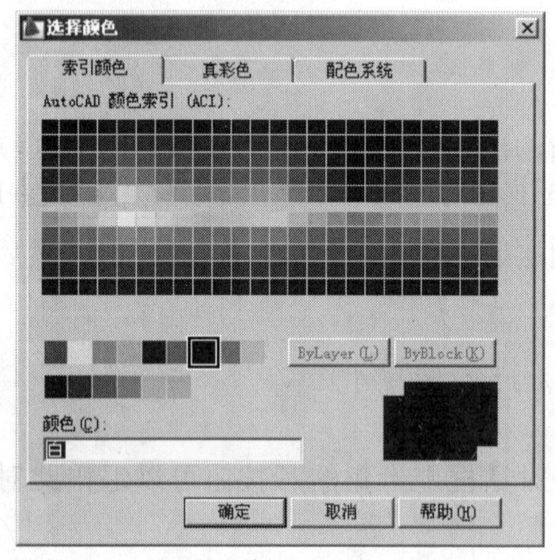

图 6-6 【选择颜色】对话框

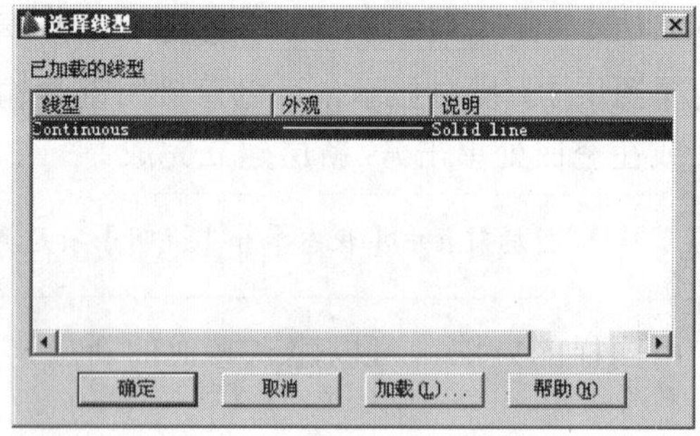

图 6-7 【选择线型】对话框

若列表中没有合适的线型选项，单击 加载(L)... 按钮进入【加载或重载线型】对话框，如图 6-8 所示，AutoCAD 提供了丰富的线型，它们存放在线型库 acadiso.lin 文件中，用户可以根据需要从中选择。另外用户还可以建立自己的线型，以适应特殊需要。选择一种线型（例如选择了【CENTER】），单击 确定 按钮进行装载。

返回到【选择线型】对话框时，新线型在列表中出现，选择【CENTER】，如图 6-9 所示，单击 确定 按钮，该图层便具有了这种线型。

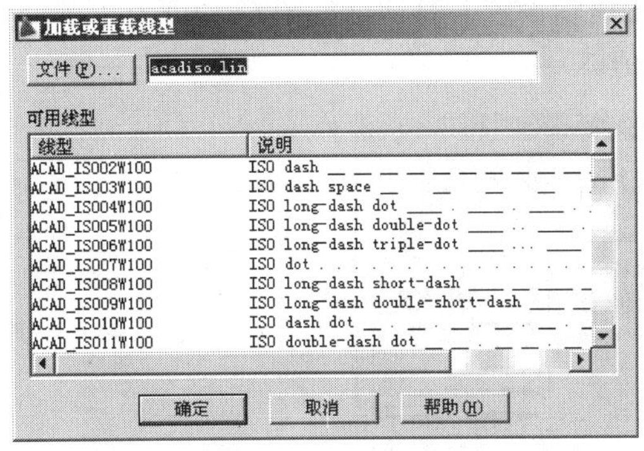

图 6-8 【加载或重载线型】对话框

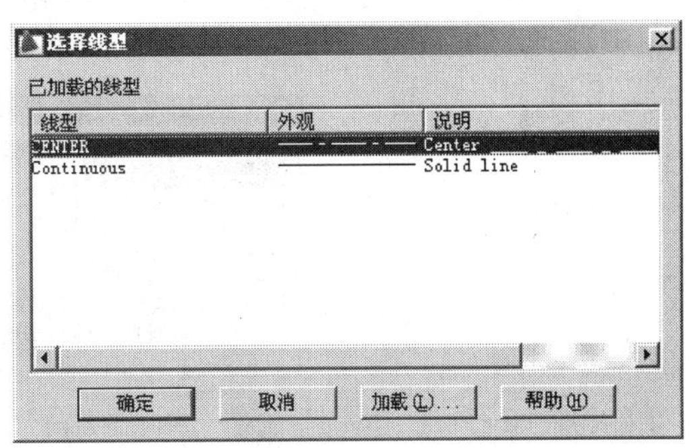

图 6-9 加载线型

要改变某层的线宽，直接单击该层【线宽】属性项，弹出【线宽】对话框，如图 6-10 所示，选择合适的线宽，单击 确定 按钮，线宽属性就赋给了该图层。

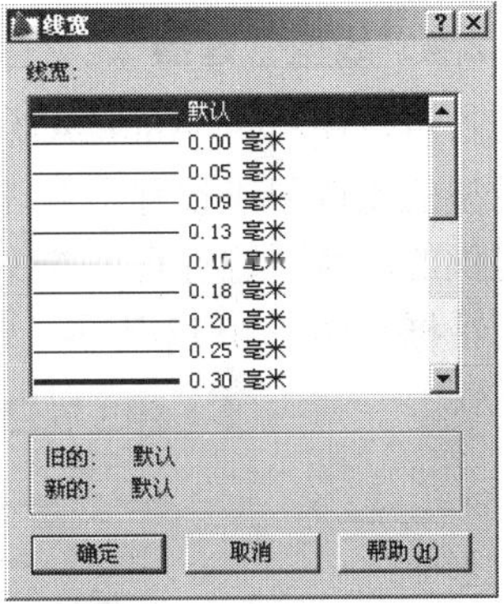

图 6-10 【线宽】对话框

6.2.3 显示线宽

为了观察线宽是否与图相配，在绘图过程中可以显示线宽，AutoCAD 系统默认设置不显示线宽，要显示线宽可以单击状态栏上的【显示/隐藏线宽】按钮 + ，这样线宽便显示出来了。

线宽设置可通过下拉菜单【格式】/【线宽】打开，由如图 6-11 所示的【线宽设置】对话框来实现。

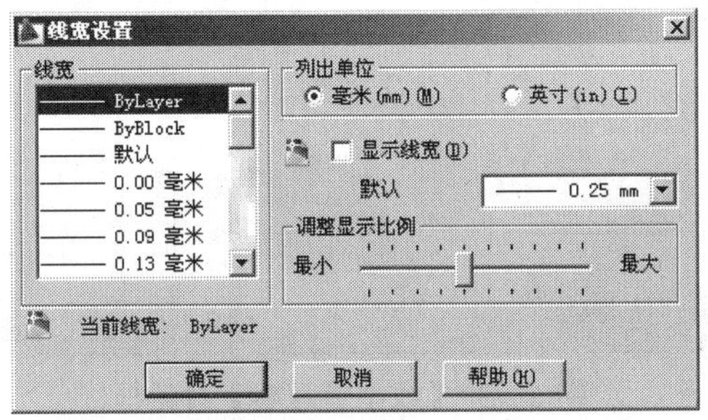

图 6-11 【线宽设置】对话框

从【线宽设置】对话框的【列出单位】项选择表示线宽的单位，国标为毫米，因此通常选择毫米，对应的【线宽】列表显示以毫米为单位的线宽，从列表中选择所需的线宽值，单击 确定 按钮即可。

注意用【线宽设置】对话框设置的线宽会影响所有的层，所以一般不用此对话框定义线宽。对话框中线宽默认设置是【ByLayer】，这样用户在某层绘图时，将使用该层的线宽。

【显示线宽】选项与状态栏的【显示/隐藏线宽】按钮 + 作用相同。

【调整显示比例】选项只有在绘图时显示线宽才起作用，用鼠标拖动指针来调整线宽的显示比例。

线宽列表中“默认”项，系统的默认值为 0.25mm，要改变其值在【线宽设置】对话框中单击【默认】文本框右边的按钮▼，此时【线宽设置】对话框如图 6-12 所示。在下拉列表中选择一个数值，此值即作为线宽的默认值。

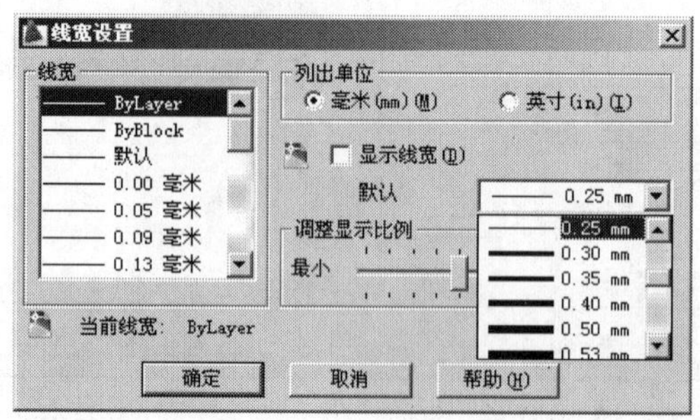

图 6-12 【线宽设置】对话框

6.2.4 线型管理器

用户在利用 AutoCAD 绘制非连续线时，经常会出现显示为连续线的情况，这是因为线型的比例因子设置不合理。就需要利用线型管理器来进行设置，线型管理器是 AutoCAD 提供的对线型进行管理的工具，利用下拉菜单【格式】/【线型】可以打开【线型管理器】对话框，如图 6-13 所示。

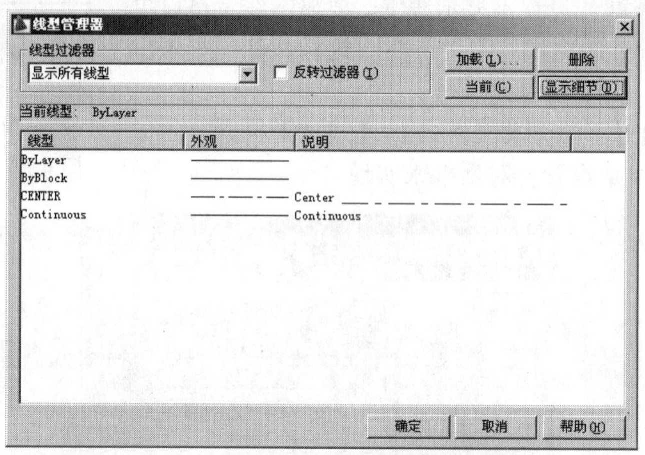

图 6-13 【线型管理器】对话框

单击 加载(L)... 按钮，打开如图 6-8 所示的【加载或重载线型】对话框，也就是在图层设置时打开的对话框完全相同，使用方法也相同。线型加载后返回【线型管理器】对话框，所加载的线型即显示在线型列表中，表明该线型已经加载。将所需线型加载后，通过【线型管理器】对话框中的 当前(C) 按钮，将线型列表中的选定线型置为当前线型。也可通过单击【特性】面板上的【选择线型】下拉列表中的线型来实现，如图 6-14 所示，这样就可用选定的线型来绘图了。

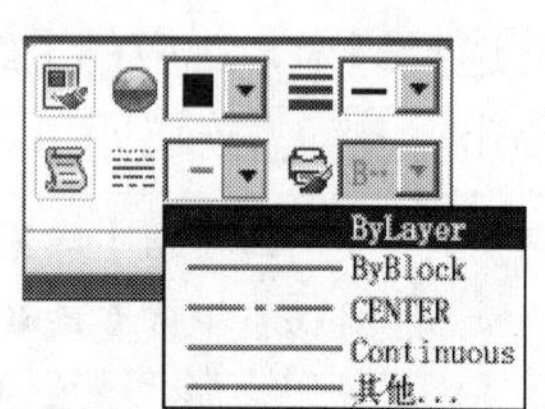

图 6-14 【特性】面板

线型列表中显示的线型还与对话框中的【线型过滤器】选项

有关，该选项有三种选择即："显示所有线型、显示所有使用的线型、显示所有依赖于外部参照的线型"，三种选择的含义为：

- 显示所有线型：即所有已经加载的线型都显示在线型列表中。
- 显示所有使用的线型：线型列表中只显示绘图过程中使用过的已加载线型。
- 显示所有依赖于外部参照的线型：线型列表中只显示依赖于外部参照的已加载线型。

但当该选项的【反转过滤器】被选中时，则线型列表中显示的与上述三种选择显示的正好相反。如选择"显示所有使用的线型"同时【反转过滤器】被选中，则线型列表中显示绘图过程中从未使用过的已加载线型。

【线型管理器】对话框中的 删除 按钮，用来清除已经加载却不需要的线型，当删除的线型已经使用过，系统会给出提示，如图 6-15 所示。

提示中所提到的线型均不能被删除。另外已删除的线型再次加载会给出如图 6-16 所示的提示。

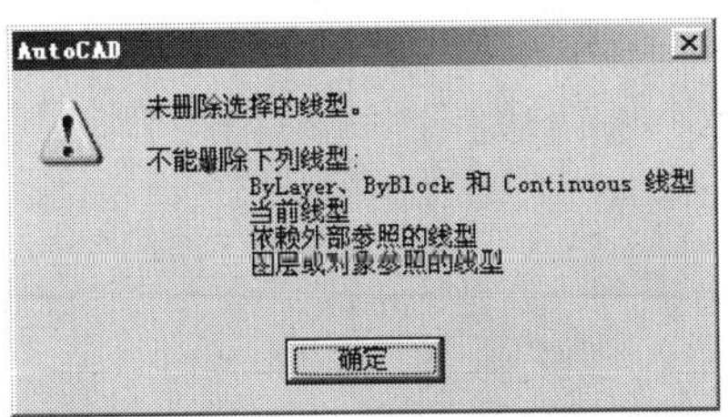

图 6-15　不能删除线型提示

图 6-16　重新加载已删除线型的提示

删除线型时一定要小心，防止删除了需要的线型带来麻烦。

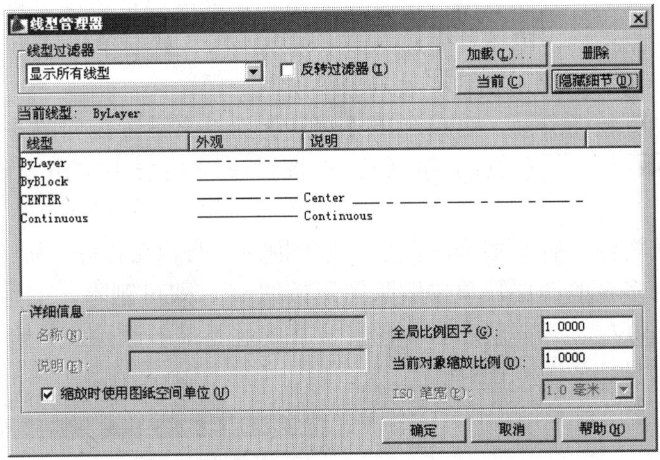

图 6-17　显示详细信息的【线型管理器】对话框

【线型管理器】对话框中的 显示细节(D) 按钮，用来控制详细信息的显示和隐藏，如图 6-13 所示的【线型管理器】对话框中隐藏了详细信息，单击 显示细节(D) 按钮，【线型管理器】对话框如图 6-17 所示。

当在线型列表中选中某个线型时（非连续线型），【详细信息】中就会显示该线型的名称和对该线型的说明。【详细信息】中的【全局比例因子】选项影响图中所有线的线型比例。比如它的值是 2，实际上把标准线型的长划或短划放大 2 倍，它对连续线没有作用。【当前对象缩放比例】选项只影响设置后绘制的对象，对以前绘制的对象没有作用，但最终比例是全局比例因子与当前对象比例因子的乘积。

使用【特性】对话框可以只修改选定对象的线型比例。

【缩放时使用图纸空间单位】：按相同的比例在图纸空间和模型空间缩放线型（该选择是默认选择）。当在图纸空间使用多个视口时（关于视口在布局一章有讲解），该选项很有用。这样即使各个视口的缩放比例不一样，也可以保证各个视口中的非连续线间隔相同，如图 6-18 所示。

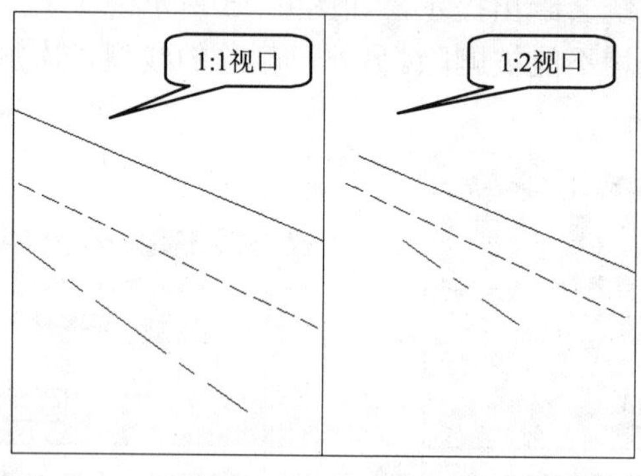

图 6-18　两个视口

6.2.5　设置当前层与删除层

建立了若干图层后，要想在某一层上绘制图形，就需要把该层设置为当前层。在【图层特性管理器】对话框中，可以首先选中该层使其亮显，然后单击置为当前按钮，被选中的图层就会被设为当前层，状态栏显示当前层图标。

如果已经退回到绘图界面，可以利用【图层】面板来设置，如图 6-19 所示。

单击右侧的按钮，在图层下拉列表中单击要设为当前层的图层即可。

为了节约系统资源，有些多余的图层可以删除掉。删除的方法是：在【图层特性管理器】对话框中选择多余的图层，单击删除图层按钮，即可删除。

需要注意的是 0 层、当前层和含有图形实体的层不能被删除。当删除这几种图层时，系统会给出警告信息，如图 6-20 所示。

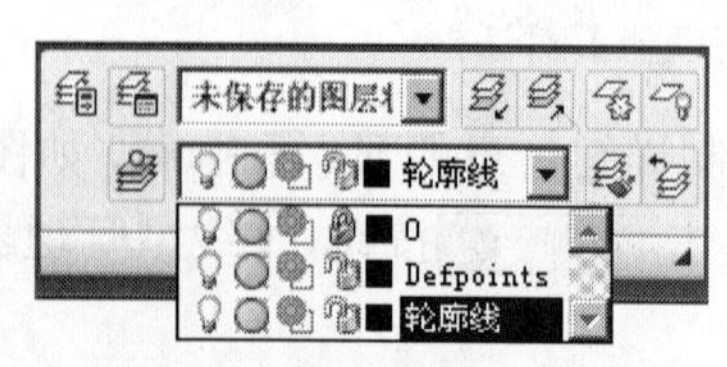

图 6-19　对象特性工具栏

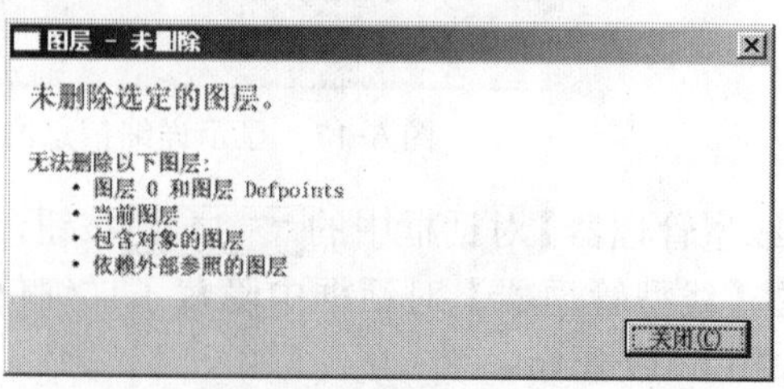

图 6-20　警告信息

6.2.6　图层的其他特性

6.2.6.1　打开/关闭图层

为了方便图样的编辑，用户可以适时的关闭一些图层。被关闭的图层，在屏幕上是不显示的，当然也不能被编辑，同时也不能参与打印输出。关闭的层可以被重新打开，无论图层处于关闭还是打开状态，都参与处理过程中的运算。

单击【图层】面板上 0 右侧的按钮，在图层下拉列表中单击要关闭图层的小灯泡，使之由黄变蓝，然后在空白处单击鼠标，该图层被关闭；反之，图层被打开。

打开/关闭图层命令也可以在【图层特性管理器】对话框中执行，方法相同。如果关闭当前层，系统会给出如图 6-21 所示的警告信息。

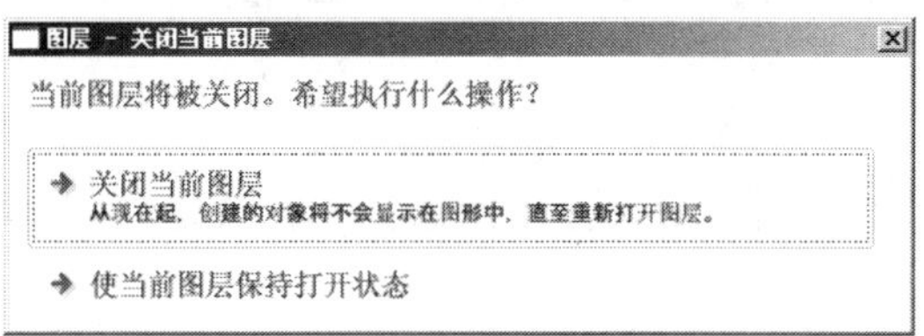

图 6-21　警告信息

6.2.6.2　冻结/解冻图层

图层被冻结，该图层上的图形不能显示，不能把该层设为当前，也不能被编辑或打印输出，并且不参与图形间的运算；解冻图层后结果相反。

单击【图层】面板上 0 右侧的按钮，在图层下拉列表中单击要冻结图层的冻结按钮，使它变成淡蓝色，图层被冻结；反之，图层解冻。

冻结/解冻图层命令可以在【图层特性管理器】对话框中执行，方法相同。当前层不能被冻结，被冻结的层不能设置为当前层。如果冻结当前层系统会给出如图 6-22 所示的警告提示。

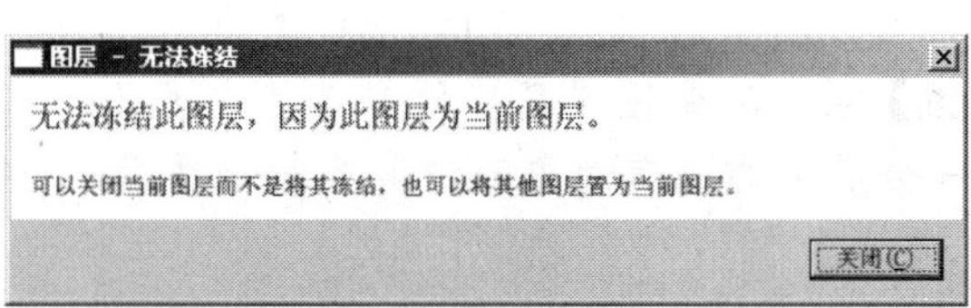

图 6-22　警告信息

把冻结的层设为当前层时，系统会给出如图 6-23 所示的提示。

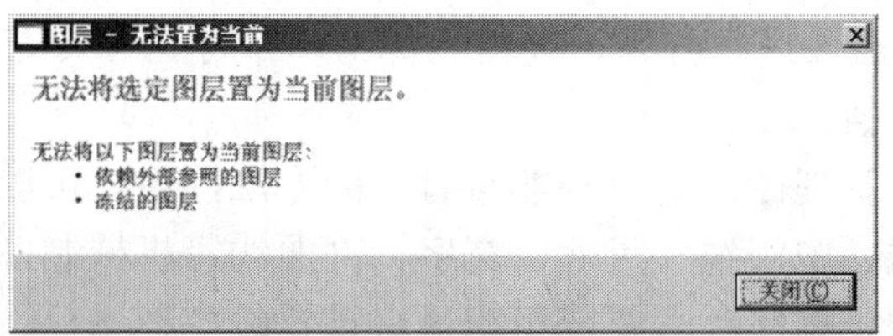

图 6-23　警告信息

6.2.6.3　锁定/解锁图层

图层锁定后并不影响图样的显示，可以在该层上绘图，可以捕捉到图层上的点，可以把它打印输出，也可以改变层的颜色和线型、线宽，但图样（包括锁定后绘制的）不能被修改。

锁定/解锁的方法与冻结/解冻的方法相同，锁定的符号是，解锁的符号是。

6.2.6.4　打印特性

打印特性的改变只决定图层是否打印，并不影响别的性质。打印符号是，不打印的符号是。

设置的方法与图层的锁定/解锁方法相同，不过需要在【图层特性管理器】对话框中完成。

根据上述方法建立一些常用的层标注尺寸 轮廓线 双点划线 虚线 中心线，如图 6-24 所示，保存文件，名字为图层.dwg，以备使用。

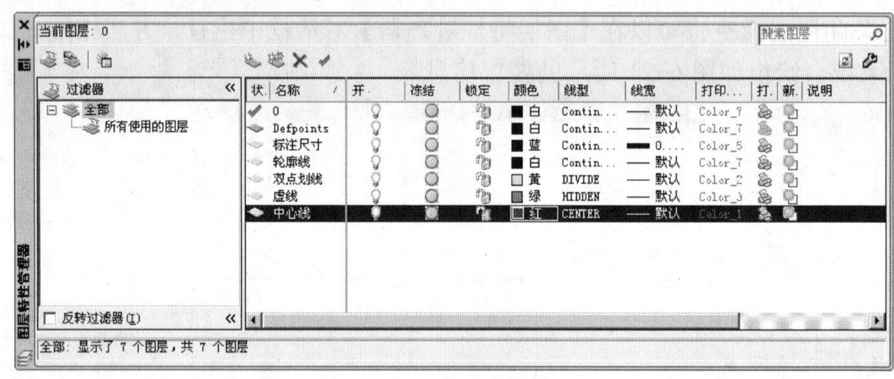

图 6-24　常用图层设置

6.2.7　AutoCAD 图层特点

AutoCAD 的图层主要具有以下特点：

- 用户可以在一幅图中指定任意数量的图层。系统对图层数没有限制，对每一图层上的对象数也没有任何限制。
- 每个图层有一个名字，以加以区别，当开始绘制一幅新图时，AutoCAD 自动创建名字为 0 的图层（习惯称为浮动层），这是 AutoCAD 的默认图层，还有当标注尺寸时，会自动产生一个【DefPoints】层。其余图层需要用户自己去定义。
- 一般情况下，一个层上的所有对象应该具有统一线型、颜色和线宽。只有这样具有统一性，才便于管理。
- AutoCAD 允许用户建立很多图层，但只允许在当前层上绘图，所以在绘图过程中需要根据绘制的不同对象，而经常地变换当前层。
- 虽然对象分布在不同的层上，但并不影响用户对位于不同图层上的对象同时操作。
- 用户可以对各图层进行打开、关闭、冻结、解冻、锁定与解锁等操作，以决定各图层的可见性与可操作性。

图层是 AutoCAD 管理图形的一种非常有效的方法，用户可以利用图层将图形进行分组管理，例如将轮廓线、中心线、尺寸、文字、剖面线等机械制图常用的绘图元素放置在不同的图层中。每一层根据实际需要或组织规定设置线型、颜色、线宽等特性。用户还可以根据需要打开或关闭、锁定或解锁相应的层。被关闭的层将不再显示，这样会大大简化显示的内容，避免显示过多的影响，比如在标注尺寸时，可以把剖面线层关闭，避免它对捕捉的影响，误捕到剖面线的端点，造成误标。图层被锁定后仍然显示在屏幕上，但可以避免被删除或移动位置等操作，用户还可以以被锁层内容为参照绘制新图形。图层看上去比较简单，但操作中经常出问题，尤其在出图时，所以希望用户能够灵活掌握。

6.3　高级图层管理

当一个图样里层的数目比较多时，以 AutoCAD 安装目录下 Sample 目录下的 db_samp.dwg 为例，打开【图层特性管理器】，如图 6-25 所示，发现该图有 29 个图层。要在这么多的图层中进行当前层切换、设置图层特性等操作是很麻烦的，因此 AutoCAD 提供了一些有效的工具，以方便用户对图层进行快速查找和定位。

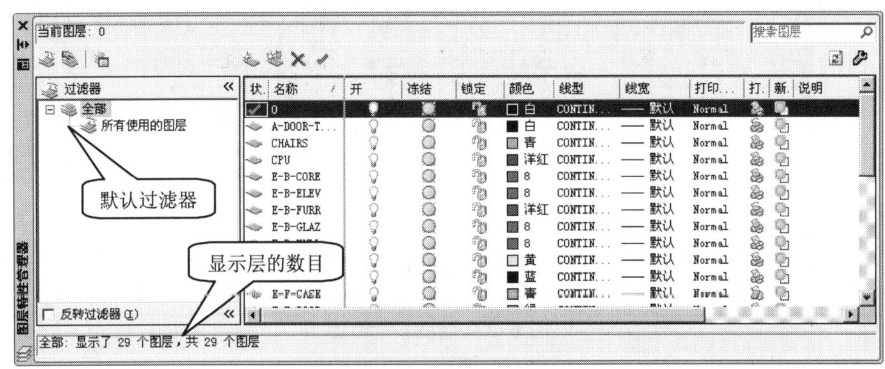

图 6-25 【图层特性管理器】对话框

6.3.1　快速设置当前层

单击【图层】面板上的将对象所在的图层设为当前图层按钮，鼠标指针形状变为拾取状态，根据命令行提示，选取将使其所在图层变为当前图层的对象，该对象所在的层立即设置为当前层，并在【图层】列表上显示，如图 6-26 所示。

图 6-26 【图层】工具栏

单击【图层】工具栏上的前一个图层按钮，可以由现在的当前层设置回到上一次的当前层设置。

6.3.2　图层过滤器

当图层的数量较多时，用户可以通过图层过滤器来搜索和显示符合设定条件的图层。打开【图层特性管理器】对话框，在左面窗口中显示着【全部】和【所有使用图层】两个默认的过滤器，如图 6-25 所示。

6.3.2.1　新建特性过滤器

单击对话框中的新建特性过滤器按钮，出现显示【图层过滤器特性】对话框，从中可以基于一个或多个图层特性创建图层过滤器。

例如，可以将过滤器定义为显示所有的红色或蓝色且处于打开状态的图层，并且层名称要包含“AR”两个字母。

（1）在【过滤器名称】文本框中输入过滤器名称，如“自定义”。

（2）在【过滤器定义】区域，定义过滤条件，如图 6-27 所示。需要注意的是各行条件之间是“或”的关系，而同行条件之间是“与”的关系。

为了减少定义的工作量，可以进行行复制。移动鼠标到要复制的行，单击鼠标右键，在快捷菜单中选择【重复行】选项，这样在下面会出现一个重复行，用户稍做修改即可。

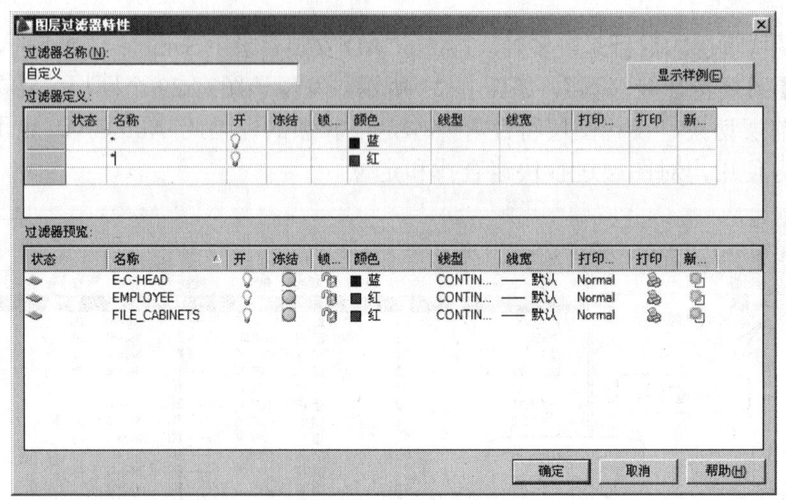

图 6-27　过滤器定义

（3）在【过滤器预览】区显示根据用户定义进行过滤的结果。过滤器预览将显示选定此过滤器后将在图层特性管理器的图层列表中显示的图层。单击 确定 按钮退出对话框，回到【图层特性管理器】，如图 6-28 所示。

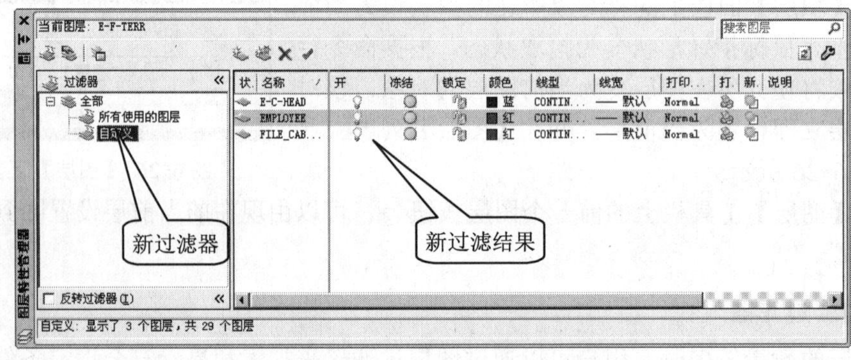

图 6-28　自定义过滤器及结果

6.3.2.2　新建组过滤器

单击【图层特性管理器】中的新组过滤器按钮，创建一个图层过滤器，其中包含用户选定并添加到该过滤器的图层。

操作步骤：

（1）单击【图层特性管理器】中的新组过滤器按钮，创建一个图层过滤器，修改其名称，如图 6-29 所示。

全部
所有使用的图层
自定义
组过滤器

图 6-29　组过滤器

（2）移动鼠标到组过滤器名称上单击鼠标右键，出现快捷菜单，选择【选择图层】/【添加】，系统提示选择对象，用户拾取对象，该对象所在的层就会添加到该过滤器，选择完毕回车结束。选择的层会出现在右边的层列表中。

选择【选择图层】/【替换】后将替代原来的层添加。利用快捷菜单将对过滤器进行全局操作。

6.3.2.3　搜索图层

在【图层特性管理器】中可以通过输入字符查询层，在【搜索图层】文本框中输入名称包含的字母，系统会按名称快速过滤图层列表。关闭图层特性管理器时并不保存此过滤器。

6.3.2.4　反向过滤

选择【反向过滤器】选项，在图层列表中显示的不是符合过滤条件的图层，而显示不符合条件的图层。

6.3.2.5　应用到对象特性工具栏

单击【图层特性管理器】中的【设置】按钮，打开【图层设置】对话框，选择【应用到对象特性工具栏】选项，在【图层】面板的图层下拉列表中显示的只是符合过滤条件的图层。

6.3.3　保存和恢复状态

在绘图过程中如果修改了图层状态设置，又想恢复原来的设置就比较麻烦。AutoCAD 提供了保存和恢复图层状态这个功能。可以让用户将所有图层的状态设置保存下来，在需要的时候可以将图层设置恢复到保存状态。

6.3.3.1　保存图层状态

在【图层特性管理器】对话框中单击图层状态管理器按钮（或者单击【图层】面板上的图层状态管理器按钮），出现如图 6-30 所示的【图层状态管理器】对话框。

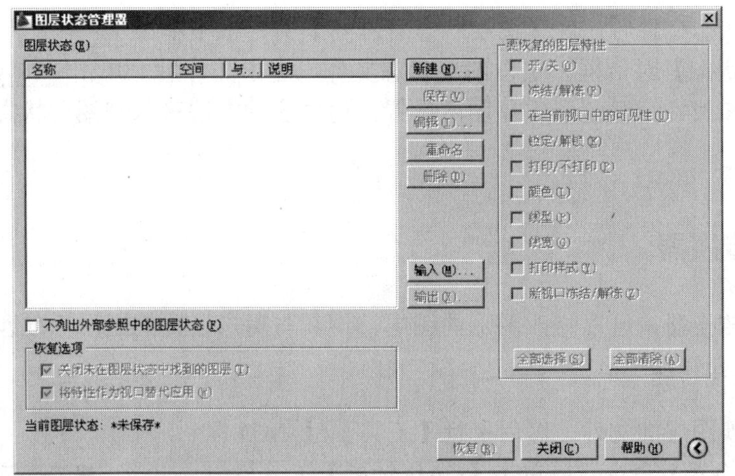

图 6-30　【图层状态管理器】对话框

单击 新建(N)... 按钮，显示【要保存的新图层状态】对话框，从中可以输入新命名图层状态的名称（如图层状态）和说明。

设置完毕后单击 确定 按钮，在【图层状态】列表中显示保存的图层状态名。

6.3.3.2　恢复图层状态

图层状态被保存后，在需要的时候可以恢复到保存时的图层状态。在【图层状态管理器】的【图层状态】列表中选择需要恢复的图层状态，在【要恢复的图层特性】区选择要恢复的内容，然后单击 恢复(R) 按钮，就可以恢复保存时的图层状态。

6.3.3.3　输入和输出图层状态文件

图层状态可以保存为一个扩展名为 .las 的外部文件，为层的设置和交流提供了非常便利的条件。下面讲述一下图层状态文件的输出和输入。

输出图层状态文件时，在【图层状态管理器】对话框中选择要输出的图层状态，然后单击 输出(X)... 按钮，系统会显示【输出图层状态】对话框，如图 6-31 所示，为图层状态文件命名，并指定保存的路径，就可以将图层状态保存为扩展名为了 .las 的外部文件。

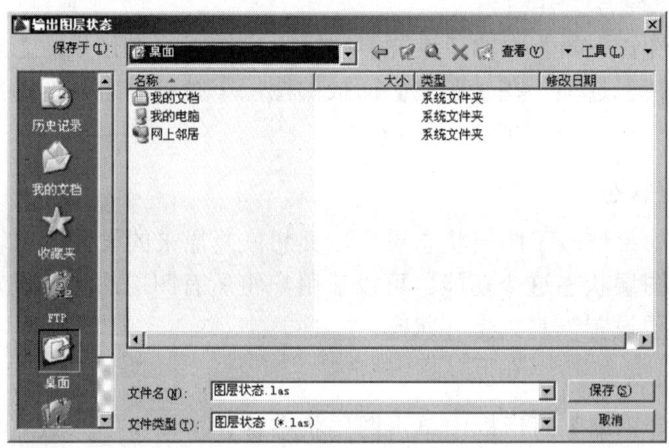

图 6-31 【输出图层状态】对话框

输入图层状态文件时，在【图层状态管理器】对话框中单击 输入(I)... 按钮，系统将显示【输入图层状态】对话框，定位图层状态文件，选中文件后，单击 打开(O) 按钮，就会恢复图层状态和属性，避免了重复图层设置。通过这种方法可以把图层状态输入到别的文件中。

6.4　图层转换器

使用图层转换器，可以修改图形的图层，使其与用户设置的图层标准匹配。

6.4.1　设置转换目标

打开要转换图层的文件，然后执行【工具】/【CAD 标准】/【图层转换器】命令，或单击【CAD 标准】工具栏中的图层转换按钮，如图 6-32 所示，打开【图层转换器】对话框，如图 6-33 所示。

图 6-32 【CAD 标准】工具栏

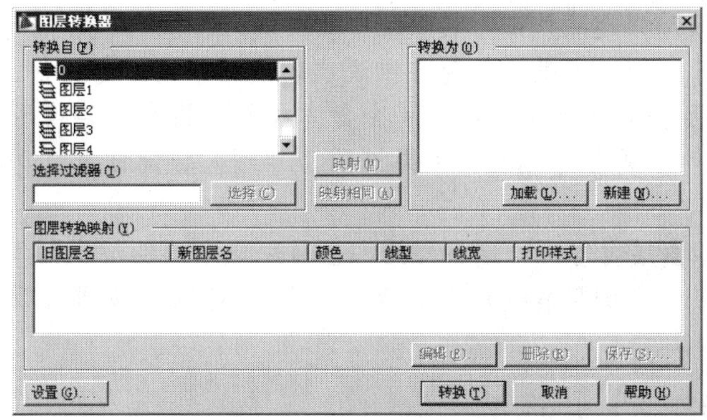

图 6-33 【图层转换器】对话框

在【转换自】下拉列表中显示的是打开文件的层设置。图层名字前面的图标如果是深色的，表明该层是预定义图层（如 0 层和定义点层），这样的层不能被清除。

在【转换为】下拉列表显示标准的图层列表，单击 新建(N)... 按钮，出现如图 6-34 所示的【新图层】对话框，可以新建标准的图层。

如果在已存文件中有标准图层设置，例如前面建立的文件图层.dwg，用户可以单击 加载(L)... 按钮，出现【选择图形文件】对话框，选择文件把它打开，在【转换为】下拉列表显示标准的图层列表，如图 6-35 所示。

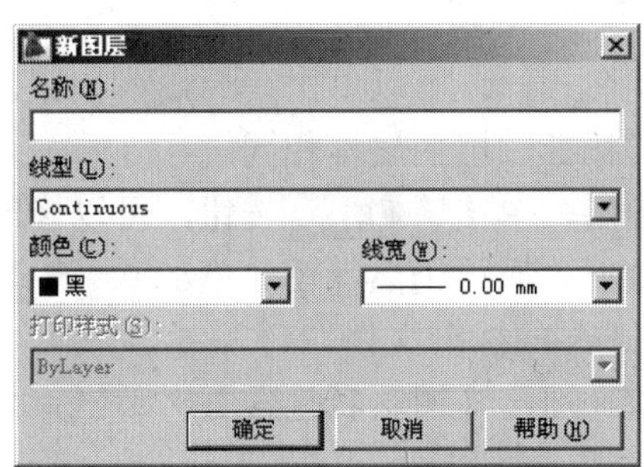

图 6-34 【新图层】对话框

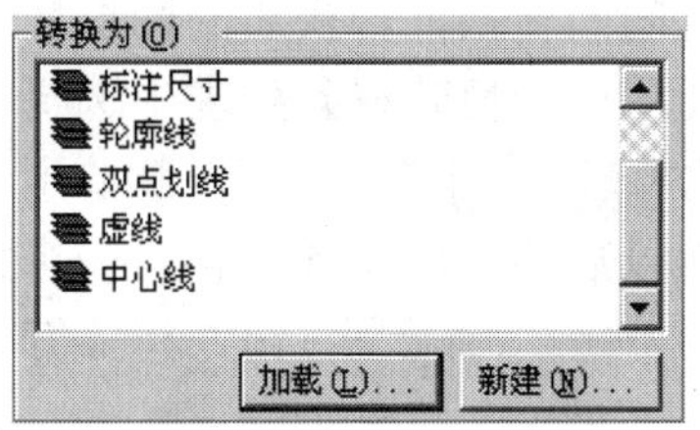

图 6-35　加载标准图层

6.4.2　图层转换设置

单击 设置(G)... 按钮，打开【设置】对话框，如图 6-36 所示，利用它控制图层转换的过程。

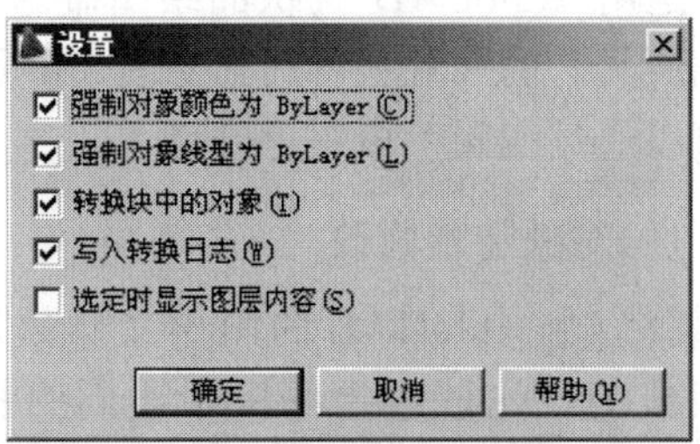

图 6-36 【设置】对话框

- 强制对象颜色为 ByLayer: 指定已转换的每一个对象是否采用指定给其图层的颜色。如果选择该选项，则所有对象将采用各自图层的颜色。如果清除该选项，则所有对象将保留各自的原颜色。
- 强制对象线型为 ByLayer: 指定已转换的每一个对象是否采用指定给其图层的线型。如果选择该选项，则所有对象将采用各自图层的线型。如果清除该选项，则所有对象将保留各自的原线型。
- 转换块中的对象：指定是否转换块中嵌套的对象。如果选择该选项，则转换块中嵌套的对象。如果清除该选项，则不转换块中嵌套的对象。

● 写入转换日志：指定是否创建详细说明转换结果的日志文件。如果选择该选项，则在已转换的图形所在的文件夹中创建一个日志文件。将与已转换图形相同的名称指定给该日志文件，文件扩展名为 .log。如果清除了“写入转换日志”选项，则不创建日志文件。

● 选定时显示图层内容：指定将在绘图区域中显示的图层。如果选择此选项，则仅在绘图区域中显示那些“图层转换器”对话框中选择的图层。如果清除此选项，则显示图形中的所有图层。

6.4.3 进行图层转换

转换图层时，在【转换自】下拉列表中选择要转换的图层，在【转换为】下拉列表中选择作为转换目标的标准图层，然后单击 映射(M) 按钮进行转换，在【图层转换映射】列表中显示转换结果。如图 6-37 所示。

图层转换映射(Y)

旧图层名	新图层名	颜色	线型	线宽	打印样式
图层1	轮廓线	7	Conti...	默认	BYCOLOR
图层2	标注尺寸	5	Conti...	0.50 mm	BYCOLOR
图层3	双点划线	2	DIVIDE	默认	BYCOLOR
图层4	虚线	3	HIDDEN	默认	BYCOLOR
图层5	中心线	1	CENTER	默认	BYCOLOR

编辑(E)... 删除(R) 保存(S)...

图 6-37 【图层转换映射】列表

如果需要转换的图层和转换目标标准图层层名一样，可以单击 映射相同(A) 按钮，完成同名图层之间的转换，转换后的图层属性和同名的标准图层的属性相同。

在【图层转换映射】列表中选择转换后的图层，单击 编辑(E)... 按钮，可以修改该层属性。单击 删除(R) 按钮，可以删除所选的转换映射，原层仍然保留。单击 保存(S)... 按钮可以将转换以后的图层设置保存为一个扩展名为 .dws 的标准文件。

最后单击 转换(T) 按钮，正式开始图层转换，退出【图层转换器】对话框。

6.5 对象特性

运用 AutoCAD 提供的绘图命令可以绘出各种各样的图形，我们称这些图形为对象，它们所具有的属性被称为对象特性。而对象所具有图层、线型、线宽、颜色、坐标值等特性可以通过编辑手段进行修改。

6.5.1 对象特性修改

每一个 AutoCAD 的图形文档都是由一个个的图形对象组成的，这些对象都位于不同的图层，具有不同的线型、线宽、颜色、坐标值等特性值，用户可以运用 AutoCAD 提供的方法来改变某些特性值，从而改变图形对象。

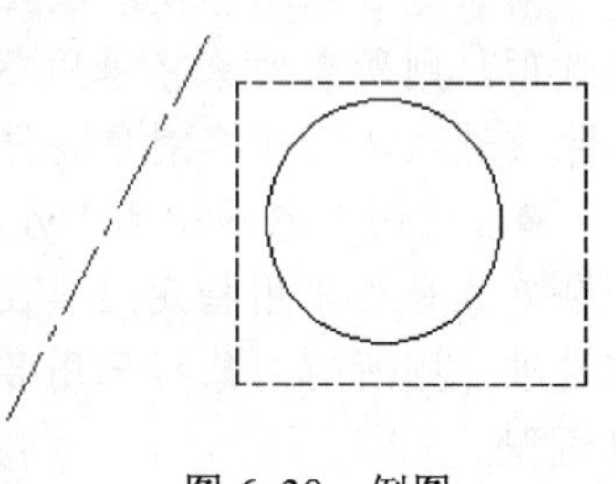

图 6-38 例图

修改对象特性是 AutoCAD 修改图形对象常用的方法，下面以图 6-38 所示例图来讲述对象特性的修改方法，图中直线位于中心线层，线型为中心线，颜色为红色；圆位于轮廓线层，线型为实线，颜色为黑色；矩形位于虚线层，线型为虚线，颜色为蓝色。

6.5.1.1　对象特性的修改方法

对象特性值的修改是在【特性】对话框中进行的，单击【标准】工具栏的特性按钮，打开如图 6-39 所示的【特性】对话框。

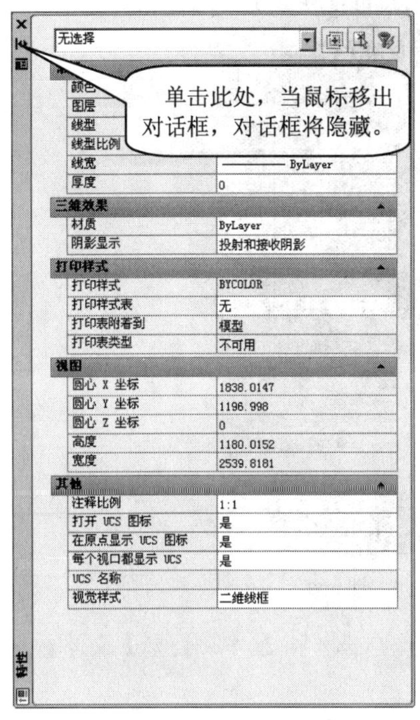

图 6-39 【特性】对话框

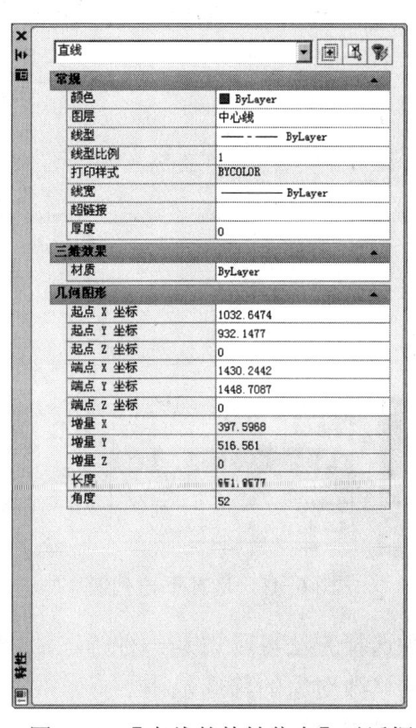

图 6-40 【直线的特性信息】对话框

此对话框也可通过【修改】/【特性】来打开。

对话框中显示的信息与图形文档所处的状态有关。若在打开对话框时，没有选择文档中的任何图形对象，显示的信息为当前所应用的特性，如图 6-39 所示。若选择某个图形对象，则显示该对象的特性信息。若选择了几个对象，则显示它们的共有特性信息。例如选择例图中的直线，打开的【特性】对话框如图 6-40 所示，对话框中的文本框显示图形对象的名称。

若要修改该对象的特性，在对话框中选择要修改的特性项，特性项会显示相应的修改方法，提示如下：

- 下拉列表提示，通过下拉列表来修改。
- 拾取点提示，可在绘图区用鼠标拾取所需点，也可直接输入坐标值。
- 对话框提示，通过对话框来修改。

6.5.1.2　选择修改对象

选择修改对象有如下几种方法：

- 打开【特性】对话框前选取

先选取要修改的对象（可以为多个对象），再打开对话框，通过最上面的下拉列表来选择修改对象，通过上述方法修改其特性。

● 打开【特性】对话框后选取

（1）直接选择对象。

（2）单击选择对象按钮，选择要修改的对象，可以选择多个对象，回车结束选择。通过选择下拉列表来选择某个修改对象，如图 6-41 所示，然后修改其特性。

（3）单击快速选取按钮，显示如图 6-42 所示的【快速选择】对话框。

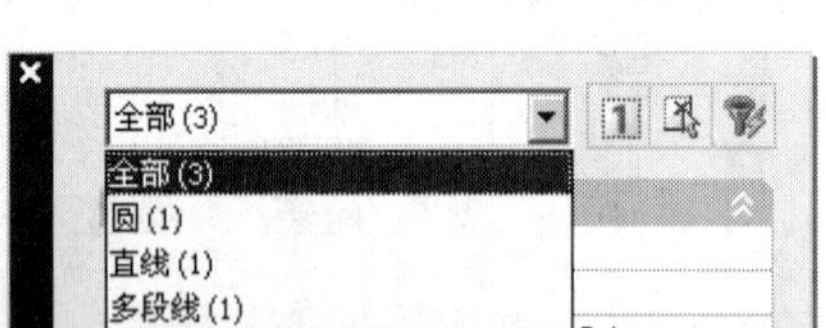

图 6-41 选择下拉列表

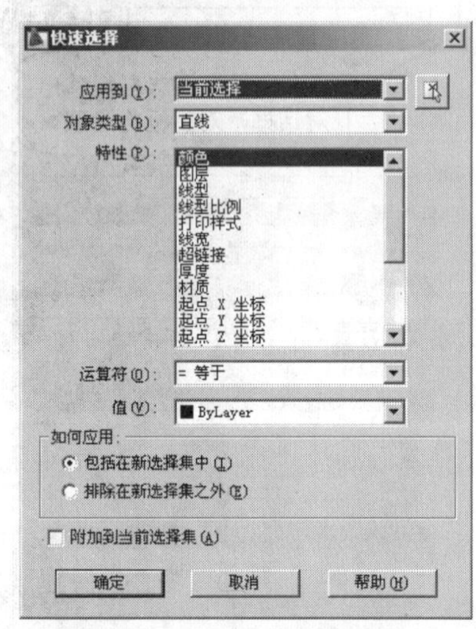

图 6-42 所【快速选择】对话框

这种选择方法可以说是一种筛选法，【应用到】文本框和【对象类型】文本框显示的是要选择的修改对象的筛选范围。

其中【应用到】文本框显示的是大范围，其下拉列表中最多有两个选择："整个图形"和"当前选择"，若在打开该对话框前已经选择了某些图形对象，则有"当前选择"项。也可在该对话框中单击选择对象按钮，然后选择对象来缩小筛选范围，同样也会有"当前选择"项。

【对象类型】是再次限制筛选范围，其下拉列表中显示的是具体的图形对象名称，如直线、圆、多段线等。

【特性】文本框显示的是对象特性，与【运算符】、【值】共同组成筛选条件。

6.5.1.3 特性驱动

使用【特性】对话框，不仅可以查询对象的特性，还可以通过特性驱动来绘制图形，下面来绘制一个面积为 100 的圆。我们知道所有的绘制圆的命令都不能直接确定圆的面积，所以用绘制圆的命令不能直接绘制满足要求的圆。下面通过这个实例简单讲述一下特性驱动的步骤。

（1）用任何一种方法绘制一个圆，然后在圆上双击鼠标就可以打开【特性】对话框，如图 6-43 所示。

（2）在【面积】右边的文本框中单击鼠标就会变为可编辑状态，修改为 100，然后回车即可。这时圆的面积就会变为 100。

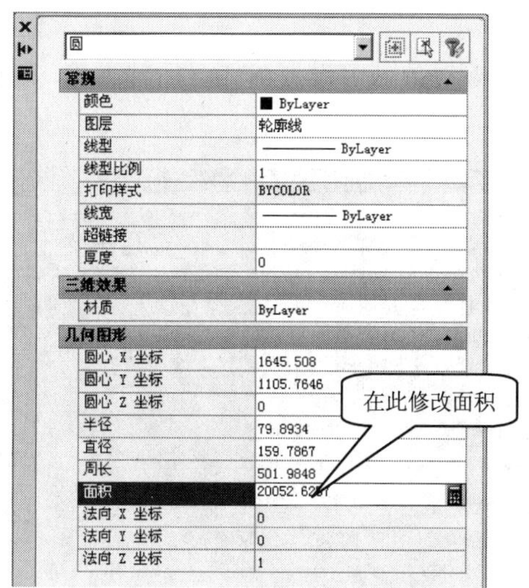

图 6-43 【特性】对话框

6.5.2 对象特性匹配

图样中的图形元素、文字等称为对象，对象的特性是指对象所在的图层以及对象的颜色、线型、尺寸、位置等参数。

在绘制图样时经常用到复制、偏移等命令，这些命令生成的图形对象与原图形对象的特性一致，要让某一图形对象具有另一图形对象的特性，例如要让偏移生成的平行线具有不同的图层，可以用特性匹配命令—格式刷。

特性匹配是将一个图形对象的特性赋给另一个图形对象。从中提取特性的对象称为源对象，要赋予提取特性的对象称为目标对象。可以匹配的特性有图层、颜色、线型、线宽、线型比例等。

以图 6-38 所示的例图为例，单击【特性】面板上的特性匹配命令按钮，命令行提示为：

命令: '_matchprop

选择源对象：　　　　选择矩形为源对象；

当前活动设置：颜色 图层 线型 线型比例 线宽 厚度 打印样式 标注 文字 填充图案 多段线 视口 表格材质 阴影显示 多重引线

选择目标对象或 [设置（S）]：　　　　鼠标指针变为，选择圆为目标对象，矩形的特性便赋给圆形了，如图 6-44 所示；

选择目标对象或 [设置（S）]：　　　　回车结束命令。

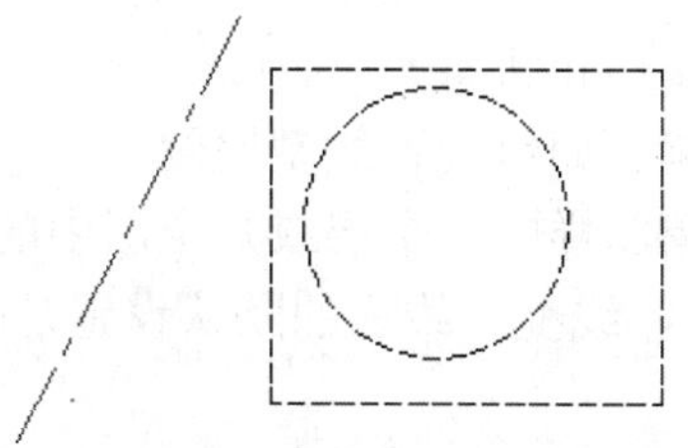

图 6-44　特性匹配后的例图

若在命令提示行“选择目标对象或 [设置(S)]：”后输入 S，则显示如图 6-45 所示的【特性设置】对话框。

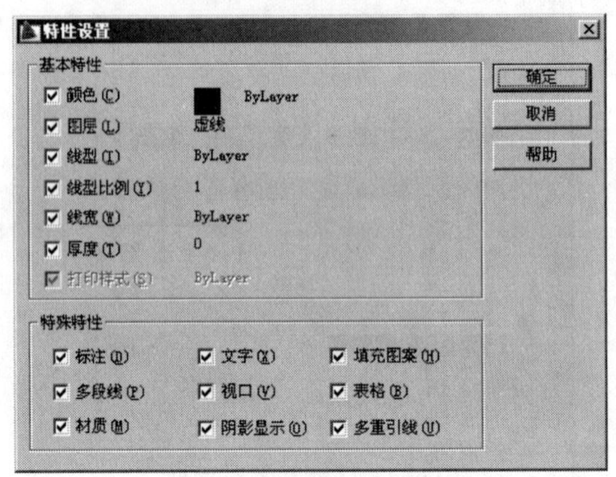

图 6-45 【特性设置】对话框

如果不想将某个特性赋给目标对象，单击该特性前的方框使其变为□，表明该特性未被选中，那么，目标对象的该特性就不会改变。

如果要把某些对象放到某层，使其完全具有该层的特性，可以选择对象，然后在【图层】面板的【图层】下拉列表中选择该层即可。

6.6　本章小结

本章着重讲述了层的设置管理和特性查询编辑。用户通过图层特性管理器可以建立、查询、编辑层的属性；通过图层转换器可以把非标准的层设置转化为标准图层设置；通过【特性】对话框可以对图形对象的属性进行快速查询和编辑；利用特性匹配可以使目标对象快速匹配源对象的特性。总之，通过本章学习，用户对图样的管理能力又更进了一步。

6.7　习题

1. 概念题

（1）何谓图层？它有哪些属性和状态？

（2）为什么要设置线型比例？如何设置线型比例？

（3）如果用户只想打印一幅图样中一个层或几个层中的对象，该怎么办？

（4）在 AutoCAD 中，颜色、线型、线宽的默认设置是什么？

2. 操作题

分析下图的线型和线宽，利用本章学习的层来绘制它。

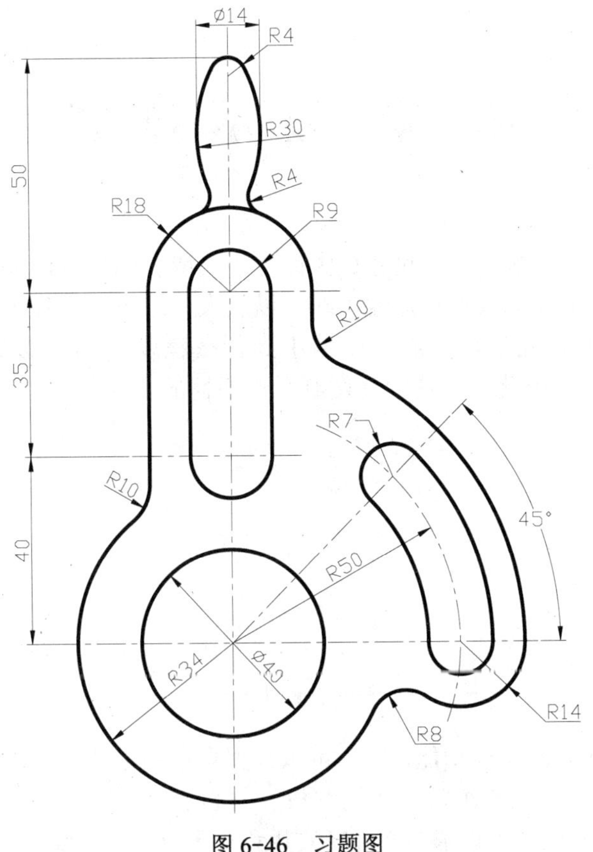

图 6-46　习题图

第7章　显示控制

在绘制图样过程中，由于图样尺寸过大或过小，或者图样偏出视区，这样不利于图样的绘制或修改。我们希望图纸具有弹性，即可以放大、缩小、平移等，也可以使屏幕具有无限大的空间，但不管视觉尺寸放大或缩小到什么程度，都不影响图样的实际尺寸。AutoCAD 的显示控制命令就可以达到让图纸具有弹性的要求。

【本章重点】

- 视图缩放;
- 平移;
- 鸟瞰视图;
- 命名视图。

7.1　视图缩放

AutoCAD 具有强大的缩放功能，用户可以根据自己的需要显示查看图形信息。常用的缩放工具有：窗口缩放、动态缩放、比例缩放、中心缩放、缩放对象、放大、缩小、全部缩放和范围缩放。缩放操作可以通过单击【实用程序】面板上的缩放工具按钮上的黑三角，如图 7-1 所示，然后移动鼠标到要选择的按钮处，单击鼠标即可激活该命令。

7.1.1　窗口缩放

窗口缩放就是把处于用户定义矩形窗口的图形局部进行缩放。在绘制图样过程中，可能发现某一部分图形实体特别集中，想继续绘制或者编辑，都会很不方便。遇到这种情况，用窗口缩放命令可以将这部分图样放大到一定程度，再进行绘制和编辑工作就十分方便了。通过确定矩形的两个角点，可以拉出一个矩形窗口，窗口区域的图形将放大到整个窗口范围。

图 7-1　缩放工具按钮

如图 7-2 所示，要在半径为 1 的圆中绘制一个圆内接正六边形，可以在绘制完半径为 1 的圆后，单击窗口缩放命令按钮，命令行提示:

命令：'_zoom

指定窗口的角点，输入比例因子 (nX 或 nXP)，或者

[全部(A)/中心(C)/动态(D)/范围(E)/上一个(P)/比例(S)/窗口(W)/对象(O)] <实时>：_w

指定第一个角点：　　选择第一个角点；

指定对角点：　　　　选择第二个角点，如图 7-3 所示。

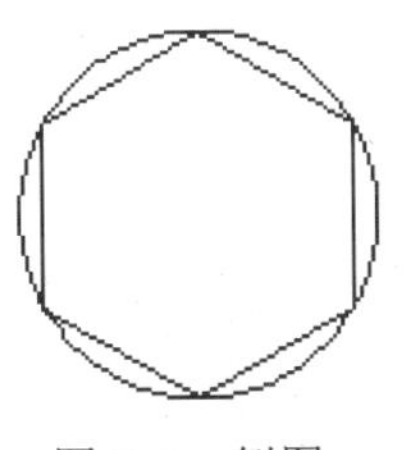

图 7-2　例图

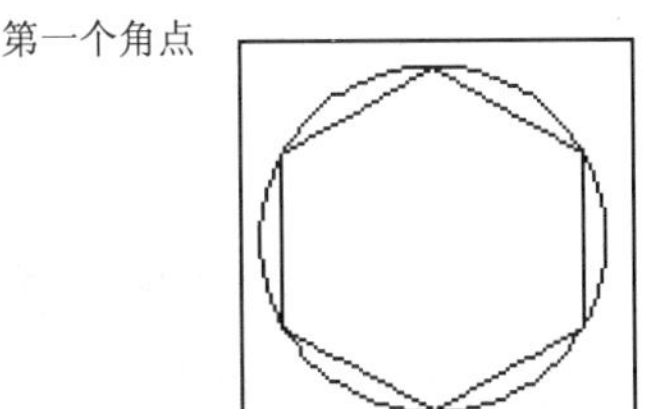

图 7-3　选择缩放范围

角点在选择时，将图形要放大的部分全部包围在矩形框内。矩形框的范围越小，图形显示的越大。

当圆被放大后，圆看起来并不圆，没有关系，这只是一个显示问题，可以键盘输入圆整命令【VIEWRES】进行调整。

命令：viewres

是否需要快速缩放？[是(Y)/否(N)] <Y>：

输入圆的缩放百分比 (1-20000) <100>：20000

正在重新生成模型，圆看起来就圆整了。

VIEWRES 使用短矢量控制圆、圆弧、椭圆和样条曲线的外观。矢量数目越大，圆或圆弧的外观越平滑。例如，如果创建了一个很小的圆然后将其放大，它可能显示为一个多边形。使用 VIEWRES 增大缩放百分比，可使圆的外观平滑。减小缩放百分比会有相反的效果。

圆整命令可以通过下拉菜单【工具】/【选项】进入【选项】对话框中，在对话框中选择【显示】，此时对话框的显示信息如图 7-4 所示。其中【显示精度】项是控制图形在绘图窗口的显示情况，在【圆弧和圆的平滑度】左侧文本框中输入 1～20000 的数值，就可调整圆弧和圆的显示情况，输入的数值越大显示越平滑，但显示速度会放慢，将影响绘图效率。

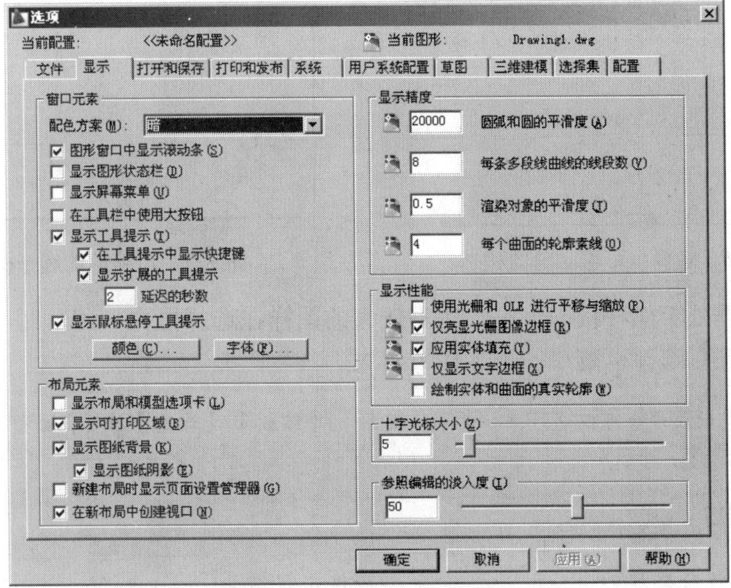

图 7-4　【选项】对话框

窗口缩放命令可以通过下拉菜单【视图】/【缩放】/【窗口】执行，如图 7-5 所示。

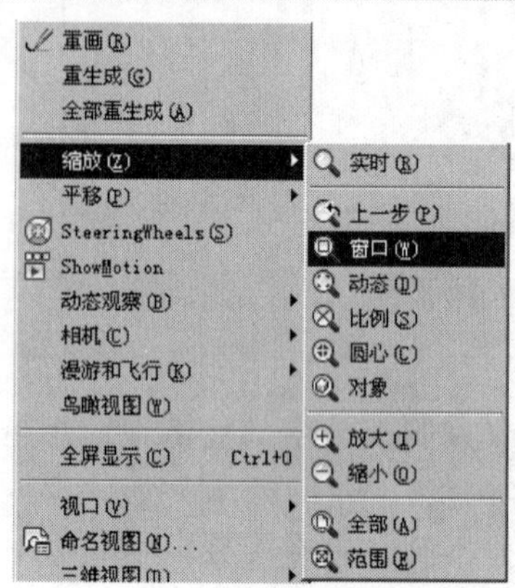

图 7-5 【视图】菜单

7.1.2 动态缩放

动态缩放与窗口缩放有相同之处，它们放大的都是矩形选择框内的图形，但动态缩放比窗口缩放灵活，可以随时改变选择框的大小和位置。

单击动态缩放命令按钮，绘图区会出现选择框，如图 7-6 所示，此时拖动鼠标可移动选择框到需要位置，单击鼠标，选择框变为如图 7-7 所示，此时拖动鼠标即可按箭头所示方向放大，反向拖动鼠标将缩小选择框并可上下移动。在图 7-7 状态下单击鼠标可使其变换为图 7-6 状态，移动鼠标改变选择框的位置。用户可以通过单击鼠标在两种状态之间切换。需要注意的是图 7-6 状态可以通过移动鼠标改变位置，图 7-7 状态可以通过移动鼠标改变选择框的大小。

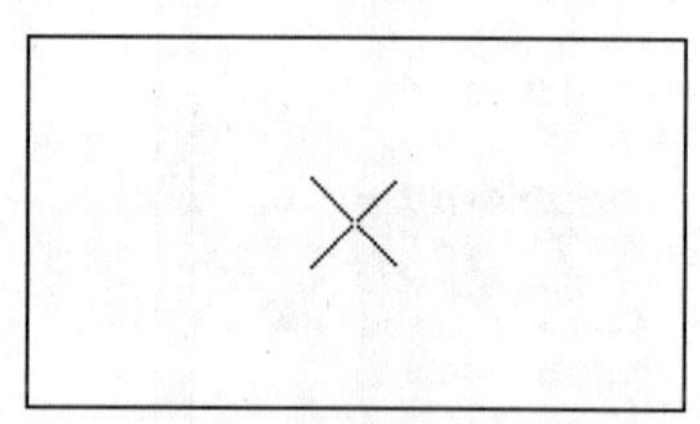

图 7-6 选择框可移动时的状态

图 7-7 可缩放的选择框

不论选择框处于何种状态，只要所需放大的图样在选择框内，回车即可将其放大并且为最大显示，注意选择框越小，放大倍数越大。

动态缩放命令可以通过下拉菜单【视图】/【缩放】/【动态】执行，如图 7-5 所示。

7.1.3 比例缩放

单击比例缩放命令按钮，命令行提示如下：

命令：'_zoom

指定窗口的角点，输入比例因子 (nX 或 nXP)，或者

[全部(A)/中心(C)/动态(D)/范围(E)/上一个(P)/比例(S)/窗口(W)/对象(O)] <实时>：_s

输入比例因子 (nX 或 nXP)：　　　　这时有三种比例因子输入方法如下：

（1）直接输入数值。此种方法得到的图形显示尺寸与图形界限有关。例如某对象全部缩放到图形界限的显示尺寸为 1，则输入 2 后显示尺寸为 2，即将图形对象放大 2 倍。若输入值小于 1，则将图形对象缩小。

（2）数值后加 X 即 nX 方式。此种方法是根据当前视图的显示尺寸来确定缩放后的显示尺寸。若输入 2X，会得到当前显示图形 2 倍大的图形显示，同样输入数值小于 1 时为缩小。

（3）数值后加 XP 即 nXP 方式。此种方法是根据图纸空间单位来确定缩放后的显示尺寸。若输入 2XP，将以图形空间单位的 2 倍来显示模型空间，同样输入数值小于 1 时为缩小。

比例缩放命令可以通过下拉菜单【视图】/【缩放】/【比例】执行，如图 7-5 所示。

7.1.4　中心缩放

中心缩放首先要确定中心点，再以该点为基点，将整个图形按指定的缩放比例放大或缩小，且该点会成为缩放后新视图的中心点。

单击中心缩放命令按钮，命令行提示如下：

选择对象：'_zoom

>>指定窗口的角点，输入比例因子 (nX 或 nXP)，或者

[全部(A)/中心(C)/动态(D)/范围(E)/上一个(P)/比例(S)/窗口(W)/对象(O)] <实时>：_c

>>指定中心点：

命令：'_zoom

>>指定窗口的角点，输入比例因子 (nX 或 nXP)，或者

[全部(A)/中心(C)/动态(D)/范围(E)/上一个(P)/比例(S)/窗口(W)/对象(O)] <实时>：_c

>>指定中心点：　　　　确定缩放中心点；

>>输入比例或高度<11.1108>：　　　　输入缩放比例或高度，输入比默认值（尖括号中的值）大的数值，图形将被缩小，输入比默认值小的数值，图形将被放大。

中心缩放命令可以通过下拉菜单【视图】/【缩放】/【中心】执行，如图 7-5 所示。

7.1.5　范围缩放

用窗口缩放命令将图样放大是为了便于局部操作，但全图布局就容易被忽略，要观察全图的布局，可采用范围缩放让图样布满屏幕，无论当前屏幕显示的是图样的哪一部分，或者图样在屏幕上多么小，都可以让所有的图样布置到屏幕内，并且使所有的对象最大显示。

如图 7-8 所示，绘制一个 1×2 的矩形，在矩形内部绘制一个半径为 0.5 的圆，可以在绘制完矩形后，单击范围缩放命令按钮，矩形充满屏幕，再绘制圆。

此命令可以通过下拉菜单【视图】/【缩放】/【范围】执行，参照图 7-5。

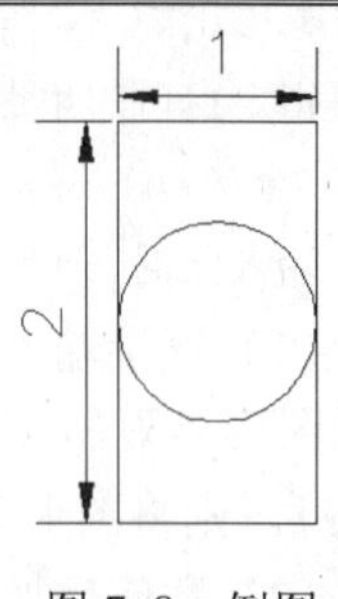

图 7-8　例图

7.1.6　缩放对象、全部缩放、放大、缩小、恢复缩放实时缩放

- 单击缩放对象按钮，将选定对象（可选择多个对象）显示在屏幕上。此命令可以通过下拉菜单【视图】/【缩放】/【对象】执行，参照图 7-5。
- 单击全部缩放按钮，将所有图形对象（包括栅格，也就是图形界限）显示在屏幕上。此命令可以通过下拉菜单【视图】/【缩放】/【全部】执行，参照图 7-5。
- 单击放大按钮，将当前视图放大，每单击一次放大一倍。此命令可以通过下拉菜单【视图】/【缩放】/【放大】执行，参照图 7-5。
- 单击缩小按钮，将当前视图缩小，每单击一次缩小一倍。此命令可以通过下拉菜单【视图】/【缩放】/【缩小】执行，参照图 7-5。
- 单击【标准】工具栏上的缩放命令按钮，可以恢复上次的缩放状态。此命令可以通过下拉菜单【视图】/【缩放】/【上一个】执行，参照图 7-5。
- 单击【标准】工具栏的缩放对象命令按钮，以便尽可能大地显示一个或多个选定的对象并使其位于绘图区域的中心。

7.1.7　实时缩放

要想动态地进行缩放，以控制图样在屏幕上的大小，需采用实时缩放命令，这样可以随意地进行缩放调节，使视图显示达到要求。

绘制完图样后，单击【标准】工具栏上的实时缩放命令钮，出现缩放符号，按住鼠标左键向下拖动光标，就是实时缩小；按住鼠标左键向上拖动光标，就是实时放大。回车可以结束缩放命令。

实时缩放命令可以通过下拉菜单【视图】/【缩放】/【实时】执行，如图 7-5 所示。

7.2　平移

与上节讲的视图缩放不同，平移命令只改变显示范围，而不改变视图的显示比例。平移命令有六种：实时平移、定点平移、向上平移、向下平移、向左平移、向右平移。这些命令可以通过下拉菜单【视图】/【平移】执行，如图 7-9 所示。

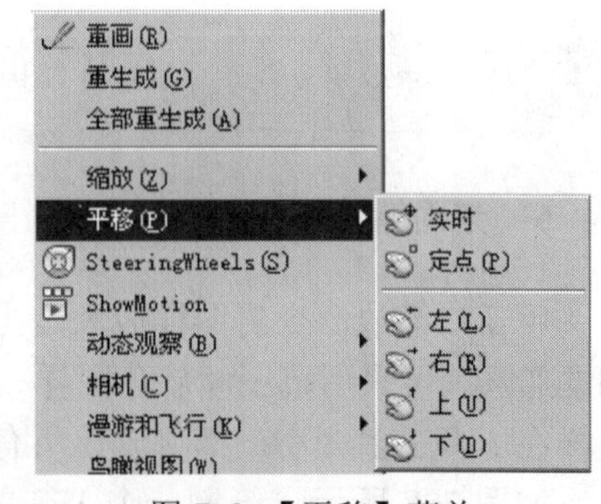

图 7-9　【平移】菜单

7.2.1　实时平移

单击【标准】工具栏上的实时平移按钮即可进入视图平移状态，此时鼠标指针形状变为，按住鼠标左键拖动鼠标，视图的显示区域就会随着实时平移。按 Esc 键或者回车键，可以退

出该命令。实时平移与实时缩放、窗口缩放、缩放为原窗口、范围缩放等切换可以通过鼠标右键快捷菜单来完成，如图7-10所示。

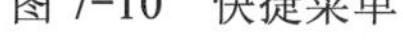

图7-10　快捷菜单

7.2.2　定点和方向平移

执行【视图】/【平移】/【定点】命令，命令行提示如下：

命令：'_pan

按 Esc 或 Enter 键退出，或单击右键显示快捷菜单。

命令：'_-pan 指定基点或位移：　　指定平移的基点；

指定第二点：　　指定要移动到的点。

- 执行【视图】/【平移】/【左】命令，可以把视图向左移动一个固定单位；
- 执行【视图】/【平移】/【右】命令，可以把视图向右移动一个固定单位；
- 执行【视图】/【平移】/【上】命令，可以把视图向上移动一个固定单位；
- 执行【视图】/【平移】/【下】命令，可以把视图向下移动一个固定单位。

7.3　鸟瞰视图

当图形比较复杂、图形对象较多时，如果用户把某一局部放大后，就看不清这个局部在整个图形中的位置了。虽然局部很清楚，但没有了整个图形的概念。因此，AutoCAD提供了鸟瞰窗口，通过该窗口和工作区主窗口，用户即可以观察到局部在这个图形中的位置，又可以在工作区主窗口中看清局部内容的细节。

执行【视图】/【鸟瞰视图】命令，就可以打开【鸟瞰视图】窗口，如图7-11所示。在窗口中单击鼠标，会出现一个中间带叉号的矩形框，我们可以叫它取景框，移动鼠标，取景框会随着移动，取景框中的内容会实时显示在AutoCAD工作区主窗口中，而且放大到整个视图。如果要调整取景框的大小，可以在【鸟瞰视图】窗口中单击鼠标，矩形框中的叉号消失，出现一个箭头，拖动鼠标可以改变取景框的大小，合适后单击鼠标，窗口就会恢复到带叉号的取景框状态（用单击鼠标的方法在两种取景状态之间进行切换）。如果要固定某处查看内容，单击鼠标右键即可。

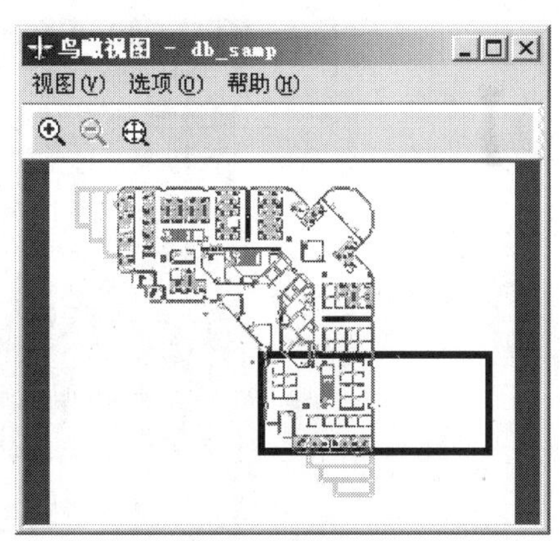

图7-11　鸟瞰视图

可以在【鸟瞰视图】窗口中使用放大按钮、缩小按钮、全局按钮对视图进行缩放操作。

清除屏幕的方法：按 Ctrl + 0（零）组合键可以隐藏除绘图区域、菜单栏和命令行外的全部显示。再次按 Ctrl + 0 组合键可以恢复界面配置。

7.4　命名视图

利用命名视图，用户可以把绘图过程中的某一显示保存下来，以备随时调用。定义命名视图的步骤是：

（1）执行【视图】/【命名视图】命令，出现如图 7-12 所示的【视图管理器】对话框。

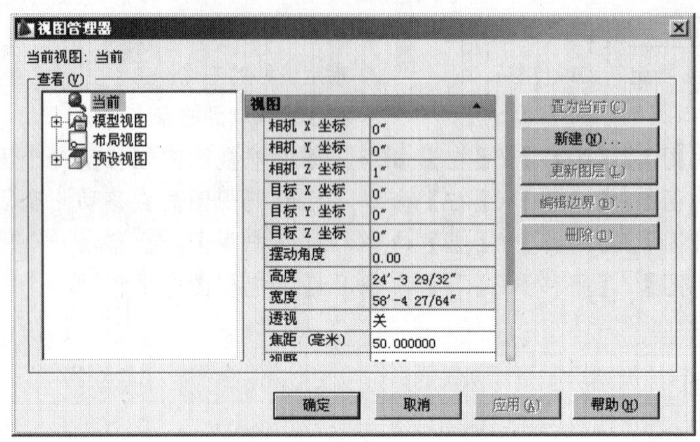

图 7-12　【视图管理器】对话框

（2）单击 新建(N)... 按钮，出现【新建视图/快照特性】对话框，如图 7-13 所示。在【视图名称】文本框中输入视图名称（如过程显示），在【边界】区可以选择命名视图定义的范围，可以把当前显示定义为命名视图，也可以通过定义窗口的方法确定命名视图的显示。

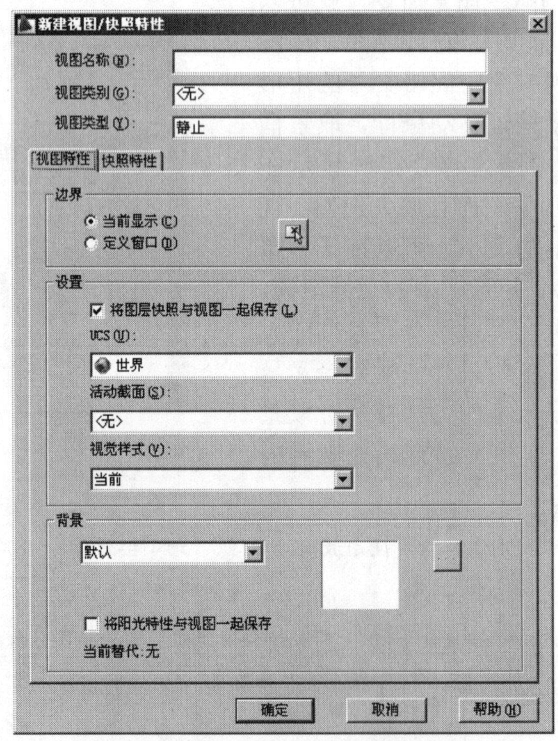

图 7-13　【新建视图/快照特性】对话框

（3）单击 确定 按钮返回【视图管理器】对话框，新建的视图会显示在视图列表中，单击 确定 按钮退出。

（4）如果在绘图过程中要恢复该显示（视图），可以执行【视图】/【命名视图】命令，打开【视图管理器】对话框，在视图列表中选择要恢复的视图，然后单击 置为当前(C) 按钮把该视图置为当前，单击 确定 按钮退出。这时你会注意到当前显示的是你前面定义的视图。

7.5　本章小结

本章主要讲述了怎样利用视图缩放、视图平移和鸟瞰视图命令控制显示。用户应根据自己的需要选择方便的控制显示命令。一般情况下窗口缩放、实时缩放命令和实时平移等命令较常用，在绘制复杂的图形或尺寸过大、过小的简单图形时，将实时平移和缩放两个命令结合使用会非常方便。

7.6　习题

1. 概念题

（1）怎样使用局部缩放？

（2）怎样进行全局缩放？

（3）怎样恢复缩放？

（4）怎样进行实时缩放和实时平移？怎样退出实时缩放和实时平移？怎样在实时缩放和实时平移之间快速切换？

2. 操作题

绘制如图 7-14 所示的图形。

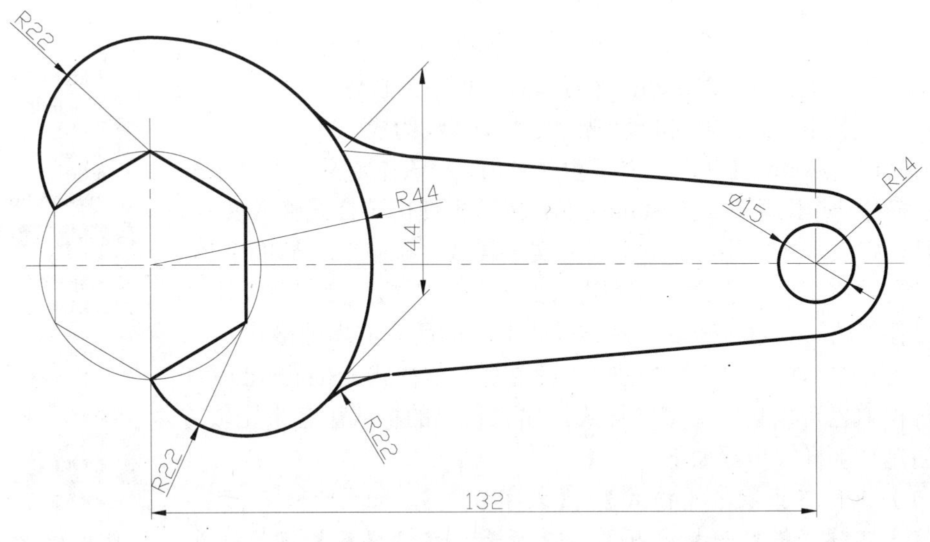

图 7-14　习题图

第 8 章　书写文字与尺寸标注

在工程制图过程中，不仅要绘制图样，往往需要进行文字书写，如书写技术要求、填写标题栏等，还必须进行尺寸标注。手工绘图时，书写的每一个文字、字母以及符号，还有尺寸标注的尺寸线、箭头等，都是画出来的，“画”起来相当麻烦。而在 AutoCAD 中，可以直接利用文本工具输入文字、符号等，通过尺寸标注工具进行自动标注，非常方便。

【本章重点】

- 文字样式的设定；
- 文字的单行和多行输入；
- 文字的编辑；
- 尺寸样式的设置；
- 各种具体尺寸的标注方法；
- 尺寸标注的编辑修改；
- 尺寸关联；
- 表格。

8.1　文字样式的设定

在工程图样中输入的文字，必须符合国家标准，国家标准（GB/T14691—1993）中规定了文字样式：汉字为长仿宋体，字体宽度约等于字体高度的 2/3，字体高度有 20mm、14mm、10mm、7mm、5mm、3.5mm、2.5mm 和 1.8mm 八种，汉字高度不小于 3.5mm。字母和数字可写为直体和斜体，若文字采用斜体字体，文字须向右倾斜，与水平基线约成 75°。

因此在用 AutoCAD 进行文字输入之前，应该先定义一个文字样式（系统有一个默认样式—Standard），然后再使用该样式输入文本。用户可以定义多个文字样式，不同的文字样式用于输入不同的字体。当修改文本格式时，不需要逐个进行文本修改，而只要对该文本的样式进行修改，就可以改变使用该样式书写的所有文本的格式。

在 AutoCAD 中文字样式的默认设置是标准样式（Standard）。在使用过程中也可以自定义文字样式，建立自己的样式用起来比较方便。创建文字样式步骤如下：

（1）执行下拉菜单【格式】/【文字样式】，如图 8-1 所示，弹出【文字样式】对话框，如图 8-2 所示。在【样式】下拉列表

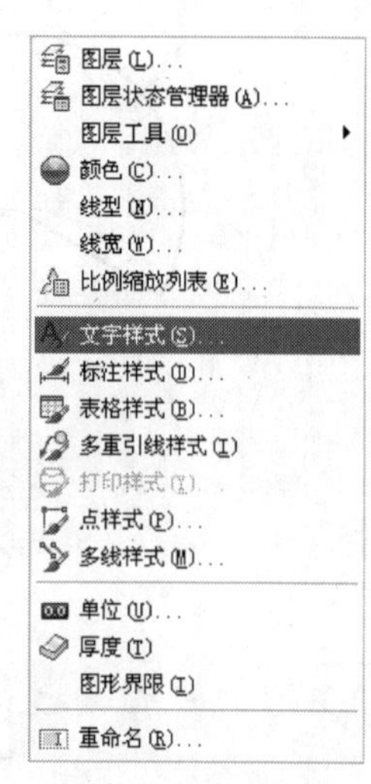

图 8-1　格式菜单

中显示的是当前所应用的文字样式。每次新建文档时，AutoCAD 默认的文字样式是"Standard"，用户可以在此基础上，修改新建文字样式。

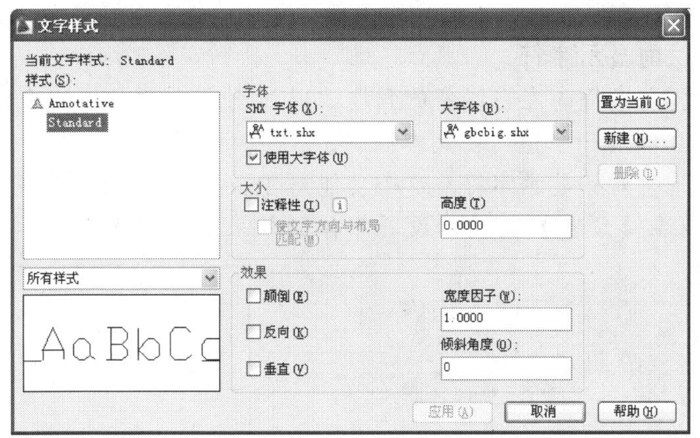

图 8-2 【文字样式】对话框

（2）单击 新建(N)... 按钮，弹出【新建文字样式】对话框，键入"我的样式"，如图 8-3 所示，单击 确定 按钮，返回到【文字样式】对话框。

图 8-3 【新建文字样式】对话框

（3）从【字体名】下拉列表中选择字体。在 AutoCAD 中，存在着两类字体：SHX 字体和 TTF 字体。这两种字体都可以显示英文，但用于显示中文时，可能会出现一些问题。

- SHX 字体：在【字体名】下拉列表中，字体名前面有符号的就是 SHX 字体，SHX 字体是 AutoCAD 本身自带的符合 AutoCAD 标准的字体。支持这种字体的字体文件的后缀名是".shx"。AutoCAD 默认的就是 SHX 字体，字体文件名为 txt.shx。
- TTF 字体：在【字体名】下拉列表中字体名前面有符号 T 的就是 ttf 字体，TTF 字体又称为 True Type 字体，是 Windows 自带字体。中文版 Windows 都带有支持中文显示的 TTF 字体，用 TTF 字体标注中文一般不会出现中文显示不正常的问题。

选择【使用大字体】复选框指定亚洲语言的大字体文件。只有在"字体名"中指定 SHX 文件，才能使用"大字体"。只有 SHX 文件可以创建"大字体"。

（4）在【高度】文本框中输入字体高度 5，字体项设置完成，如图 8-4 所示。在【高度】文本框中，如果设置字体高度为 0，在以后启动文本标注命令时，系统会提示输入字体高度，所以，0 字高用于使用同一种文字样式标注不同的字高的文本。如果输入的不是 0，那么以后启动文本标注命令，系统会自动以此字高度书写文字，不再提示输入字体的高度，用这种方法标注的文本高度是固定的。

图 8-4　字体设置

关于注释性见 12.7。

（5）在【效果】选项区设置文本效果，设置如图 8-5 所示。

- 【颠倒】：倒置显示字符。
- 【宽度比例】：默认值是 1，如果输入值大于 1，则文本宽度加大。
- 【反向】：反向显示字符。
- 【倾斜角度】：字符向左右倾斜的角度，以 Y 轴正向为角度的 0 值，顺时针为正。可以输入-85～85 之间的一个值，使文本倾斜。
- 【垂直】：垂直对齐显示字符。这个功能对 True Type 字体不适用。

（6）这时可以在【预览】区显示设置字体的效果，如图 8-6 所示。

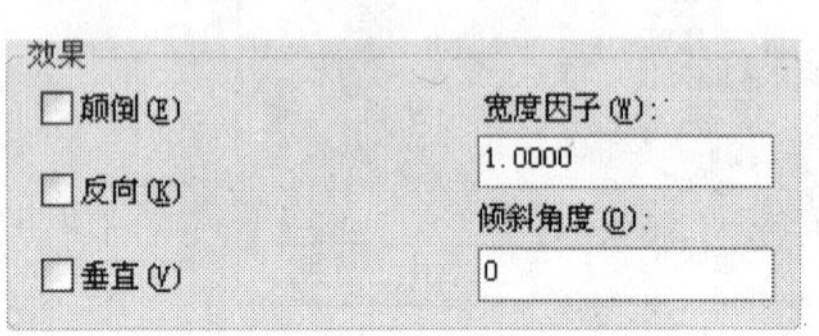

图 8-5　设置文本效果

图 8-6　预览效果

（7）这样自定义样式设置完成。单击 应用(A) 按钮，将对话框中所作的样式修改应用于图形中当前样式的文字，单击 关闭(C) 按钮关闭对话框。

这时定义的文本样式就会显示在【注释】面板上的文字样式下拉列表中，以供用户方便文字样式的切换，如图 8-7 所示。单击【注释】面板上的文字样式按钮 文字样式，可以快速打开【文字样式】对话框，进行文字样式定义。

以上讲述了文字样式的建立过程，实际上 AutoCAD 提供了符合我国国标输入的字体：gbeitc.shx（控制英文斜体）、gbenor.shx（控制英文直体）、gbcbig.shx（控制中文长仿宋），所以在机械图样绘制过程中建立一种如图 8-8 所示的【工程字】样式即可。

图 8-7　【样式】工具栏

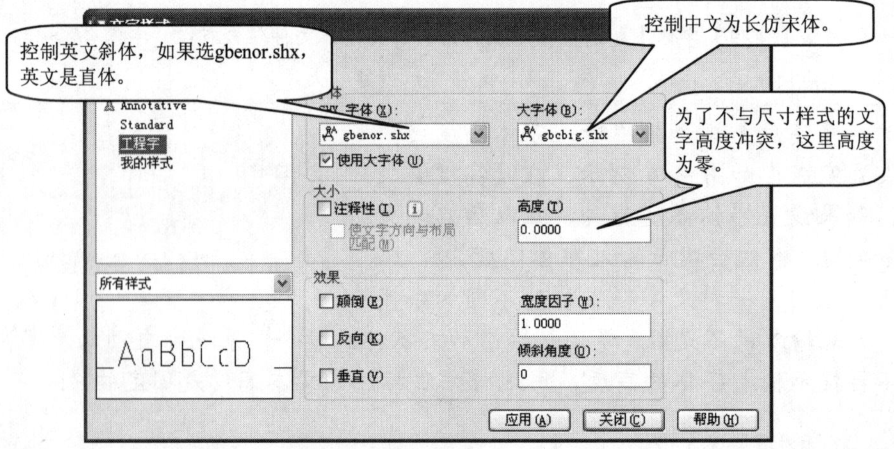

图 8-8　【工程字】样式

8.2　文字的单行和多行输入

AutoCAD 提供了两种文字输入方式，即单行输入与多行输入。所谓的单行输入，并不是用该命令每次只能输入一行文字，而是输入的文字，每一行单独作为一个实体对象来处理。相反，多行输入就是不管输入几行文字，AutoCAD 都把它作为一个实体对象来处理。

8.2.1　文字的单行输入

要进行单行输入，单击【注释】面板上的单行文字按钮（或执行下拉菜单【绘图】/【文字】/【单行文字】，如图 8-9 所示。也可以调出【文字】工具栏，如图 8-10 所示，单击单行文字工具按钮）。

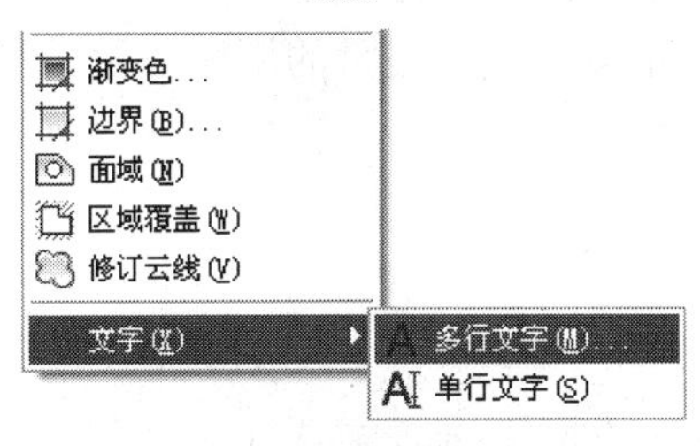

图 8-9 【绘图】菜单

图 8-10 【文字】工具栏

命令行提示如下：

命令：_dtext

当前文字样式："工程字" 文字高度：2.5000　注释性：否

指定文字的起点或 [对正(J)/样式(S)]：

指定高度 <2.5000>：5　　　　指定文字字高；

指定文字的旋转角度 <0>：　　　　指定文字行与水平方向的夹角。

然后在如图 8-11 所示的输入框中输入文字，也可以在其他处单击鼠标进行别的输入，两次回车结束命令。

若建立文字样式时，【高度】设置是 0.000，在执行文字输入命令时还有一个修改字高的提示。如果是非 0 值，就没有此提示。

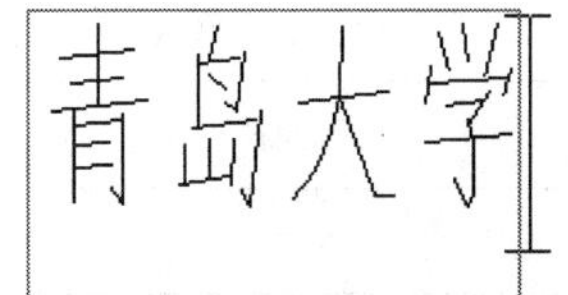

图 8-11　输入过程

用户可以根据需要调整对正方式，执行单行文字命令时，会出现提示：

指定文字的起点或 [对正(J)/样式(S)]：j　　　　输入"j"

切换到对正选项，对正选项用于设置文字的缩排和对齐方式。

输入选项

[对齐(A)/布满(F)/居中(C)/中间(M)/右对齐(R)/左上(TL)/中上(TC)/右上(TR)/左中(ML)/正

中(MC)/右中(MR)/左下(BL)/中下(BC)/右下(BR)]：AutoCAD 提供的对齐选项，用户根据自己的需要，输入括号内的字母。

> 用户可以在“指定文字的起点或[对正(J)/样式(S)]:”提示下输入“s”，切换到样式选项，利用这个选项可以输入已定义的文字样式名称，设置该样式为当前样式。输入“?”可以查询当前文档中定义的所有文字样式。用户也可以在启动文字命令前，在【注释】面板上的文字样式下拉列表中选择需要的文字样式。

8.2.2　命令行中特殊字符的输入

用户可以利用单行文字命令输入特殊字符，如直径符号“φ”，角度符号“°”等。

8.2.2.1　利用软键盘

调出如图 8-12 所示的输入法状态条。

在按钮上，单击鼠标右键，出现键盘选择菜单，如图 8-13 所示。

例如选择【希腊字母】，就会出现如图 8-14 所示的软键盘，键盘的用法与硬键盘一样，在需要的字母键上单击鼠标，就可以输入对应的字母。

标准

图 8-12　输入法状态条

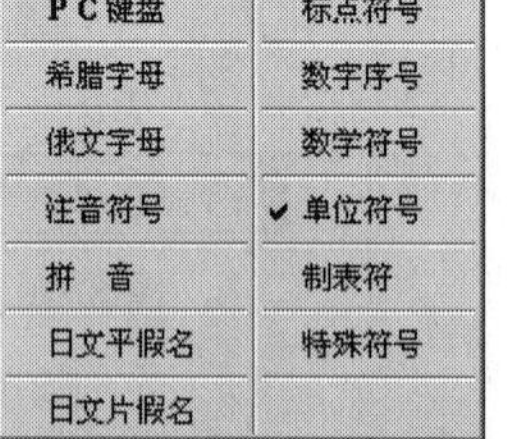

图 8-13　键盘选择菜单

图 8-14　软键盘

8.2.2.2　用控制码输入特殊字符

控制码由两个百分号（%%）后紧跟一个字母构成。表 8-1 中是 AutoCAD 中常用的控制码。

表 8-1 AutoCAD 控制码

控 制 码	功　能	控 制 码	功　能
%%o	加上画线	%%p	正/负符号
%%u	加下画线	%%c	直径符号
%%d	度符号	%%%	百分号

要输入如图 8-15 所示的文字，命令行输入如下：

命令：_dtext

命令：_dtext

当前文字样式：“工程字”　文字高度：5.0000　注释性：否

指定文字的起点或 [对正(J)/样式(S)]:

指定高度 <5.0000>:

指定文字的旋转角度 <0>:

键盘输入文字：%%uAutoCAD%%u　　加下划线；

键盘输入文字：45%%d　　输入度符号；

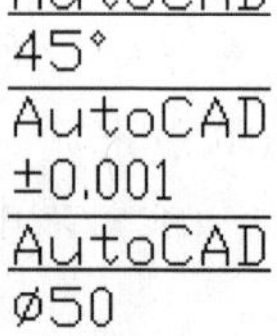

AutoCAD
45°
AutoCAD
±0.001
AutoCAD
Ø50

图 8-15　特殊字符样例

键盘输入文字：%%oAutoCAD%%o　　加上划线；
键盘输入文字：%%p0.001　　正/负符号；
键盘输入文字：%%u%%oAutoCAD%%o%%u　　同时加上、下划线；
键盘输入文字：%%c50　　输入直径符号。

8.2.3　文字的多行输入

多行文字输入命令用于输入内部格式比较复杂的多行文字，与单行文字输入命令不同的是，输入的多行文字是一个整体，每一单行不再是一个单独的文字对象。

单击【注释】面板上的多行文字按钮 A（或执行【绘图】/【文字】/【多行文字】命令，或者单击【文字】或【绘图】工具栏上的多行文字命令按钮 A），可以启动多行文字命令。

命令行提示如下：

命令：_mtext 当前文字样式："工程字" 文字高度：5　　注释性：否
指定第一角点：　　指定第一角点；
指定对角点或 [高度(H)/对正(J)/行距(L)/旋转(R)/样式(S)/宽度(W)/栏(C)]：
　　指定第二角点，如图 8-16 所示。

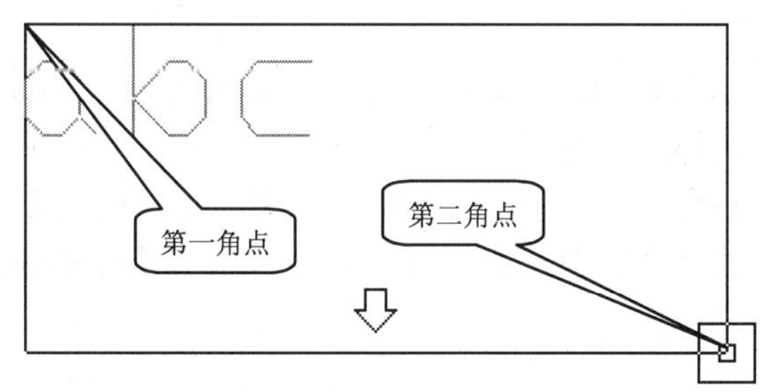

图 8-16　确定矩形框

确定两个角点后，系统会自动切换到多行文字编辑界面，如图 8-17 所示。这个窗口类似于写字板、Word 等文字编辑工具，比较适合文字的输入和编辑。

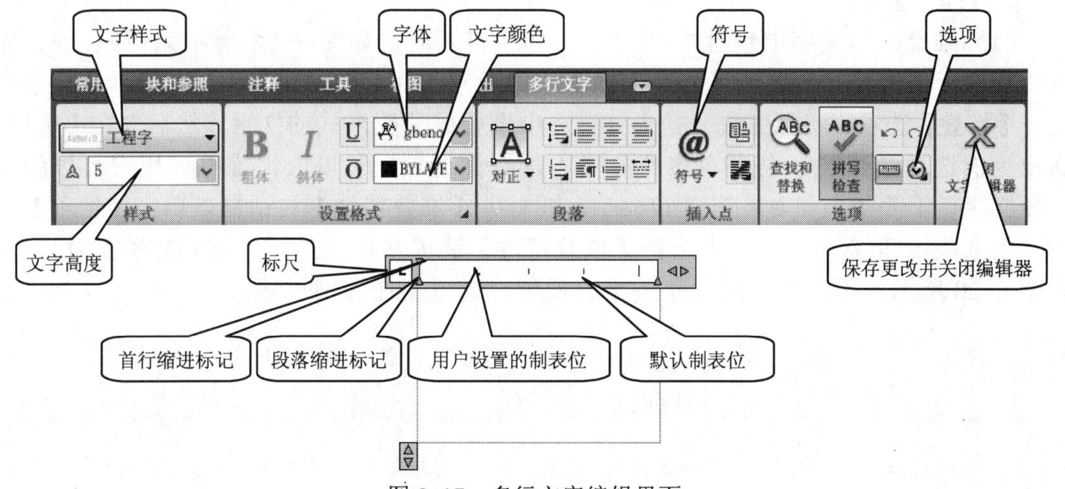

图 8-17　多行文字编辑界面

1.【样式】面板

（1）样式下拉列表。针对多行文字对象应用文字样式。当前样式保存在 TEXTSTYLE 系统变量中。

如果将新样式应用到现有的多行文字对象中，用于字体、高度和粗体或斜体属性的字符格式将被替代。堆叠、下划线和颜色属性将保留在应用了新样式的字符中。

具有反向或倒置效果的样式不被应用。如果在 SHX 字体中应用定义为垂直效果的样式，这些文字将在多行文字编辑器中水平显示。

（2）字体高度下拉列表。按图形单位设置新文字的字符高度或更改选定文字的高度。如果当前文字样式没有固定高度，则文字高度是 TEXTSIZE 系统变量中存储的值。多行文字对象可以包含不同高度的字符。

2.【设置格式】面板

（1）字体下拉列表。为新输入的文字指定字体或改变选定文字的字体。

（2）粗体 **B**。为新输入文字或选定文字打开或关闭粗体格式。此选项仅适用于使用 TrueType 字体的字符。

（3）斜体 *I*。为新输入文字或选定文字打开或关闭斜体格式。此选项仅适用于使用 TrueType 字体的字符。

（4）下划线 U。为新输入文字或选定文字打开或关闭下划线格式。

（5）文字颜色。为新输入文字指定颜色或修改选定文字的颜色。

可以为文字指定与所在图层关联的颜色 (BYLAYER) 或与所在块关联的颜色 (BYBLOCK)。也可以从颜色列表中选择一种颜色，或单击【选择颜色】选项打开【选择颜色】对话框选择颜色。

3.【段落】面板

使用【段落】面板可以进行段落、制表位、项目符号和编号的设置，这与 Word 一样，在此不再讲述。

4.【选项】面板

（1）堆叠。当文字中包含“/”、“^”、“#”符号时，如图 8-18 所示，例如 9/8，先选中这三个字符，然后单击【选项】面板上的选项按钮，从如图 8-19 所示的菜单中选择【堆叠】选项，就会变成分数形式，选中堆叠成分数形式的文字，然后单击【选项】面板上的选项按钮，从菜单中选择【不堆叠】选项，可以取消堆叠。用户可以编辑堆叠文字、堆叠类型、对齐方式和大小。要打开【堆叠特性】对话框，单击【选项】面板上的选项按钮，从菜单中选择【堆叠特性】选项，从而打开【堆叠特性】对话框，如图 8-20 所示，用户可以进行相关堆叠设置，这里不在详细讲述。

非堆叠	堆叠
9/8	$\frac{9}{8}$
+0.002^-0.001	$^{+0.002}_{-0.001}$
9#8	$^{9}/_{8}$

图 8-18 堆叠方式

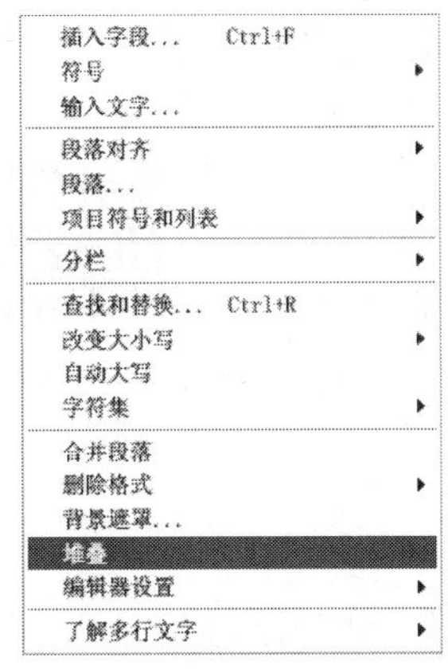

图 8-19 【选项】菜单

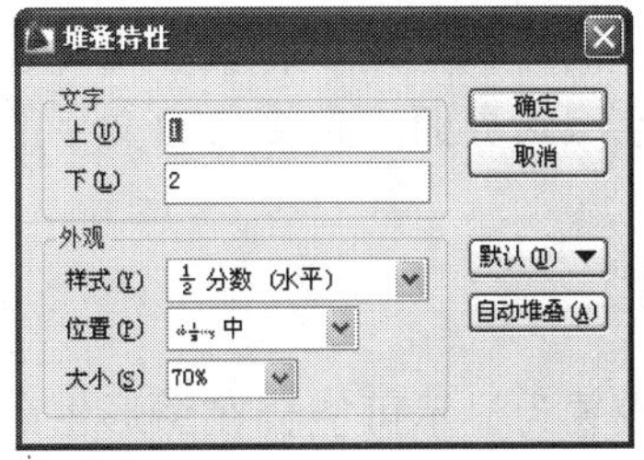

图 8-20 【堆叠特性】对话框

（2）输入文字。单击如图 8-19 所示的菜单中的【输入文字】选项，出现【选择文件】对话框，使用对话框可以把外部 txt 文本文件(或 rtf 文件)直接导入。

5. 【插入点】面板上的符号按钮@

单击【插入点】面板上的符号按钮@，出现如图 8-21 所示的菜单，可以插入制图过程中需要的特殊符号。

单击【其他】菜单项，可以打开字符映射表，如图 8-22 所示，表中提供了许多特殊符号输入。

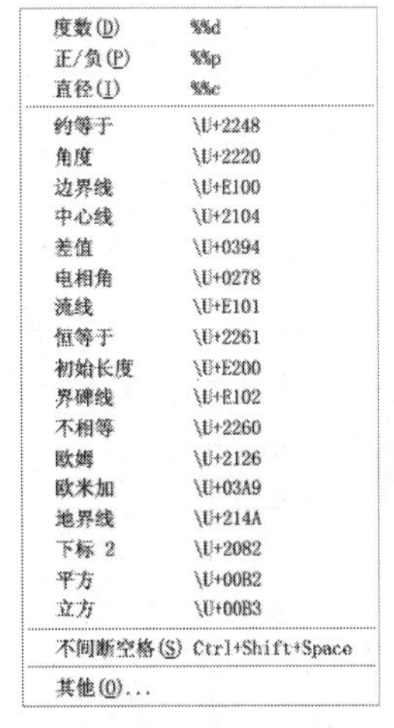

图 8-21 【符号】下拉菜单

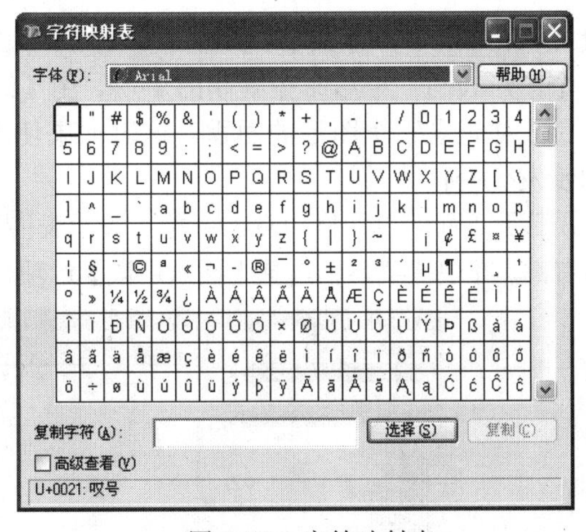

图 8-22　字符映射表

6. 【关闭】面板上的关闭按钮

关闭多行文字编辑器并保存所做的任何修改。也可以在编辑器外的图形中单击以保存修改并退出编辑器。要关闭多行文字编辑器而不保存修改，请按 Esc 键。

8.3　文字编辑

在执行文字输入时，难免出现这样或那样的错误，当发现错误时，没有必要将输入的文字删除再重新输入，可以用文字的编辑命令来编辑文本的属性或者对文字本身进行修改。

若要把单行文字命令输入的文字“工程图学”编辑成“工程图学教程”，可以直接双击文字（或单击【文字】工具栏上的编辑文字命令按钮，选择要修改的文字），文字会变成改写状态，如图 8-23 所示，直接修改文字即可。

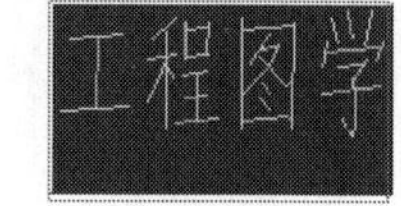

图 8-23 【编辑文字】对话框

如果选择的对象是用多行文字命令创建的，系统会自动切换到多行文字编辑界面，直接修改文字的内容和格式即可。

8.4 字段

字段是设置为显示可能会在图形生命周期中修改的数据的可更新文字。字段更新时，将显示最新的字段值。

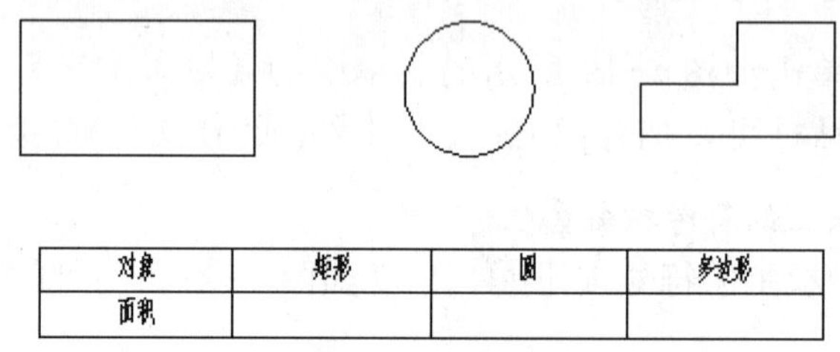

对象	矩形	圆	多边形
面积			

图 8-24　字段例图

8.4.1 插入字段

字段可以在图形、多行文字、表格等中使用。下面以图 8-24 为例讲述字段的使用方法。图中有三个图形（圆、矩形命令绘制的矩形、用【绘图】/【边界】命令定义的边界）和一个表格，用表格记录三个图形的面积。这时如果使用字段，当图形面积变化时，表格中的数字会同步发生变化。

在【矩形】下面的单元格中双击鼠标（关于表格见本章第 8 节），单元格变为输入状态，单击鼠标右键，在快捷菜单上选择【插入字段】选项，出现如图 8-25 所示的【字段】对话框。

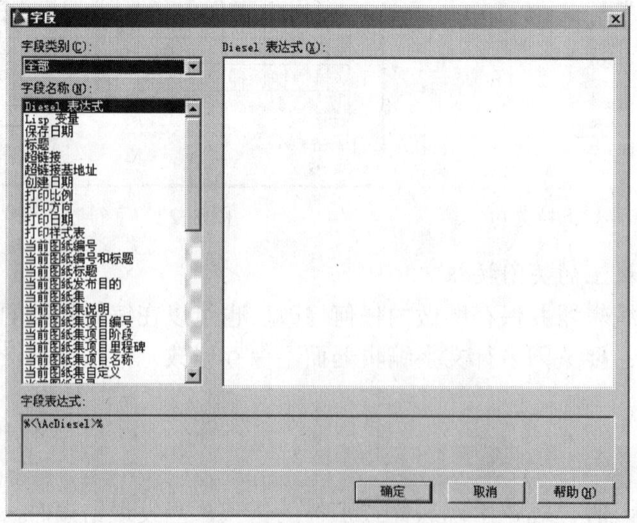

图 8-25 【字段】对话框

这里要插入面积字段，在【字段名称】下拉列表中选择【对象】，这时对话框随之发生变化，单击选择对象按钮，选择第一个图形圆，这时对话框如图 8-26 所示。

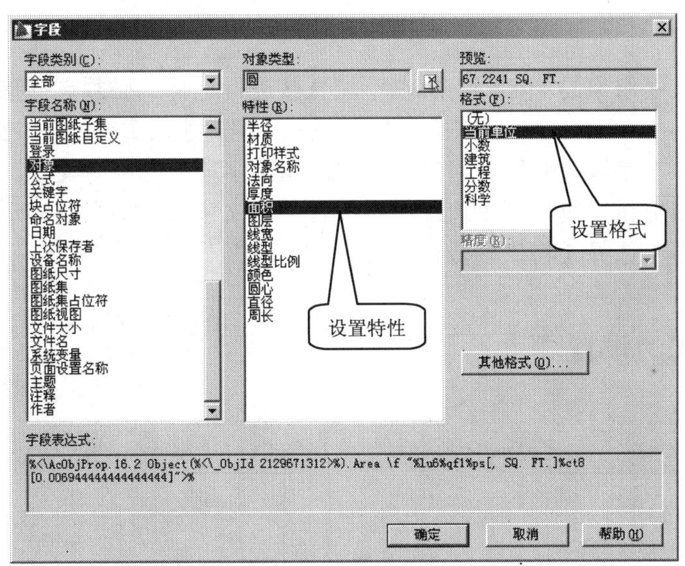

图 8-26　选择对象

在【特性】列表中选择【面积】，在【格式】列表中选择格式为【当前单位】，单击 确定 按钮，表格如图 8-27 所示。

对象	矩形	圆	多边形
面积	10172		

图 8-27　插入一个面积字段

用同样的方法插入其他两个图形的面积，如图 8-28 所示。

对象	矩形	圆	多边形
面积	10172	4360	5127

图 8-28　完整表格

这时如果改变图形的大小，如用夹点法改变圆的面积，然后执行【工具】/【更新字段】命令，选择表格后，表格中的字段会自动进行更新，如图 8-29 所示。

对象	矩形	圆	多边形
面积	10172	10372	5127

图 8-29　更新字段

8.4.2　修改字段外观

字段文字所使用的文字样式与将其插入到的文字对象中所使用的样式相同。在默认情况下，字段用打印不出来的浅灰色背景显示（由 FIELDDISPLAY 系统变量控制是否有浅灰色背景显示）。

【字段】对话框中的【格式】选项用来控制所显示文字的外观。可用的选项取决于字段的类型。例如，日期字段的格式中包含一些用来显示星期几和时间的选项。

8.4.3　编辑字段

因为字段是文字对象的一部分，所以不能直接进行选择。必须选择该文字对象并激活编辑命令。选择某个字段后，将在快捷菜单上显示【编辑字段】，或者双击该字段，将显示【字段】对话框。对字段所做的任何修改都将应用到字段中的所有文字。

如果不再希望更新字段，可以通过将字段转换为文字来保留当前显示的值（选择一个字段，在快捷菜单上选择【将字段转化为文字】）。

8.5　尺寸样式的设置

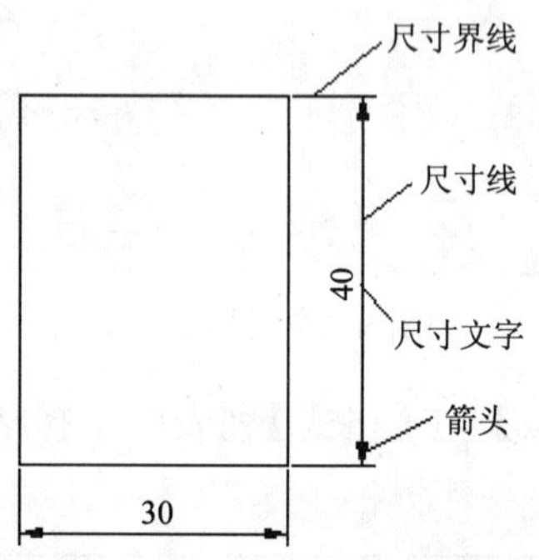

图 8-30　完整的尺寸标注

与文字输入需要设置样式一样，在对实体进行尺寸标注前，最好先建立起自己的尺寸样式，因为在标注一张图时，必须考虑打印出图时的字体大小、箭头等样式应符合国家标准，做到布局合理美观，不要出现标注的字体、箭头等过大或过小的情况。同时，建立自己的尺寸标注样式也是为了确保标注在图形实体上的每种尺寸形式相同，风格统一。

在建立尺寸标注样式之前，先来认识一下尺寸标注的各组成部分。一个完整的尺寸标注一般由尺寸线（包括标注角度时的弧线）、尺寸界线、尺寸箭头、尺寸文字这几部分组成。标注以后这四部分作为一个实体来处理。如图 8-30 所示的是这几部分的位置关系。

8.5.1　新建尺寸样式

现在，我们就来建立一个尺寸样式。执行【格式】/【文字样式】菜单，或单击如图 8-31 所示的【标注】工具栏上尺寸样式设置按钮，弹出【标注样式管理器】对话框，如图 8-32 所示。

ISO-25

图 8-31　【标注】工具栏

单击 新建(N)... 按钮，在弹出的【创建新标注样式】对话框中的【新样式名】栏中输入样式名称“基本样式”（文字字高为 5），其余项保留默认设置，如图 8-33 所示。也就是说新建的“基本样式”以“ISO-25”为基础，用于所有的尺寸标注。

“ISO-25”中的 25 表示文字字高为 2.5mm。

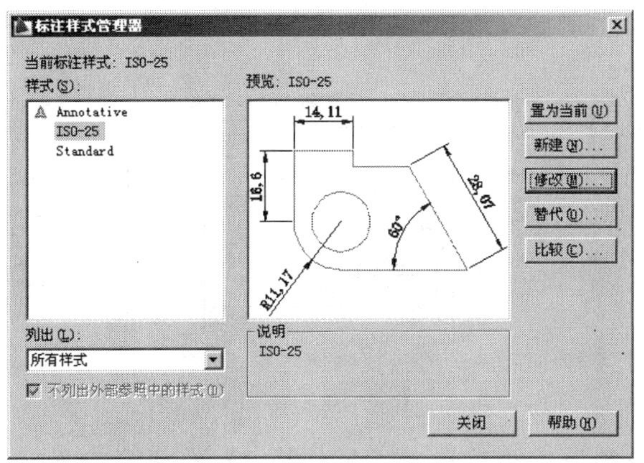

图 8-32 【标注样式管理器】对话框

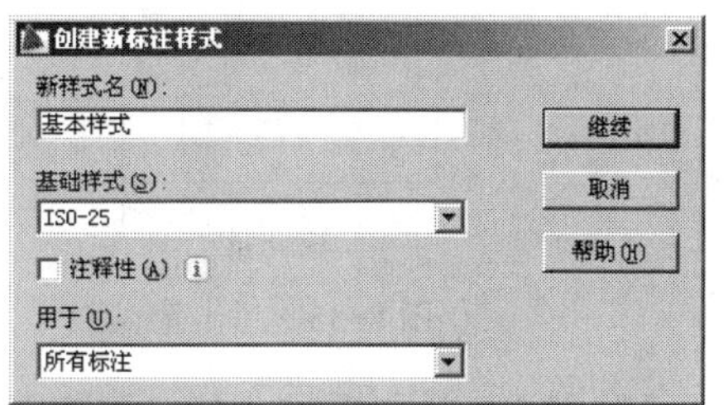

图 8-33 【创建新标注样式】对话框

单击 继续 按钮，进入【新建标注样式：基本样式】对话框，如图 8-34 所示。

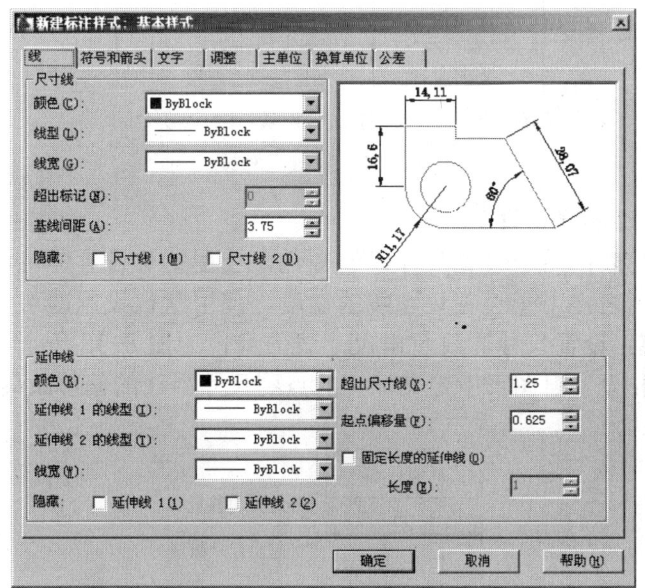

图 8-34 【新建标注样式：基本样式】对话框

在此对话框中有 7 个选项卡，下面逐一详细介绍。

8.5.1.1 线

【线】选项卡如图 8-34 所示。

1. 尺寸线设置

【颜色】下拉列表：用于设置尺寸线的颜色，使用默认设置即可。

【线宽】下拉列表：用于设置尺寸线的宽度，使用默认设置即可。

【超出标记】：指定当箭头使用斜尺寸界线、建筑标记、小标记、完整标记和无标记时，尺寸线超过尺寸界线的距离，如图 8-35 所示。

【基线间距】：用于设置基线标注时，相邻两条尺寸线之间的距离，这里设置为 6，如图 8-36 所示。

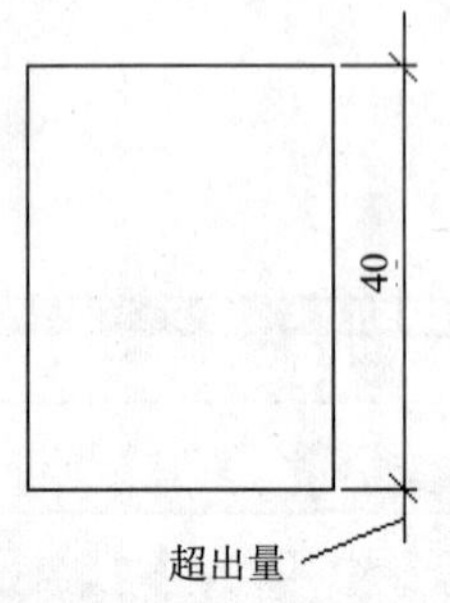

图 8-35　超出量设置

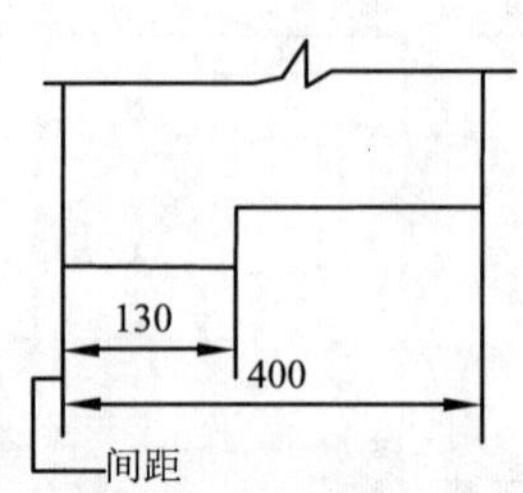

图 8-36　基线间距

【隐藏】：选中【尺寸线 1】隐藏第一条尺寸线，选中【尺寸线 2】隐藏第二条尺寸线，如图 8-37 所示。

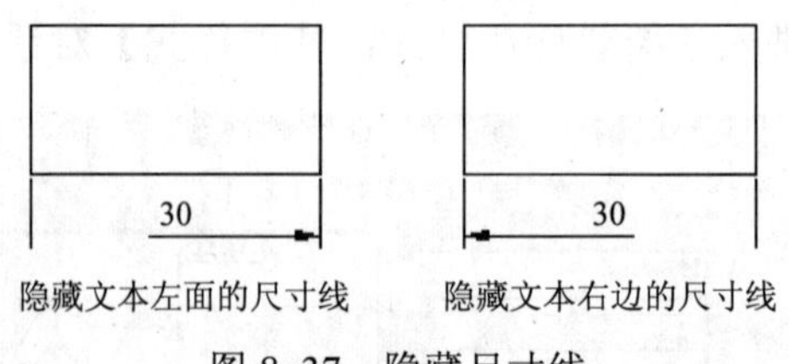

图 8-37　隐藏尺寸线

2. 延伸线（尺寸界线）设置

【颜色】下拉列表：用于设置尺寸线的颜色，使用默认设置即可。

【线宽】下拉列表：用于设置尺寸线的宽度，使用默认设置即可。

【超出尺寸线】：设置尺寸界线超出尺寸线的量，如图 8-38 所示。

【起点偏移量】：设置自图形中定义标注的点到尺寸界线的偏移距离，如图 8-38 所示。

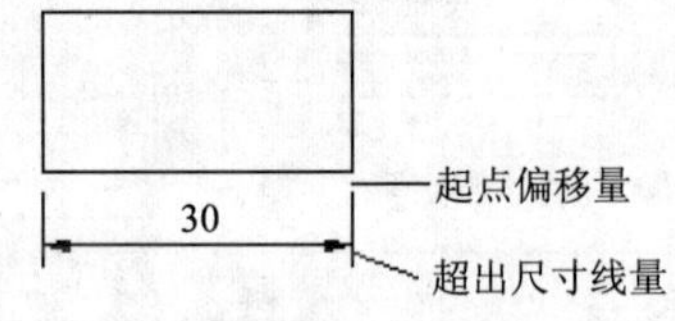

图 8-38　基点偏移量和超出尺寸线量

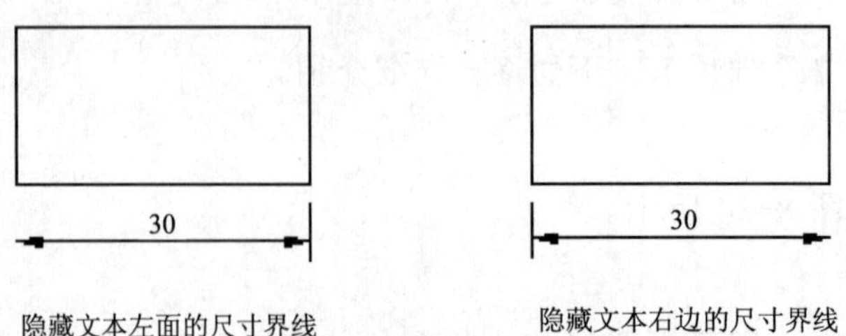

图 8-39　隐藏尺寸界线

【隐藏】：选中【延伸线 1】隐藏第一条尺寸界线，选中【延伸线 2】隐藏第二条尺寸界线，如图 8-39 所示。

8.5.1.2　符号和箭头

【符号和箭头】选项卡如图 8-40 所示。

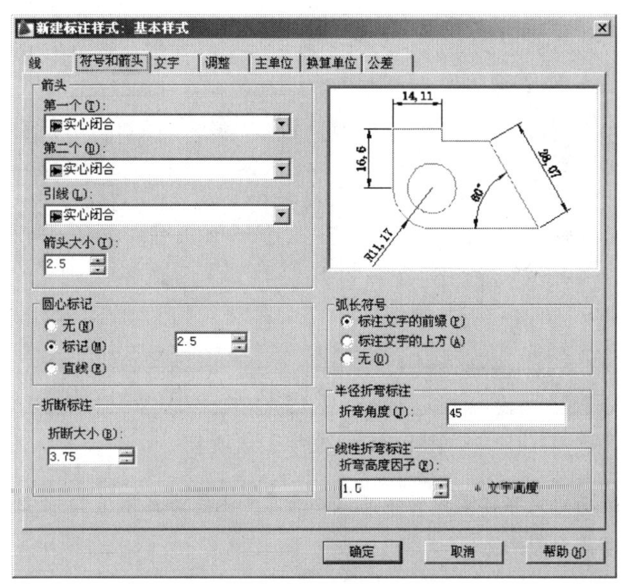

图 8-40　【符号和箭头】选项卡

1. 箭头设置

【第一个】下拉列表：设置尺寸线的箭头类型。当改变第一个箭头的类型时，第二个箭头将自动改变以便同第一个箭头相匹配。

【第二个】下拉列表：设置尺寸线的第二个箭头。

【引线】：设置引线箭头。

【箭头大小】：设置箭头的大小，这里设置为 3.5。

2. 圆心标记

在 AutoCAD 中，单击【标注】工具栏上的圆心标记按钮，可以迅速对圆或弧的中心进行标记，用此命令之前，可以在【圆心标记】选项区设置圆心标记的样式。

8.5.1.3　文字

如图 8-41 所示，在【文字】选项卡中可以设置文字外观、文字位置以及文字对齐等。

1. 文字外观

【文字样式】：通过下拉列表选择文字样式，也可通过单击打开【文字样式】对话框设置新的文字样式，这里使用前面建立的工程字样式。

【文字颜色】：通过下拉列表选择颜色，默认设置为随块。

【文字高度】：在文本框中直接输入高度值（这里输入 5），也可通过按钮增大或减小高度值。

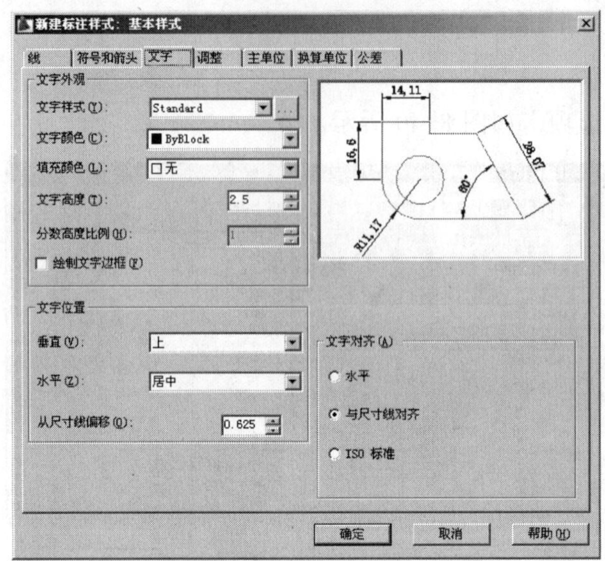

图 8-41　【文字】选项卡

需要注意选择的文字样式中的字高需要为零（不能为具体值），否则在【文字高度】文本框中输入的值对字高无影响。

【分数高度比例】：设置相对于标注文字的分数比例。仅当在【主单位】选项卡上选择“分数”作为【单位格式】时，此选项才可用。在此处输入的值乘以文字高度，可确定标注分数相对于标注文字的高度。

【绘制文字边框】：在标注文字的周围绘制一个边框。

2. 文字位置

在【文字位置】选项中，可以对文字的垂直、水平位置进行设置，还可以调节从尺寸线偏移的距离值。

【垂直】：控制标注文字相对尺寸线的垂直位置。

【水平】：控制标注文字相对于尺寸线和尺寸界线的水平位置。

【从尺寸线偏移】：用于确定尺寸文本和尺寸线之间的偏移量，如图 8-42 所示。

3. 文字对齐

【水平】：无论尺寸线的方向如何，尺寸数字的方向总是水平的。

【与尺寸线对齐】：尺寸数字保持与尺寸线平行。

【ISO 标准】：当文字在尺寸界线内时，文字与尺寸线对齐。当文字在尺寸界线外时，文字水平排列。

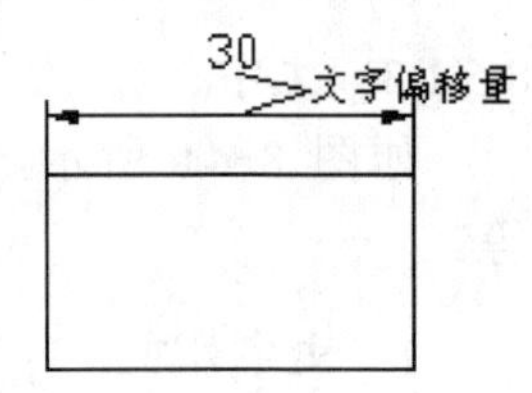

图 8-42　文字偏移量

8.5.1.4　调整

【调整】选项主要是用来帮助解决在绘图过程中遇到的一些较小尺寸的标注，这些小尺寸的尺寸界线之间的距离很小，不足以放置标注文本和箭头，可通过此项进行调整。

单击调整显示其内容，如图 8-43 所示。其中包含调整选项、文字位置、标注特征比例、调整四个可调整内容。

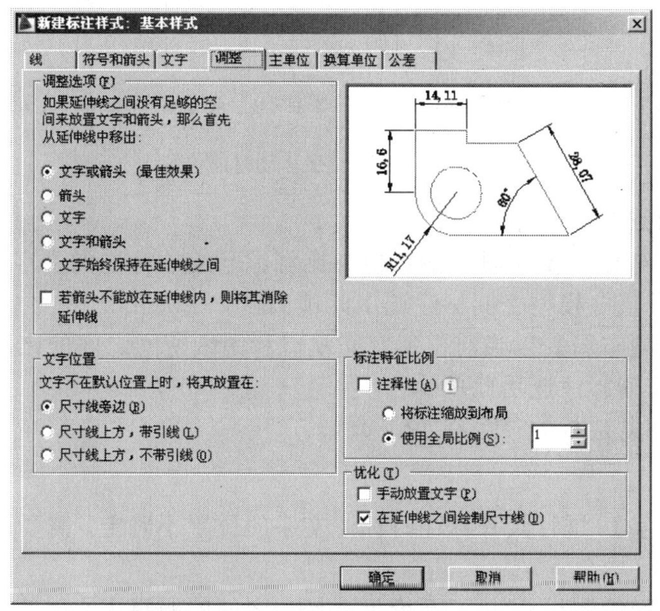

图 8-43 【调整】选项卡

1. 调整选项

当尺寸界线的距离很小不能同时放置文字和箭头时，进行下述调整：

【文字或箭头，取最佳效果】：AutoCAD 能根据尺寸界线间的距离大小，移出文字或箭头，或者文字箭头都移出。

【箭头】：首先移出箭头。

【文字】：首先移出文字。

【文字和箭头】：文字和箭头都移出。

【文字始终保持在延伸线之间】：不论延伸线之间能否放下文字，文字始终在尺寸界线之间。

【若箭头不能放在延伸线内，则将其消除延伸线】：若延伸线内只能放下文字，则消除箭头。

2. 文字位置

设置标注文字从默认位置（由标注样式定义的位置）移动时标注文字的位置。此项在编辑标注文字时起作用。

【尺寸线旁边】：编辑标注文字时，文字只可移到尺寸线旁边，如图 8-44a 所示。

【尺寸线上方，带引线】：编辑标注文字时，文字移动到尺寸线上方时加引线，如图 8-44b 所示。

【尺寸线上方，不带引线】：编辑标注文字时，文字移动到尺寸线上方时不加引线，如图 8-44c 所示。

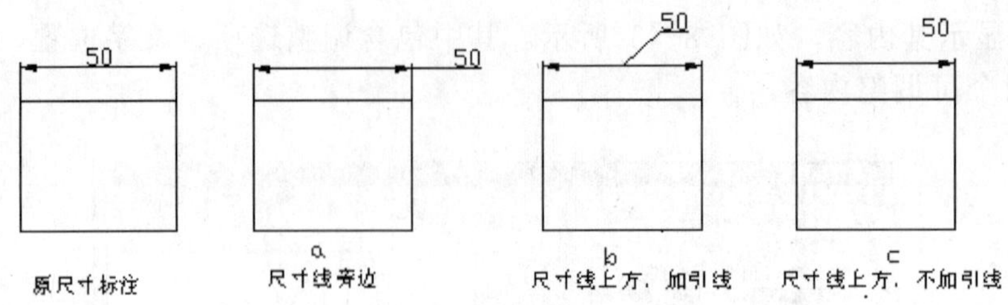

图 8-44 标注文字移动时的位置

3. 标注特征比例

【使用全局比例】：以文本框中的数值为比例因子缩放标注的文字和箭头的大小，但不改变标注的尺寸值（模型空间标注选用此项）。

【将标注缩放到布局】：以当前模型空间视口和图纸空间之间的比例为比例因子缩放标注（如在图纸空间标注选用此项）。

【注释性】：该复选框的使用在 12.7 介绍。

4. 优化

【手动放置文字】：进行尺寸标注时标注文字的位置不确定，需要通过拖动鼠标单击来确定。

【在延伸线之间绘制尺寸线】：不论尺寸界线之间的距离大小，尺寸界线之间必须绘制尺寸线。

新建的基本样式，【调整】选项卡不做任何改动。

8.5.1.5 主单位

此项用来设置标注的单位格式和精度，以及标注的前缀和后缀。单击主单位选项卡显示其内容，如图 8-45 所示。

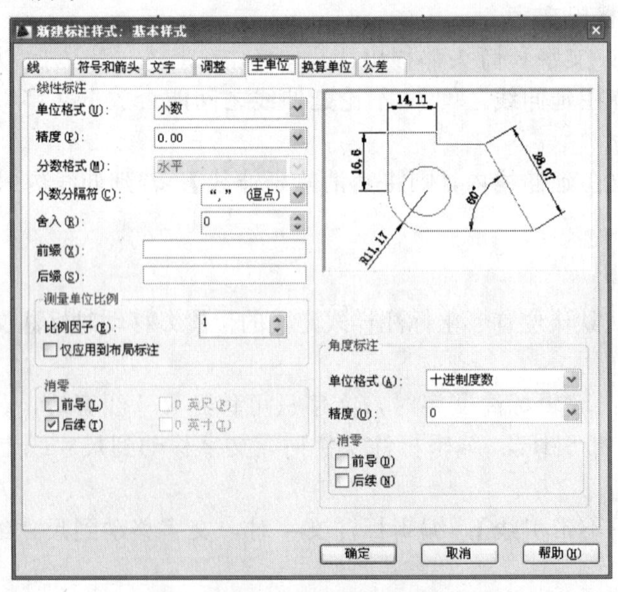

图 8-45 【主单位】选项卡

1. 线性标注

此选项区用来设置线性标注的单位格式、精度、小数分隔符号，以及尺寸文字的前缀与后缀。

【单位格式】下拉列表：用于设置标注文字的单位格式，可供选择的有小数、科学、建筑、工程、分数和 Windows 桌面等格式，在工程制图中常用格式是小数。

【精度】下拉列表：用于确定主单位数值保留几位小数。

【分数格式】：当【单位格式】采用分数格式时，用于确定分数的格式有三个选择：水平、对角和非堆叠。

【小数点分隔符】：当【单位格式】采用小数格式时，用于设置小数点的格式，根据国家标准，这里设置为'.'（句号）。

【前缀】：输入指定内容，在标注尺寸时，会在尺寸数字前面加上指定内容，如输入"%%c"，则在尺寸数字前面加上"φ"这个直径符号，这在标注非圆视图上圆的直径时非常有效。

【后缀】：输入指定内容，在标注尺寸时，会在尺寸数字后面加上指定内容，如输入"H7"，则在尺寸数字后面加上"H7"这个公差带代号，注意前缀和后缀可以同时加。

【测量单位比例】：设置线性标注测量值的比例因子。AutoCAD 按照此处输入的数值放大标注测量值。例如，如果输入 2，AutoCAD 会将 1mm 标注显示为 2mm。一般采用默认设置，直接标注实际测量值。

【消零】：该选项用于控制前导零和后续零是否显示。选择【前导】，用小数格式标注尺寸时，不显示小数点前的零，如小数 0.500 选择【前导】后显示为.500。选择【后续】，用小数格式标注尺寸时，不显示小数后面的零，如小数 0.500 选择【后续】后显示为 0.5。

2. 角度标注

此选项区用来设置角度标注的单位格式与精度以及消零的情况，设置方法与【线性标注】的设置方法相同，一般【单位格式】设置为"十进制度数"，【精度】为"0"。

新建的基本样式，【主单位】选项卡修改线性标注的精度为"0"、单位格式为小数、小数分隔符为句号。

8.5.1.6 换算单位

单击换算单位选项卡，显示其内容，如图 8-46 所示。【显示换算单位】用来设置是否显示换算单位，当需要同时显示主单位和换算单位时，需要选中此项，其他选项才能使用。

【换算单位】：在此选项区与主单位不同的选项是【换算单位乘数】，利用它可以设置主单位和换算单位之间的转换关系。换算单位等于主单位乘以换算单位乘数。如果主单位是毫米，换算单位是英寸，那么换算单位乘数为 1÷2.54=0.3937。

【位置】：选择【主值后】，换算单位在主单位后面；选择【主值下】，换算单位在主单位下面，如图 8-47 所示。

新建的基本样式，【换算单位】选项卡按默认设置。

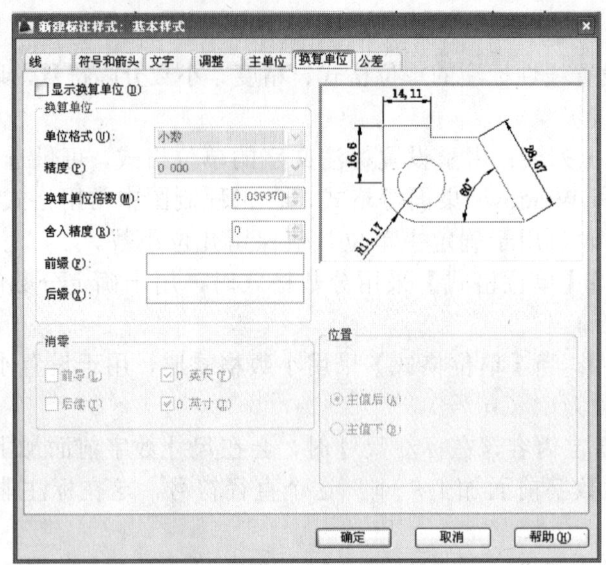

图 8-46 【换算单位】选项卡

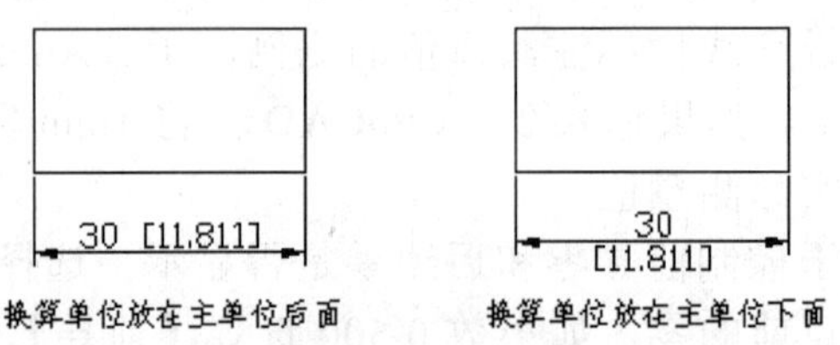

图 8-47　换算单位示例

8.5.1.7　公差

单击 公差 选项卡，显示其内容，如图 8-48 所示，在这一选项卡中，可以设置是否标注公差。若标注公差，则可以设置以哪一种方式进行标注，以及公差的数值等。

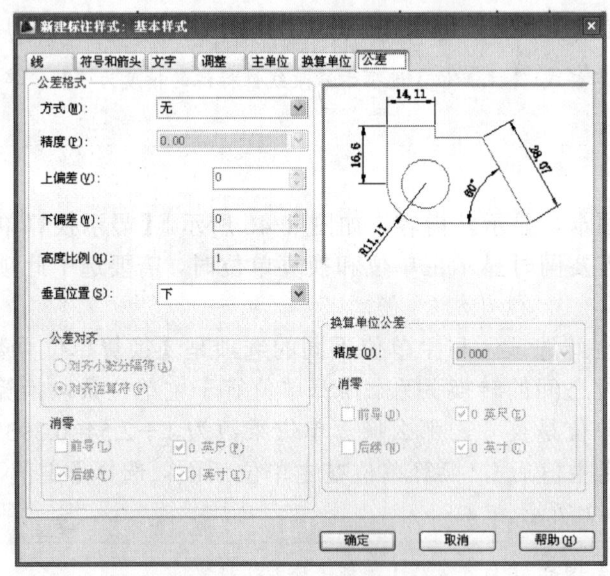

图 8-48 【公差】选项卡

1. 公差格式

在此选项区中，规定了公差的标注方式、公差的精度、上下偏差以及消零情况。

【方式】：AutoCAD 中默认设置是不标注公差，即【无】，但在工程制图中常常要标注公差，为此 AutoCAD 提供了“对称”、“极限偏差”、“极限尺寸”、“理论正确尺寸”等几种公差标注格式。它们之间的区别如图 8-49 所示。

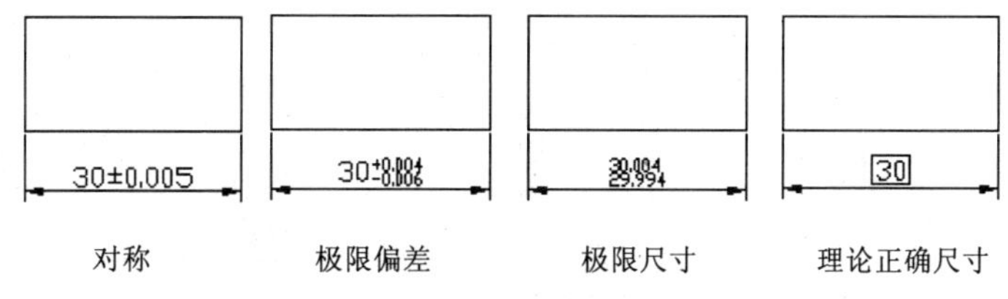

图 8-49 【方式】设置

【精度】：公差精度的设置，根据要求的公差数值来确定。

【上偏差】和【下偏差】：上、下偏差的数值，是用户键入的，AutoCAD 系统默认设置上偏差为正值，下偏差为负值，键入的数值自动带正负符号。若再输入正负号，则系统会根据“负负得正”的数学原则来显示数值的符号。

【高度比例】：该选项用于设置公差文字与基本尺寸文字高度的比值，如图 8-50 所示的设置不同高度比例的图例。

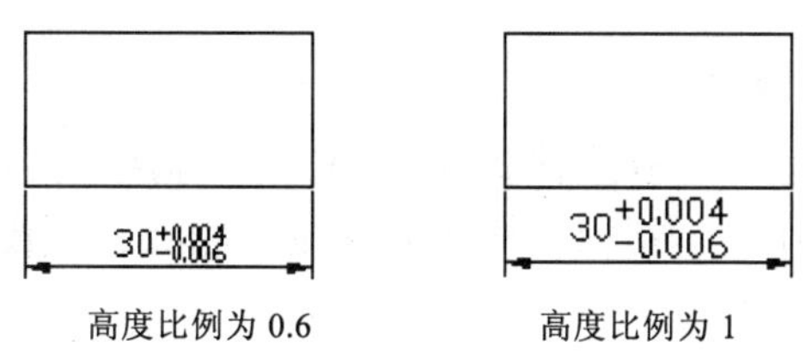

图 8-50　高度比例设置

【垂直位置】：用于设置公差与基本尺寸在垂直方向上的相对位置，如图 8-51 所示。

图 8-51 【垂直位置】的设置

【消零】：设置方法与主单位相同。

2. 换算单位

该选项在【显示换算单位】选中后有效，具体设置不再详述。

新建的基本样式，【公差】选项卡按默认设置。

当所有的设置完成后，单击 确定 按钮，回到【标注样式管理器】对话框，若要以

【基本样式】为当前标注格式，可以单击【样式】列表中的【基本样式】，使之亮显，再单击[置为当前(U)]按钮，设置它为当前的格式，单击[关闭]按钮关闭设置。

另外要想把某一种样式设置为当前标注样式，可以单击【标注】工具栏[ISO-25]右侧的下拉按钮(此框只有在工具栏水平放置时出现)，在样式列表中选择即可，或者在【注释】面板上选择，如图 8-52 所示。

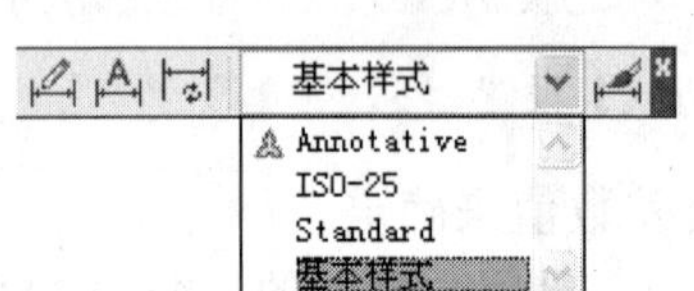

图 8-52　选择标注样式

要进入【标注样式管理器】对话框，可以通过下拉菜单【格式】/【标注样式】执行，或单击【注释】面板上的[标注样式]按钮。

8.5.2　标注样式的其他操作

前面讲述了怎样新建一个标注样式、如何把一个标注样式设置为当前的尺寸标注样式。除此之外标注样式的操作还包括标注样式的修改、删除、替代和比较等。

8.5.2.1　修改标注样式

在【标注样式管理器】对话框中，单击要修改的标注样式名，使其亮显，然后单击[修改(M)...]按钮，就会进入【修改标注样式】对话框，具体修改方法跟新建标注样式一样，修改完毕后单击[确定]按钮就可以完成样式的修改。

8.5.2.2　删除标注样式

如果要删除一个没有使用的样式，或者对某个样式进行重命名，用户可以在【样式】列表中的样式名上单击鼠标右键，出现如图 8-53 所示的快捷菜单，单击【删除】或【重命名】选项即可。用户需要注意的是当前样式和已经使用的样式是不能被删除的。

8.5.2.3　标注样式替代

在标注尺寸的过程中会遇到一些特殊格式的标注，例如标注公差，用户不会为每一种公差设置一种标注样式。这时可以利用样式替代功能为这些特殊标注建立一个临时标注样式。临时样式是在当前样式的基础上修改而成的。

图 8-53　删除尺寸样式

建立样式替代时，首先选择样式替代的基础样式，单击[置为当前(U)]按钮把其置为当前，然后单击[替代(O)...]按钮，此时弹出【替代当前样式】对话框，对话框中显示的是当前样式的设置，用户根据需要修改后，单击[确定]按钮，回到【标注样式管理器】对话框，此时在【样式】列表中当前样式下面多了一个名为【样式替代】的临时样式，如图 8-54 所示。这时临时样式已经替代了当前样式，现在可以利用它标注尺寸了。

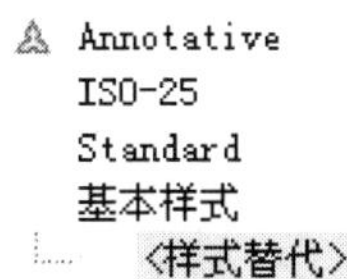

图 8-54　样式替代

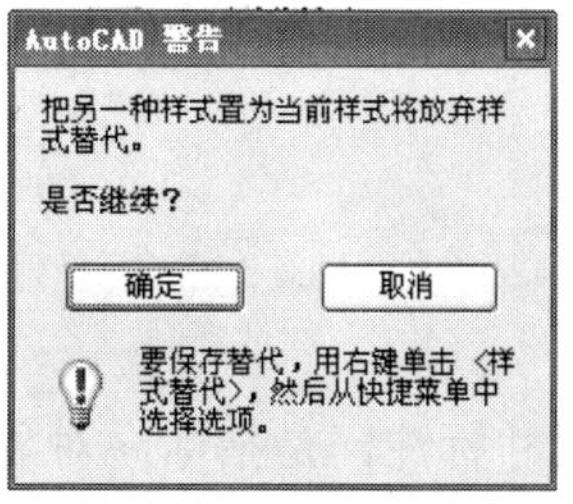

图 8-55　【警告】对话框

使用临时标注样式后，可以通过改变当前样式的方法删除临时标注样式。选中另外一个标注样式，单击[置为当前(U)]按钮，系统会弹出如图 8-55 所示的【警告】对话框，系统提示当前样式的改变会使样式替代放弃，也就是会删除临时标注样式。单击[确定]按钮。这时【样式】列表中名为【样式替代】的临时样式就会消失。

8.5.2.4　标注样式比较

设置标注样式的参数比较多，用户要通过人工的方式找到两种标注样式的区别比较困难，AutoCAD 在【标注样式管理器】对话框中设置了样式比较功能，通过这个功能，用户可以对样式的各个参数进行比较，从而了解不同样式的总体特性。

单击[比较(C)...]按钮，进入【比较标注样式】对话框，分别在【比较】和【与】下拉列表中选择参与比较的两个样式，在下面的列表框中会显示两种尺寸样式对应同一参数的不同数值，如图 8-56 所示。

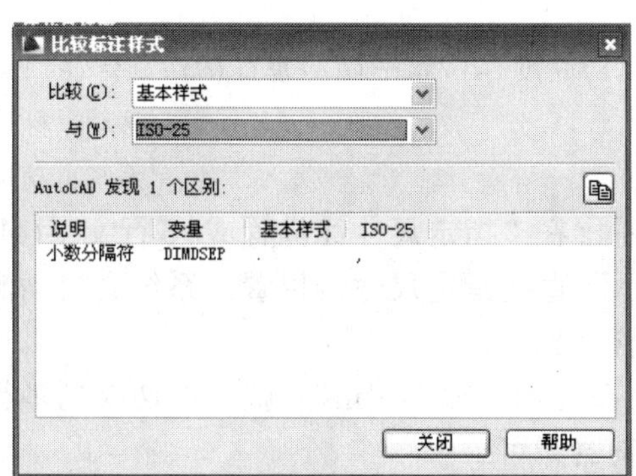

图 8-56 【比较标注样式】对话框

8.6　各种具体尺寸的标注方法

标注中常用到的方法有：线性尺寸标注、对齐尺寸标注、角度尺寸标注、半径标注、直径标注、引线标注、基线标注、连续标注、坐标尺寸标注等，下面就来具体介绍它们的用法。常用工具在【标注】工具栏及【注释】面板上。

8.6.1 线性尺寸标注

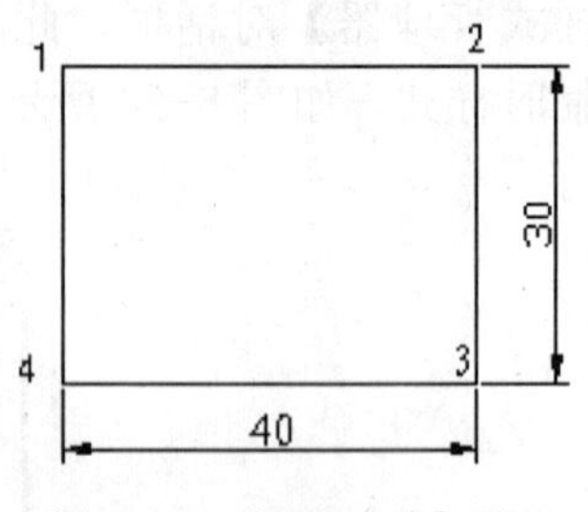

图 8-57　矩形尺寸标注

线性尺寸标注，是指标注对象在水平或垂直方向的尺寸。在【基本样式】格式下标注如图 8-57 所示的 30×40 的矩形。

把【基本样式】置为当前，单击【标注】工具栏上的线性标注按钮，命令行提示为：

命令：_dimlinear

指定第一条延伸线（尺寸界限）原点或 <选择对象>：　　捕捉 4 点；

指定第二条延伸线原点：　　捕捉 3 点；

指定尺寸线位置或

[多行文字(M)/文字(T)/角度(A)/水平(H)/垂直(V)/旋转(R)]：

移动鼠标，单击鼠标指定尺寸线的位置；

标注文字 =40　　系统自动标注尺寸文字；

再次单击线性标注按钮，命令行提示为：

命令：_dimlinear

指定第一条延伸线原点或 <选择对象>：　　捕捉 3 点；

指定第二条延伸线原点：　　捕捉 2 点；

指定尺寸线位置或

[多行文字(M)/文字(T)/角度(A)/水平(H)/垂直(V)/旋转(R)]：

移动鼠标，单击鼠标指定尺寸线的位置；

标注文字 =30　　系统自动标注尺寸文字。

通过上例操作可以看出在“指定尺寸线位置或[多行文字(M)/文字(T)/角度(A)/水平(H)/垂直(V)/旋转(R)]：”提示下直接指定尺寸线位置，系统会自动测量标注两点之间的水平或竖直距离。其他备选项含义如下：

【多行文字（M）】：在提示后输入“m”，就可以切换到多行文字编辑状态，输入新的内容，然后关闭文字编辑器即可。

【文字（T）】：以单行文本形式输入尺寸文字内容。

【角度（A）】：设置尺寸文字的倾斜角度。

【水平（H）】和【垂直（V）】：用于选择水平或者垂直标注，通过拖动鼠标也可以切换水平和垂直标注。

在工程图样中进行线性尺寸标注时，经常会遇到如图 8-58 所示的情况，这是绘制和标注对称图形的一种常用方法，要标注这样的图形不能用前面讲的【基本样式】，而应该建立一个专门标注这种形式的标注样式—【抑制样式】。

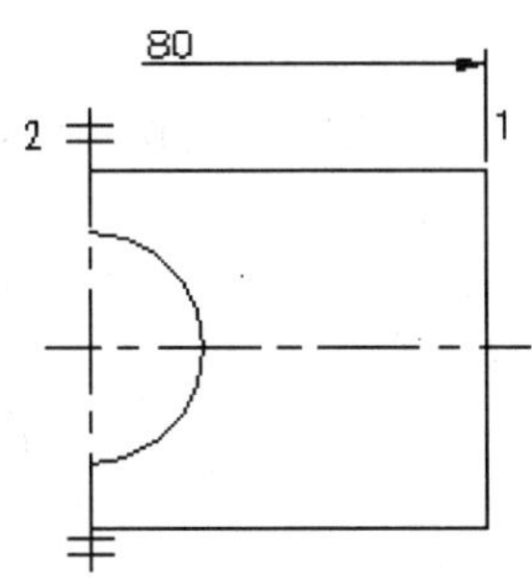

图 8-58　对称图形的标注

【抑制样式】是在【基本样式】基础上设置完成的，在【标注样式管理器】对话框中选择【样式】列表中的“基本样式”，然后单击 新建(N)... 按钮，出现【创建新标注样式】对话框，在【新样式名】文本框中输入样式名“抑制样式”，单击 继续 按钮就可以进入【新建标注样式】对话框，进入【线】选项卡。

在【尺寸线】选项区中选择【尺寸线 2】选项，在【延伸线】选项区中选择【尺寸界线 2】选项。其他内容不做任何修改，单击 确定 按钮即完成新样式设置。

用【抑制样式】标注图 8-58 中的尺寸，把【抑制样式】置为当前，执行线性尺寸标注命令，命令行提示为：

命令：_dimlinear	
指定第一条延伸线原点或<选择对象>：	捕捉 1 点；
指定第二条延伸线原点：	在 2 点的左边选一点；
指定尺寸线位置或	
[多行文字(M)/文字(T)/角度(A)/水平(H)/垂直(V)/旋转(R)]：t	输入“t”；
输入标注文字 <60>：80	输入正确的尺寸数字；
指定尺寸线位置或	
[多行文字(M)/文字(T)/角度(A)/水平(H)/垂直(V)/旋转(R)]：	指定尺寸线的位置。
标注文字 =60	

线性尺寸标注命令可以通过下拉菜单【标注】/【线性】执行。用户还可以通过选择对象的方法标注该对象的尺寸。

8.6.2　对齐尺寸标注

对齐尺寸标注可以让尺寸线始终与被标注对象平行，它也可以标注水平或垂直方向的尺寸，完全代替线性尺寸标注，但是，线性尺寸标注则不能标注倾斜的尺寸。

在【基本样式】下标注图 8-59 中的正三角形，单击【标注】工具栏上的对齐标注命令按钮，命令行提示为：

命令：_dimaligned	
指定第一条延伸线原点或 <选择对象>：	直接回车，切换到选择标注对象状态；
选择标注对象：	移动鼠标指针到 AC，上单击鼠标选择对象；
指定尺寸线位置或	
[多行文字(M)/文字(T)/角度(A)]：	指定尺寸线的位置，完成 AC 边的标注。

标注文字=40

同样的方法来标注 BC 和 AB 两条边，这里使用的是选取标注对象的方法，当然也可以通过指定两端点的方法进行标注

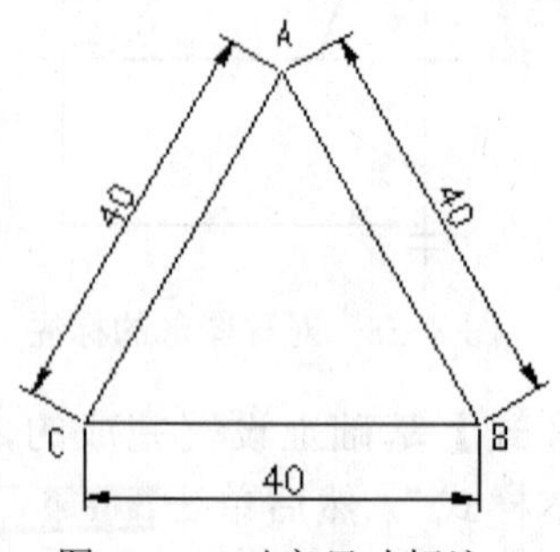

图 8-59 对齐尺寸标注

该命令可以通过下拉菜单【标注】/【对齐】执行。

8.6.3 半径标注和直径标注

这两种标注方法是用来标注圆或圆弧的半径和直径的。图 8-60 中的半径和直径标注，可以在【基本样式】下进行。

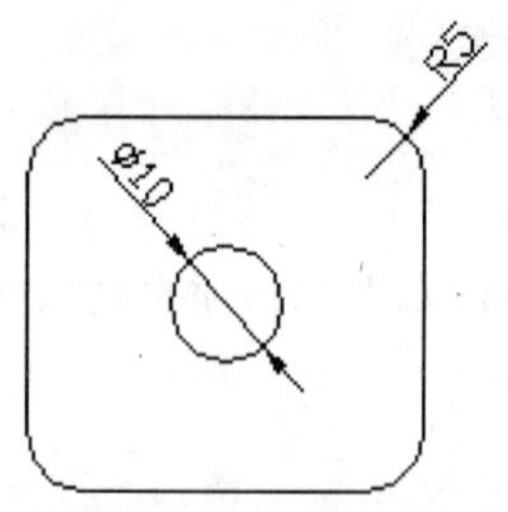

图 8-60 半径、直径尺寸标注

单击半径标注命令按钮，命令行提示如下：

命令：_dimradius

选择圆弧或圆：　　拾取圆弧；

标注文字 =5

指定尺寸线位置或 [多行文字(M)/文字(T)/角度(A)]：　　拖动光标，确定尺寸线位置；

单击直径标注命令按钮，命令行提示如下：

命令：_dimdiameter

选择圆弧或圆：　　拾取圆；

标注文字 =10

指定尺寸线位置或 [多行文字(M)/文字(T)/角度(A)]：　　拖动光标，确定尺寸线位置。

该命令可以通过下拉菜单【标注】/【半径】或【直径】执行。

使用【标注】工具栏上折弯按钮，可以标注如图 8-61 所示的折弯半径。使用【标

注】工具栏上弧长按钮，可以标注弧长，如图 8-62 所示。

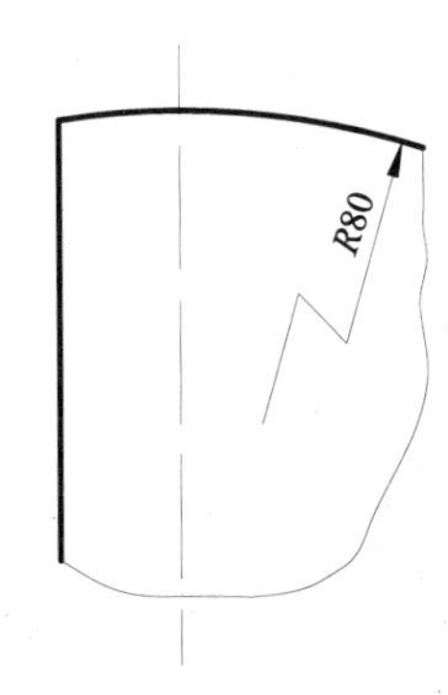

图 8-61　折弯半径标注

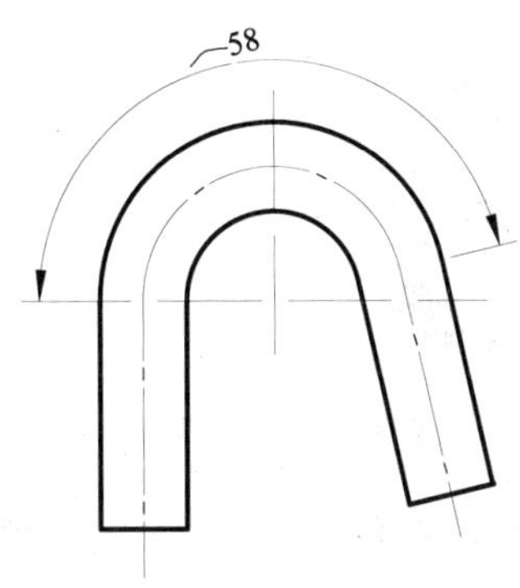

图 8-62　弧长标注

在有些情况下，半径或直径的标注不是在圆视图上进行的，而是标注在非圆视图上，如图 8-63 所示。

这种情况在零件图的绘制过程中经常遇到，所以应该为这种格式专门建立一个【非圆样式】。【非圆样式】中的参数与【基本样式】中的参数基本相同，要改动的地方是在【主单位】选项卡的【线性标注】选项区中的【前缀】文本框中输入直径符号“%%c”。

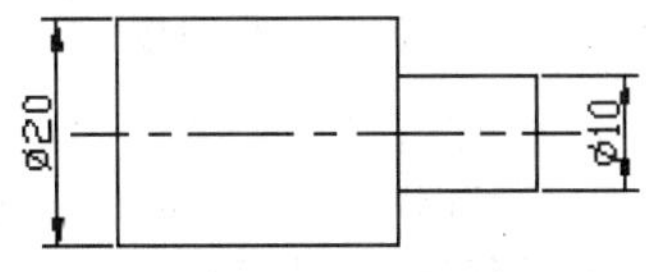

图 8-63　非圆直径尺寸的标注

在【非圆样式】中，用线性标注就可以标注出图 8-63 中的结果。请大家自己动手试试，这里不具体讲解了。

8.6.4　角度尺寸标注

角度尺寸标注，顾名思义是用来标注角度尺寸的。角度尺寸标注的两条直线必须能相交，不能标注平行的直线。国标中规定，在工程图样中标注的角度值都是水平放置的，在【基本样式】中的尺寸值都是与尺寸线对齐的，所以，不能直接用【基本样式】进行角度标注，需要建立一个标注角度的样式—【角度样式】。

【角度样式】的建立步骤：

（1）进入【标注样式管理器】对话框，在【样式】列表中选择【基本样式】，然后单击【新建(N)...】按钮，出现【创建新标注样式】对话框。

（2）不需要输入新样式名，在【用于】下拉列表中选取【角度标注】，单击【继续】按钮进入【新建标注样式】对话框。

（3）进入【文字】选项卡，在【文字对齐】选项区中选择【水平】选项。

（4）单击【确定】按钮，回到【标注样式管理器】对话框，这时在【基本样式】下加了【角度】这个子样式，如图 8-64 所示。

注意这个新建样式与前面讲的新建样式的显示有所不同，这是因为前面的新建样式是用于所有标注的，而刚建的【角度样式】仅是用于角度标注的，所以 AutoCAD 有不同的对待。由于该样式的建立是以【基本样式】为基础，因此它可作为【基本样式】的子样式，当用户进行角度标注时，直接使用【基本样式】即可。因【角度样式】为子样式，在标注工具栏的样式列表中不显示。

角度标注命令用于标注圆弧对应的中心角、不平行直线形成的夹角等，如图 8-65 所示。

图 8-64 【标注样式管理器】对话框

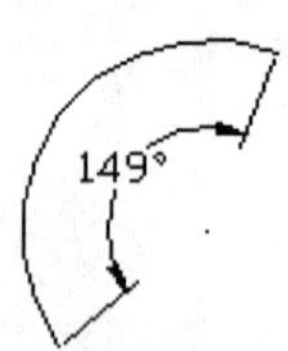

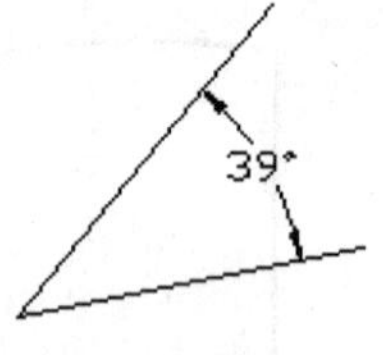

图 8-65 角度标注

设置【基本样式】为当前样式，单击角度尺寸标注按钮，命令行提示如下：

命令：_dimangular

选择圆弧、圆、直线或 <指定顶点>： 选择圆弧；

指定标注弧线位置或 [多行文字(M)/文字(T)/角度(A)/象限点(Q)]：指定尺寸线的位置；

标注文字 =149°

单击角度尺寸标注按钮，命令行提示如下：

命令：_dimangular

选择圆弧、圆、直线或 <指定顶点>： 选择第一条线；

选择第二条直线： 选择第二条线；

指定标注弧线位置或 [多行文字(M)/文字(T)/角度(A)/象限点(Q)]：指定尺寸线的位置。

标注文字 =39°

此命令可以通过下拉菜单【标注】/【角度】执行。

8.6.5 连续标注

连续标注从某一个尺寸界线开始，按顺序标注一系列尺寸，相邻的尺寸共用一条尺寸界线，而且所有的尺寸线都在同一条直线上，如图 8-66 所示。

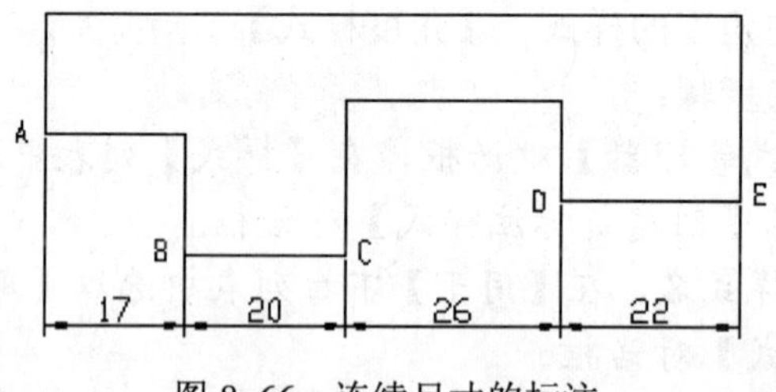

图 8-66 连续尺寸的标注

连续标注不能独立进行，必须以已经存在的线性、坐标或角度标注作为基准标注，系统默认刚结束的尺寸标注为基准标注并且以该标注的第二条尺寸界线作为连续标注的第一条尺寸界线。若想将另外的标注作为基准标注，在连续标注命令提示“指定第二条尺寸界线原点或 [放弃(U)/选择(S)] <选择>：”时直接回车，切换到默认选择项，命令行提示“选择连续标注”，此时选择要作为基准标注的尺寸标注即可，并且以该标注靠近拾取点的尺寸界线作为连续标注的第一尺寸界线。

在图 8-66 中，先用线性标注命令标注 A、B 点之间的尺寸，在【基本样式】下执行线性尺寸标注命令，命令行提示如下：

命令：_dimlinear

指定第一条延伸线原点或 <选择对象>：　　捕捉 A 点；

指定第二条延伸线原点：　　捕捉 B 点；

指定尺寸线位置或

[多行文字(M)/文字(T)/角度(A)/水平(H)/垂直(V)/旋转(R)]：　　指定尺寸线位置；

标注文字 =17

单击连续标注命令按钮，命令行提示如下：

命令：_dimcontinue

指定第二条延伸线原点或 [放弃(U)/选择(S)] <选择>：　　捕捉 C 点；

标注文字 =20

指定第二条延伸线原点或 [放弃(U)/选择(S)] <选择>：　　捕捉 D 点；

标注文字 =26

指定第二条延伸线原点或 [放弃(U)/选择(S)] <选择>：　　捕捉 E 点；

标注文字 =22

指定第二条延伸线原点或 [放弃(U)/选择(S)] <选择>：　　回车；

选择连续标注：　　回车结束标注。

已知如图 8-67 所示的图样，已经用角度命令标注了一个角度，下面用连续标注命令标注其他夹角。

命令：_dimcontinue

选择连续标注：　　选择已知标注尺寸；

指定第二条延伸线原点或 [放弃(U)/选择(S)] <选择>：　　捕捉 C 点；

标注文字 =87

指定第二条延伸线原点或 [放弃(U)/选择(S)] <选择>：　　捕捉 D 点；

标注文字 =93

指定第二条延伸线原点或 [放弃(U)/选择(S)] <选择>：　　回车；

选择连续标注：　　回车结束命令，标注结果如图 8-68 所示。

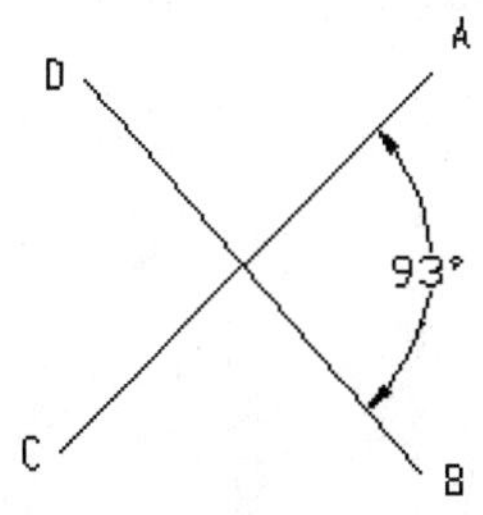

图 8-67　例图

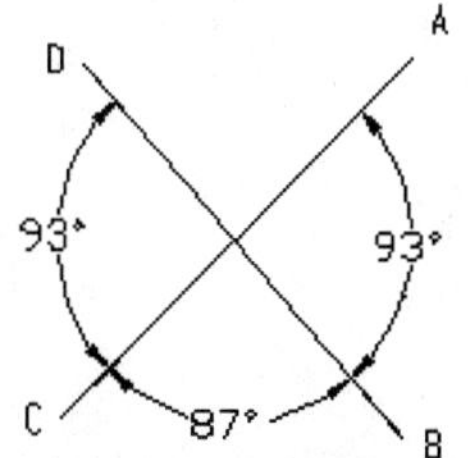

图 8-68　连续标注结果

此命令可以通过下拉菜单【标注】/【连续】执行。

8.6.6　基线标注

基线标注以某一尺寸界线为基准位置，按某一方向标注一系列尺寸，所有尺寸共用一条基准尺寸界线。方法与步骤与连续标注类似，先标注或选择一个尺寸作为基准标注。

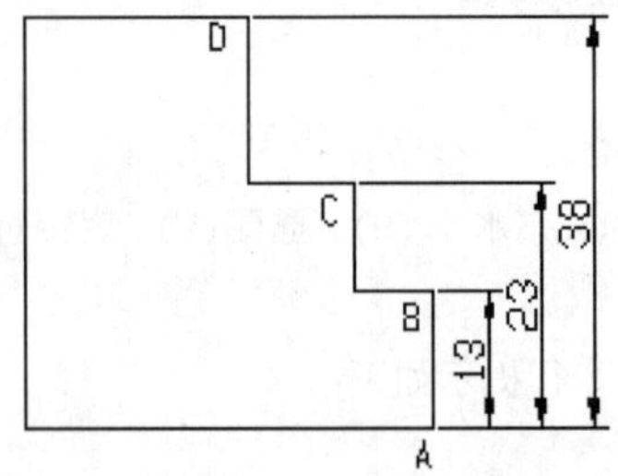

图 8-69　基线标注

如图 8-69 所示的标注就是基线标注，首先用线性标注命令标注 A、B 之间的尺寸。在【基本样式】下执行线性尺寸标注命令，命令行提示如下：

命令：_dimlinear

指定第一条延伸线原点或 <选择对象>：　　　　捕捉 A 点；

指定第二条延伸线原点：　　　　捕捉 B 点；

指定尺寸线位置或

[多行文字(M)/文字(T)/角度(A)/水平(H)/垂直(V)/旋转(R)]：　　　　指定尺寸线的位置；

标注文字 =13

单击基准尺寸标注命令按钮，命令行提示如下：

命令：_dimbaseline

指定第二条延伸线原点或 [放弃(U)/选择(S)] <选择>：　　　　捕捉 C 点；

标注文字 =23

指定第二条延伸线原点或 [放弃(U)/选择(S)] <选择>：　　　　捕捉 D 点；

标注文字 =38

指定第二条延伸线原点或 [放弃(U)/选择(S)] <选择>：　　　　回车；

选择基准标注：　　　　回车结束标注。

在图 8-70 中是用基准尺寸标注的角度，首先用角度标注命令标注 OA、OB 之间的夹角。在【基本样式】下执行角度尺寸标注命令，命令行提示如下：

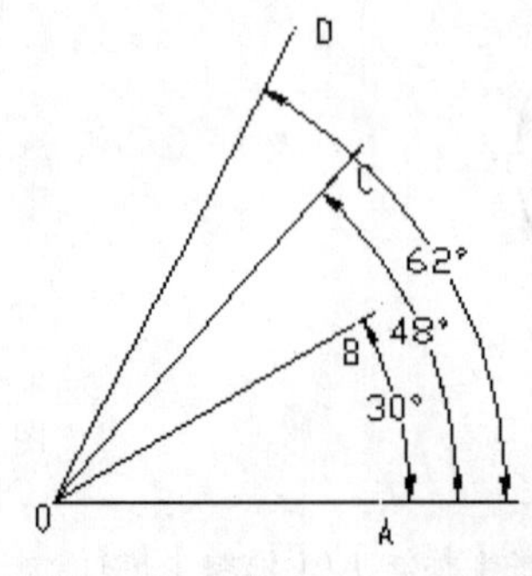

图 8-70　角度尺寸的基线标注

命令：_dimangular
选择圆弧、圆、直线或 <指定顶点>：　　选择直线 OA；
选择第二条直线：　　选择直线 OB；
指定标注弧线位置或 [多行文字(M)/文字(T)/角度(A)]：　　指定尺寸线的位置；
标注文字 =30
单击基准尺寸标注命令按钮，命令行提示如下：
命令：_dimbaseline
指定第二条延伸线原点或 [放弃(U)/选择(S)] <选择>：　　捕捉 C 点；
标注文字 =48
指定第二条延伸线原点或 [放弃(U)/选择(S)] <选择>：　　捕捉 D 点；
标注文字 =62
指定第二条延伸线原点或 [放弃(U)/选择(S)] <选择>：　　回车；
选择基准标注：　　回车结束命令。

此命令可以通过下拉菜单【标注】/【基线】执行。

8.6.7　快速引线标注

利用快速引线标注命令可以标注一些说明或注释性文字，引注一般由箭头、引线和注释文字构成，如图 8-71 所示。

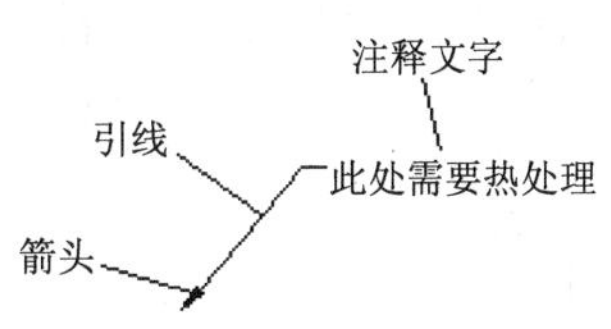

图 8-71　引注

8.6.7.1　引注样式设置

启动快速引线标注命令（命令行输入：qleader）后，在“指定第一个引线点或 [设置(S)] <设置>：”提示下直接回车，就会打开【引线】对话框，如图 8-72 所示，利用该对话框可以对引注的箭头、注释类型、引线角度等进行设置。

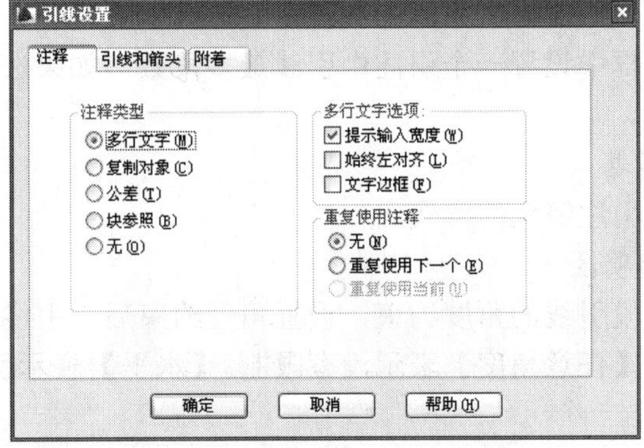

图 8-72　【引线设置】对话框

1.【注释】选项卡

● 注释类型选项区

常用的是【多行文字】和【公差】选项，用【多行文字】选项加文字注释，使用【公差】选项可以利用引注命令标注形位公差。

- 多行文字选项区

【提示输入宽度】：命令行提示输入文字的宽度。

【始终左对齐】：设置多行文字左对齐。

【文字边框】：设置是否为注释文字加边框。

- 重复使用注释选项区

【无】：不重复使用，每次使用引线标注命令时，都手工输入注释文字的内容。

【重复使用下一个】：重复使用为后续引线创建的下一个注释。

【重复使用当前】：重复使用当前注释。当选择“重复使用下一个”之后重复使用注释时，AutoCAD 会自动选择此选项。

2.【引线和箭头】选项卡

单击引线和箭头选项，显示【引线和箭头】选项卡，如图 8-73 所示。

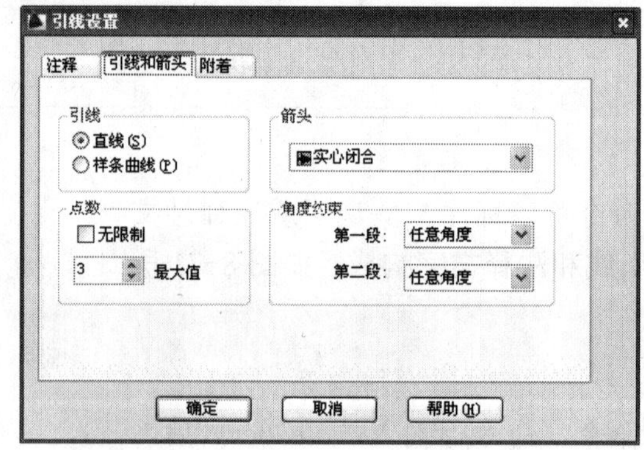

图 8-73 【引线和箭头】选项卡

- 【引线】选项区

用于设置引线形式是直线还是样条曲线。

- 【点数】选项区

在【最大值】文本框中设置一个引注中引线最多段数。如果选中【无限制】选项，表示对引线段数没有限制。

- 【箭头】下拉列表

通过下拉列表选择引注箭头的样式。

- 【角度约束】选项区

设置第一段和第二段引线的角度约束，设置角度约束后，引线的倾斜角度只能是角度约束值的整数倍。其中【任意角度】表示没有限制，【水平】表示引线只能水平绘制。

3.【附着】选项卡

单击附着选项，显示【附着】选项卡，如图 8-74 所示。

- 【多行文字附着】选项区

用户可以使用左边和右边的两组单选按钮，分别设置当注释文字位于引线左边或右边时，文字的对齐位置。

● 【最后一行加下划线】

选择这一选项，会给最后一行文字加上下划线。

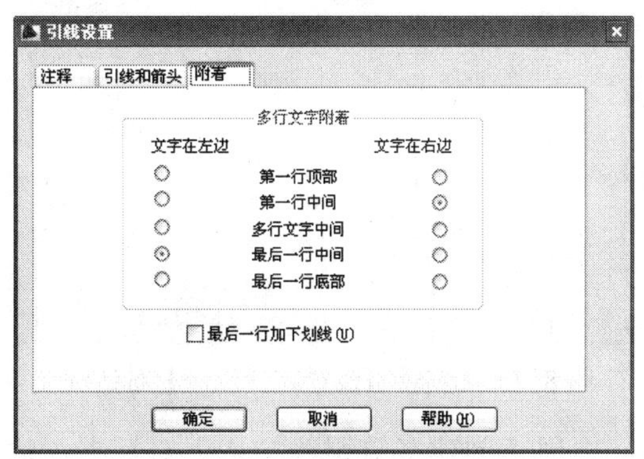

图 8-74 【附着】选项卡

8.6.7.2 标注举例

根据工程制图习惯，一般把文字标注在水平引线的上方，如图 8-75 所示。因此，一般设置第一段引线方向为 45° 的倍数，设置第二段引线的角度为水平，同时选中【最后一行加下划线】选项，并且图中没有引线箭头，所以在【箭头】下拉列表中选择“无”。

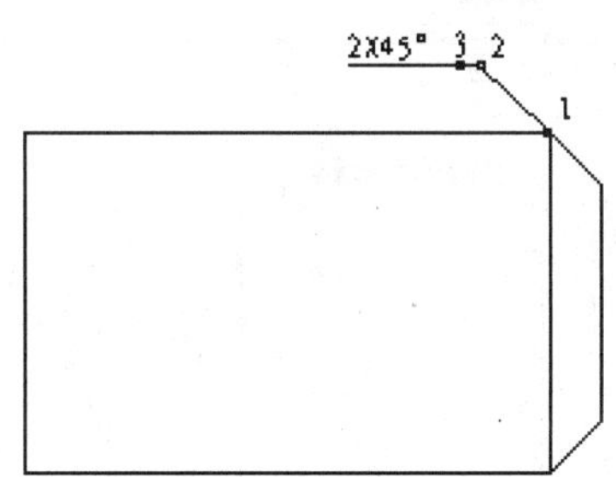

图 8-75 倒角标注

命令行输入：qleader，回车后命令行提示如下：

命令：_qleader	
指定第一个引线点或 [设置(S)] <设置>：	回车根据上述要求设置引线标注样式；
指定第一个引线点或 [设置(S)] <设置>：	指定引线的第一点“1”点；
指定下一点：	指定引线的第二点“2”点；
指定下一点：	指定引线的第三点“3”点；
指定文字宽度 <0>：	回车；
输入注释文字的第一行 <多行文字(M)>：2×45°	输入文字注释；
输入注释文字的下一行：	回车结束标注。

8.6.8 多重引线

使用多重引线，同样可以实现引线标注的功能。只是需要首先设置多重引线样式设置。

8.6.8.1 标注倒角

在【注释】面板上单击多重引线样式按钮 多重引线样式，出现对话框，如图 8-76 所示。

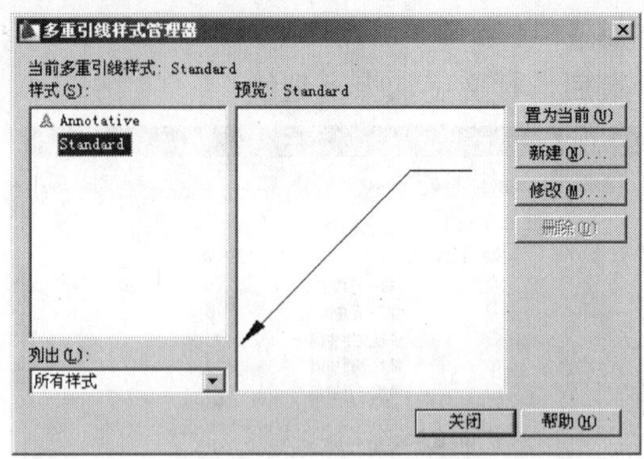

图 8-76 【多重引线样式管理器】对话框

单击 新建(N)... 按钮，出现【创建多重引线样式】对话框，输入新样式名为“倒角样式”，单击 继续(O) 按钮出现【修改多重引线样式：倒角样式】对话框，如图 8-77 所示。修改箭头符号为【无】。

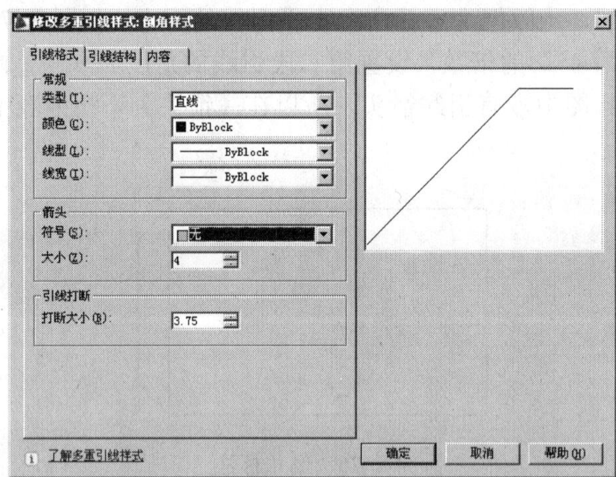

图 8-77 【修改多重引线样式：倒角样式】对话框

打开【引线结构】选项卡，设置如图 8-78 所示。

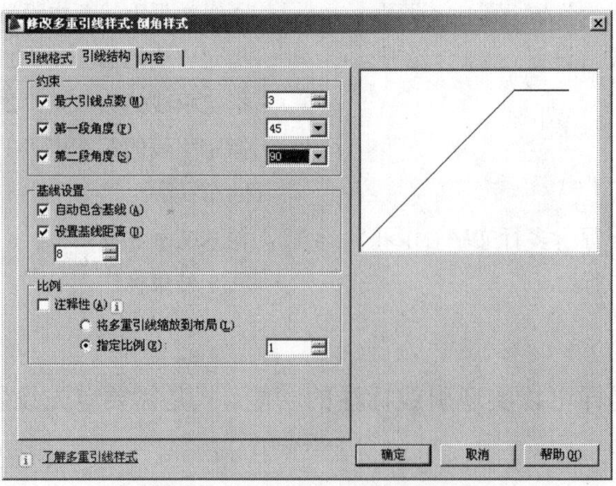

图 8-78 【引线结构】选项卡

关于注释性见 12.7。

打开【内容】选项卡，设置如图 8-79 所示。

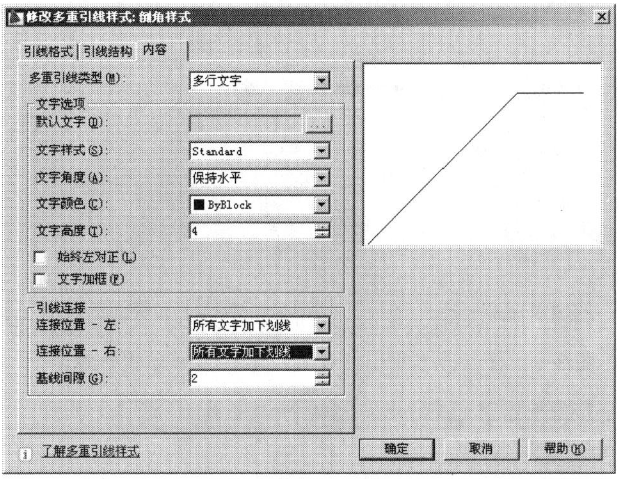

图 8-79 【内容】选项卡

单击 确定 按钮，完成样式设置，选择“倒角样式”，然后单击 置为当前(U) 按钮，把“倒角样式”设为当前样式。

单击【注释】面板上的多重引线按钮，可以按 8.6.7.2（标注举例）那样标注倒角。

8.6.8.2　标注零件序号

在【注释】面板上单击多重引线样式按钮 多重引线样式，出现对话框，如图 8-80 所示，选择【standard】样式。

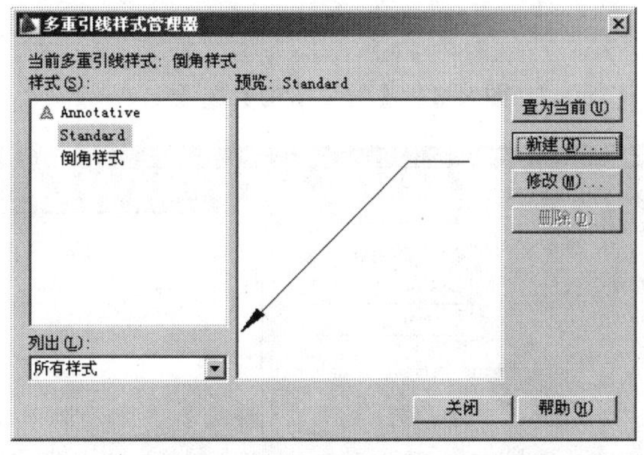

图 8-80 【多重引线样式管理器】对话框

单击 新建(N)... 按钮，出现【创建新多重引线样式】对话框，输入新样式名为“零件序号样式”，单击 继续(O) 按钮出现【修改新多重引线样式】对话框，如图 8-81 所示。修改箭头符号为【点】。

打开【引线结构】选项卡，设置如图 8-82 所示。

打开【内容】选项卡，设置如图 8-83 所示。

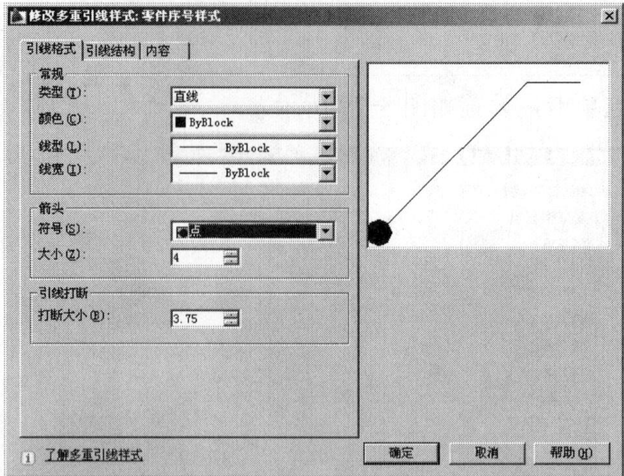

图 8-81 【修改多重引线样式：零件序号样式】对话框

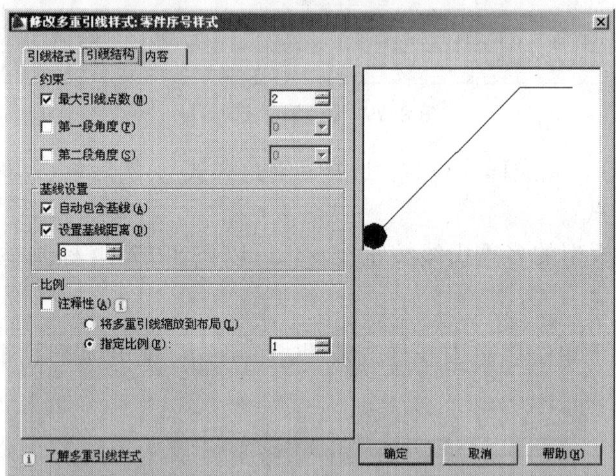

图 8-82 【引线结构】选项卡

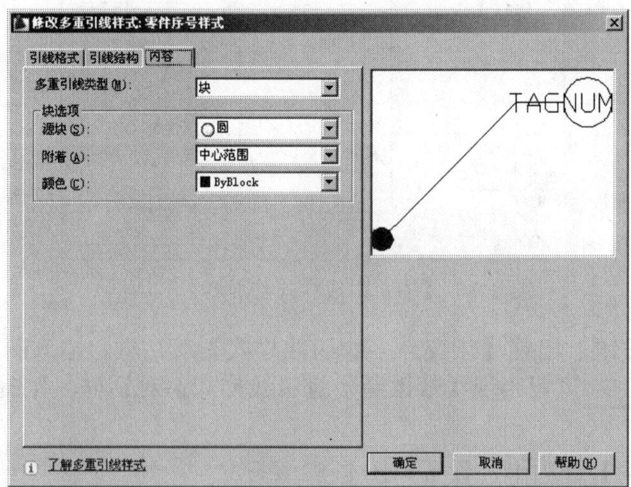

图 8-83 【内容】选项卡

单击【确定】按钮，完成样式设置，选择“零件序号样式”，然后单击【置为当前(U)】按钮，把“零件序号样式”设为当前样式。

单击【注释】面板上的多重引线按钮，可以标注装配图中的零件序号。

单击【注释】面板上的多重引线按钮，命令行提示：

命令：_mleader

指定引线箭头的位置或 [引线基线优先(L)/内容优先(C)/选项(O)] <选项>:

指定引线基线的位置：　　制定引线位置；

输入属性值

输入标记编号 <TAGNUMBER>：2　　输入编号，回车后编号标注如图 8-84 所示。

8.6.9　标注尺寸公差

尺寸公差是尺寸误差的允许变动范围，在这个范围内生产出的产品是合格的。尺寸公差取值的恰当与否，直接决定了机件的加工成本和使用性能。在工程图样中，零件图或装配图都必须标注尺寸公差。

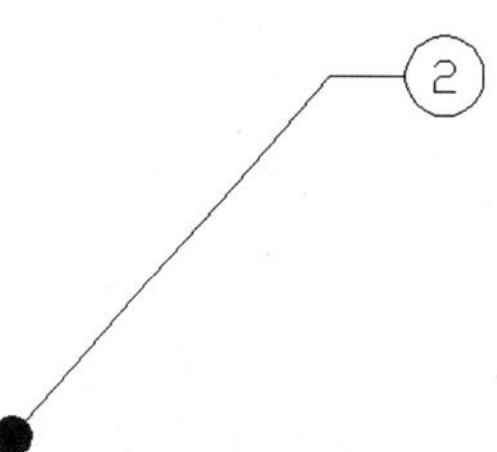

图 8-84　编号标注

为了标注带有公差的尺寸，需要先建立一个【公差样式】。【公差样式】中的参数与【基本样式】中的参数差不多，需要修改的参数在【公差】选项卡中，【公差格式】选项区中的【方法】选项设为【极限偏差】，【精度】设为【0.000】，精度值应根据不同机件的具体要求而确定，【上偏差值】设置为【0.029】，【下偏差值】设置为【0.018】，【高度比例】设为【0.6】，【垂直位置】设置为【中】，如图 8-85 所示。

图 8-85　【新建标注样式：公差样式】对话框

要标注图 8-86 中带公差的尺寸，首先把【公差样式】设为当前样式，然后执行线性尺寸标注命令，命令行提示如下：

命令：_dimlinear

指定第一条延伸线原点或 <选择对象>:　　确定第一点;
指定第二条延伸线原点:　　确定第二点;
指定尺寸线位置或
[多行文字(M)/文字(T)/角度(A)/水平(H)/垂直(V)/旋转(R)]:　　确定尺寸线的位置。
标注文字 =57

利用上面建立的【公差样式】标注的尺寸其公差值是一样的，用户一般不会为每一种公差建立一种公差样式，比较简便的方法是用户可以在【公差样式】的基础上进行样式替代，建立一种临时标注样式，标注不同公差值的尺寸。

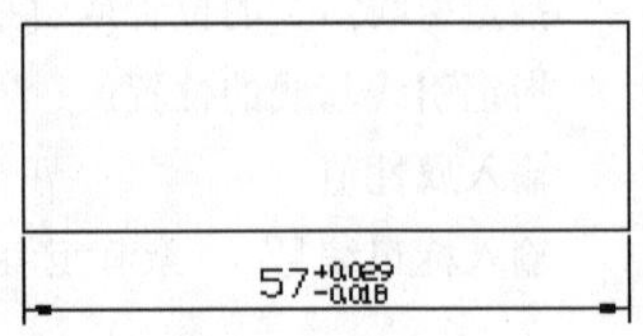

图 8-86　公差标注

如果在图 8-86 中还要标注一个宽度尺寸，它的公差值与长度的公差值不同，在标注之前首先通过样式替代，建立临时标注样式。

样式的替代步骤如下：

(1) 打开【标注样式管理器】对话框，在【样式】列表中选择【公差样式】，单击 替代(O)... 按钮。

(2) 进入【替代当前样式：公差样式】对话框，打开【公差】选项卡如图 8-87 所示进行修改。

(3) 修改完毕后单击 确定 按钮，回到【标注样式管理器】对话框，在【公差样式】下多了一个【样式替代】，如图 8-88 所示，单击 关闭 按钮退出，样式替代设置完成。

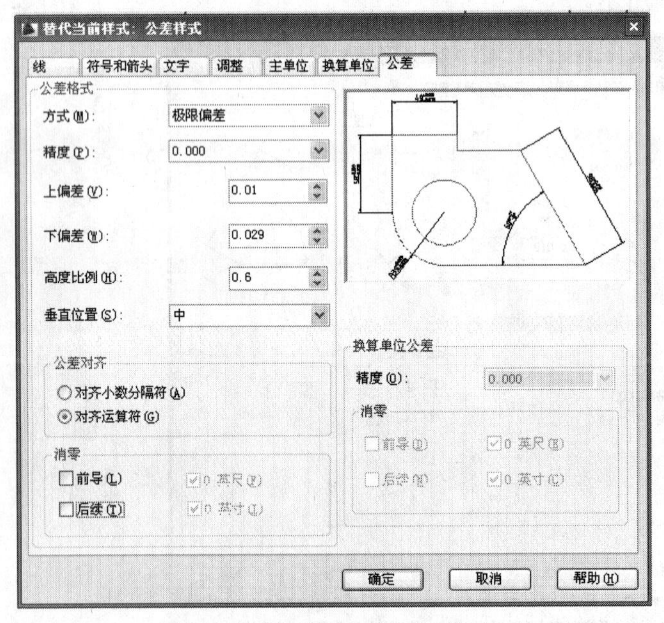

图 8-87　修改【公差】选项卡

Annotative
ISO-25
Standard
非圆样式
公差样式
<样式替代>
基本样式
角度
抑制样式

图 8-88　样式列表

利用样式替代就可以标注不同公差值的尺寸，例如标注图 8-86 中矩形的宽后，结果如图 8-89 所示。

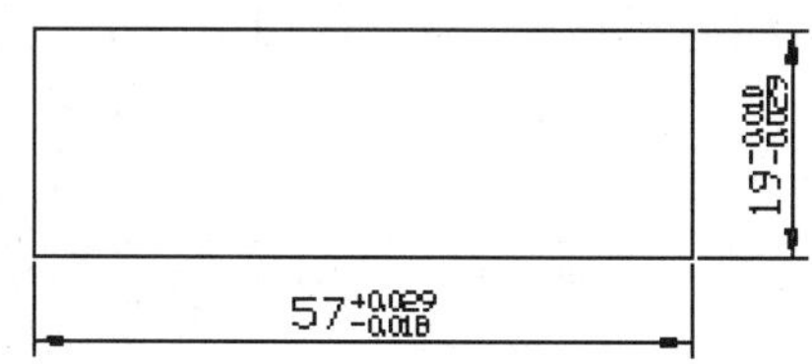

图 8-89　不同公差的标注

在标注不同公差值时，每次都要进入【标注样式管理器】对话框进行样式替代很麻烦。不过还有一种方法，AutoCAD 为我们提供了两个系统变量，【DIMTP】和【DIMTM】可以让我们不用进入设置对话框就能执行替代命令。【DIMTP】命令是替代上偏差的值，【DIMTM】命令是替代下偏差的值。首先确定当前尺寸样式是【公差样式】，然后用命令修改上下偏差，修改上下偏差的步骤是：

```
命令：dimtp                              输入命令；
输入 DIMTP 的新值 <0.0360>：0.016        修改上偏差；
命令：dimtm                              输入命令；
输入 DIMTM 的新值 <-0.0090>：0.009       修改下偏差。
```

修改上下偏差后，可以标注出如图 8-90 所示的公差。

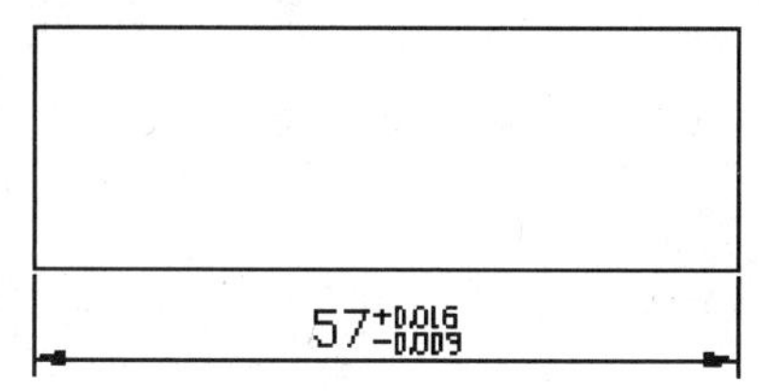

图 8-90　命令改变公差

打开【标注样式管理器】对话框，同样会发现一个替代的标注样式，说明这两个命令与样式替代的作用是一样的。

在 8.6.7 快速引线标注中，通过【引线设置】对话框对引线的箭头样式设置时，每改变一次箭头样式，在当前标注样式下就会生成一个替代样式。通过【引线设置】对话框设置箭头的样式只能在除“实心闭合”样式以外的其他样式间相互切换，要想将其他样式改为“实心闭合”样式，必须进入到【标注样式管理器】对话框，对样式替代进行修改（或者删除样式替代），才可以在【直线和箭头】选项卡中的【箭头】选项区中，把【引线】设置为【实心闭合】。

8.6.10　标注形位公差

形位公差包括形状公差和位置公差。形位公差是形状、位置允许的变动量，形状公差包括直线度公差、圆度公差、平面度公差等，位置公差包括平行度公差、垂直度公差、同轴度公差等。形位公差标注是每一张零件图中所必需的。

AutoCAD 中提供了一个单独的标注形位公差的命令，但在标注公差时要有引出线，所以，AutoCAD 在引线标注命令中设有【公差】选项，可以直接通过引线标注命令标注形位公差，标注形位公差要求引线为竖直水平，下面用引线标注命令标注如图 8-91 所示的形位公差。

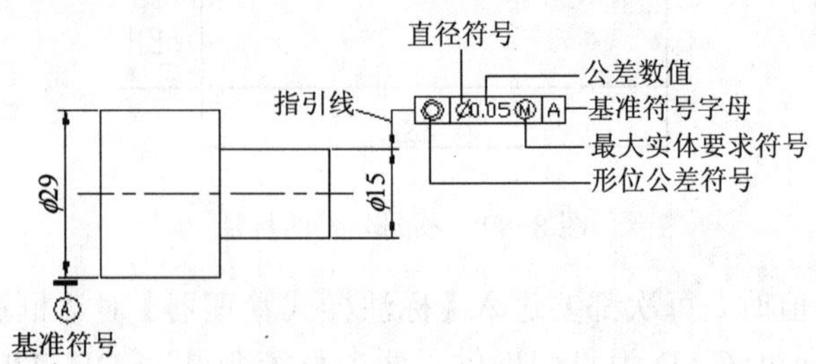

图 8-91 形位公差的标注

标注步骤如下：

（1）命令行输入：qleader，回车后命令行提示如下：

命令：_qleader

指定第一个引线点或 [设置(S)] <设置>：回车，弹出【引线设置】对话框，在【注释】选项卡中的【注释类型】选项区内选择【公差】选项，如图 8-92 所示。

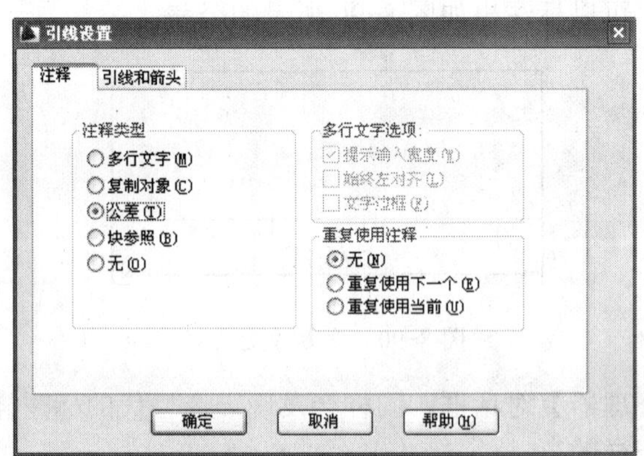

图 8-92 【引线设置】对话框

（2）将【引线和箭头】选项卡设置为如图 8-93 所示。

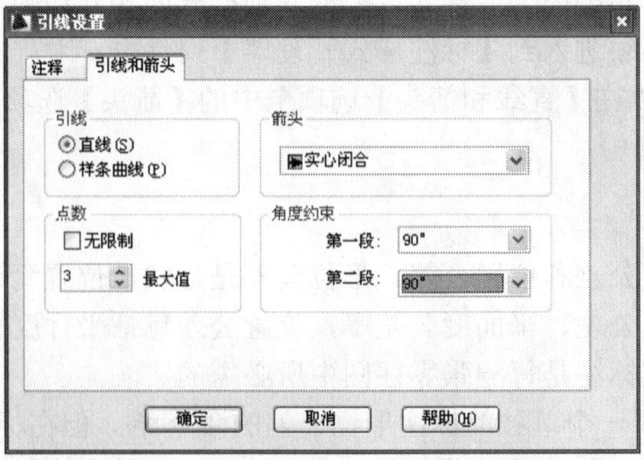

图 8-93 【引线和箭头】选项卡

（3）单击 确定 按钮返回绘图状态，在命令行提示下继续进行标注：

指定第一个引线点或［设置(S)］<设置>：　确定引线第一点；

指定下一点：　确定引线第二点；

指定下一点：　确定引线终点，弹出【形位公差】对话框，如图 8-94 所示。

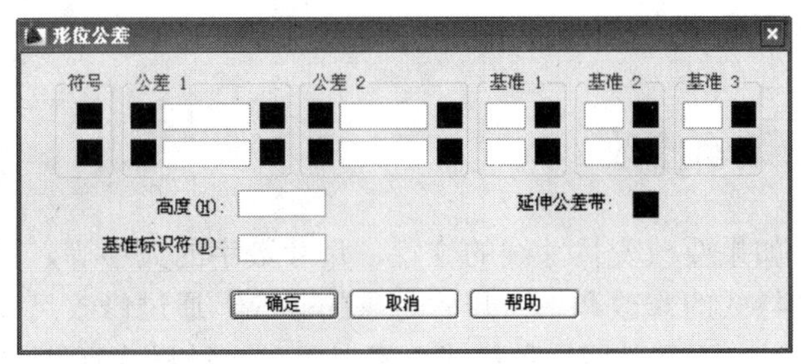

图 8-94 【形位公差】对话框

（4）单击【符号】项中的■选项，弹出【符号】对话框，如图 8-95 所示，选择所需的形位公差符号，单击【公差 1】项中前面的■选项，出现直径符号，在后面的文本框中输入公差值 0.05。

（5）单击【公差 1】项中右面的■选项，出现如图 8-96 所示的【附加符号】对话框，选择合适的包容条件，如果不选，可单击对话框中的空白格。

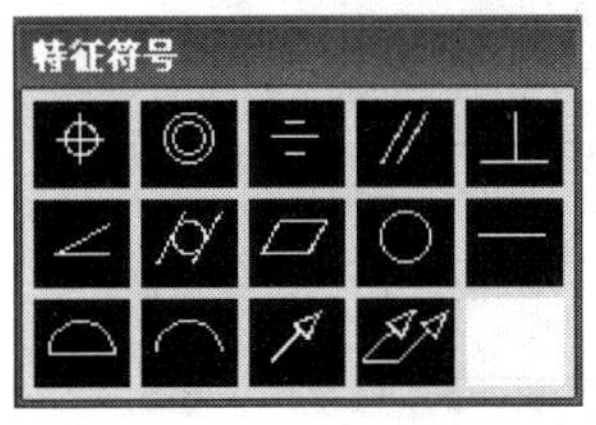

图 8-95 【符号】对话框

图 8-96 【附加符号】对话框

（6）在【基准 1】下面的文字框中输入“A”，设置完毕的【形位公差】对话框如图 8-97 所示。单击 确定 按钮完成公差标注。

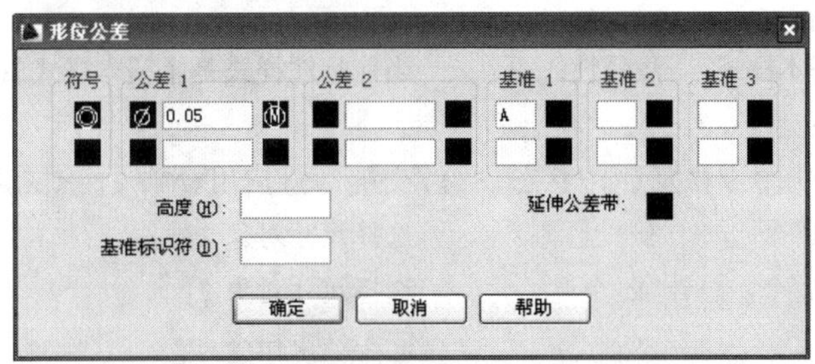

图 8-97 设置完毕的【形位公差】对话框

AutoCAD 中没有提供基准符号，用户可以根据需要自己绘制出来。若单独执行标注形位公差命令，对话框与上面讲到的一样，只是公差设置完成后，单击 确定 按钮关闭对话框后要求输入公差位置，请大家自己动手试试。

8.6.11 快速标注

AutoCAD 将常用标注综合成为一个方便的快速标注命令，执行该命令时，不再需要确定尺寸界线的起点和终点，只需选择需要标注的对象，如直线、圆、圆弧等，就可以快速标注这些对象的尺寸。

执行快速标注命令可以单击【标注】工具栏上的快速标注按钮，也可以使用下拉菜单【标注】/【快速标注】执行。

8.7 尺寸标注的编辑修改

尺寸标注之后，如果要改变尺寸线的位置、尺寸数字的大小等，就需要使用尺寸编辑命令。尺寸编辑包括样式的修改和单个尺寸对象的修改。通过修改尺寸样式，可以全部修改用该样式标注的尺寸。还可以用一种样式更新以另外一种样式标注的尺寸，即标注更新。单个尺寸对象的修改则主要用到编辑标注命令和编辑标注文字命令。

8.7.1 标注更新

要修改用某一种样式标注的所有尺寸，用户可以在【标注样式管理器】对话框中修改这个标注样式即可。这样用这个标注样式标注的尺寸可以进行统一的修改。

如果要使用当前样式更新所选尺寸，就可以用到标注更新命令。例如图 8-98 左图中的尺寸标注样式要改为【基本样式】，如图 8-98 右图所示。

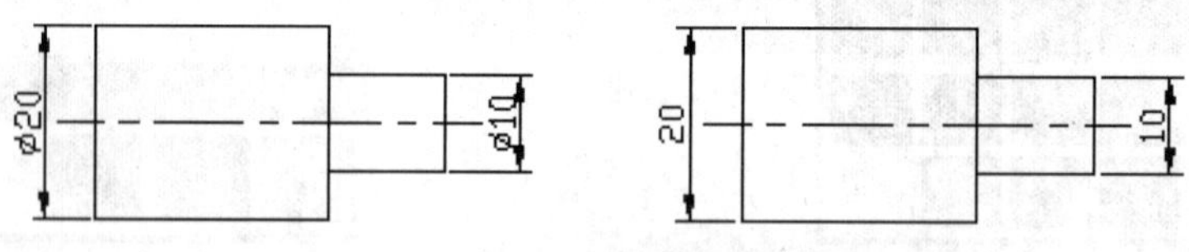

图 8-98 标注更新

首先选择【基本样式】为当前标注样式，然后单击标注更新命令按钮，命令行提示如下：

命令： _-dimstyle

当前标注样式：基本样式 注释性：否 当前标注样式是【基本样式】；

输入标注样式选项

[注释性(AN)/保存(S)/恢复(R)/状态(ST)/变量(V)/应用(A)/?] <恢复>： _apply

选择对象：找到 1 个 选择尺寸对象 1；

选择对象：找到 1 个，总计 2 个 选择尺寸对象 2；

选择对象： 回车结束命令。

8.7.2 编辑标注文字

编辑标注文字命令用于改变尺寸标注中尺寸文字的位置和旋转角度。单击【标注】工具栏上的编辑标注文字命令按钮，命令行提示如下：

命令： _dimtedit

选择标注：　　　　　　　　　　选择需要编辑的尺寸对象。

为标注文字指定新位置或 [左对齐(L)/右对齐(R)/居中(C)/默认(H)/角度(A)]：

这时可以移动鼠标改变尺寸线和尺寸数字的位置。

命令还提供了一些备选项，它们的使用方法是：

【左对齐】和【右对齐】：尺寸文字靠近尺寸线的左边或右边。

【居中】：尺寸文字放置在尺寸线的中间。

【默认】：按照默认位置放置尺寸文字。

【角度】：将标注的尺寸文字旋转指定角度，如图 8-99 所示。

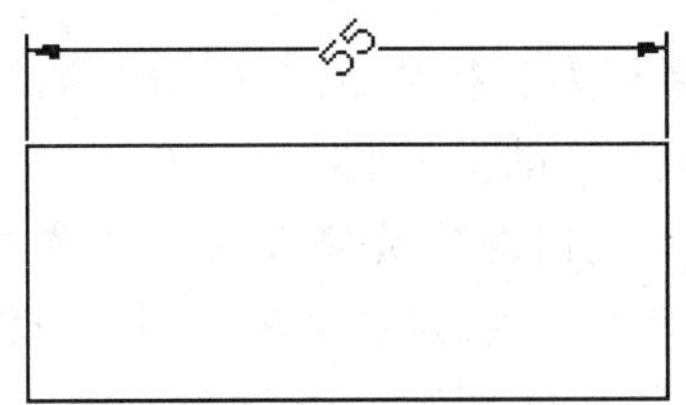

图 8-99　旋转指定角度的尺寸文字

角度以 Y 轴正向为 0 值，逆时针为正。

8.7.3　编辑标注

编辑标注命令可以修改尺寸标注的文字和尺寸界线的旋转角度等，与编辑标注文字命令不同，执行这个命令先设置修改的元素，然后选择对象。

单击标注工具栏上编辑标注命令按钮，命令行提示如下：

命令：_dimedit

输入标注编辑类型 [默认(H)/新建(N)/旋转(R)/倾斜(O)] <默认>：选择修改方式；

选择对象：　　　　　　　　　　选择对象，可以多次选择对象。

命令行中可以选择的修改方式有：

【默认】：按默认方式放置尺寸文字。

【新建】：选择此选项会打开多行文字编辑器，在编辑器中修改编辑尺寸文字，注意编辑器中显示的“<>”是默认尺寸数字。

【旋转】：将尺寸数字旋转指定角度。

【倾斜】：将尺寸界线倾斜指定角度，如图 8-100 所示。

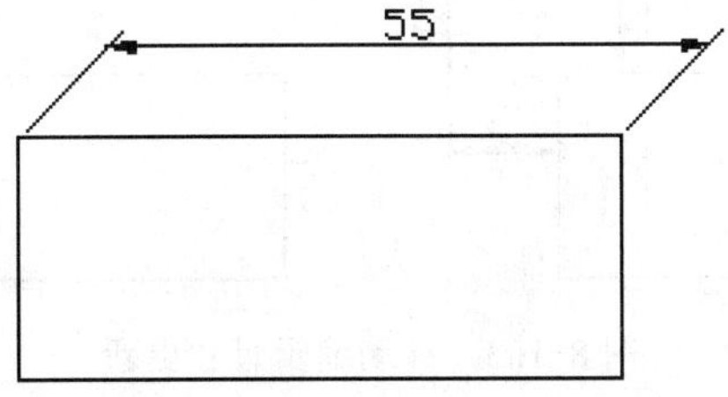

图 8-100　倾斜尺寸界线

8.7.4　折断标注

使用折断标注 选项可以将折断添加到线性标注、角度标注和坐标标注中，如图 8-101 所示。

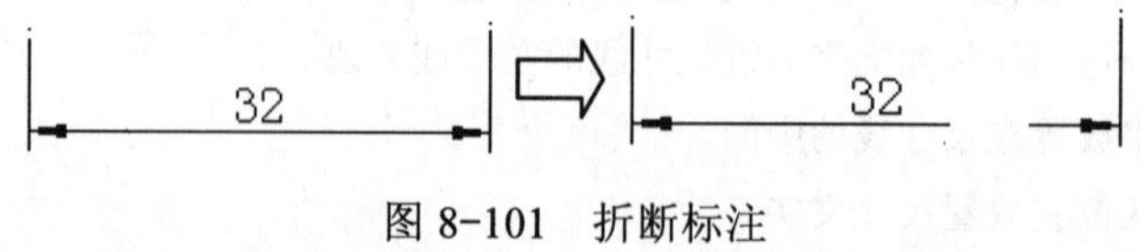

图 8-101　折断标注

8.7.5　尺寸关联

为标注关联性定义几何对象和为其提供距离和角度的标注间的关系，AutoCAD 提供了三种关联性（几何对象和标注之间的关联性）。

- 关联标注：当与其关联的几何对象被修改时，关联标注将自动调整其位置、方向和测量值。布局中的标注可以与模型空间中的对象相关联。 DIMASSOC 系统变量设置为 2。
- 无关联标注：与其测量的几何图形一起选定和修改。无关联标注在其测量的几何对象被修改时不发生改变。标注变量 DIMASSOC 设置为 1。
- 分解的标注：标注的数值可以与实际测量值分离。DIMASSOC 系统变量设置为 0。

8.7.5.1　关联标注

用修改命令对标注对象进行修改后，与之关联的尺寸会发生更新。发生这种变化的原因是 AutoCAD 在尺寸标注和标注对象之间建立了几何驱动的尺寸标注关联。这样在修改标注对象后不必重新标注尺寸，非常方便。在图 8-102 中移动矩形的左上角点位置，尺寸标注发生变化。在图 8-103 中移动圆的位置，圆心与矩形右上角点的水平和竖直距离尺寸也随着更新。

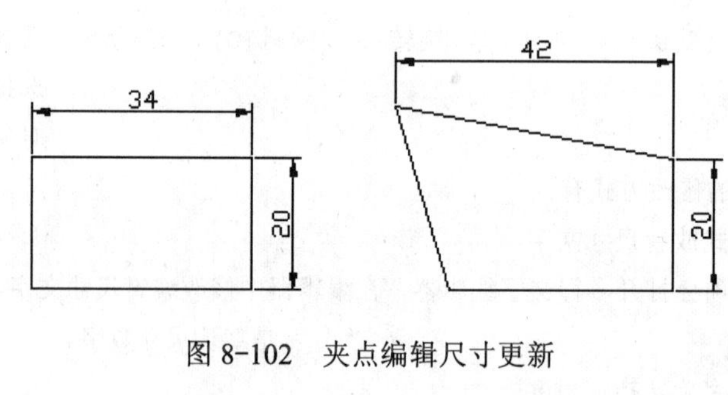

图 8-102　夹点编辑尺寸更新

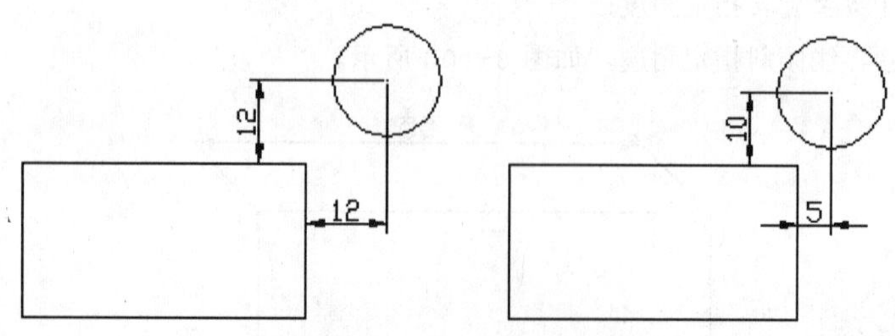

图 8-103　移动编辑尺寸更新

执行【工具】/【选项】下拉菜单，出现【选项】对话框，打开【用户系统设置】选项卡，在【关联标注】区内选择【使新标注可关联】选项，如图 8-104 所示，这样标注的尺寸就会与标注的对象尺寸关联。系统默认尺寸关联。

图 8-104　尺寸关联设置

8.7.5.2　无关联标注

如果设置变量 DIMASSOC 的值为 1，那么标注的尺寸与标注对象就没有关联，无关联标注在其测量的几何对象被修改时不发生改变，如图 8-105 所示。

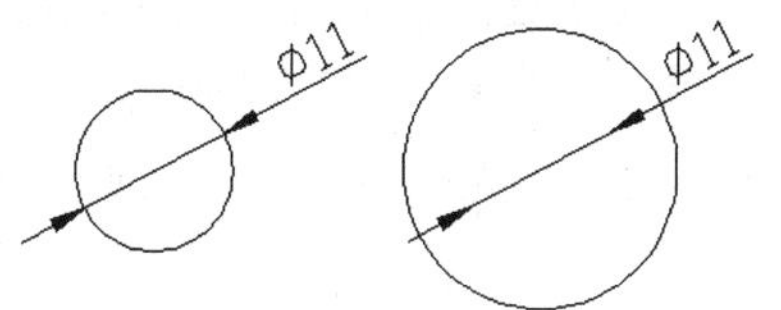

图 8-105　无关联标注

8.7.5.3　分解的标注

如果把 DIMASSOC 系统变量设置为 0，在标注尺寸时系统会询问标注的数值，这一点与关联标注和无关联标注不一样。

8.8　创建表格

在工程图中经常遇到表格，以前我们需要用绘图工具画出来，现在 AutoCAD 提供了一个新功能—表格。可以利用这个功能自动生成表格，非常方便。

8.8.1　表格样式

首先我们来认识一下 AutoCAD 提供的表格样式，如图 8-106 所示。

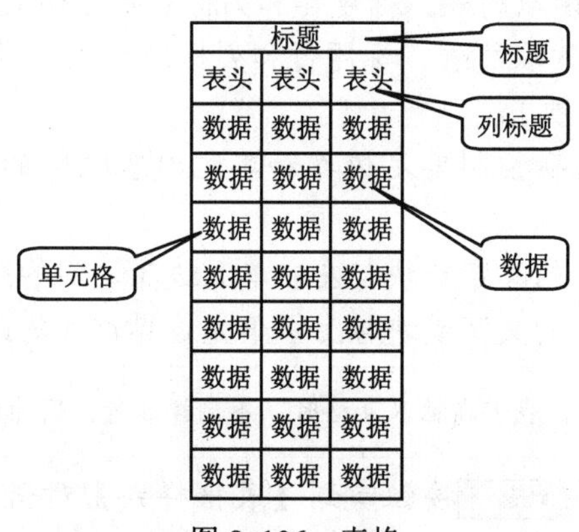

图 8-106　表格

执行【格式】/【表格样式】命令（或者单击【注释】面板上的表格样式按钮 表格样式），

打开【表格样式】对话框，如图 8-107 所示。

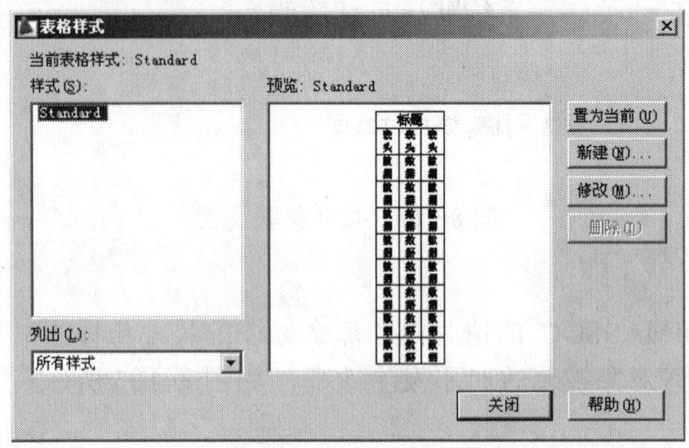

图 8-107 【表格样式】对话框

在【样式】列表中显示的是系统自带的表格样式，该样式可以在【预览】中看到表格。具体说明可以对照图 8-106。

建立明细栏样式的步骤

（1）单击 新建(N)... 按钮，出现【创建新的表格样式】对话框，修改【新样式名】为“明细栏”，如图 8-108 所示，单击 继续 按钮。

（2）出现【新建表格样式】对话框，如图 8-109 所示。【单元样式】有标题、表头和数据三个选择，选择一个选项，在下面的常规、文字和边框选项卡中设置参数。

- 在【单元样式】下拉列表中选择【数据】，在【文字】选项卡中设置【文字样式】为工程字，字高为 5，在【边框】选项卡中设置内框线宽为 0.25，外框为 0.5（比如先选择【线宽】为 0.25，然后单击内边框按钮 +，就可以设置内框线宽）。
- 在【单元样式】下拉列表中选择【表头】，设置【文字样式】为工程字，字高为 5，设置内框线宽为 0.25，外框为 0.5。

（3）使用【表格方向】选项改变表的方向。

- 下：创建由上而下读取的表。标题行和列标题行位于表的顶部。
- 上：创建由下而上读取的表。标题行和列标题行位于表的底部（由于明细栏是从下向上绘制的，所以选择此项）。

（4）使用【页边距】选项控制单元边界和单元内容之间的间距（修改数据和表头的设置）。

- 水平 ：设置单元中的文字或块与左右单元边界之间的距离（使用默认值）。
- 垂直 ：设置单元中的文字或块与上下单元边界之间的距离（修改为 0.5）。

关于标题不做设置，我们在插入表格时准备删掉该行，因为明细栏没有该行。

（5）设置完毕后单击 确定 按钮回到【表格样式】对话框，这时在【样式】列表中会出现刚定义的表格样式，如图 8-110 所示。用户可以在列表中选择样式，单击 置为当前(U) 按钮把该样式置为当前。如果要修改某样式，可以单击 修改(M)... 按钮。

（6）定义好表格样式后，单击 关闭 按钮关闭对话框。

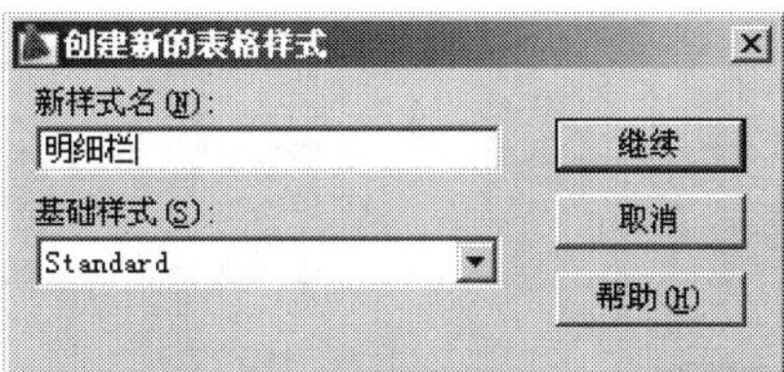

图 8-108 【创建新的表格样式】对话框

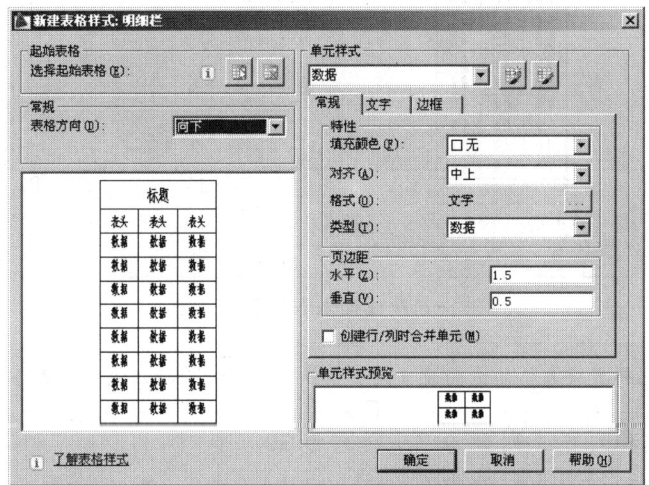

图 8-109 【新建表格样式：明细栏】对话框

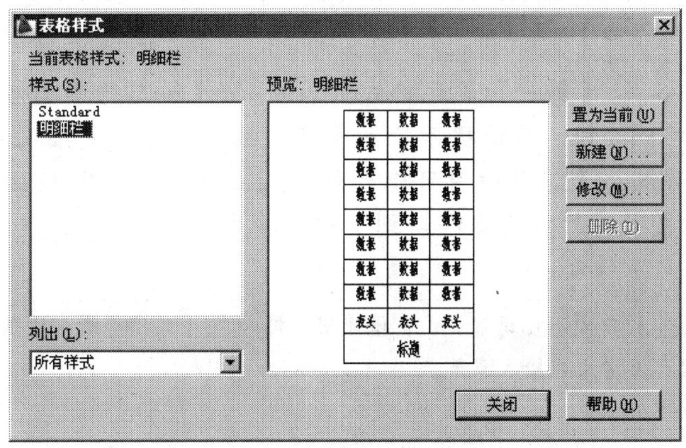

图 8-110 明细表样式

表格样式可以使用后面讲述的设计中心进行文件之间的共享。

8.8.2 创建表格

(1) 单击【注释】面板上的表格按钮，出现【插入表格】对话框，如图 8-111 所示。

(2) 从【表格样式】下拉列表中选择一个表格样式，或单击【表格样式对话框】按钮创建一个新的表格样式（这里选择【明细栏】表格样式）。

(3) 选择【指定插入点】作为插入方式。

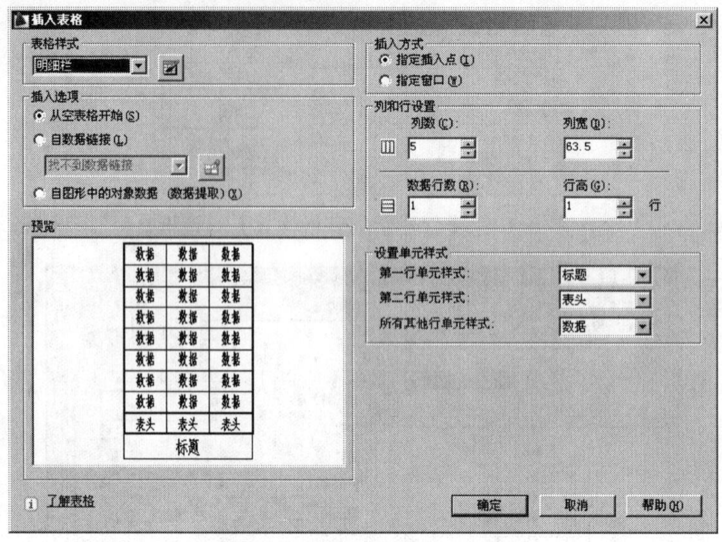

图 8-111 【插入表格】对话框

如果表格样式将表格的方向设置为由下而上读取，则插入点位于表格的左下角。

（4）设置列数和列宽（列数为 7，列宽为 30）。

（5）设置行数和行高（行数为 5，行高为 1）。

按照文字行高指定表的行高。文字行高基于文字高度和单元边距，这两项均在表样式中设置。确定【指定窗口】选项并指定行数时，行高为【自动】选项，这时行高由表的高度控制。

（6）设置单元格式，【第一行单元格式】为表头，【第二行单元格式】为数据。

（7）单击 确定 按钮，系统提示输入表格的插入点，指定插入点后，会亮显第一个单元，显示【文字格式】工具栏时可以开始输入文字，如图 8-112 所示。单元的行高会加大以适应输入文字的行数。要移动到下一个单元，请按 Tab 键，或使用箭头键向左、向右、向上和向下移动。

如果表格中的中文不能正常显示，请使用【格式】/【文字样式】选项修改当前文字样式使用的字体，具体参考文字输入章节。

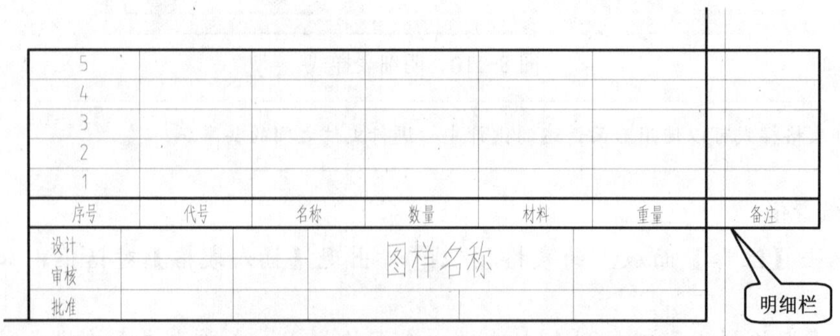

图 8-112　输入内容

用户在任意一个单元格中双击鼠标，出现【文字格式】工具栏。在单元格内，可以用箭头键移动光标。使用工具栏和快捷菜单可以在单元中格式化文字、输入文字或对文字进行其他修改。

8.8.3　修改表格

1. 整个表格修改

首先认识一下表格上的控制句柄，在任意表格线上单击鼠标会选中整个表格，表格上的句柄会同时显示出来，他们的作用如图 8-113 所示。

图 8-113　表格上的控制句柄

2. 修改表格单元

在单元内单击以选中它，单元边框的中央将显示夹点。拖动单元上的夹点可以使单元及其列或行更宽或更小。

要选择多个单元，请单击并在多个单元上拖动。按住 Shift 键并在另一个单元内单击，可以同时选中这两个单元以及它们之间的所有单元。

对于一个或多个选中的单元，可以单击鼠标右键，然后使用如图 8-114 所示快捷菜单上的选项来插入/删除列和行、合并相邻单元或进行其他修改。

对于表格，可以使用【特性】选项板进行编辑。【特性】选项板的使用方法在后续章节中讲解。

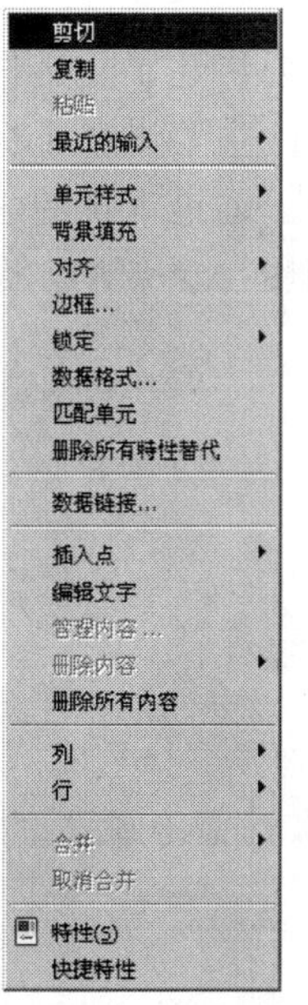

图 8-114　快捷菜单

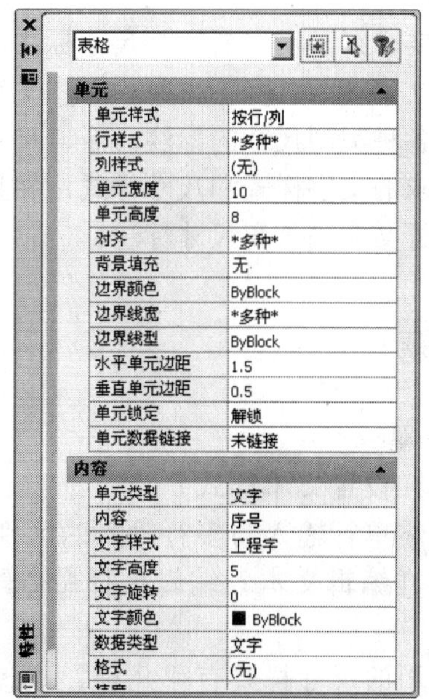

图 8-115　编辑表格

[演练 1] 编辑明细栏

（1）编辑如图 8-112 所示的不完善明细表，将序号一列选中，单击鼠标右键，在快捷菜单上选择【特性】选项，出现如图 8-115 所示的【特性】对话框。

（2）修改【单元宽度】为 10，【单元高度】为 8。

（3）继续选择其他列，修改代号列【单元宽度】为 40、名称列【单元宽度】为 50、数量列【单元宽度】为 10、材料列【单元宽度】为 40、重量和备注列【单元宽度】为 15。

（4）编辑完毕的标题栏如图 8-116 所示。

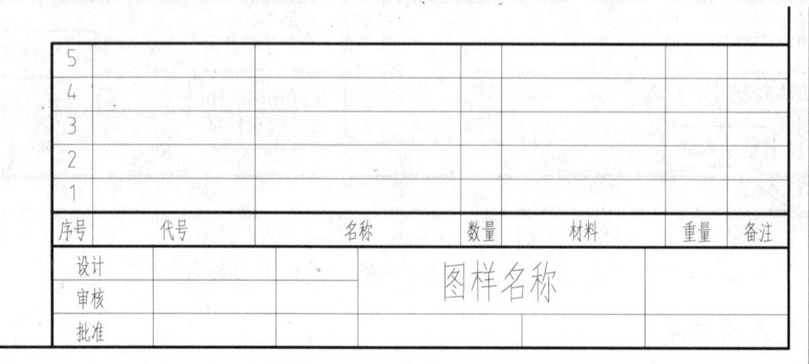

图 8-116　明细表

可以将完成的表格复制到工具选项板上，到使用时拖出即可。这样可以保证表格单元的尺寸不变，但里面的文字都不见了。另外可以将表格制成块，插入块后，将块分解就可以添加新内容了。

8.9　本章小结

本章主要介绍了文字书写、尺寸标注和表格。文字书写主要讲述了文字样式的建立和管理、单行文字输入、多行文字输入和文字的编辑等。尺寸标注主要讲述了标注样式的建立和管理、各种类型尺寸的标注命令、尺寸编辑和尺寸关联等。通过本章的学习应能熟练建立满足要求的文字样式和尺寸样式，并且使用这些样式，利用 AutoCAD 提供的标注工具，熟练进行文字输入和尺寸标注。

8.10　习题

1. 概念题

（1）怎样设置文本样式？

（2）简述单行输入与多行输入的区别。

（3）怎样编辑文本？编辑单行命令输入的文本与编辑多行命令输入的文本有何不同？

（4）常用的尺寸样式有哪几种？该怎样设置？

（5）怎样标注公差？

（6）怎样标注形位公差？

（7）怎样设置前后缀？

（8）怎样对已有的尺寸标注进行编辑？

（9）怎样理解和使用尺寸关联？

2. 操作题

灵活使用前面学习过的绘图和编辑方法绘制下列图样，并标注尺寸。

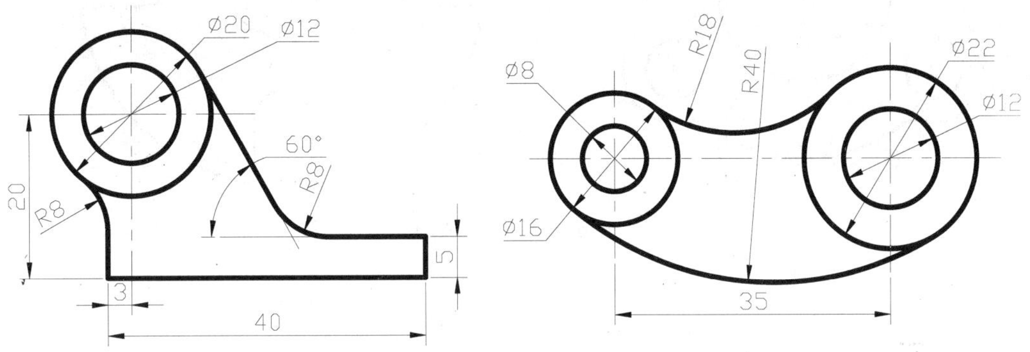

图 8-117　习题图 1

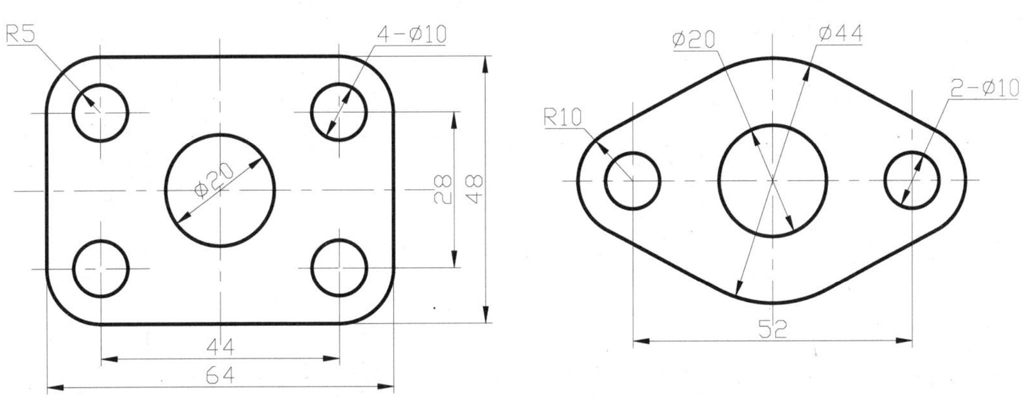

图 8-118　习题图 2

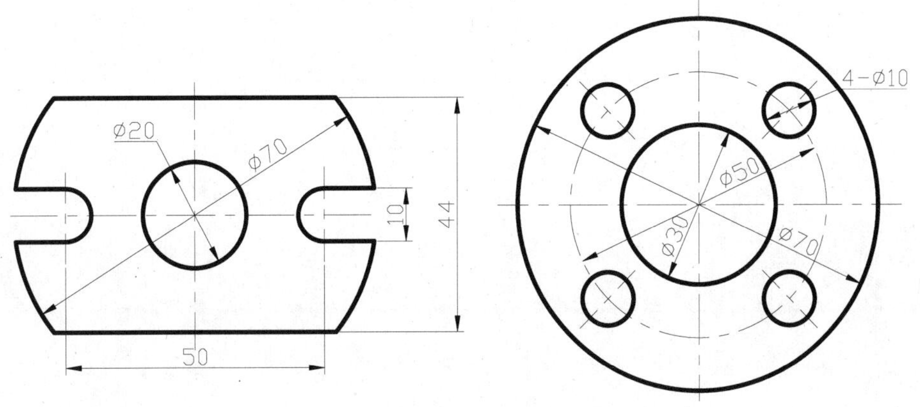

图 8-119　习题图 3

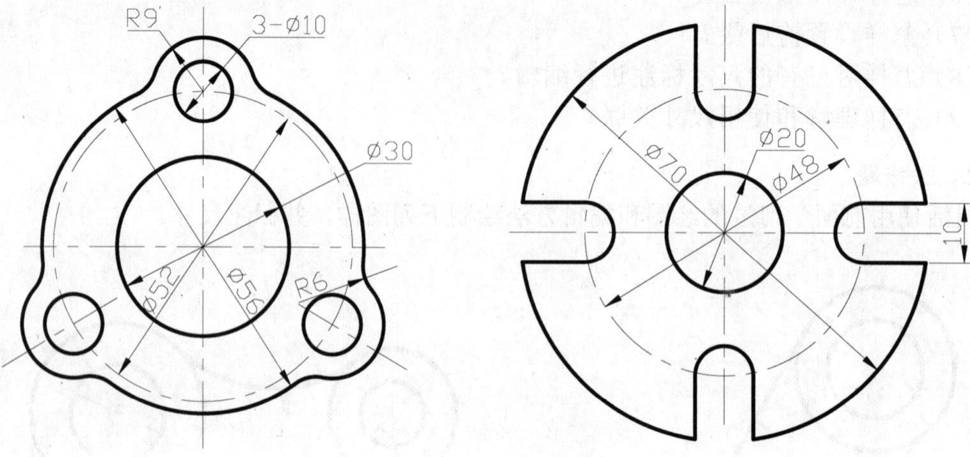

图 8-120　习题图 4

第9章 图块操作

为了进一步提高绘图效率，简化相同或者类似结构的绘制，在 AutoCAD 中引进了一个新的概念—块。块是把一组图形或文本作为一个实体的总称，在块中，每个图形实体仍有其独立的图层、线型和颜色特征，但 AutoCAD 把块中所有实体作为一个整体来处理，可以根据需要将块按一定的比例缩放、旋转，插入到指定的位置，也可以插入块后，对其进行阵列、复制、删除、镜像等编辑操作。

一般来讲，块有如下功能：

- 提高绘图速度

用 AutoCAD 绘制机械图样时，经常遇到一些重复出现的图样，如粗糙度符号、基准符号、标准件等。如果把经常使用的图形组合制作为块，绘制它们时可以用插入块的方式实现。尤其在绘制装配图时可以把“绘图”变成“拼图”，大大提高了绘图速度。

- 节省存储空间

AutoCAD 需要保存图中每一个对象的相关信息，如对象的类型、位置、图层、线型、颜色等，这些信息要占用存储空间。比如一个粗糙度符号，它是由直线和数字等多个对象构成的，保存它要占用存储空间。如果一张图上有较多的粗糙度符号，就会占据较大的磁盘空间。如果把粗糙度符号定义为块，绘图时把它插到图中各个相应位置，这样既满足绘图要求，又可以节约磁盘空间。

- 便于修改

如果图中用块绘制的图样有错误，可以按照正确的方法再次定义块，图中插入的所有块均会自动地修改。

- 加入属性

像粗糙度符号一样，每一个粗糙度符号可能有不同参数值，如果对不同参数值的粗糙度符号都单独制作为块是很不方便的，也是不必要的，AutoCAD 允许用户为块创建某些文字属性，这个属性是一个变量，可以根据用户的需要输入，这就大大丰富了块的内涵，使块更加实用。

- 交流方便

用户可以把常用的块保存好，与别的用户交流使用。

【本章重点】

- 块的建立、插入块；
- 建立有属性的块；
- 插入有属性的块；
- 块的编辑、外部块的建立；

- 插入外部块、插入外部文件；
- 动态块。

9.1 块的建立

要使用块，首先建立块。我们可以把任何重复使用的图形符号、部分图形实体、整个视图定义成一个块，如何建立块呢？这里以工程图样中最常用到的标注表面粗糙度的符号为例，来学习如何建立块以及进行属性编辑。

首先绘制如图 9-1 所示的粗糙度符号图形，用文字工具输入参数“6.3”，注意这里输入的文本不具有后面讲到的属性性质。

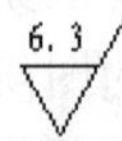

图 9-1　表面粗糙度符号

执行创建块命令，单击【块】面板上的创建块命令按钮，弹出【块定义】对话框，如图 9-2 所示。在对话框的【名称】文本框中输入块的名字“粗糙度”，单击选择对象按钮，【块定义】对话框暂时消失。

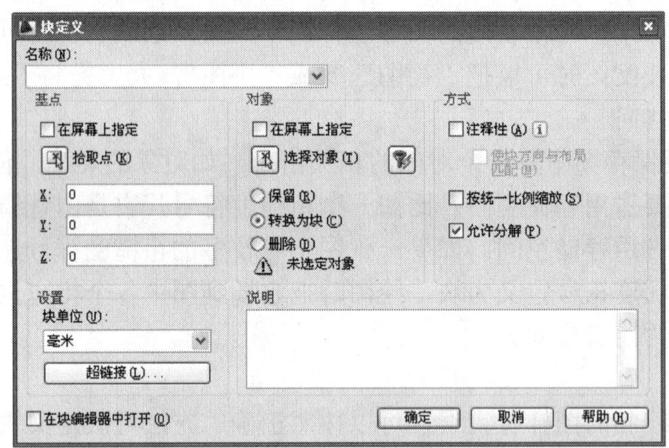

图 9-2　【块定义】对话框

在给块命名时应考虑以使用方便、容易为原则，最好取一个有意义的名字。

系统提示选取对象，选取画好的要定义为块的所有对象，然后回车，返回【块定义】对话框。再单击拾取点按钮来指定块的基点，【块定义】对话框暂时消失。系统提示指定插入基点，捕捉图 9-3 中的 A 点，再次出现【块定义】对话框，单击 确定 按钮完成块定义。这样一个名为【粗糙度】的图块就建立完成了。

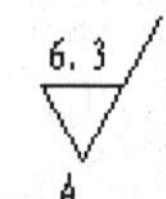

图 9-3　块的基点

插入点虽然可以定义在任何位置，但插入点是插入图块时的定位点，所以在拾取插入点时，应选择一个在插入图块时能把图块的位置准确确定的特殊点。

下面全面介绍一个【块定义】对话框中各选项的使用方法。

1.【名称】输入框

指定块的名称。如果 EXTNAMES 系统变量设置为 1，块名最长可达 255 个字符，可以包括字母、数字、空格及 Microsoft® Windows®和 AutoCAD 没有用作其他用途的特殊字符。块名称及块定义保存在当前图形中。

2.【基点】选项区

用户可以单击拾取点按钮，这样在屏幕上直接拾取点作为块的基点，也可以在【X】、【Y】和【Z】文本框中分别输入坐标值确定块的基点。

3.【对象】选项区

用户可以单击选择对象按钮，在屏幕上选取要定义为块的对象。

- 【保留】：创建块以后，将选定对象保留在图形中。
- 【转换为块】：此选项为默认设置，创建块以后，将选定对象转换成图形中的块引用。
- 【删除】：创建块以后，从图形中删除选定的对象。

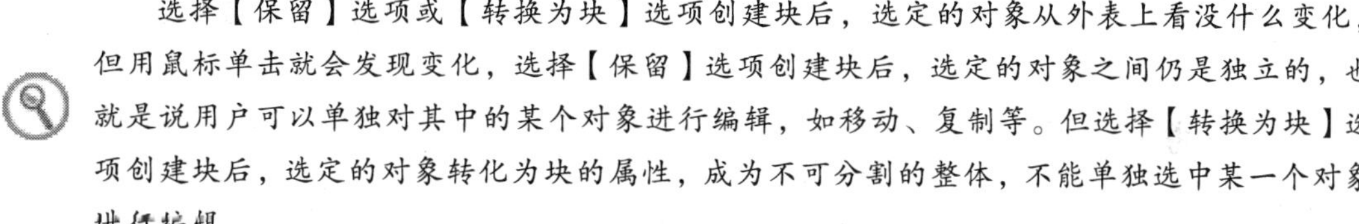

选择【保留】选项或【转换为块】选项创建块后，选定的对象从外表上看没什么变化，但用鼠标单击就会发现变化，选择【保留】选项创建块后，选定的对象之间仍是独立的，也就是说用户可以单独对其中的某个对象进行编辑，如移动、复制等。但选择【转换为块】选项创建块后，选定的对象转化为块的属性，成为不可分割的整体，不能单独选中某一个对象进行编辑。

4.【块单位】选项

指定块参照插入单位。

5.【说明】选项

输入与块相关联的文字说明。

6.【超链接】（可选操作）

在块定义中加超级链接是 AutoCAD 2002 以后版本的功能，为图块创建了超级链接后，图块将和本机或网络上的文档或 Web 页面相关联，可以通过块方便地浏览链接的图形设计资源。

该命令可以通过下拉菜单【绘图】/【块】/【创建】来执行。

9.2　插入图块

前面已经定义好了一个名为“粗糙度”的块，现在将块插入到文件中，块在插入时，可以旋转也可以缩放。把块“粗糙度”插入到如图 9-4 所示的位置上。

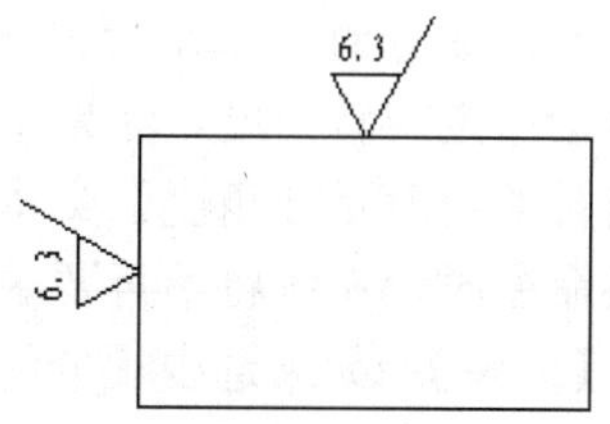

图 9-4　块插入示例

单击【块】面板上的插入块命令按钮，弹出【插入】对话框，如图 9-5 所示，在【名称】下拉列表中选择要插入块的名字“粗糙度”，单击 确定 按钮，回到绘图窗口。

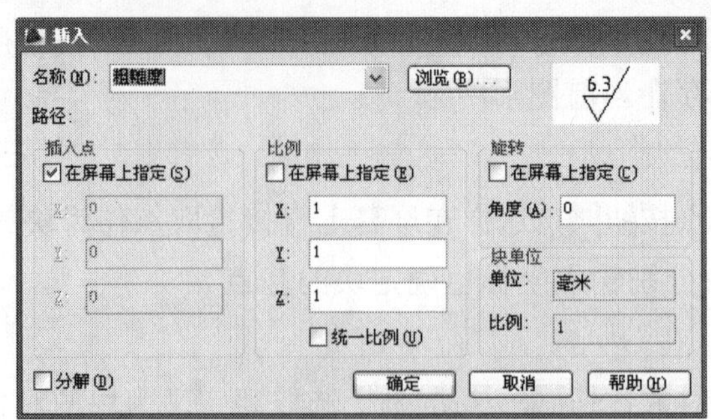

图 9-5 【插入】对话框

先插入矩形长边的粗糙度符号，命令行提示：

命令：_insert

指定插入点或 [基点(B)/比例(S)/旋转(R)]：　　在矩形长边上捕捉一点作为块的插入点，这样粗糙度符号就落在矩形长边上（可以使用最近点捕捉）。

在【插入】对话框中用户可以指定插入块的名称、插入点位置、缩放比例和旋转角度等。其中：

【名称】：在此下拉列表中选择要插入块的名称。

【插入点】：选中【在屏幕上指定】选项，在执行插入块命令时，系统提示指定插入点。如果不选此项，用户可以在【X】、【Y】和【Z】文本框中输入坐标值，直接指定插入点的位置。

【缩放比例】：选中【在屏幕上指定】选项，在执行插入块命令时，根据提示指定缩放因子，系统提示如下：

命令：_insert

指定插入点或 [基点(B)/比例(S)/X/Y/Z/旋转(R)]：

输入 X 比例因子，指定对角点，或 [角点(C)/XYZ(XYZ)] <1>：输入 X 比例因子；

输入 Y 比例因子或 <使用 X 比例因子>：　　输入 Y 比例因子，直接回车使用与 X 同样比例因子。

如果不选【在屏幕上指定】选项，用户可以在【X】、【Y】和【Z】文本框中输入 X、Y 和 Z 三个方向的缩放因子，也可以采用统一比例，选择【统一比例】选项，如图 9-6 所示。

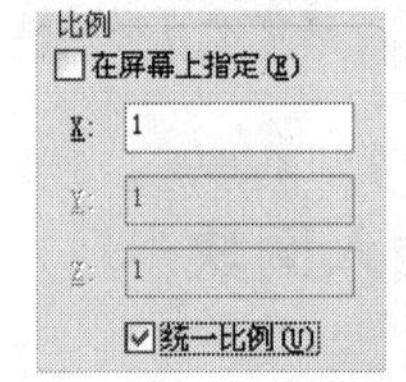

图 9-6 统一比例

【旋转角度】：选择【在屏幕上指定】选项，用户在执行插入块命令时，系统会提示“指定旋转角度<0>：”，用户直接指定旋转角度。如果不选【在屏幕上指定】选项，块旋转的角度是【角度】文本框中的输入值。这样执行插入块命令时，系统将不再要求输入块的旋转角度。

【分解】：如果选中【分解】选项，插入块后，块会自动炸开，以方便编辑。图 9-7 中是分解的图块和没分解的图块在被选中时的情况。

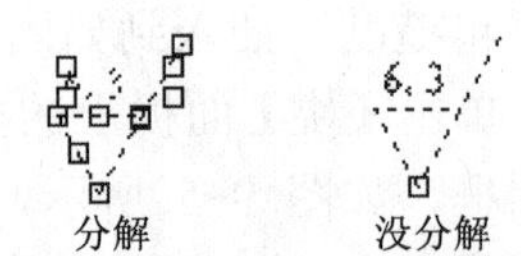

图 9-7 分解和没分解块的区别

插入短边的粗糙度符号。单击插入块命令按钮，弹出【插入】对话框，在【名称】列表中选择要插入的块名【粗糙度】，在【旋转】选项区选中【在屏幕上指定】选项，单击 确定 按钮，返回绘图区。命令行提示如下：

命令：_insert	
指定块的插入点：	在矩形短边上指定一点作为插入点；
指定旋转角度 <0>：90	指定块的旋转角度。

插入块命令可以通过下拉菜单【插入】/【块】来执行。

9.3　建立有属性的块

为了增强图块的通用性，AutoCAD 允许用户为图块附加一些文本信息，我们把这些文本信息称之为属性（Attribute）。在插入有属性的图块时，用户可以根据具体情况，通过属性来为图块设置不同的文本信息。对那些经常用到的图块来讲，利用属性尤为重要。像机械制图中的表面粗糙度，它根据实际情况有几种不同的数值，若给【粗糙度】图块设置了属性，在插入粗糙度符号时，AutoCAD 会提示用户输入表面粗糙度数值。注意在第一节中建立的图块虽然也有文本，但没有设置属性，所以它很不实用。

创建一个有属性的图块分为两步：属性定义和块定义。

9.3.1　定义块的属性

块的属性中有三个重要参数需要确定，它们分别是【标签】属性、【提示】属性和【值】的属性。下面通过创建“带属性的粗糙度”块为例，来讲述定义块的属性。

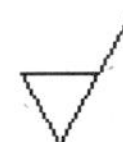

图 9-8　绘制构成块的图形

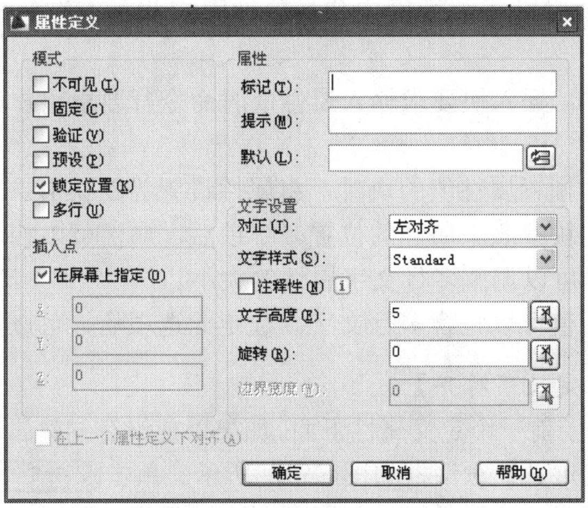

首先绘制如图 9-8 所示的图形，然后单击【块】面板上的定义属性按钮（或通过执行下拉菜单【绘图】/【块】/【定义属性】），弹出【属性定义】对话框，如图 9-9 所示。

图 9-9 【属性定义】对话框

1.【属性】选项区

此选项区用于定义属性项的名称、提示信息和默认属性值。

【标记】文本框：设置属性项的名称，此处输入“W”，它主要用来标记属性，也可以通过它来显示属性所在的位置，如图 9-10 所示。

【提示】文本框：设定在输入属性值时，命令行显示的提示信息，此项中输入“请输入粗糙度数值”。

【值】文本框：在此输入属性值的默认值，一般把最常出现的数值作为默认值，这里输入“6.3”。

在此用户可以单击插入字段按钮插入字段，这是 AutoCAD 2005 后的新功能。

2.【插入点】选项区

用于确定属性文本的插入点。用户可以直接在文本框中输入绝对直角坐标来确定插入点。也可以选择【在屏幕上指定】选项，当完成属性定义后单击 确定 按钮，系统提示指定属性的位置，使用鼠标指定即可。

3.【文字选项】选项区

此选项用于确定属性文本的文字格式和对齐方式等。

【对正】下拉列表：从下拉列表中选择属性文本的对正方式。

【文字样式】：选择文字样式。

【高度】：可以在文本框中输入属性文本的高度，也可以单击按钮，在屏幕上指定两点，把两点之间的距离作为属性文本的高度。

【旋转】：可以在文本框中输入属性文本的旋转角度，也可以单击按钮，在屏幕上指定两点，把两点连线与水平方向的夹角作为属性文本的旋转角度。

4.【模式】选项区

此选项区提供了设置属性输入和显示模式的复选框。

【不可见】：选中此项，属性文本不在屏幕上显示。

【固定】：在插入块时赋予属性固定值。属性固定值是【值】文本框中输入的默认属性值。

【验证】：选中此项，插入块要求输入属性值时命令行要求用户确认输入的属性值是否正确。

【预置】：插入包含预置属性值的块时，将属性设置为默认值。

【锁定位置】：锁定块参照中属性的位置。解锁后，属性可以相对于使用夹点编辑的块的其他部分移动，并且可以调整多行文字属性的大小。

【多行】：指定属性值可以包含多行文字。选定此选项后，可以指定属性的边界宽度。

5.【在上一个属性定义下对齐】

将属性标记直接置于前一个定义属性下面。如果以前没有创建属性定义，该选项不可用。

设置完成的【属性定义】对话框如图 9-10 所示。单击 确定 按钮完成属性定义，系统提示指定属性的位置，使用鼠标指定即可，这时图形如图 9-11 所示。

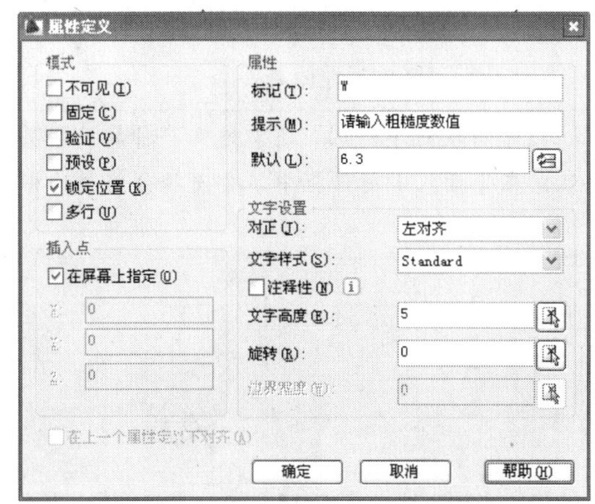

图 9-10　设置好的【属性定义】对话框

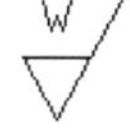

图 9-11　显示属性标记

关于块和属性的注释性见 12.7。

9.3.2　建立带属性的块

建立带属性的块其操作步骤如下：

（1）单击创建块命令按钮，出现【块定义】对话框，在【名称】文本框中输入块名“带属性的粗糙度”，选取构成块的对象时需要把图形和属性全部选中，其余设置与第一节中的块定义相同。

（2）单击 确定 按钮，出现【编辑属性】对话框，如图 9-12 所示，在对话框中可以编辑属性值。单击 确定 按钮，这时一个带属性的块就定义好了，如图 9-13 所示。

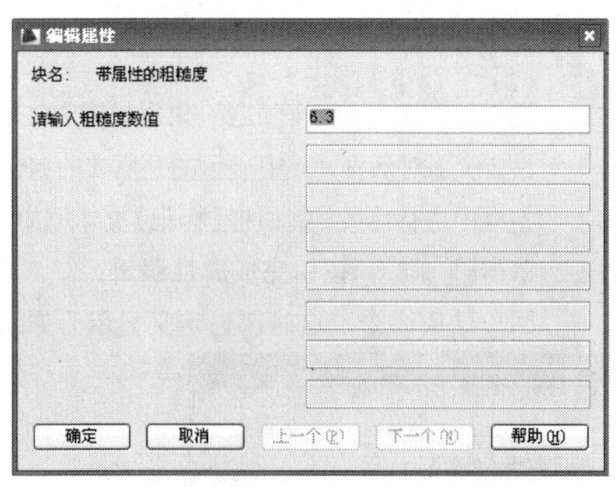

图 9-12 【编辑属性】对话框

图 9-13　带属性的块

至此，一个带属性的块就做成了。下面就插入这个带属性的块。如图 9-14 所示，插入粗糙度符号，数值为 12.5。

执行插入块命令，弹出【插入】对话框，在【名称】下拉列表中选择“带属性的粗糙度”，单击 确定 按钮退出对话框，命令行提示如下：

命令：_insert

指定插入点或 [基点(B)/比例(S)/旋转(R)]：　　指定插入点；

指定旋转角度 <0>：　　指定旋转角度；

输入属性值

请输入粗糙度数值<6.3>：12.5　　　　　修改属性值。

实际标注粗糙度时，仅仅建立上述一种块是不够的，还需建立一种属性字头朝向粗糙度符号的块，如图 9-15 所示。还要注意在【插入】对话框中不要选择分解复选框，否则总是显示“W”。

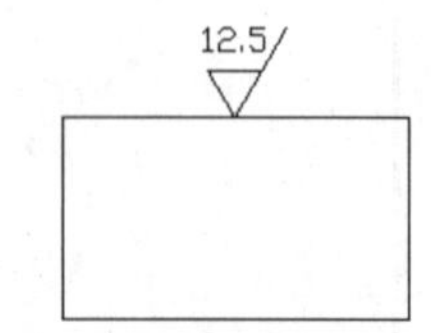

图 9-14　插入带属性的块

图 9-15　另一方向的粗糙度块

9.4　块的属性编辑

如果属性定义需要修改，插入的块的属性需要修改，该怎么办呢？在这一节中将介绍怎样修改属性定义，怎样修改已经插入块的属性值。

9.4.1　属性定义修改

属性定义的修改需要在块定义前进行，可以修改属性项的名称、提示信息和默认值。修改属性定义和修改文本内容使用的命令是一样的。

如要修改如图 9-16 中所示的属性定义，单击【文字】工具栏上的编辑文字命令按钮（或执行【修改】/【对象】/【文字】/【编辑】命令），命令行提示如下：

命令：_ddedit

选择注释对象或 [放弃(U)]：　　选择属性定义的标记文字，出现如图 9-17 所示的【编辑属性定义】对话框，其中显示的是原来的属性定义，可以在文本框中进行修改，例如将【标记】文本框中的“W”改为“G”，单击确定按钮完成属性编辑；

选择注释对象或 [放弃(U)]：　　回车结束命令，这时属性定义显示为如图 9-18 所示。

图 9-16　需要修改的属性定义

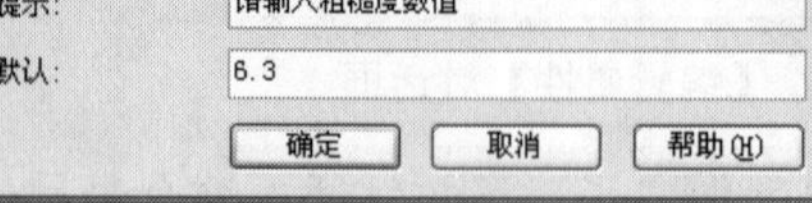

图 9-17 【编辑属性定义】对话框

图 9-18　修改后的属性定义

9.4.2　属性值的修改

AutoCAD 为修改图块的属性值提供了专门的命令。用户可以在需要修改属性值的块上双击鼠标，或者单击【块】面板上的编辑单个属性按钮，根据命令行提示选取需要修改属性值的块，将会出现【增强属性编辑器】对话框，如图 9-19 所示。

通过增强属性管理器可以对属性文字的内容和格式进行修改。

【属性】选项卡：显示图块的属性列表清单，可在【值】文本框中输入新的属性值。

【文字选项】选项卡：如图 9-20 所示，可以设置属性文字的格式，包括文字样式、对正方式、高度、旋转角度、宽度比例和倾斜角度等。

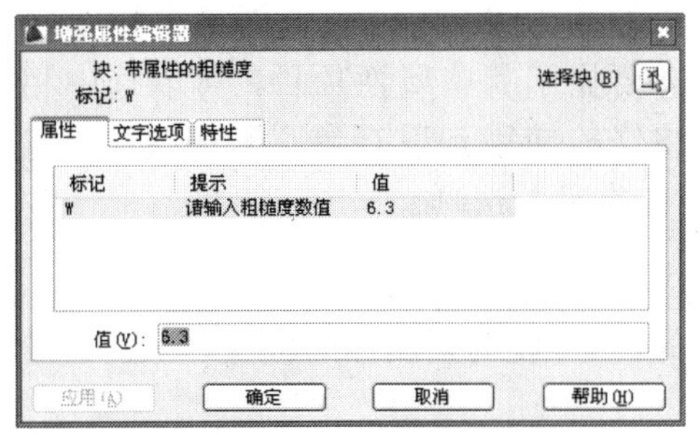

图 9-19 【增强属性编辑器】对话框

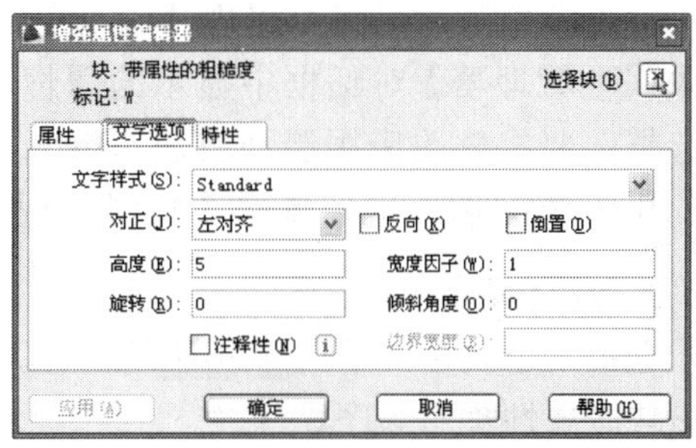

图 9-20 【文字选项】选项卡

【特性】选项卡：如图 9-21 所示，可以设置图块的图层特性，包括所在图层、线型、颜色和线宽等。

图 9-21 【特性】选项卡

【应用】按钮：修改属性后应用按钮仍然有效，单击这个按钮用户所做的修改就会反映到被修改的块中。

【选择块】按钮：单击选择块按钮，可以在不退出对话框的状态下选取并编辑其他块属性。

该命令可以通过下拉菜单【修改】/【对象】/【属性】/【单个】来实现。

9.4.3 块属性管理器

为了说明块属性管理器的用法，再建立一个带多个属性的块，如图 9-22 所示，该块的名字为“带多个属性的块”。

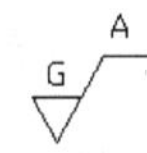

图 9-22 带两个属性的块

块属性管理器用来管理当前图形中块的属性定义。可以在块中编辑属性定义、从块中删除属性以及更改插入块时系统会提示用户属性值的顺序。单击【块】面板上的管理属性按钮，或者执行【修改】/【对象】/【属性】/【块属性管理器】命令，可以打开【块属性管理器】对话框，如图 9-23 所示。

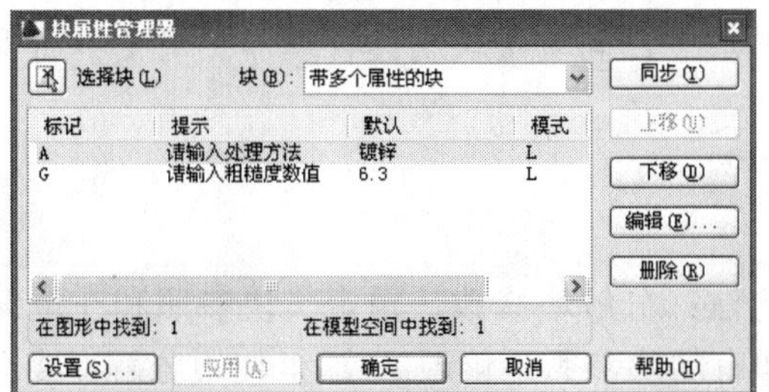

图 9-23 【块属性管理器】对话框

1. 显示属性

【块】下拉列表中显示图中所有带属性的图块名称，在下拉列表中选取某个图块名称，或者单击选择块按钮，在屏幕上选取某个图块，该图块的所有属性参数都显示在中部的列表中。

单击 设置(S)... 按钮，出现【设置】对话框，如图 9-24 所示，该对话框用于设置在【块属性管理器】对话框中显示的属性项目。需要显示哪些属性项目，可以选中相应的复选框。要将修改应用于现有块参照，选择【将修改应用到现有参照】选项。要将修改仅应用于新的插入块，删除【将修改应用到现有参照】选项。

2. 改变提示顺序

选中某个属性，单击 上移(U) 或着 下移(D) 按钮可以调整属性的位置，从而调整在插入该块时属性提示顺序。

3. 编辑属性

选中需要编辑的属性，然后单击 编辑(E)... 按钮，出现【编辑属性】对话框，如图 9-25 所示。可以在【属性】选项卡中修改属性的模式、名称、提示信息和默认值等，在【文字选项】选项卡中修改属性文字的格式，在【特性】选项卡中修改图层特性。

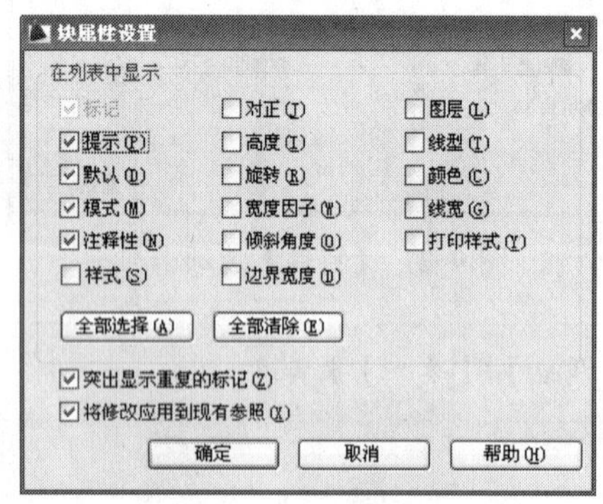

图 9-24 【块属性设置】对话框

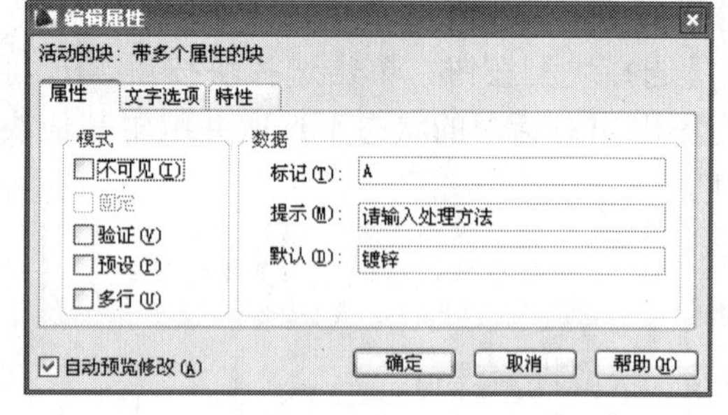

图 9-25 【编辑属性】对话框

4. 删除属性

选中某个属性，然后单击 删除(R) 按钮，就可以删除该属性项。

5. 应用

在【块属性管理器】对话框中对属性定义进行修改以后，单击 应用(A) 按钮使所做的属性更改应用到要修改的块中，同时【块属性管理器】对话框将保持打开状态。

9.5 修改块参照

修改块参照有三种方法：分解块修改、重定义块参照和在位编辑块参照。分解修改适用于修改部分块参照（即有的块参照不修改），这里使用分解命令分解块，然后根据需要修改即可，这里不再讲述。下面讲述其他两种方法的使用。

9.5.1　重定义块参照

如图 9-26 所示，有 9 个块参照（块名为“工位”，插入点为圆心），如果要改为如图 9-27 所示的工位，可以使用重命名块参照的方法来实现。

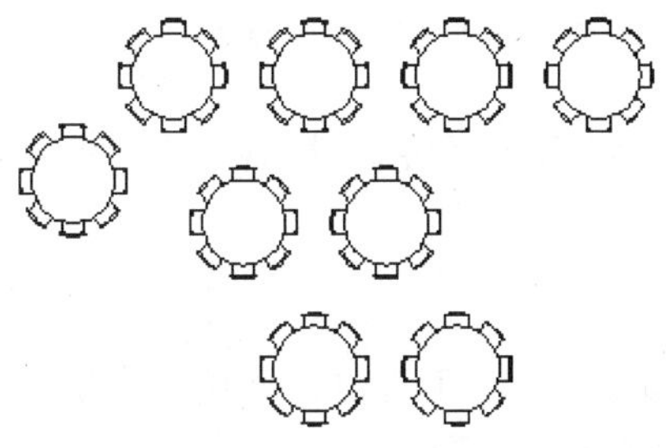

图 9-26　9 个块参照

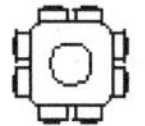

图 9-27　要重定义的块

定义如图 9-27 所示的图形为块，块的名字也为“工位”，与图 9-26 中的块重名，插入点为小圆的圆心。这样图 9-26 就会变为图 9-28。

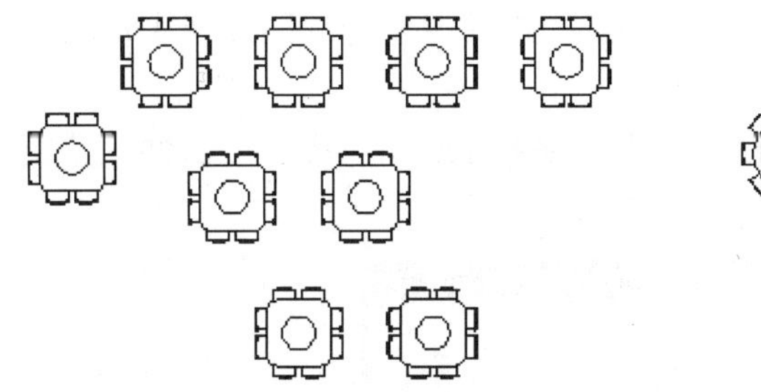

图 9-28　重定义块参照

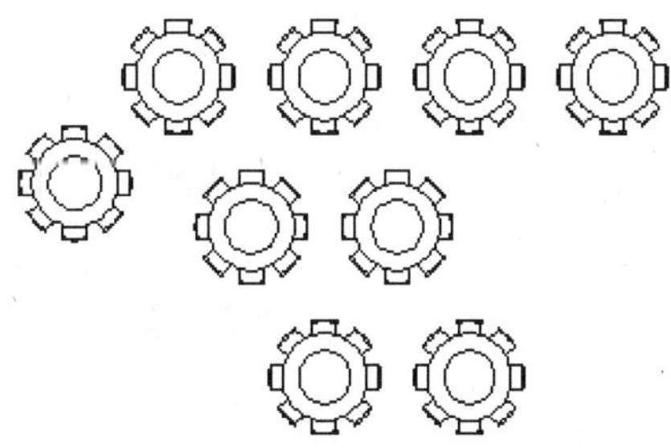

图 9-29　加小圆盘

9.5.2　在位编辑块参照

如果仅对块参照做简单的修改可以使用在位编辑块参照，如要在图 9-26 中的工位上加一个小圆盘，如图 9-29 所示。

（1）在要编辑的块参照上双击鼠标（或者单击【块】面板上的编辑按钮），出现【编辑块定义】对话框，在【参照名】列表中选择要编辑的参照名（本例中为“工位”），然后单击 确定 按钮。

（2）这时块编辑状态激活，块处于可编辑状态，修改块如图 9-30 所示。

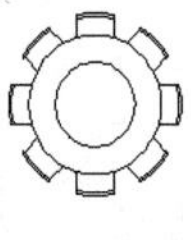

图 9-30　在位编辑

（3）单击【块编辑器】选项卡上的关闭按钮，出现确认对话框，单击 是(Y) 按钮完成块参照更新。

关于参照编辑在第 10 章第 3 节有详细介绍。

9.6　外部块的建立

上面所讲到的创建图块的方法，只能在所建图块的图形文件中直接使用，不能在别的图形文件中使用。若想把块共享，使图块在 AutoCAD 中的任何图形文件中都能使用，用什么方法呢？这就是这一节要讲的外部块的建立，它的命令是【WBlock】，它只能执行键盘输入，建立了外部块，相当于建立了一个单独的图形文件。

还可以使用后面讲到的 AutoCAD 设计中心来共享其他文件中的块。

在命令行输入“Wblock”或简写“W”，将弹出【写块】对话框，如图 9-31 所示。

1.【源】选项区

用于选择组成外部块的图形对象类型。

【块】：将已经定义好的内部块保存为外部块，可以在右边的下拉列表中选择已经定义好的内部块。如果当前图形中没有内部块，则该选项不可用。

【整个图形】：将当前的全部图形保存为外部块。

【对象】：用户可以选择对象来定义成外部块。

2.【基点】选项区

确定块的基点，操作方法与内部块一样。注意当在【源】选项区选择【块】和【整个图形】时，该选项区无效。

对于整个图形保存为外部块时，块的基点默认为坐标原点，用户可以使用“Base”命令指定图形基点。

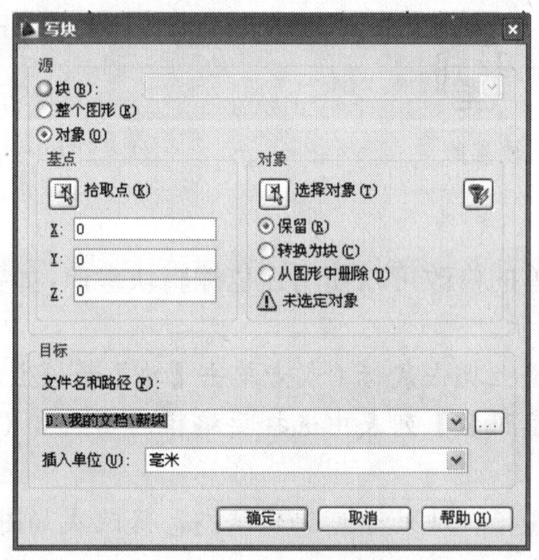

图 9-31 【写块】对话框

3.【对象】选项区

选择组成外部块的图形对象，操作方法与内部块一样。注意当在【源】选项区选择【块】和【整个图形】选项时，该选项区无效。

4.【目标】选项区

用于保存外部块文件设置。

【文件名和路径】：在文本框中输入要保存的文件名和路径。或者单击按钮[...]出现【浏览图形文件】对话框，在对话框中指定要保存的文件名和路径。这里假设在“E:\AutoCAD 2009”

文件夹下保存一个文件名为“外部块 .dwg”的外部块，如图 9-32 所示，单击保存(S)按钮关闭对话框。

图 9-32 【浏览图形文件】对话框

各选项设置完成后，单击确定按钮，完成外部块的创建。下面来看怎样插入外部块。

单击插入块命令按钮，出现【插入】对话框，单击浏览(B)...按钮，出现【选择图形文件】对话框，如图 9-33 所示，在“E:\autoCAD 2009”文件夹下选择文件“外部块.dwg”，单击打开(O)按钮就可以把这个外部块装载到【名称】下拉列表中。其余的步骤与内部块的操作一样，这里就不再重复。

同理，利用【插入】对话框可以插入外部文件，不过插入的基点是原点，用户可以在外部文件中利用“Base”命令设置基点，然后保存文件。这样可以改变插入外部文件的基点。

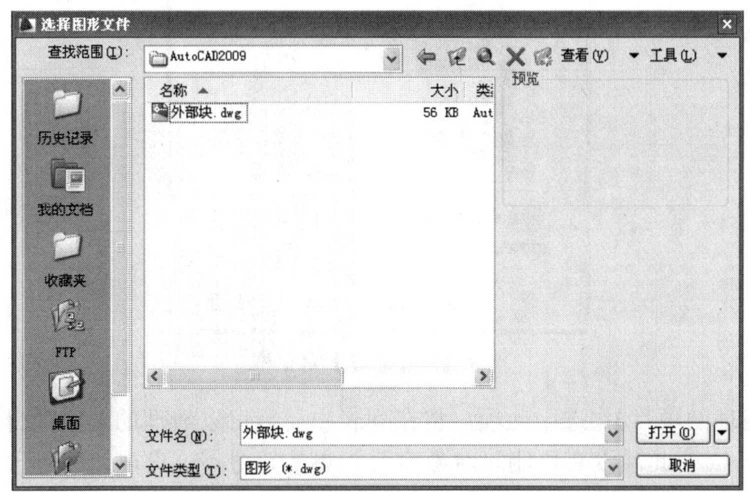

图 9-33 【选择图形文件】对话框

9.7 图块与层的关系

图块可以由绘制在多个图层上的对象构成。AutoCAD 将图层的信息保存在图块中。插入图块时，AutoCAD 有如下约定：

- 插入后，原来位于 0 层上的对象将被绘制在当前层，并按当前层的颜色与线型显示。
- 对于块中其他图层上的对象，若块中有与图形图层同名的层，块中该层上的对象仍绘制在图中的同名层上，并按图中该图层的颜色与线型绘制。块中其他图层上的对象仍在原来的层上绘制，并且给当前图形文件增加相应的图层。
- 如果插入的图块是由位于不同图层上的对象组成，那么冻结某个图层后，此图层上属于图块上的对象就会不可见，其余仍然是可见的。但当插入块时为当前层的图层被冻结时，不管图块中各对象处于哪一个图层，整个图块将全部不可见。

9.8 清理块

要减少图形文件大小，可以删除掉未使用的块定义。通过擦除可从图形中删除块参照；但是，块定义仍保留在图形的块定义表中。要删除未使用的块定义并减小图形文件，请在绘图过程中的任何时候都使用 PURGE 命令。

在命令行中输入“purge”，就会出现【清理】对话框，如图 9-34 所示。利用这个对话框可以清理没有使用的标注样式、打印样式、多线样式、块、图层、文字样式、线型等定义。

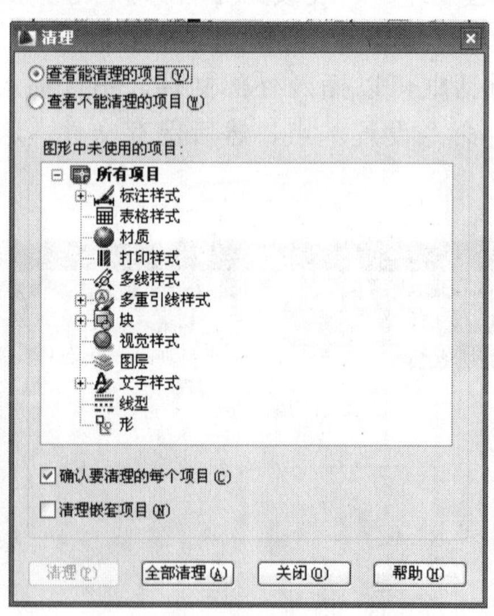

图 9-34 【清理】对话框

【查看能清理的项目】：选中此项，将在列表中显示可以清理的对象项目。如果项目前面没有符号⊞，表明此项没有可删除对象定义。单击符号⊞，出现该项包含的所有可删除对象定义。选择某个要删除的对象定义，然后单击 清理(P) 按钮，该对象定义就会被删除。单击 全部清理(A) 按钮，将删除所有可以清理的对象定义。

【查看不能清理的对象】：选中此项，将在列表中显示不能清理的对象定义。

【确认要清理的每一个项目】：选中此项，AutoCAD 将在清理每一个对象定义时给出警告信息，如图 9-35 所示，要求用户确认是否删除，以防误删。

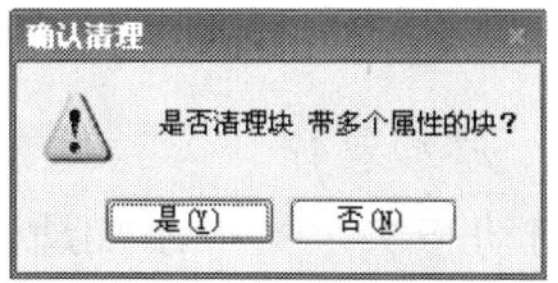

图 9-35　警告对话框

【清理嵌套项目】：选中此项，从图形中删除所有未使用的对象定义，即使这些对象定义包含在或被参照于其他未使用的对象定义中。显示【确认清理】对话框，可以取消或确认要清理的项目。

只能删除未使用的块定义。

9.9　动态块

动态块是 AutoCAD 2006 后版本的功能，它具有灵活性和智能性。用户在操作时可以轻松地更改图形中的动态块参照。可以通过自定义夹点或自定义特性来操作动态块参照中的几何图形。这使得用户可以根据需要在位调整块，而不用插入一个新块或重定义现有的块。

9.9.1　创建动态块的过程

为了创建高质量的动态块，以便达到用户的预期效果，建议按照下列步骤进行操作。此过程有助于用户高效编写动态块。

1. 在创建动态块之前规划动态块的内容

在创建动态块之前，应当了解其外观以及在图形中的使用方式。确定当操作动态块参照时，块中的哪些对象会更改或移动。另外，还要确定这些对象将如何更改。例如，用户可以创建一个可调整大小的动态块。这些因素决定了添加到块定义中的参数和动作的类型，以及如何使参数、动作和几何图形共同作用。

2. 绘制几何图形

可以在块编辑器中绘制动态块中的几何图形。也可以使用图形中的现有几何图形或现有的块定义。

3. 了解块元素如何共同作用

在向块定义中添加参数和动作之前，应了解它们相互之间以及它们与块中的几何图形的相关性。在向块定义添加动作时，需要将动作与参数以及几何图形的选择集相关联。此操作将创建相关性。向动态块参照添加多个参数和动作时，需要设置正确的相关性，以便块参照在图形中能正常工作。

例如，用户要创建一个包含若干对象的动态块。其中一些对象关联了拉伸动作。同时用户还希望所有对象围绕同一基点旋转。在这种情况下，应当在添加其他所有参数和动作之后添加旋转动作。如果旋转动作没有与块定义中的其他所有对象（几何图形、参数和动作）相关联，那么块参照的某些部分可能不会旋转，或者操作块参照时可能会造成意外结果。

4. 添加参数

按照命令行上的提示向动态块定义中添加适当的参数。使用块编写选项板的【参数集】选项卡，可以同时添加参数和关联动作。

5. 添加动作

向动态块定义中添加适当的动作。按照命令行上的提示进行操作，确保将动作与正确的参数和几何图形相关联。

6. 定义动态块参照的操作方式

用户可以指定在图形中操作动态块参照的方式。可以通过自定义夹点和自定义特性来操作动态块参照。在创建动态块定义时，用户将定义显示哪些夹点以及如何通过这些夹点来编辑动态块参照。另外还指定了是否在【特性】选项板中显示出块的自定义特性，以及是否可以通过该选项板或自定义夹点来更改这些特性。

7. 保存块然后在图形中进行测试

保存动态块定义并退出块编辑器。然后将动态块参照插入到一个图形中，并测试该块的功能。

9.9.2 创建可以拉伸的动态块

（1）在文件中创建一个螺栓块，执行【工具】/【块编辑器】菜单命令，出现如图 9-36 所示的【编辑块定义】对话框，在【要创建或编辑的块】列表中选择“螺栓”。

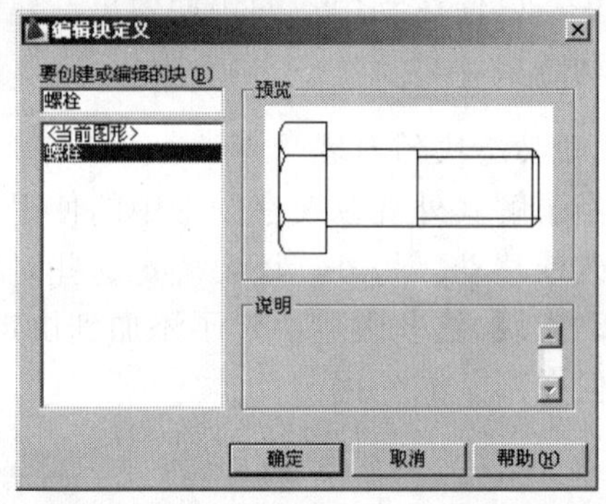

图 9-36 【编辑块定义】对话框

（2）单击 确定 按钮，进入块编辑器。在【块编辑选项板】的【参数】选项卡中，单击【线性参数】工具，根据提示标注螺栓的长度，如图 9-37 所示。

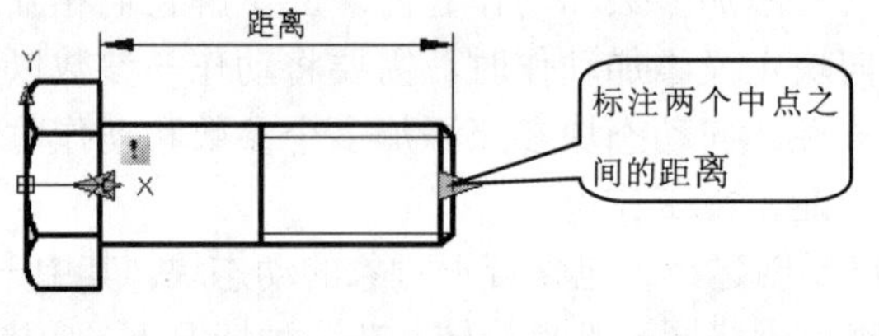

图 9-37 标注参数

（3）在参数上使用快捷菜单中的【特性】选项，打开【特性】对话框，如图 9-38 所示。

用户可以修改参数名称、值集和夹点显示的数目。由于我们设计的动态块只有向右拉伸的动作，这里选择夹点数目为“1”。设置完毕，参数显示如图 9-39 所示。

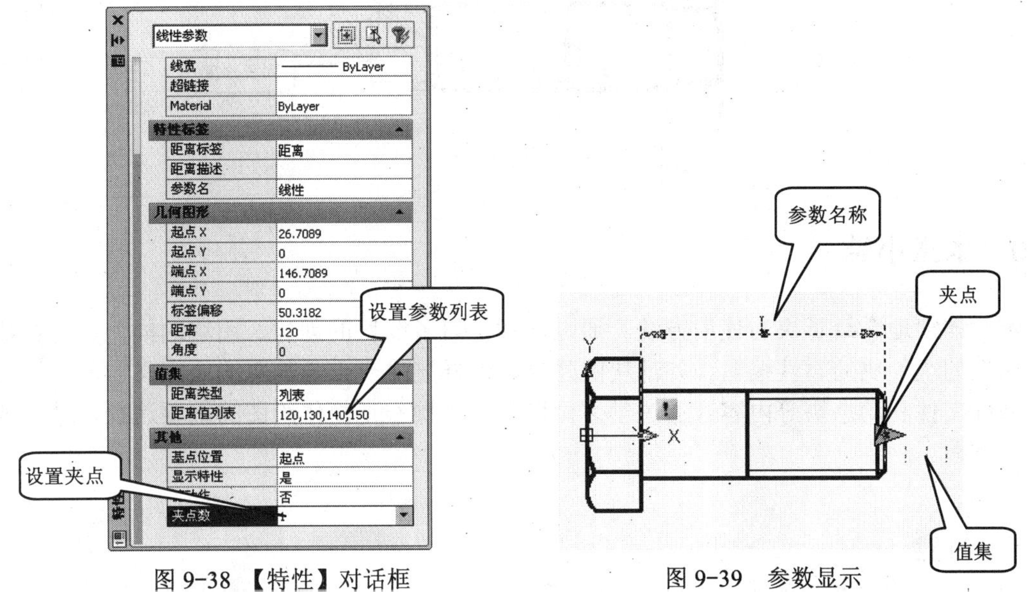

图 9-38 【特性】对话框　　图 9-39　参数显示

（4）在【块编辑选项板】的【动作】选项卡中，单击【拉伸动作】工具，首先选择参数：“1”，捕捉螺栓的右边中点作为与动作关联的参数点。然后指定拉伸框架，用鼠标自右向左拖出一个框，如图 9-40 所示。指定要拉伸的对象，如图 9-41 所示。

注意：如果选择对象完全包含在拉伸框架中，它将执行移动动作。

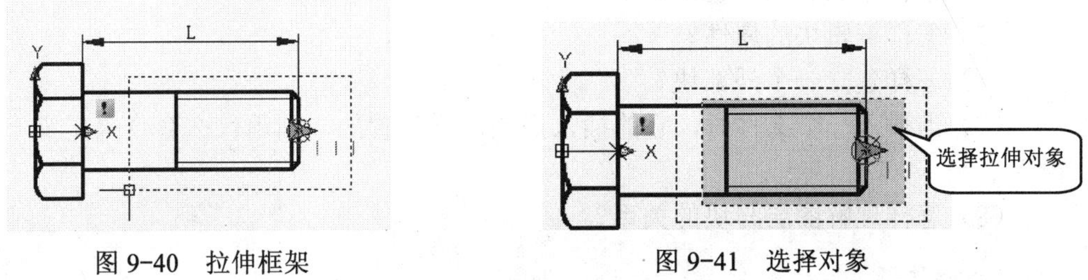

图 9-40　拉伸框架　　图 9-41　选择对象

（5）结束对象选择，在合适位置单击鼠标放置动作标签，如图 9-42 所示。

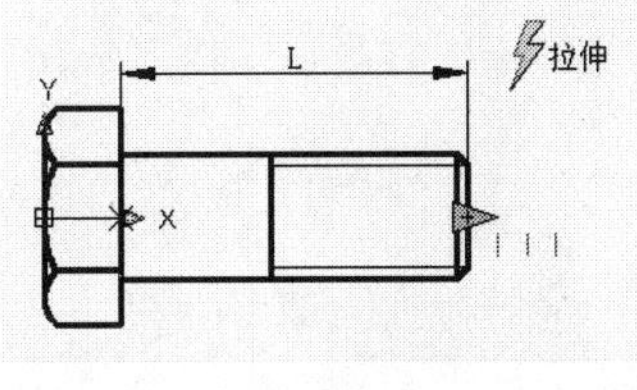

图 9-42　动作标签

（6）关闭块编辑器，保存块定义。

（7）在图形文件中插入刚建立的动态块进行测试，单击鼠标，选择插入的块会出现拉伸夹点，如图 9-43 所示，在拉伸夹点上单击鼠标，然后移动鼠标会发现螺栓的长短随着设置的刻度改变。

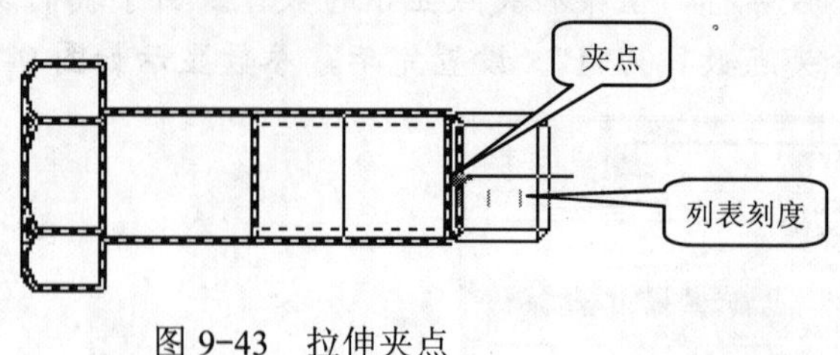

图 9-43　拉伸夹点

9.10　本章小结

本章详细地介绍了块的使用方法。通过本章学习了图块的创建、图块的插入、怎样建立有属性的块、块的属性编辑、外部块的建立、怎样删除一个未使用的块定义、怎样插入一个外部文件和动态块等内容。通过学习可以看到块操作是简化绘图的重要途径，希望能够熟练掌握。

9.11　习题

1. 概念题

（1）哪个命令用来建立块？

（2）利用什么命令来插入块？

（3）定义块的插入点有什么好处？

（4）怎样建立有属性的块？

（5）怎样编辑块的属性？

（6）怎样建立一个外部块？

（7）当插入一个文件时，它的插入点是怎样配置的，利用什么命令来定义一个文件的插入点？

（8）怎样理解图层与块的关系？

2. 操作题

（1）绘制一个标题栏，把它定义为一个带属性的块。

（2）创建一个螺母动态块。

第10章　外 部 参 照

本章将介绍外部参照。外部参照就是把已有的图形文件插入到当前图形中，但外部参照不同于块，也不同于插入文件。块与外部参照的主要区别是：一旦插入了某块，此块就成为当前图形的一部分，可在当前图形中进行编辑，而且将原块修改后对当前图形不会产生影响。而以外部参照方式将图形文件插入到某一图形文件（此文件称为主图形文件）后，被插入图形文件的信息并不直接加入到主图形文件中，主图形文件中只是记录参照的关系，对主图形的操作不会改变外部参照图形文件的内容。当打开有外部参照的图形文件时，系统会自动地把各外部参照图形文件重新调入内存并在当前图形中显示出来，且该文件保持最新的版本。

外部参照功能不但使用户可以利用一组子图形构造复杂的主图形，而且还允许单独对这些子图形作各种修改。当作为外部参照的子图形发生变化时，重新打开主图形文件后，主图形内的子图形也会发生相应的变化。另外本章还要讲述怎样在当前图形中插入光栅图像，光栅图像也可以被认为是一种外部参照。

【本章重点】

- 使用外部参照；
- 使用光栅图像。

10.1　插入外部参照

插入外部参照操作是将外部图形文件以外部参照的形式插入到当前图形中。单击如图10-1所示的【参照】工具栏上附着外部参照命令按钮，弹出如图10-2所示的【选择参照文件】对话框。

图10-1　【参照】工具栏

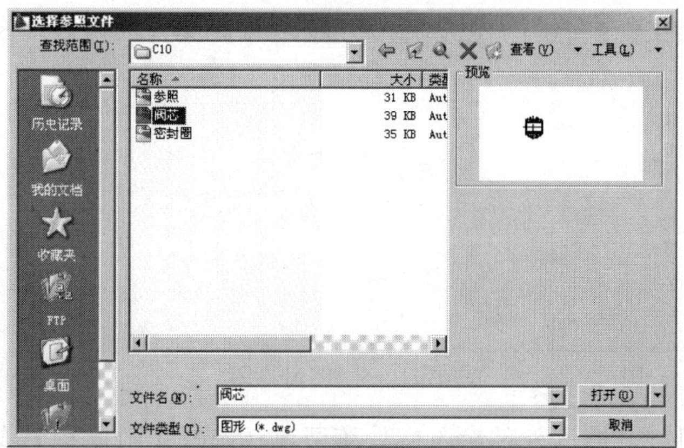

图10-2　【选择参照文件】对话框

在该对话框中定位并选择需要插入的外部参照文件，然后单击 打开(O) 按钮，AutoCAD 弹出如图 10-3 所示的【外部参照】对话框。

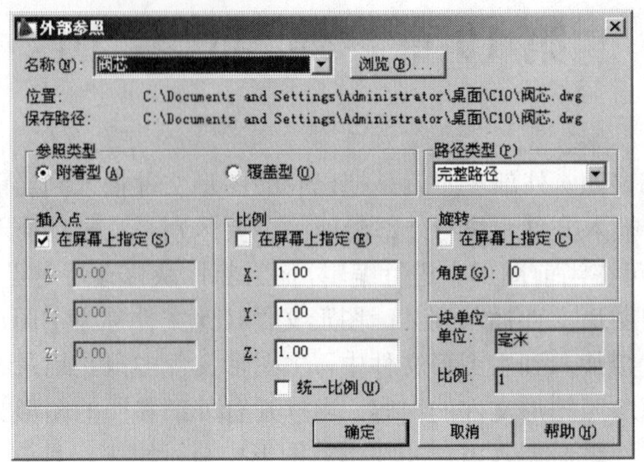

图 10-3 【外部参照】对话框

对话框中各主要选项的功能如下：

1. 【名称】

下拉列表框中显示需要插入的外部参照文件的名称。如果需要改变参照文件，可以单击右边的 浏览(B)... 按钮，重新打开【选择参照文件】对话框并选择需要的外部参照文件。

2. 【路径类型】

指定外部参照的保存路径是绝对路径、相对路径，还是无路径。将路径类型设置为【相对路径】之前，必须保存当前图形。对于嵌套的外部参照，相对路径通常是指其直接宿主的位置，而不一定是当前打开的图形位置。

如果参照的图形位于另一个本地磁盘驱动器或网络服务器上，【相对路径】选项不可用。

3. 【参照类型】选项区

确定外部参照的类型，有【附加型】和【覆盖型】两种选择。下面举例来看一下两者的区别。

首先制作三个文件：练习一、练习二和练习三。文件的内容如图 10-4、图 10-5 和图 10-6 所示。

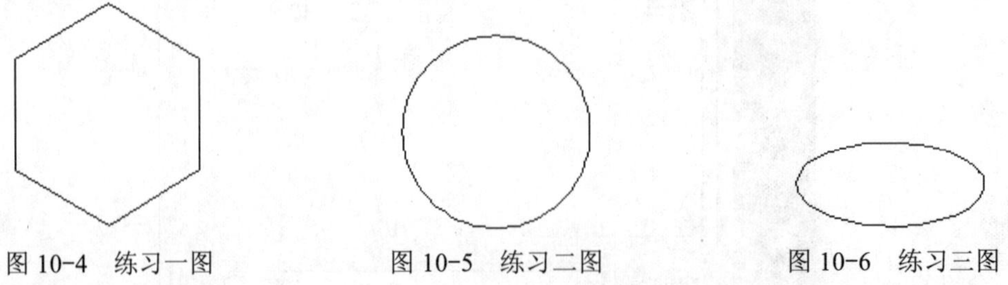

图 10-4　练习一图　　图 10-5　练习二图　　图 10-6　练习三图

打开文件练习二，插入外部参照文件练习三（选择【附加型】或【覆盖型】），得到图 10-7，保存文件名为“练习四”。

打开文件练习一，插入外部参照文件练习四，如果练习四采用的参照类型为【附加型】，则得到如图 10-8 所示的图形，即显示出嵌套参照中的嵌套内容。

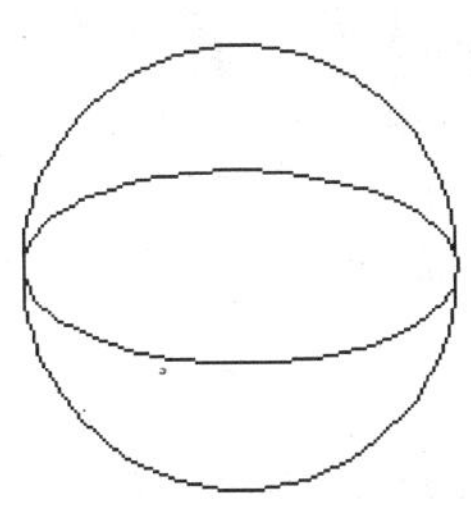

图 10-7　练习四

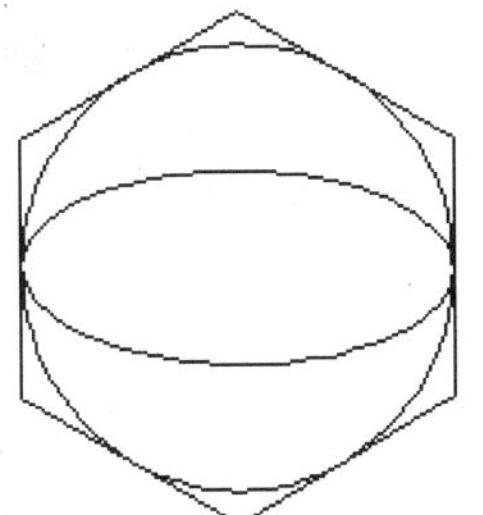

图 10-8　使用【附加型】选项

如果练习四采用的参照类型为【覆盖型】，则得到如图 10-9 所示的图形，即不显示嵌套参照中的嵌套内容。

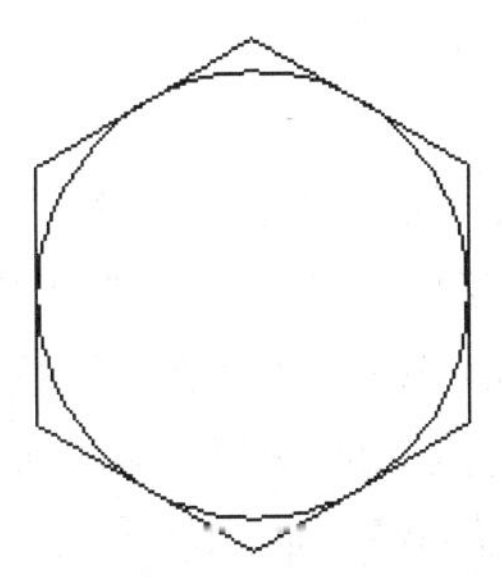

图 10-9　使用【覆盖型】选项

4.【插入点】选项区

确定参照图形的插入点。用户可以直接在【X】、【Y】、【Z】文本框中输入插入点的坐标，也可以选择【在屏幕上指定】复选框，这样可以在屏幕上利用鼠标直接指定插入点。

5.【比例】选项区

确定参照图形的插入比例。用户可以直接在【X】、【Y】、【Z】文本框中输入参照图形的三方向的比例，也可以选择【在屏幕上指定】复选框，这样可以在屏幕上直接指定参照图形三方向比例。

6.【旋转】选项区

确定参照图形插入时的旋转角度。用户可以直接在【旋转】文本框中输入参照图形需要旋转的角度，也可以选择【在屏幕上指定】复选框，这样可以在屏幕上直接指定参照图形的旋转角度。

设置完毕后单击 确定 按钮，就可以按照插入块的方法插入外部参照。

插入外部参照可以通过下拉菜单【插入】/【DWG 参照】来执行。

10.2　外部参照管理

假设一张图中使用了外部参照，用户要知道外部参照的一些信息，如参照名、状态、大小、类型、日期、保存路径等，或者要对外部参照进行一些操作如附着、拆离、卸载、重载、绑定等，这就需要使用外部参照管理器。它的作用就是在图形文件中管理外部参照，下面来具体看一下外部参照管理器的用法。

假设在当前图形中使用了外部参照，单击【参照】工具栏上的外部参照按钮，打开【外部参照】选项板，如图 10-10 所示。如果看不全各项的内容，可以移动鼠标到项目中间的竖线上，当鼠标指针变为形状✚时，按住鼠标左键左右拖动就可以看到各项的内容。

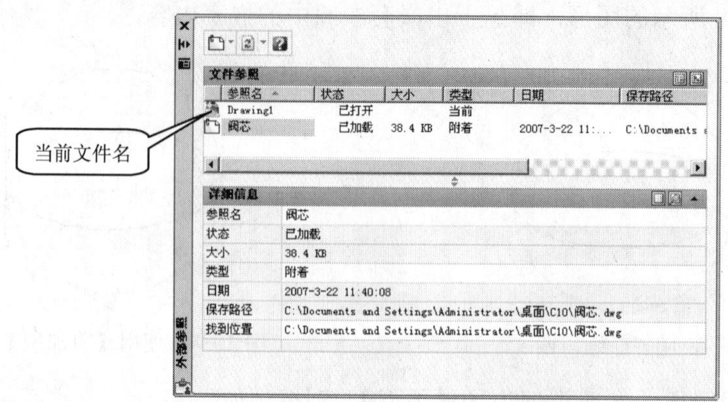

图 10-10 【外部参照管理器】对话框

1. 状态栏各选项含义

【参照名】：显示当前图形外部参照图形文件的名字。

【状态】：显示外部参照的状态，可能的状态有已加载、卸载、未参照、未找到、未融入或已孤立或标记为卸载或重载。

【大小】：显示各参照文件的大小。如果外部参照被卸载、未找到或未融入，则不显示其大小。

【类型】：显示各参照文件的参照类型。参照类型有两种，即附加型和覆盖型。

【日期】：显示关联的图形的最后修改日期。如果外部参照被卸载、没有找到或未融入，则不显示此日期。

【保存路径】：显示参照文件的存储路径。

2. 按钮

如果在参照列表中没有选择外部参照，单击此按钮会弹出【选择参照文件】对话框，从中选择要参照的文件，单击 打开(O) 按钮，AutoCAD 弹出如图 10-3 所示的【外部参照】对话框，按照上节讲述的方法可以插入一个新的外部参照。

3. 附着

在参照列表中某个外部参照上单击鼠标右键，在出现的快捷菜单上选择【附着】选项，将直接显示【外部参照】对话框，用户可以插入此参照。

4. 拆离

在参照列表中某个外部参照上单击鼠标右键，在出现的快捷菜单上选择【拆离】选项，该选项的作用是从当前图形中移去不再需要的外部参照。单击该选项删除外部参照，与用 Erase 命令在屏幕上删除一个参照对象不同。用 Erase 命令在屏幕上删除的仅仅是外部参照的一个引用实例，但图形数据库中的外部参照关系并没有被删除。而【拆离】选项不仅删除了屏幕上的所有外部实例，而且彻底删除了图形数据库中的外部引用关系。

5. 卸载与重载

在参照列表中某个外部参照上单击鼠标右键，在出现的快捷菜单上选择【卸载】选项，可以从当前图形中卸载该外部参照，但卸载后仍保留外部参照文件的路径。这时【状态】显示所参照文件的状态是“已卸载”。当希望再参照该外部文件时，可以在该外部参照上单击鼠标右键，在出现的快捷菜单上选择【重载】选项即可重新装载。

6. 绑定

在参照列表中某个外部参照上单击鼠标右键，在出现的快捷菜单上选择【绑定】选项，打开【绑定外部参照】对话框，如图 10-11 所示。

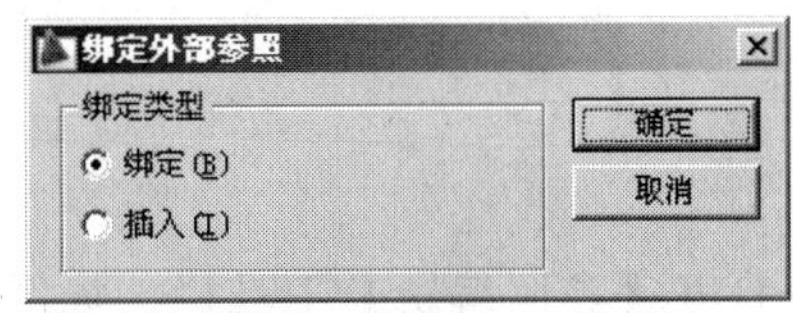

图 10-11 【绑定外部参照】对话框

若选择绑定类型为【绑定】，则选定的外部参照及其依赖符号（如块、标注样式、文字样式、图层和线型等）成为当前图形的一部分。

7. 打开

在参照列表中某个外部参照上单击鼠标右键，在出现的快捷菜单上选择【打开】选项，在新建窗口中打开选定的外部参照进行编辑。

8. 和按钮

单击这两个按钮或者按 F3 和 F4 键实现列表图或树状图形式的切换。如图 10-12 所示是树状图形式显示。

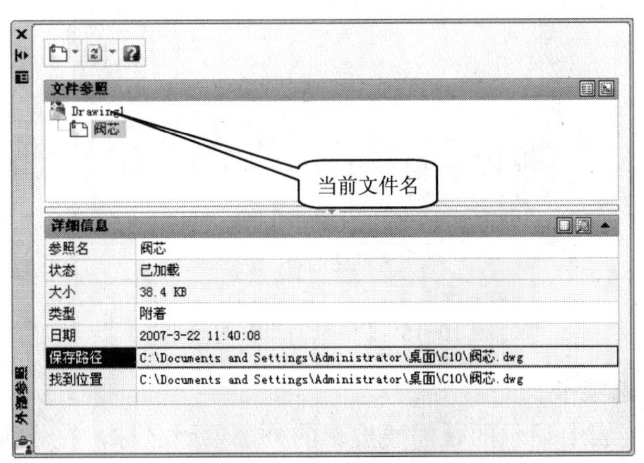

图 10-12　树状图

使用【插入】/【外部参照管理器】菜单命令可以打开【外部参照管理器】对话框。

10.3　修改外部参照

已经创建好的外部参照对象有两种修改方法，第一种方法是打开外部参照的源文件，修改并保存，这时目标文件中的外部参照对象就会自动更新。第二种方法可以在目标文件中直接修改外部参照。本节主要讲述怎样在目标文件中修改外部参照。

如图 10-13 所示是一个参照嵌套的例子（前面保存的练习四）。

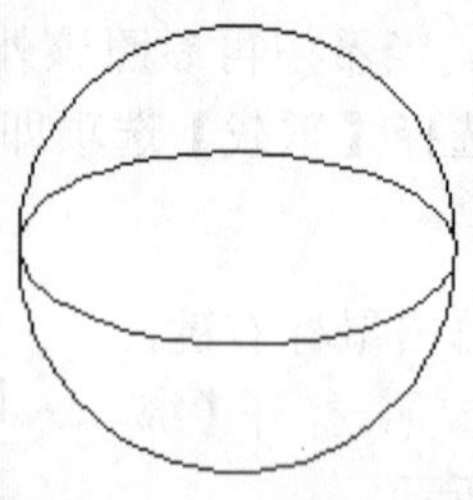

图 10-13 参照嵌套

打开【参照编辑】工具栏，如图 10-14 所示。单击【参照编辑】工具栏上的在位编辑参照命令按钮，在系统提示下选择要进行编辑的参照对象，弹出【参照编辑】对话框，如图 10-15 所示。

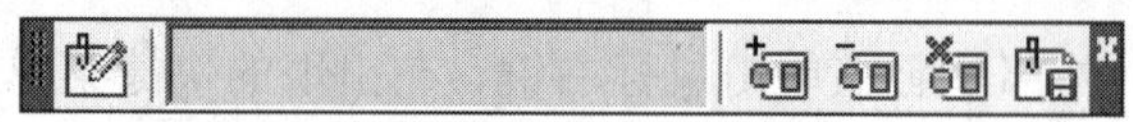

图 10-14 【参照编辑】工具栏

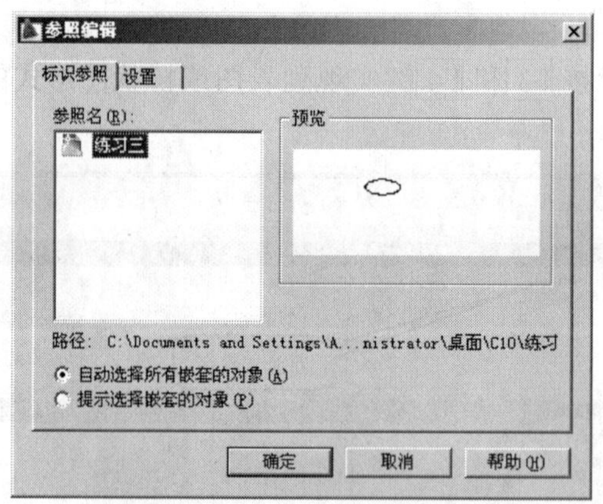

图 10-15 【参照编辑】对话框

1.【标识参照】选项卡

【参照名】下拉列表中显示的是需要编辑的外部参照名称，在【预览】窗口中显示外部参照文件图形的预览效果。

【路径】：显示选定参照的文件位置。如果选定参照是一个块，则不显示路径。

还有两个复选项可供选择：

【自动选择所有嵌套的对象】：控制嵌套对象是否自动包含在参照编辑任务中。如果选中此选项，则选定参照中的所有对象将自动包括在参照编辑任务中。

【提示选择嵌套的对象】：控制是否逐个选择包含在参照编辑任务中的嵌套对象。如果选中此选项，关闭【参照编辑】对话框并进入参照编辑状态后，AutoCAD 将提示用户在要编辑的参照中选择特定的对象。

2.【设置】选项卡

【设置】选项卡如图 10-16 所示，其中有三个选项：

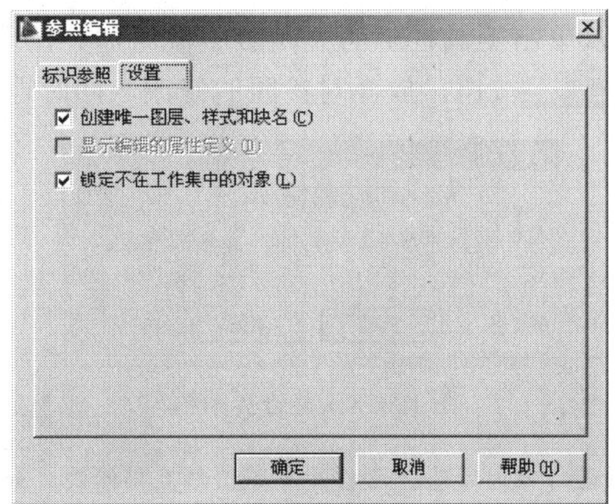

图 10-16 【设置】选项卡

【创建唯一图层、样式和块名】：控制从参照中提取的对象的图层和符号名称是唯一的还是可修改的。如果选择【启用唯一图层和符号名】选项，则图层和符号名被改变（在名称前添加$#$前缀），与绑定外部参照时修改它们的方法类似。如果不选择【启用唯一图层和符号名】选项，则图层和符号名与参照图形中的一致。

【显示编辑的属性定义】：控制编辑参照期间是否提取和显示块参照中所有可变的属性定义。此选项对外部参照和没有属性定义的块参照不起作用。

【锁定不在工作集中的对象】：锁定所有不在工作集中的对象。从而避免用户在参照编辑状态时意外地选择和编辑宿主图形中的对象。锁定对象的过程与锁定图层上的对象类似。如果试图编辑锁定的对象，它们将从选择集中过滤。

一次只能在位编辑一个参照。

这里在【参照名】列表中选择【练习三】，其他不做修改，单击 确定 按钮，这时可以发现，除了选中的图形对象，其他图形显示为灰色，并且不可编辑。所有选中的图形对象形成一个工作集，只能对工作集中的图形进行编辑，如图 10-17 所示。用户可以单击【参照编辑】工具栏上的添加到工作集按钮，选择灰色的图形对象，将它加入工作集。也可以单击从工作集中删除按钮，选择当前工作集中的图形对象，从工作集中删除。

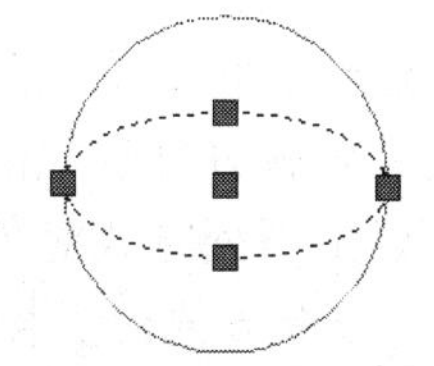

图 10-17 【练习三】参照处于编辑状态

确定工作集之后用户就可以进行编辑了，可以用修改命令对所选择的图形对象进行修改了，也可以使用绘图命令绘制新的对象，它们会自动添加到工作集中，还可以选择原有的非参照对象添加到选择集。

修改完成之后，单击工具栏上的保存参照编辑按钮，退出编辑状态，同时将所有的修改保存到外部参照的源文件。

在存回修改时，从工作集中删除的对象将从参照中删除，并添加到主图形中，而添加到工作集中的对象将从主图形中删除，并添加到参照中。

如果要放弃修改，可以单击工具栏上的关闭参照按钮，出现 AutoCAD 警告提示框，如图 10-18 所示，单击 确定 按钮，放弃对参照的修改，同时退出编辑状态。

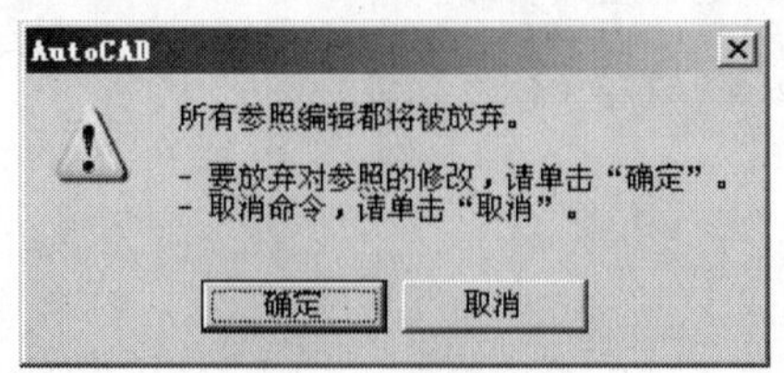

图 10-18　警告提示框

如果打算对参照进行较大修改，请打开参照图形直接修改。如果使用在位参照编辑进行较大修改，会使在位参照编辑任务期间当前图形文件的大小明显增加。

10.4　融入外部参照中的名称冲突

典型外部参照定义包括对象有直线和圆弧，另外还包括块、标注样式、图层、线型和文字样式的依赖外部参照的定义。附着外部参照时，AutoCAD 通过以下方法区分依赖外部参照的命名图形的名称和当前图形中的名称：在名称前添加外部参照图形名和竖线符号（|）。例如，如果某个依赖外部参照的命名对象是名为 stair.dwg 的外部参照图形中名为 STEEL 的图层，则它在图层特性管理器中将以 STAIR|STEEL 名称列出。

如果参照的图形文件已被修改，则依赖外部参照的命名对象的定义也将被修改。例如，如果参照图形已被修改，来自该参照图形的图层名也将更改。如果该图层名从参照图形中被清除，它甚至会消失。这就是 AutoCAD 不允许用户直接使用依赖外部参照的图层或其他命名对象的原因。例如，不能插入依赖外部参照的块，或将依赖外部参照的图层设置为当前图层并在其中创建新对象。

要避免这种对依赖外部参照的命名对象的限制，可以将其绑定到当前图形。绑定可以使选定的依赖外部参照的命名对象成为当前图形的永久部分。

可以用下列方式对外部参照对象定义进行绑定：

- 命令方式：直接输入命令 XBIND 或缩写 XB;
- 菜单方式：下拉菜单【修改】/【对象】/【外部参照】/【绑定】;
- 工具栏方式：单击【参照】工具栏上的外部参照绑定命令按钮。

（1）打开练习四，启动绑定命令后，出现如图 10-19 所示的【外部参照绑定】对话框。

（2）对话框左边显示了当前图形中已创建的所有外部参照的列表。

（3）单击某外部参照对象前面的“+”符号，或者直接双击该参照对象名称，可以展开该外部参照对象文件包含的图块、文本样式、标注样式、图层、线型等的树状图，如图 10-20 所示。

（4）选择需要绑定的属性（如练习三|轮廓线），单击 添加(A) -> 按钮，将该属性添加到右边的【绑定定义】列表框中，该属性的信息就被绑定到当前图形的内部。如果需要删除某个已经绑定的属性，首先选中该属性，然后单击 <- 删除(R) 按钮，则该属性从【绑定定义】列表框中被删除。

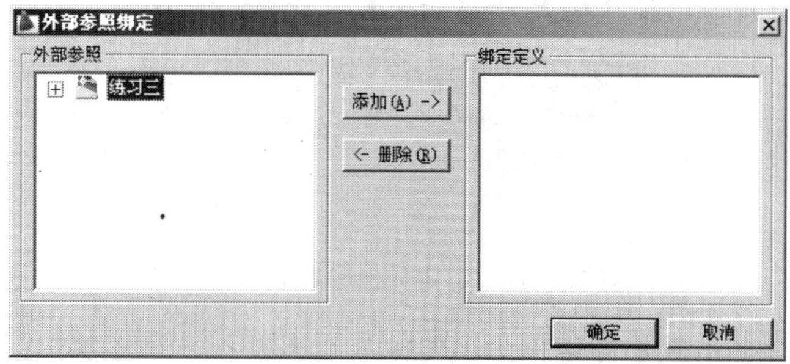

图 10-19 【外部参照绑定】对话框

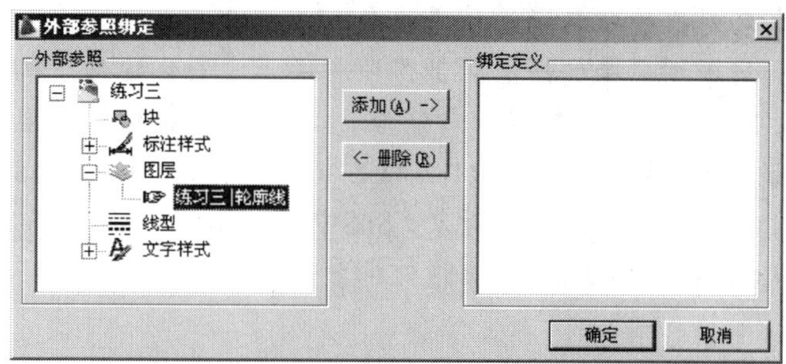

图 10-20 【外部参照绑定】对话框的树状图

(5) 完成上述设置后，单击 确定 按钮，完成绑定操作。

通过绑定将依赖外部参照的命名对象合并到图形中后，可以像使用图形自身的命名对象一样使用它。绑定依赖外部参照的命名对象后，AutoCAD 会从每个对象名称中删除竖线符号（|）并使用由数字（通常为零）分隔的两个美元符号（$$）替换它。例如，参照图层“练习三|轮廓线”将变为“练习三0轮廓线”。这时可以将“练习三0轮廓线”改为其他名字。

10.5 外部参照绑定

将包含外部参照的最终图形归档时，有两种选择：

- 将外部参照图形与最终图形一起存储；
- 将外部参照图形绑定至最终图形。

将外部参照与最终图形一起存储要求图形总是保持在一起。对参照图形的任何修改将继续反映在最终图形中。

要防止修改参照图形时更新归档图形，请将外部参照绑定到最终图形。

将一个外部参照对象转变为一个外部块文件的过程，称为绑定。绑定以后，外部参照变成了一个外部块对象，图形信息将永久性地写入当前文件内部，形成当前文件的一部分。

将外部参照绑定到当前图形的步骤如下：

(1) 单击【参照】工具栏上的外部参照按钮，出现【外部参照】选项板。

(2) 在【外部参照】选项板参照列表中选择一个外部参照，单击鼠标右键，在快捷菜

单上选择【绑定】选项，出现【绑定外部参照】对话框，如图 10-21 所示。

图 10-21 【绑定外部参照】对话框

（3）在【绑定外部参照】对话框中，选择下列选项之一：

● 【绑定】：将外部参照中的对象转换为块参照，绑定方式改变外部参照的定义表名称。外部参照依赖命名对象的命名语法从【块名|定义名】变为【块名n定义名】。在这种情况下，将为绑定到当前图形中的所有外部参照相关定义表创建唯一的命名对象。例如，如果有一个名为 FLOOR1 的外部参照，它包含一个名为 WALL 的图层，那么在绑定了外部参照后，依赖外部参照的图层 FLOOR1|WALL 将变为名为 FLOOR1$0$WALL 的本地定义图层。如果已经存在同名的本地命名对象，n中的数字将自动增加。在此样例中，如果图形中已经存在 FLOOR1$0$WALL，依赖外部参照的图层 FLOOR1|WALL 将重命名为 FLOOR1$1$WALL。

● 【插入】：将外部参照中的对象转换为块参照，插入方式则不改变定义表名称。外部参照依赖命名对象的命名不是使用"块名n符号名"语法，而是从名称中消除外部参照名称。对于插入的图形，如果内部命名对象与绑定的外部参照依赖命名对象具有相同的名称，符号表中不会增加新的名称，绑定的外部参照依赖命名对象采用本地定义的命名对象的特性。例如，如果有一个名为 FLOOR1 的外部参照，它包含一个名为 WALL 的图层，在用【插入】选项绑定后，依赖外部参照的图层 FLOOR1|WALL 将变为内部定义的图层 WALL。

（4）按 确定 按钮关闭【绑定外部参照】对话框。

外部参照已经绑定后将从【外部参照】选项板参照列表中消失。

10.6 更新外部参照

可以随时使用【外部参照】选项板中的刷新按钮对选定参照进行更新，以确保使用最新版本。另外打开图形时 AutoCAD 会自动重载每个外部参照，使其反映参照图形的最新版本。

将外部参照附着到图形时，AutoCAD 将定期检查从最后一次加载或重载外部参照时起参照的文件是否已经更改。

默认情况下，如果参照的文件已经更改，应用程序窗口的右下角（状态栏托盘）的外部参照图标旁将显示一个气泡信息，如图 10-22 所示。气泡信息将列出最多三个已更改的参照图形的名称，并且在信息可用时，还将列出使用外部参照的每个用户的姓名。

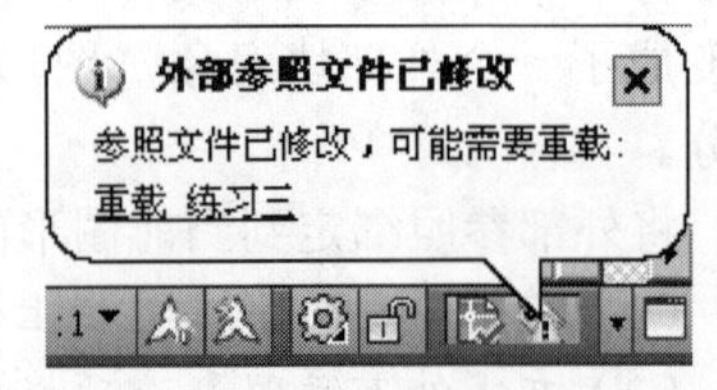

图 10-22 气泡信息

单击气泡信息中的参照名，或者单击带叹号的外部参照图标，将出现【外部参照】选项板，其中改变的参照会处在“需要重载”状态，如图 10-23 所示。

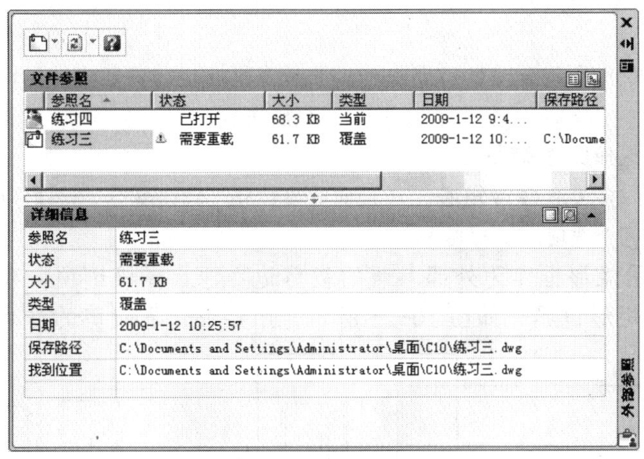

图 10-23　外部参照管理器

选择上述参照，使用右键快捷菜单的【重载】选项，这样参照就得以重载更新，这时状态栏托盘中的外部参照图标上的叹号消失。

10.7　外部参照剪裁

外部参照创建好后，其源文件的全部图形将插入到当前文件中。有时可能不希望显示全部外部参照图形，而只希望显示其中的一部分。AutoCAD 提供的外部参照剪裁命令 XCLIP 可以为外部参照对象建立一个封闭的边界，位于边界以内的参照对象将显示出来，而边界之外的参照对象则不会被显示。看上去外部参照对象如同沿着边界被剪裁过一样。

在实际应用中，外部参照的剪裁功能可以在一张图纸上同时绘制总体布局图和局部详图。绘制局部详图时，只需将源总体布局图以外部参照的形式插入当前图形，而且选用较大的显示比例，然后为该参照设置剪裁边界即可。

启动剪裁命令的方式有：

- 命令方式，直接输入命令 XCLIP 或缩写 XC；
- 菜单方式，下拉菜单修改/剪裁/外部参照；
- 工具栏方式，单击【参照】工具栏上的剪裁外部参照命令按钮。

插入外部参照如图 10-24 所示，单击剪裁外部参照命令按钮，命令行提示如下：

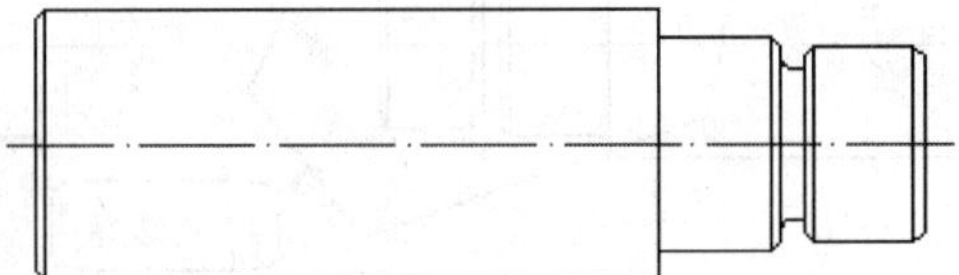

图 10-24　插入外部参照

命令：_xclip
选择对象：找到 1 个　　　　　　　　　选择需要进行裁剪的外部参照对象；
选择对象：　　　　　　　　　　　　　　回车结束选择；
输入剪裁选项
[开(ON)/关(OFF)/剪裁深度(C)/删除(D)/生成多段线(P)/新建边界(N)] <新建边界>:
　　　　　　　　　　　　　　　　　　直接回车；
指定剪裁边界或选择反向选项：
[选择多段线(S)/多边形(P)/矩形(R)/反向剪裁(I)] <矩形>:　　　指定剪裁边界。

指定裁剪边界有四个选项：

● 【矩形】：用矩形框作为外部参照的裁剪边界，选择该选项，系统提示选择矩形的两个对角点来确定矩形边界，如图 10-25 所示是用矩形边界裁剪的结果。

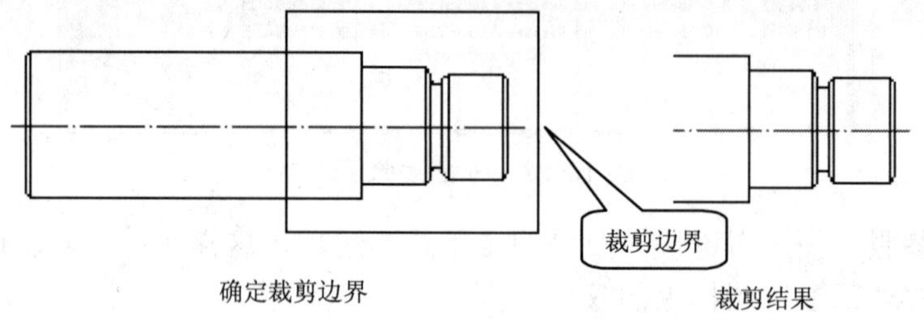

图 10-25　矩形裁剪

● 【选择多段线】：可以直接选择多段线作为裁剪边界，使用选定的多段线定义边界，此多段线可以是开放的，但是它必须由直线段组成并且不能自交。在裁剪操作之前，多段线应该绘制完成，执行裁剪命令，选择【选择多段线】选项后，系统提示选择多段线作为裁剪边界，裁剪结果如图 10-26 所示。

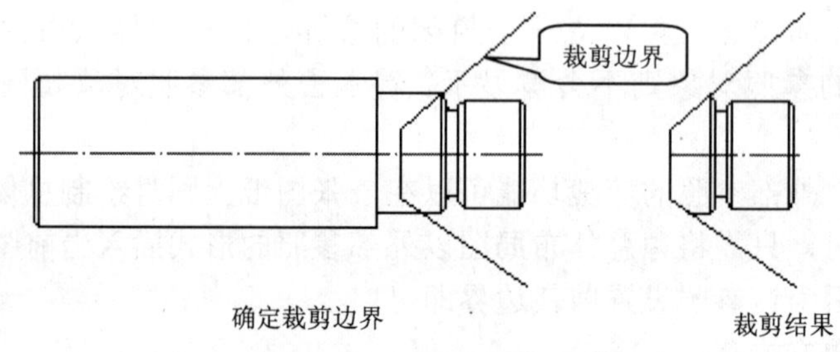

图 10-26　多段线裁剪结果

● 【多边形】：创建多边形作为裁剪边界，选择此选项，可以通过确定一系列顶点创建一个多边形作为裁剪边界，裁剪结果如图 10-27 所示。

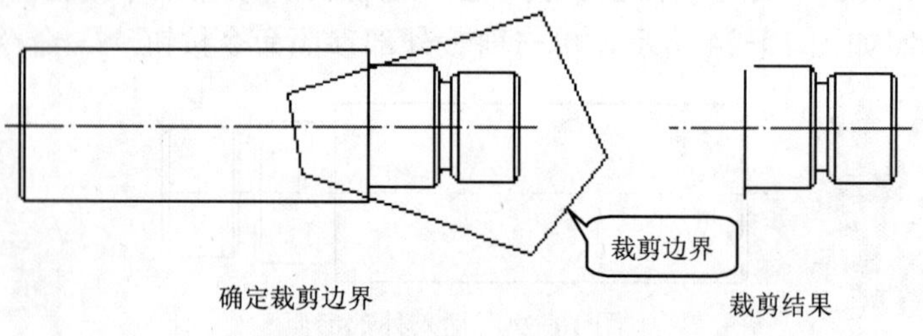

图 10-27　多边形裁剪结果

- 【反向剪裁】：选择此选项可以反向剪裁。

1. 裁剪显示控制

在裁减选项中选择【关】选项，将关闭裁减功能，显示全部的外部参照图形，用户要注意的是【关】选项只是显示控制，并没有删除裁剪边界。在裁减选项中选择【开】选项，可以显示外部参照的被剪裁部分，裁剪边界之外的区域将不再显示。

2. 删除裁剪边界

选择【删除】选项，可以删除已经定义的裁剪边界。

3. 绘制裁剪边界

选择【生成多段线】选项，系统自动绘制一条与剪裁边界重合的多段线。此多段线采用当前的图层、线型、线宽和颜色设置。

使用【参照】工具栏上的外部参照边框按钮，可以控制外部参照裁剪边界的可见性，如图 10-28 所示。

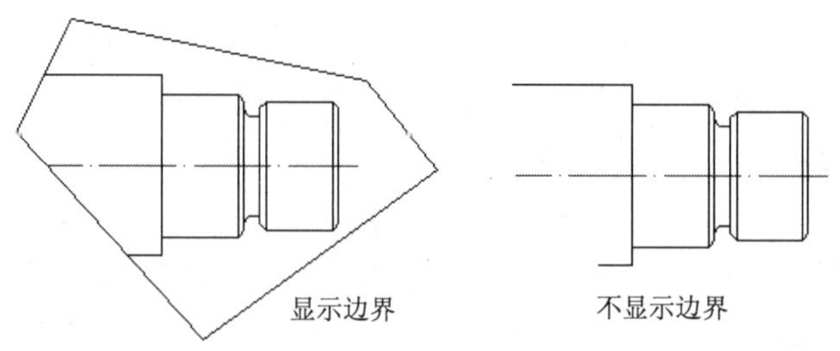

图 10-28　控制边界显示

10.8　融入丢失的外部参照文件

AutoCAD 存储了用于创建外部参照的图形的路径。每次加载或打印图形或者使用【外部参照】选项板中的重载所有参照按钮更新外部参照时，AutoCAD 将检查该路径以确定参照图形文件的名称和位置。如果图形文件的名称或位置有所更改，则 AutoCAD 无法重载外部参照。

如果 AutoCAD 在加载图形时不能加载外部参照，系统将显示一条错误信息。在下面例子中，AutoCAD 无法找到外部参照练习三。

融入外部参照“练习三”：C:\Documents and Settings\Administrator\桌面\C10\练习三.dwg

“练习三.dwg”未找到。

这时的【外部参照】选项板如图 10-29 所示，发现参照“练习三”处于未找到状态。

用户可以选择参照名，然后使用【详细信息】区的【找到位置】重新定位。

避免这些错误的方法是，确保将附着外部参照的文件给其他人时，还要给他们所有的参照文件。

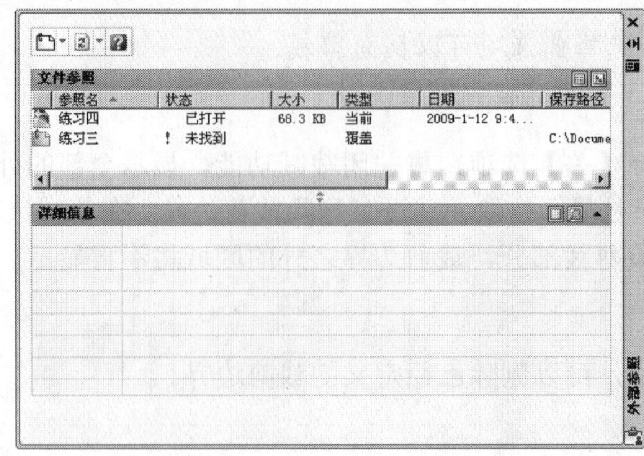

图 10-29 【外部参照管理器】对话框

10.9 光栅图像

利用【插入】/【光栅图像】命令可以插入外部的图像文件，这里的图像文件是位图文件，与 AutoCAD 文件格式不一样。AutoCAD 绘制的是矢量文件，位图文件是由无数像素点构成的，这样的图像又称为光栅图像。常用的光栅图像文件格式有：“.bmp”、“.tif”、“.jpg”、“.gif” 等。下面介绍光栅图像的插入、修改、裁剪等操作方法。

10.9.1 插入光栅图像

执行【插入】/【光栅图像参照】命令，或者单击【参照】工具栏上的附着图像命令按钮，出现【选择图像文件】对话框，如图 10-30 所示。选择要插入光栅图像文件后，单击 打开(O) 按钮，打开【图像】对话框，如图 10-31 所示，在该对话框中可以设置光栅图像文件的插入点位置、插入比例和旋转角度等，操作方法与外部参照一样，这里就不再重复。

图 10-30 【选择图像文件】对话框

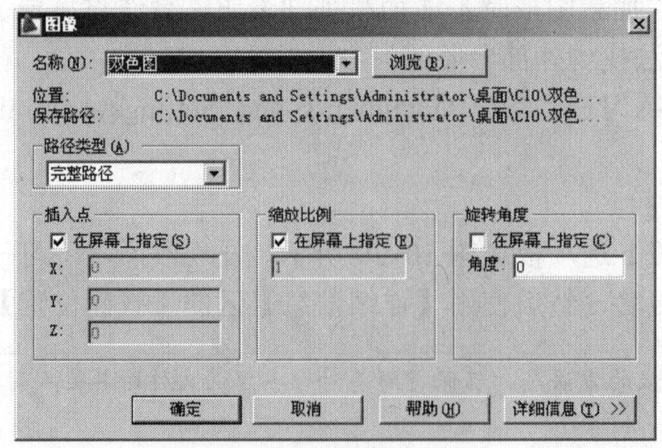

图 10-31 【图像】对话框

10.9.2 图像管理

单击【参照】工具栏上的外部参照按钮，就会打开【外部参照】选项板，如图 10-32 所示。可以进行图像文件的插入、拆离、重载、卸载等操作。

选中图像参照，在【详细信息】选项中选取显示图像的名称、保存路径、活动路径、文件创建时间、日期、文件大小、类型、颜色系统、颜色深度、以像素为单位的宽度和高度、分辨率等。

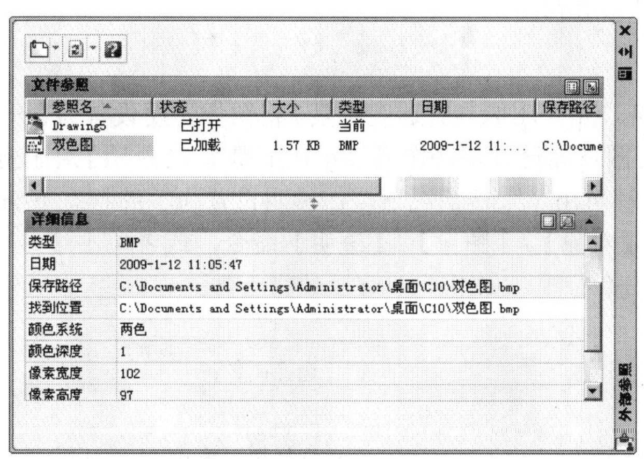

图 10-32 【图像管理器】对话框

10.9.3 编辑图像

对于插入的图像，用户可以对它进行亮度、对比度和褪色度的调整，也可以选择图像的显示质量。另外用户可以给图像加边框、裁剪对象和控制图像透明等。

1. 图像调整

执行【修改】/【对象】/【图像】/【调整】命令，或者单击【参照】工具栏上的图像调整命令按钮，系统提示选择图像，选择图像后弹出【图像调整】对话框，如图 10-33 所示。

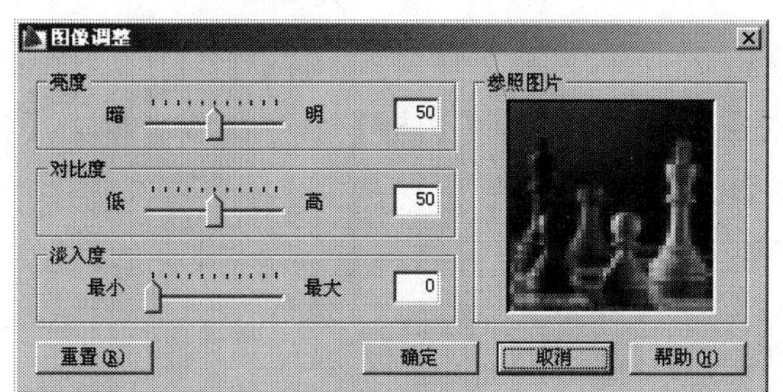

图 10-33 【图像调整】对话框

在该对话框中通过移动滑标来调整图像的亮度、对比度和褪色度。在右边的预览区中可以预览调整结果。单击 重置(R) 按钮可以使调整结果恢复到初始状态。

无法调整双色图像。

2. 图像质量

执行【修改】/【对象】/【图像】/【质量】命令，或者单击【参照】工具栏上的图像质量命令按钮，命令行提示如下：

```
命令：_imagequality
输入图像质量设置 [高(H)/草稿(D)] <H>:
```

图像显示质量有高和草稿两个选项，选择【高】选项，图像的显示质量比选择【草稿】选项要高，但显示速度要慢。

3. 图像透明

有些图像文件格式允许图像具有透明像素。将图像透明设置为【开】，将允许 AutoCAD 识别透明像素，以使图形能透过那些像素显示在屏幕上。【透明】对于两色和非两色（Alpha RGB 或灰度）图像都可用。默认情况下，在透明设置为关的状态下插入图像。

执行【修改】/【对象】/【图像】/【透明】命令，或者单击【参照】工具栏上的图像透明命令按钮，命令行提示如下：

```
命令：_transparency
选择图像:找到 1 个                        选择图像;
选择图像:
输入透明模式 [开(ON)/关(OFF)] <OFF>: 选择透明模式。
```

透明模式有两个选择：

【开】：透明模式打开，使图像下的对象透过透明区域显示。

【关】：透明模式关闭，透明区域变为不透明，如图 10-34 所示。

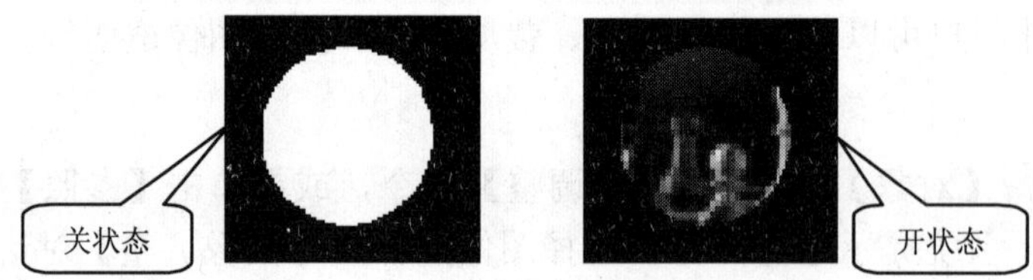

图 10-34　图像透明

4. 图像边框

执行【修改】/【对象】/【图像】/【边框】命令，或者单击【参照】工具栏上的图像边框命令按钮，命令行提示如下：

```
命令：_imageframe
输入图像边框设置 [0/1/2] <1>:
```

- 0 设置不显示和打印图像边框。
- 1 设置显示并打印图像边框。该设置为默认设置。
- 2 设置显示图像边框但不打印。

5. 图像剪裁

执行【修改】/【剪裁】/【图像】命令，或者单击【参照】工具栏上的图像剪裁命令按钮，可以启动图像剪裁操作。具体操作与外部参照剪裁基本一样，这里不再赘述。

10.10　本章小结

本章详细地介绍了外部参照和光栅图像的使用方法。用户应该掌握怎样插入外部参照和光栅图像，怎样管理外部参照和光栅图像，怎样编辑、剪裁外部参照和光栅图像等。外部参照是一个对多文档和多人协同设计环境非常有用的工具，插入外部参照不会明显增加当前图形的文件大小。

通过使用外部参照，用户可以得到如下结果：

- 通过在图形中参照其他用户的图形协调用户之间的工作，从而与其他用户所做的修改保持同步。用户也可以使用组成图形装配一个主图形，主图形将随工程的开发而被修改。
- 确保显示参照图形的最新版本。打开图形时，AutoCAD 将自动重载每个外部参照，从而反映参照图形文件的最新状态。
- 当工程完成并准备归档时，将附着的外部参照和用户图形永久合并（绑定）到一起。

10.11　习题

1．概念题

（1）外部参照与块有什么区别？

（2）怎样控制外部参照？

（3）怎样控制光栅图像？

第11章 设计环境

每当进入一个新的绘图环境时，都要做一些前面讲过的很多准备工作如：设置文本式样、标注尺寸式样、建立图层、设置目标捕捉等。这不仅浪费时间，而且可能使自己绘制出来的图样风格不统一。这些工作中，有许多是具有标准可以参照的，像公差式样、尺寸式样、文本式样等，有些虽然没有国标，但可能有自己单位的规定。个人在绘制过程中要总结出自己的习惯，依据习惯，这些设置参数一般是不会改变的。这样，多次重复设置就没有必要了。为解决这个问题，在AutoCAD中我们可以建立样板图。在样板图中，除上面提到的准备工作外，还可以设置图纸的图幅、绘制边框、标题栏，以及绘制单位、精确度。

另外AutoCAD还提供了一些辅助工具，如AutoCAD设计中心、工具选项板、数据的输入和输出、网络功能、文件保护、查询工具、CAD标准、用户坐标系等，使用它们可以使设计资源共享，大大提高设计效率。

本章主要介绍样板图的建立和使用、AutoCAD系统环境配置、辅助设计工具的使用等。

【本章重点】

- 建立和使用样板；
- 设计中心；
- 数据交换；
- CAD标准；
- 工具选项板；
- 用户坐标系；
- 查询工具。

11.1 建立样板图

AutoCAD中提供了很多样板图，但往往与我们的实际要求有出入，因此需要自定义样板。现在来建立一张A3幅面的样板图，操作步骤如下：

- 设置绘图单位和幅面；
- 设置层、文本样式和标注样式；
- 建立标题栏、边框；
- 保存样板图文件。

11.1.1 设置绘图单位和幅面

使用acadiso.dwt模板创建一个新文件，需要更改文档单位和幅面的设置，可以按照下面的步骤操作：

1. 修改绘图单位

在命令行输入“units”，或者执行【格式】/【单位】命令，可以打开【图形单位】对话框，如图 11-1 所示。

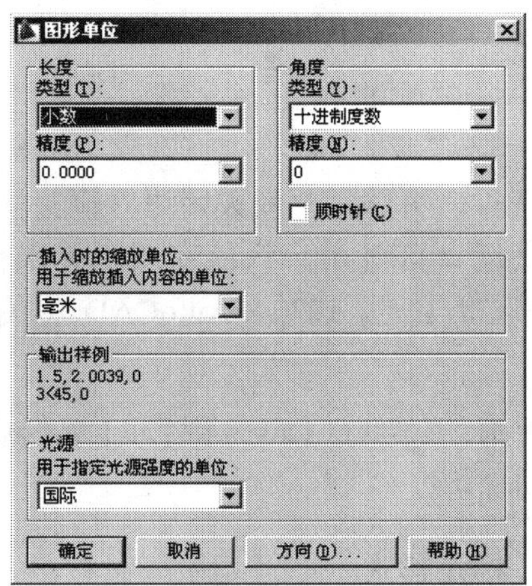

图 11-1 【图形单位】对话框

在【长度】选项区指定测量的当前单位及当前单位的精度。在【角度】选项区指定当前角度的格式和当前角度显示的精度。选择【顺时针】选项以顺时针方向计算正的角度值。正角度的默认方向是逆时针方向。

在【插入时的缩放单位】区中的【用于缩放插入内容的单位】下拉列表用于控制插入到当前图形的块和图形的测量单位。如果块或图形创建时使用的单位与该选项指定的单位不同，则在插入这些块或图形时，将对其按比例缩放。插入比例是源块或图形使用的单位与目标图形使用的单位之比。如果插入块时不按指定单位缩放，请选择【无单位】选项。

当【用于缩放插入内容的单位】设置为【无单位】时，源块或目标图形将使用【选项】对话框的【用户系统配置】选项卡中的【源内容单位】和【目标图形单位】进行设置。

单击 方向(D)... 按钮，弹出如图 11-2 所示的【方向控制】对话框，设置基准角度的方向。

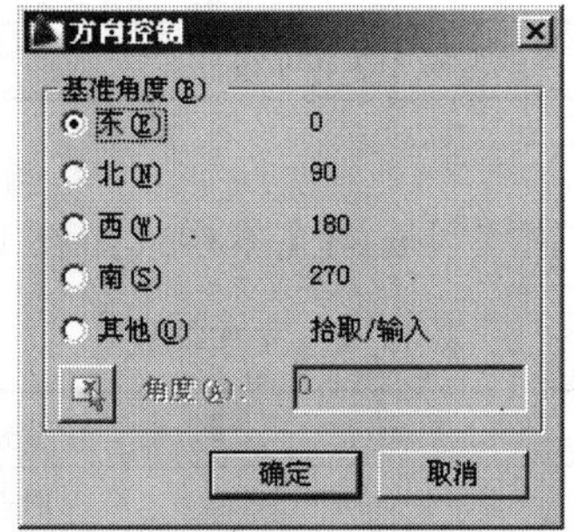

图 11-2 【方向控制】对话框

2. 修改绘图边界

在命令行输入“limits”，或者执行【格式】/【图形界限】命令，命令行提示如下：

命令：'_limits

重新设置模型空间界限：

指定左下角点或 [开(ON)/关(OFF)] <0.0000，0.0000>： 直接回车确定绘图界限的左下角点的位置。

指定右上角点 <420.0000，297.0000>： 确定绘图界限的右上角点的位置。

利用 limits 命令的开关选项，可以打开或关闭边界检验功能。如果选择【开】选项，AutoCAD 将打开边界检验功能，这时用户只能在图形界限范围内绘图。如超出范围，AutoCAD 将拒绝执行。如果选择【关】选项，AutoCAD 将关闭边界检验功能，用户绘图不受图形界限的限制。

用户可以打开栅格显示，然后执行【zoom】/【all】命令观察设置的绘图界限，这时整个绘图界限会完全显示在绘图窗口中。

11.1.2 设置层、文本样式、标注样式

用户可以把图层、文本样式和标注样式等保存在样板文件中，这样就不用重复设置。下面将指导用户设置常用的图层、文本样式和标注样式等。

1. 设置图层

利用前面我们所讲层的设置方法，建立图层，包括表 11-1 所示的内容。

表 11-1 图层设置

图层用途	图层名称	图层线型
轮廓线	Out	Contious
虚线	Hid	Hidden
中心线	Cen	Center
标注	Dim	Continuous
文本	Txt	Continuous
剖面线	Hat	Continuous
边框与标题栏	Tit	Continuous
细实线	thin	Continuous

2. 设置文本样式

按照第 8 章内容讲的方法，需要设置的文本样式如表 11-2 所示。

表 11-2 文本样式

名称	作用
工程字（英文直体）	用于文字输入或尺寸标注
工程字（英文斜体）	用于文字输入或尺寸标注

3. 设置标注样式

按照第 8 章内容讲的方法，需要设置的标注样式如表 11-3 所示。

表 11-3　标注样式

名　称	作　用
基本样式	用于标注一般的尺寸
角度样式	用于标注角度式样
非圆样式	用于标注非圆形的带直径符号的尺寸
抑制样式	用于标注有抑制的尺寸
公差样式	用于标注带公差的尺寸

11.1.3　绘制边框、标题栏

设置【Tit】图层为当前层，执行绘图命令，绘制如图 11-3 所示的图样。

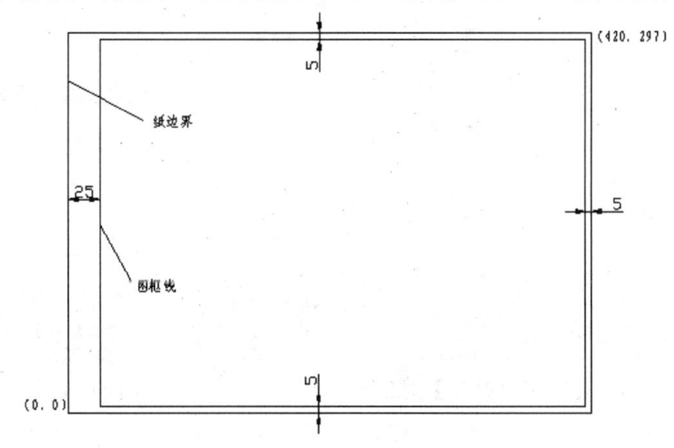

图 11-3　绘制边框

边框绘制完成后，再来绘制标题栏，如图 11-4 所示。

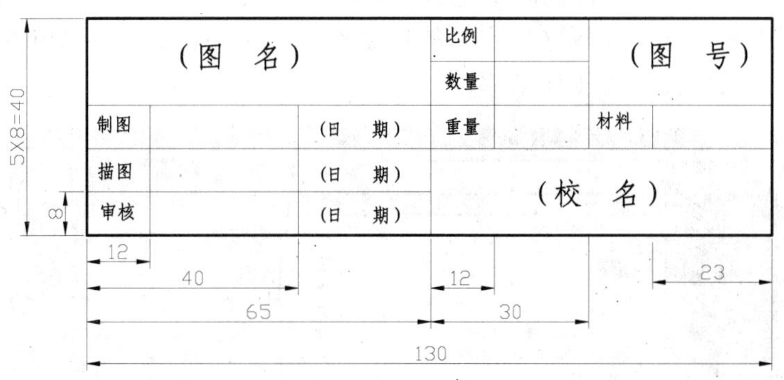

图 11-4　标题栏

为了绘图方便，不管机件尺寸多大，都习惯用 1:1 的比例来进行绘制。需要打印出图（在布局中）时，再用比例缩放命令，将图形放大或缩小，以适应图纸幅面大小。但是，标题栏和边框是不缩放的，所以要把标题栏和边框定义成块，直接在图纸空间插入（详见第 12 章）。

11.1.4　建立样板文件

建立样板文件，就是将样板图存放到磁盘中，变成一个可以调用的文件。保存方法与一般图形文件的存盘方法一样，只是文件的扩展名不同。一般情况下 AutoCAD 图形文件的扩展名是【*.dwg】，而样板图的扩展名为【*.dwt】。

单击保存命令按钮，弹出【图形另存为】对话框，在【文件类型】下拉列表中选择【AutoCAD 图形样板文件（*.dwt)】选项，如图 11-5 所示，在【文件名】文本框中，输入样板文件的名字“A3”，单击 保存(S) 按钮，出现【样板选项】对话框，如图 11-6 所示。用户可以在【说明】文本框中输入对样板文件的描述，单击 确定 按钮，样板文件就会保存到“安装目录\Template”这个目录中。

图 11-5 【图形另存为】对话框

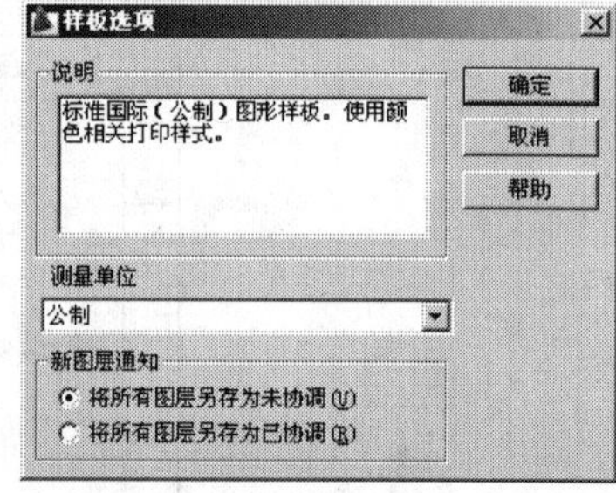

图 11-6 【样板选项】对话框

11.1.5 调用样板图

如果希望以某样板文件为基础新建 AutoCAD 文档，单击新建按钮出现【选择样板】对话框，如图 11-7 所示，在下拉列表中选择要使用的样板文件，单击 打开(O) 按钮新建文档。在这个新建文档中就包含了样板文件定义的环境设置、图层、文本样式和标注样式等，不需要用户再设置，大大提高了工作效率。

图 11-7 【选择样板】对话框

11.2　系统设置

在 AutoCAD 系统设置对话框中共有 10 个选项卡，通过修改这些选项的内容，用户可以方便地对 AutoCAD 系统进行设置。

执行【工具】/【选项】命令，AutoCAD 会弹出如图 11-8 所示的对话框，对话框中列出了【文件】、【显示】、【打开和保存】、【打印和发布】、【系统】、【用户系统配置】、【草图】、【三维建模】、【选择集】、【配置】10 个选项，下面介绍一些常用设置。

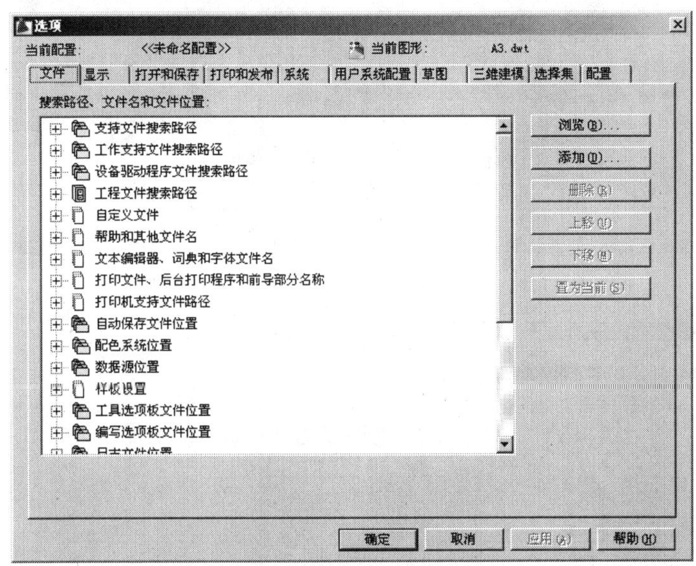

图 11-8　【选项】对话框

1.【文件】选项卡

如图 11-8 所示，通过【文件】选项卡，主要可以指定 AutoCAD 搜索支持文件、驱动文件、菜单文件和其他文件的目录，还可以指定一些可选的用户自定义设置，例如用哪个目录进行拼写检查。一般情况下，这一选项卡中的内容不需要经常设置。

2.【显示】选项卡

【显示】选项卡主要用来定义 AutoCAD 的显示。其相应的对话框如图 11-9 所示。

【窗口元素】是用来控制与 AutoCAD 绘图环境有关的显示设置，用户可以通过【图形窗口中显示滚动条】和【显示屏幕菜单】两个复选框确定是否显示滚动条和屏幕菜单。单击 颜色(C)... 按钮，系统会弹出如图 11-10 所示的对话框，利用此对话框可以设置 AutoCAD 各工作界面的颜色。

单击 字体(F)... 按钮，系统会弹出如图 11-11 所示的对话框，利用此对话框可以设置 AutoCAD 命令提示行的文字字体。

在图 11-12 设置框中的数值是用来控制光标十字线的长度。

图 11-13 中罗列了四个控制对象显示分辨率的设置框，数值越大，显示效果越好，但是运行的速度明显下降。其中【圆弧和圆的平滑度】选项中的数值可以通过命令 Viewres 来设置，两者是等价的。

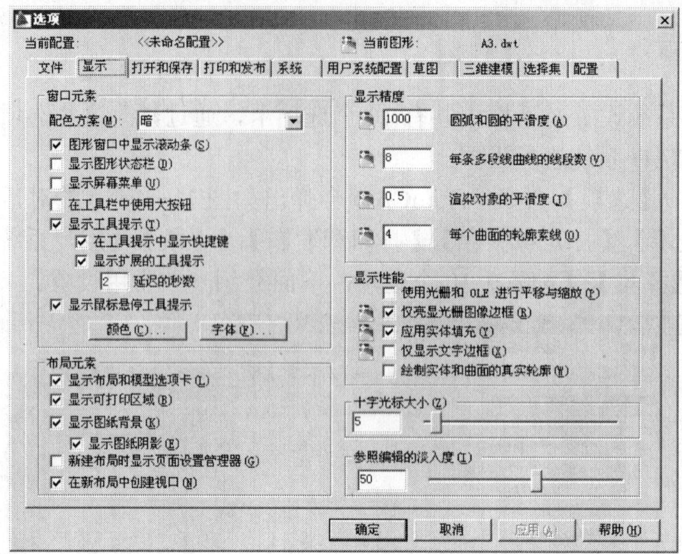

图 11-9 【选项】对话框中的【显示】选项卡

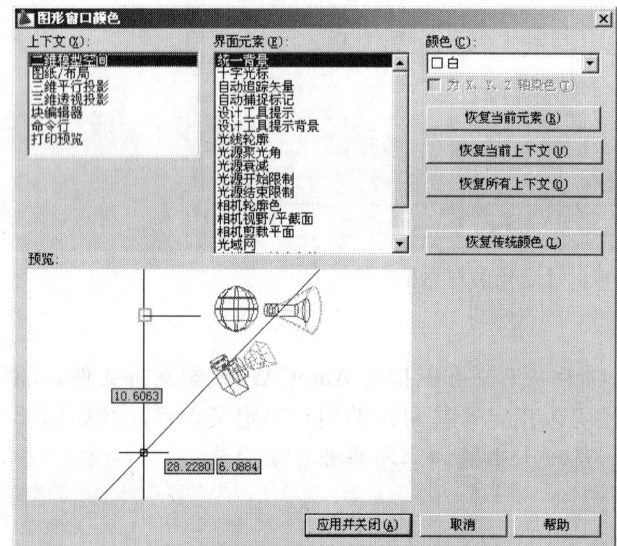

图 11-10 【图形窗口颜色】对话框

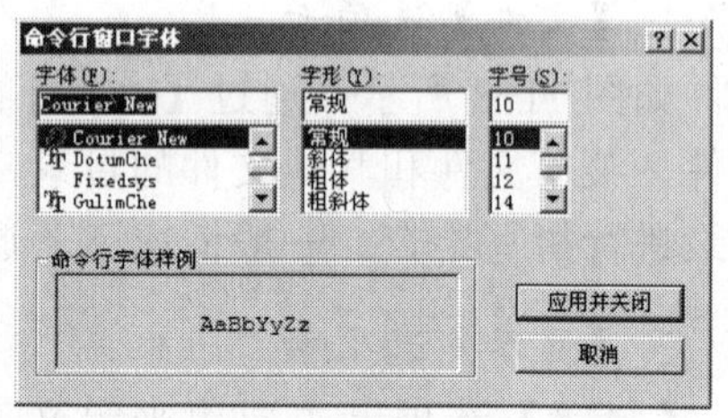

图 11-11 【命令行窗口字体】对话框

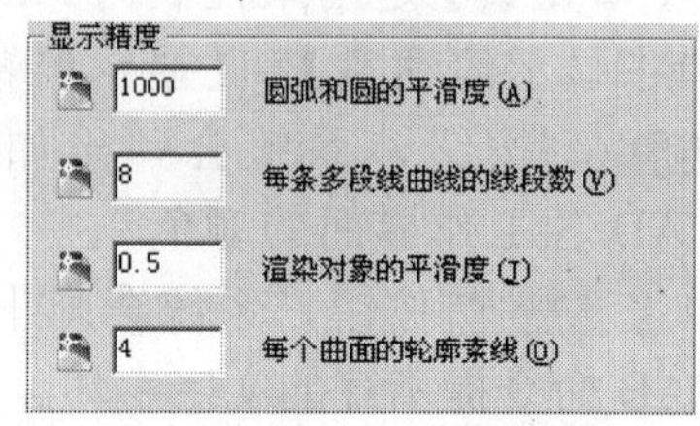

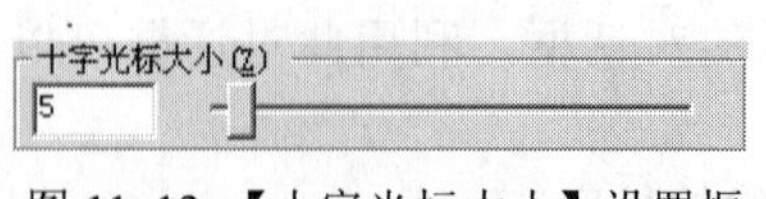

图 11-12 【十字光标大小】设置框

图 11-13 【显示精度】设置框

3. 【打开和保存】选项卡

【打开和保存】选项卡包含着与打开和保存文件相关的各选择项。其相应对话框如图 11-14 所示。

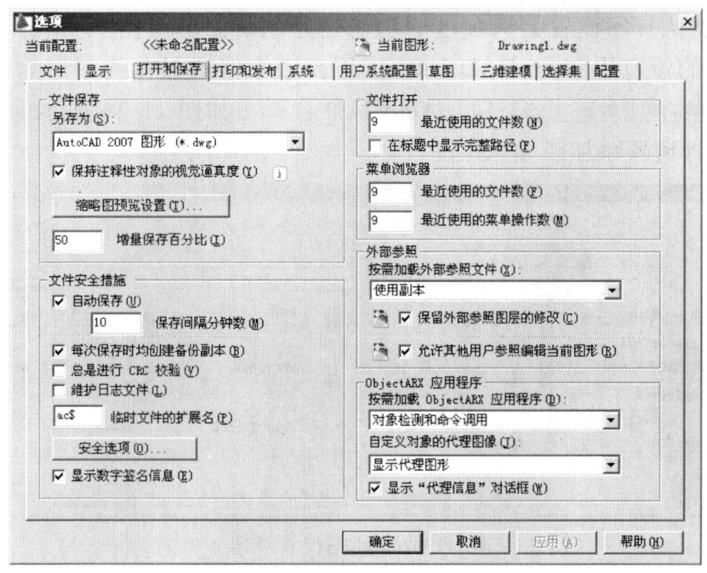

图 11-14 【打开与保存】选项卡

在【文件保存】区中，设置保存 AutoCAD 图形文件的有关信息，用户可以通过下拉菜单设置用 Save 和 Save As 命令保存文件时使用的有效文件格式。一般设置如图 11-14 所示。

在【文件安全措施】区中，AutoCAD 提供了自动保存图形文件的设置选项。自动保存是为了避免数据丢失和进行检测错误。系统默认的自动保存时间间隔为 10 分钟，用户可以自己设置时间间隔（注意设置时间间隔太短会影响速度）。

4. 【打印和发布】选项卡

【打印和发布】选项卡包含打印的相关选项，其对应的对话框如图 11-15 所示。

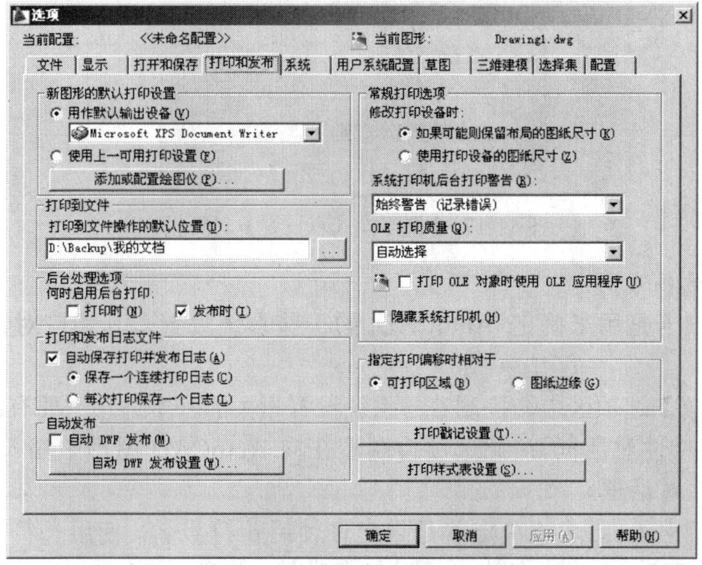

图 11-15 【选项】对话框中的【打印和发布】选项卡

【新图形的默认打印设置】选项区的功能是控制新图形或在 AutoCAD Release 14 或更早版本中创建的没有用 AutoCAD 2000 或更高版本格式保存的图形的默认打印设置。

单击 添加或配置绘图仪(P)... 按钮，AutoCAD 会弹出如图 11-16 所示的绘图仪管理器，用户可以通过此管理器添加或编辑绘图仪。

图 11-16 绘图仪管理器

【常规打印选项】选项区中的设置，主要是用来控制常规打印环境（包括图纸尺寸设置、系统打印机警告和 AutoCAD 图形中的 OLE 对象）的相关选项。

单击 打印样式表设置(S)... 按钮，弹出【打印样式表设置】对话框，如图 11-17 所示。通过此对话框设置打印样式。

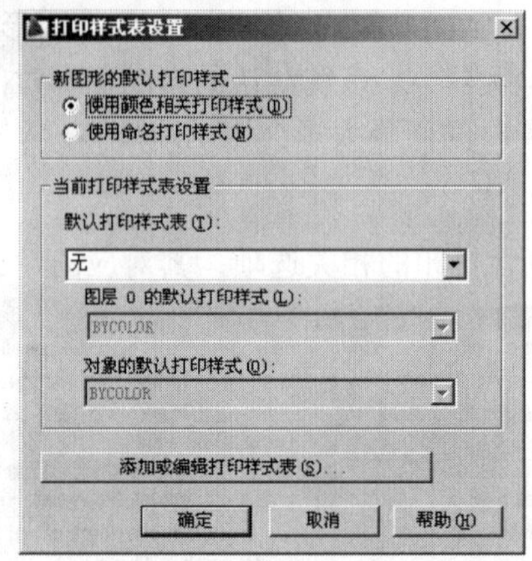

图 11-17 【打印样式表设置】对话框

5.【系统】选项卡

【系统】选项卡是用来确定 AutoCAD 的一些系统设置，其相应对话框如图 11-18 所示。

在【常规选项】选项区中，控制着与系统设置相关的基本选项主要有：

【显示 OLE 特性对话框】：此选项控制着在向 AutoCAD 图形中插入 OLE 对象时是否显示 OLE 特性对话框。

【允许长符号名】：此选项决定着是否允许使用长符号名。使用长符号名时，命名对象最多可以包含 255 个字符。名称中可以包含字母、数字、空格和 Windows 及 AutoCAD 没有其他用途的特殊字符。当选中此选项时，可以在图层、标注式样、图块、线型、文字式样、布局、UCS 名称、视图和视口配置中使用长文件名。

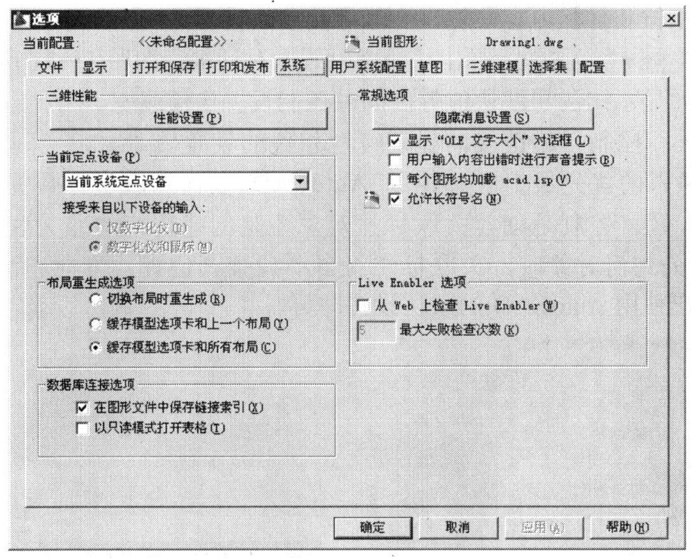

图 11-18 【选项】对话框中的【系统】选项卡

6.【用户系统配置】选项卡

【用户系统配置】选项卡主要用来控制 AutoCAD 中优化性能的选项，其相应对话框如图 11-19 所示。

在【Windows 标准】选项中，确定用 AutoCAD 绘图时是否用 Windows 的标准。选择【绘图区域中使用快捷菜单】选项，在绘图区域内单击鼠标右键时，AutoCAD 弹出的是快捷菜单，而不是执行回车操作。

单击 自定义右键单击(I)... 按钮，弹出【自定义右键单击】对话框，如图 11-20 所示，我们可以根据需要选择在不同状态下右键单击的作用。

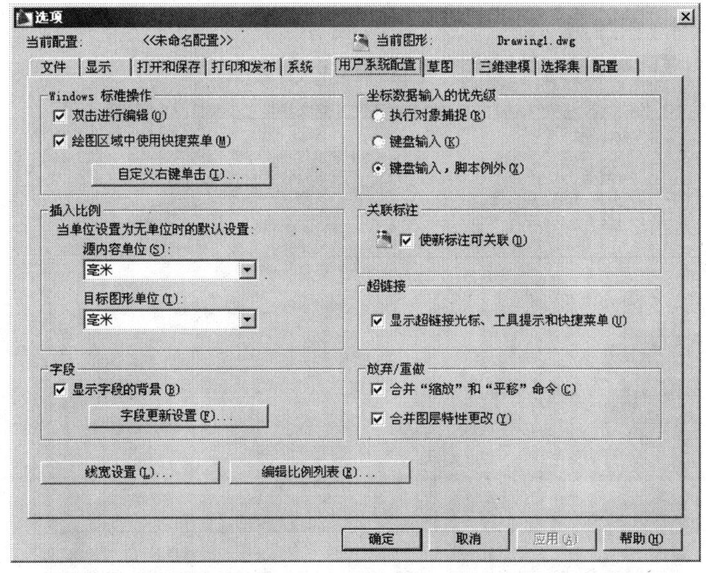

图 11-19 【选项】对话框中的【用户系统配置】选项卡

在【插入比例】区中，控制在图形中插入块和图形时使用的默认比例。可以设置的选项主要有源内容单位和目标内容单位，一般用其默认设置即可。

单击 线宽设置(L)... 按钮，弹出【线宽设置】对话框，如图 11-21 所示，用户可以设置线宽选项，例如显示比例和默认值等，同时还能设置当前线宽。

【超链接】区：控制与超链接的显示特性相关的设置。

【坐标数据输入的优先级】区：控制 AutoCAD 如何响应坐标数据的输入。

【关联标注】区：控制是创建关联标注对象还是创建传统的非关联标注对象。当修改关联标注的相关几何对象时，关联标注将自动调整其位置、方向和测量值。

对于一般用户使用 AutoCAD 的默认设置即可。

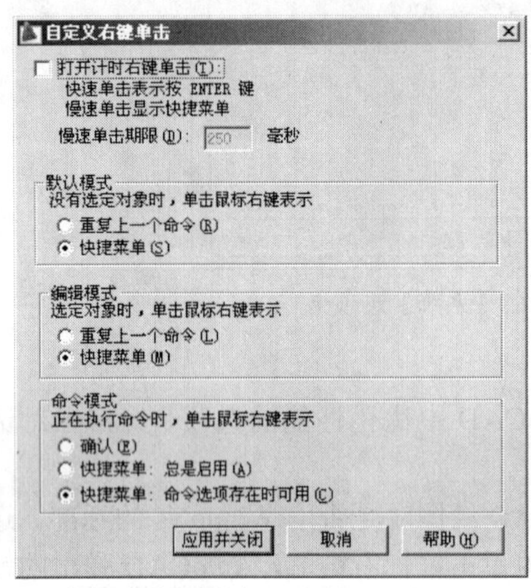

图 11-20 【自定义右键单击】对话框

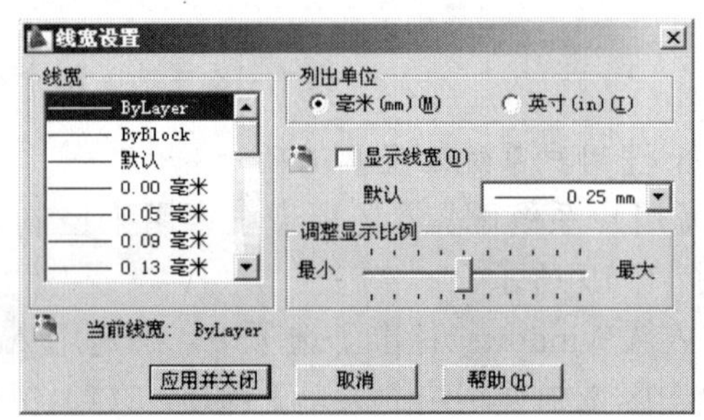

图 11-21 【线宽设置】对话框

7.【草图】选项卡

【草图】选项卡用来进行对象自动捕捉、自动追踪等基本编辑选项功能的设置，其相应的对话框如图 11-22 所示。

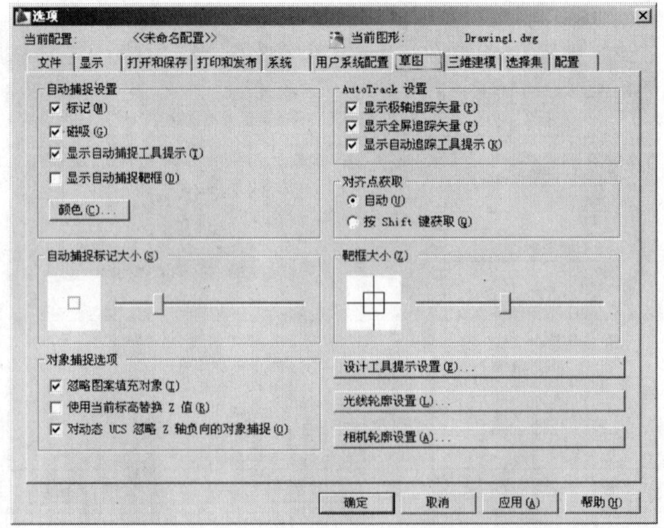

图 11-22 【选项】对话框中的【草图】选项卡

此选项卡中追踪和捕捉的设置，已在第 4 章中作了具体介绍，这里不再重复，大家可以参照有关章节的资料来学习。

8.【选择集】选项卡

【选择集】选项卡用来进行选择模式、夹点功能等一些设置，其相应的对话框如图 11-23 所示。

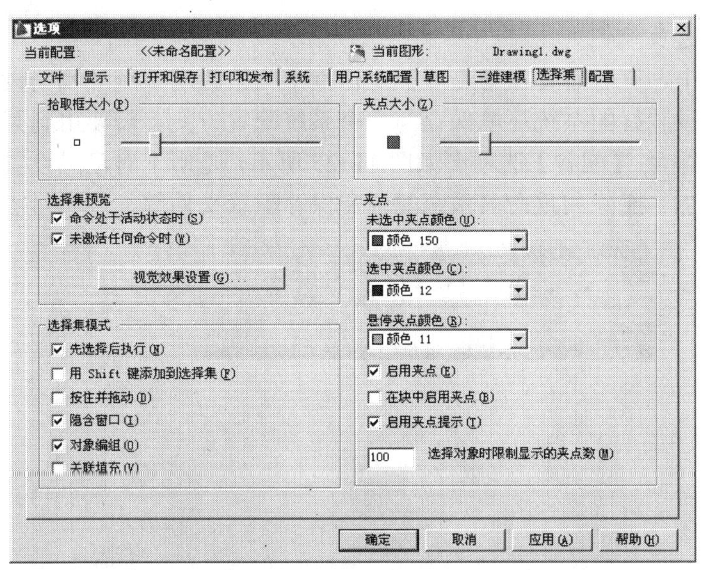

图 11-23 【选项】对话框中的【选择集】选项卡

在【选择集模式】区中列出了几种常用的选择方法，用户可以有选择地设置 AutoCAD 的选择方式。其中各项意义如下：

【先选择后执行】选项：在调用一个命令之前先选择一个对象，被调用的命令对先前选定的对象产生影响。

【用 Shift 键添加到选择集】选项：按住 Shift 键用户可以添加或删除选择集中的对象，若要快捷清除选择集，只需在空白的地方绘制一个选择窗口。

【按住并拖动】选项：通过选择一点，然后按住鼠标左键拖动光标，出现选择窗口，确定第二点进行选择。

【隐含窗口】选项：选中此项后，从左到右绘制选择窗口可以选择窗口内的对象；从右到左绘制选择窗口可以选择窗口中的对象和与窗口边界相交的对象。

【对象编组】选项：当选择编组中的一个对象时，整个实体组被选中。

【关联填充】选项：确定选择关联图案填充时可选定不同对象，如果选中此项，那么选择关联填充时还将选定边界对象。

在【夹点】区中，用户可以控制与夹点相关的信息，选择对象后显示一些小方块，就是夹点。

【启用夹点】选项：在图形中启用夹点会降低处理速度，但是用户可以利用夹点来处理一些问题。

【在块中启用夹点】选项：控制在选中块后如何在块上显示夹点。如果选择此选项，

AutoCAD 将显示块中每个对象的所有夹点。如果不选择此选项，AutoCAD 将在块的插入点位置显示一个夹点。其区别如图 11-24 所示。

在此选项卡中还可以设置拾取框的大小，也可以设置夹点的大小，请用户自己动手设置试试，其区别一看便明白了。

图 11-24　关闭和启用【在块中启用夹点】选项的区别

9.【配置】选项卡

在实际工作中，有时需要在【选项】对话框中频繁改动系统环境的设置。在这种情况下，可以将已经设置好的系统环境保存为一个系统配置方案。需要用到某个方案时，将该方案设置为当前即可。【配置】选项卡如图 11-25 所示，是用于对已经设置好的配置方案进行管理，包括添加、删除和重命名系统配置和保存配置文件等。

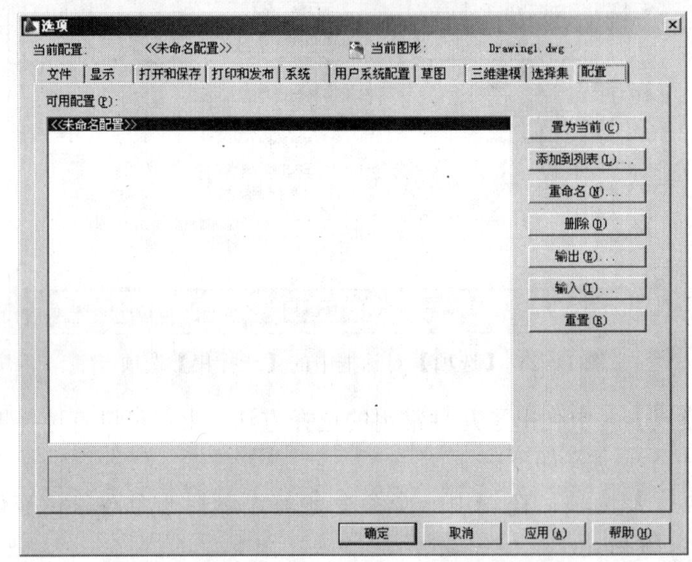

图 11-25　【选项】对话框中的【配置】选项卡

11.3　设计中心

设计中心是一种直观、高效、与 Windows 资源管理器界面类似的工作控制中心，用于在多文档和多人协同设计环境下管理众多的图形资源。通过设计中心，既可以管理本地机上的图形资源，又可以管理局域网或 Internet 上的图形资源。使用设计中心，可以将 AutoCAD 文件中图块、图层、外部参照、标注样式、文字样式、线型和布局等内容直接插入到当前图形中，从而实现资源共享，简化绘图过程。

单击【标准】工具栏上的设计中心按钮，或者执行【工具】/【选项板】/【设计中心】命令，可以打开【设计中心】窗口，如图 11-26 所示。

11.3.1　设计中心的功能

一般使用设计中心做如下工作：

- 浏览用户计算机、网络驱动器和 Web 页上的图形内容（例如图形或符号库）。

● 在定义表中查看图形文件中命名对象（例如块和图层）的定义，然后将定义插入、附着、复制和粘贴到当前图形中。

● 更新（重定义）块定义。

● 创建指向常用图形、文件夹和 Internet 网址的快捷方式。

● 向图形中添加内容（例如外部参照、块和填充）。

● 在新窗口中打开图形文件。

● 将图形、块和填充拖动到工具选项板上以便于访问。

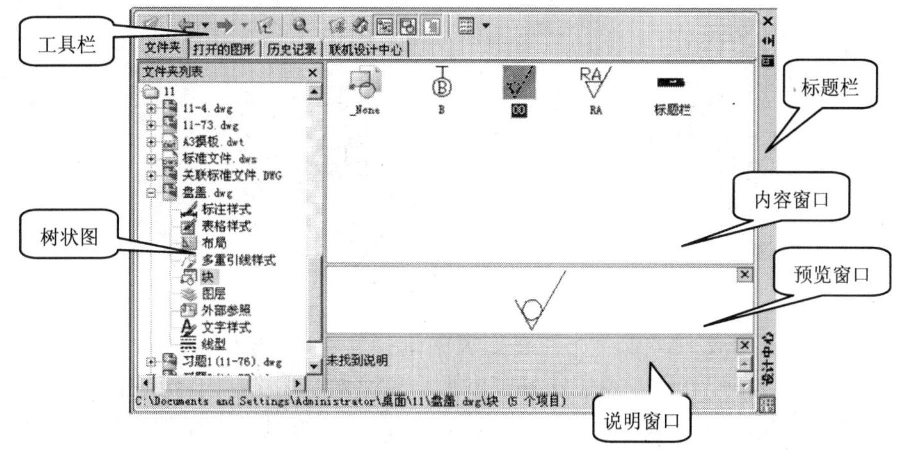

图 11-26 【设计中心】窗口

【设计中心】窗口分为两部分，左边为树状图，右边为内容区域。可以在树状图中浏览内容的源，而在内容区域显示内容。可以在内容区域中将项目添加到图形或工具选项板中。

在内容区域的下面，也可以显示选定图形、块、填充图案或外部参照的预览或说明。窗口顶部的工具栏提供若干选项和操作。

用户可以控制设计中心的大小、位置和外观。

● 要调整设计中心的大小，可以拖动内容区域和树状图之间的双线，或者像拖动其他窗口那样拖动它的一边。

● 要固定设计中心，请将其拖动到 AutoCAD 窗口的右侧或左侧的固定区域上，直到捕捉到固定位置。也可以通过双击【设计中心】窗口标题栏将其固定。

● 要浮动设计中心，请移动鼠标指针到标题栏上，按下鼠标左键拖动，使设计中心远离固定区域。拖动时按住 Ctrl 键可以防止窗口固定。

● 单击设计中心标题栏上的自动隐藏按钮◀▶，可使设计中心自动隐藏。

如果打开设计中心的自动隐藏功能，那么当鼠标指针移出【设计中心】窗口时，设计中心树状图和内容区域将消失，只留下标题栏。将鼠标指针移动到标题栏上时，【设计中心】窗口将恢复。

在【设计中心】标题栏上单击右键将显示一个快捷菜单，如图 11-27 所示，其中有几个选项可供选择。

移动(M)
大小(S)
关闭(C)
✔ 允许固定(D)
锚点居左(L) <
锚点居右(G) >
自动隐藏(A)

图 11-27　快捷菜单

11.3.2　使用设计中心访问内容

单击设计中心窗口的【文件夹】选项卡，在左边的树状视图窗口中将显示设计中心的树状资源管理器，单击某个文件夹，则该文件夹中的文件将显示在左边的内容窗口中。在内容窗口中单击选择某个文件，在预览窗口中显示文件的缩略图，如图 11-28 所示。

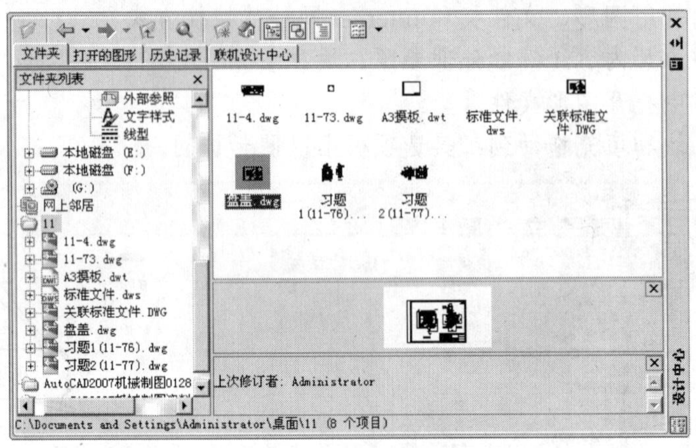

图 11-28　选择文件

在内容区双击某个文件（或在文件夹列表中选择文件），在内容窗口中显示该文件的标注样式、表格样式、布局、块、图层、外部参照、文字样式和线型等组成部分，如图 11-29 所示。要看各部分包含的具体对象定义，再次在组成部分符号上双击鼠标（如在“块”上），在内容窗口中将显示该组成部分包含的具体对象定义，如图 11-30 所示。

另外【历史记录】、【打开的图形】和【联机设计中心】选项卡为查找内容提供了另外的方法。

● 【打开的图形】选项卡显示当前已打开图形的列表。单击某个图形文件，然后单击列表中的一个定义表可以将图形文件的内容加载到内容区域中。

● 【历史记录】选项卡显示设计中心以前打开的文件列表。双击列表中的某个图形文件，可以在【文件夹】选项卡中的树状视图中定位此图形文件并将其内容加载到内容区域中。

● 【联机设计中心】选项卡提供设计中心 Web 页中的内容，包括块、符号库、制造商内容和联机目录。

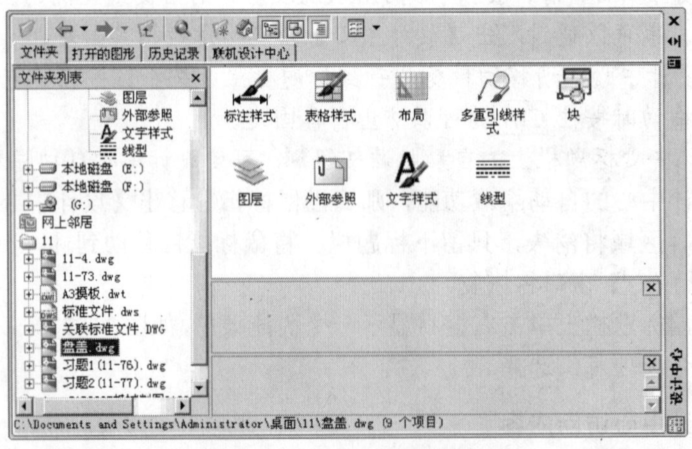

图 11-29　文件的组成部分

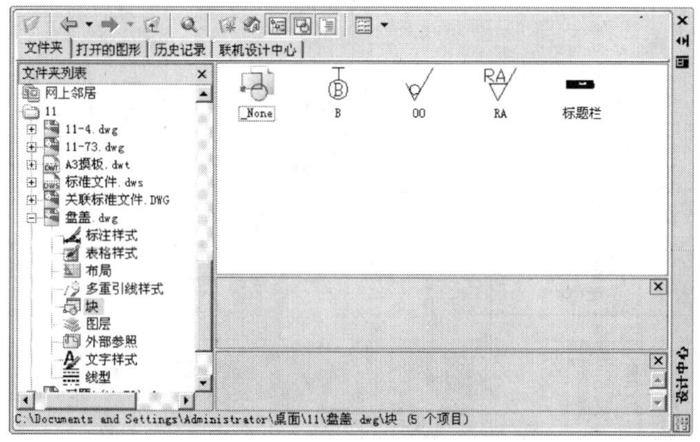

图 11-30　具体对象定义

11.3.3　打开图形文件

要在设计中心当中直接打开某个文件，在内容窗口中的文件名上单击鼠标右键，出现快捷菜单，如图 11-31 所示，选择【在应用程序窗口中打开】选项即可。

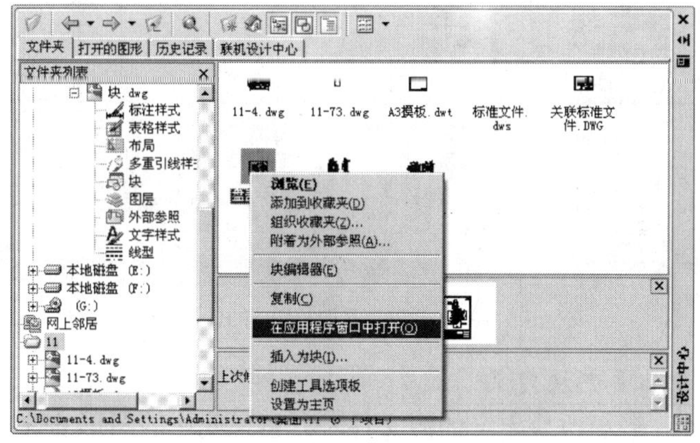

图 11-31　打开图形文件

11.3.4　共享图形资源

11.3.4.1　向图形添加内容

使用设计中心可以把在别的文件中定义的块或者外部参照等直接插入到当前文件中，如图 11-32 所示，在内容窗口中的具体块名字上单击鼠标右键，出现快捷菜单，选择【插入块】选项，然后按照插入块的操作方法，就可以把该块插入到当前图形中。

同样使用设计中心可以把其他文件中的标注样式、文本样式、图层等定义添加到当前文件中，如图 11-33 所示。在内容窗口中的具体标注样式名字上单击鼠标右键，出现快捷菜单，选择【添加标注样式】选项，就可以把该标注样式添加到当前文件中，而不需要用户再去自己定义。

另外可以使用以下方法在内容区中向当前图形添加内容：

- 将某个项目拖动到某个图形的图形区，按照默认设置将其插入。
- 双击项目自动添加或出现相应的对话框。

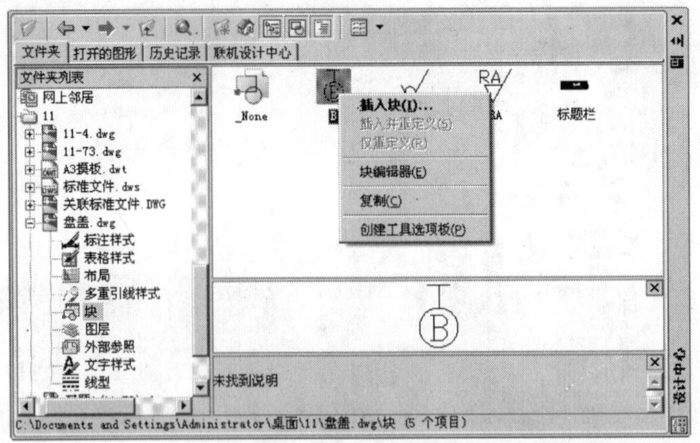

图 11-32 插入块

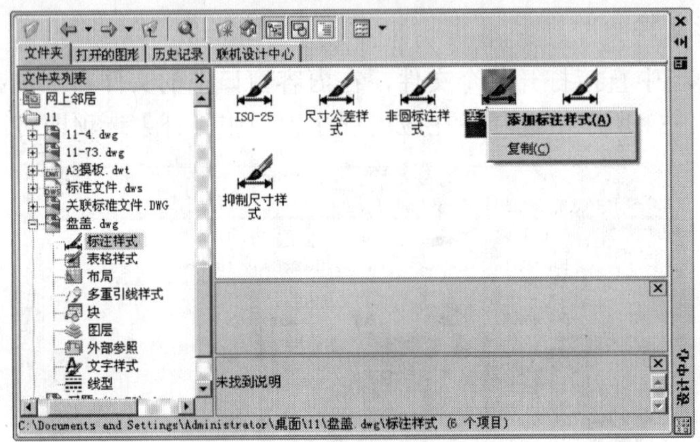

图 11-33 添加标注样式

11.3.4.2 通过设计中心更新块定义

与外部参照不同，当更改块定义的源文件时，包含此块的图形的块定义并不会自动更新。通过设计中心，可以决定是否更新当前图形中的块定义。块定义的源文件可以是图形文件或符号库图形文件中的嵌套块。

在内容区域中的块或图形文件上单击右键，如图 11-34 所示，然后单击显示的快捷菜单中的【仅重定义】或【插入并重定义】选项，可以更新选定的块。

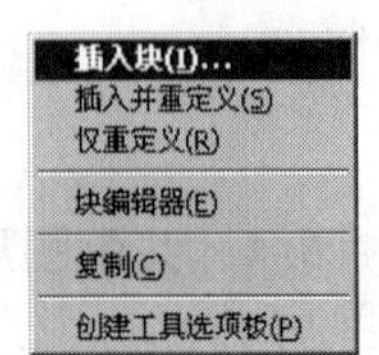

图 11-34 快捷菜单

11.3.4.3 将设计中心内的项目添加到工具选项板中

可以将设计中心内的图形、块和图案填充添加到当前的工具选项板中。

- 将设计中心内容区中附加的图形、块或填充图案拖动到工具选项板中。
- 在设计中心树状图的某个项目上单击鼠标右键，然后单击快捷菜单上的【创建工具选项板】选项，新的工具选项板将包含所选项目中的块等。
- 在设计中心内容区（显示块的内容区）背景上单击鼠标右键，然后单击快捷菜单上的【创建工具选项板】选项，新的工具选项板将包含设计中心内容区中的块等。
- 在设计中心树状图或内容区中的图形上单击鼠标右键，然后单击快捷菜单上的【创建工具选项板】选项，新建的工具选项板将包含所选图形中的块。

工具选项板在本章第 7 节中介绍。

11.3.5 符号库

单击设计中心窗口工具栏上的主页按钮，内容区显示带有符号库的图形，如图 11-35 所示。

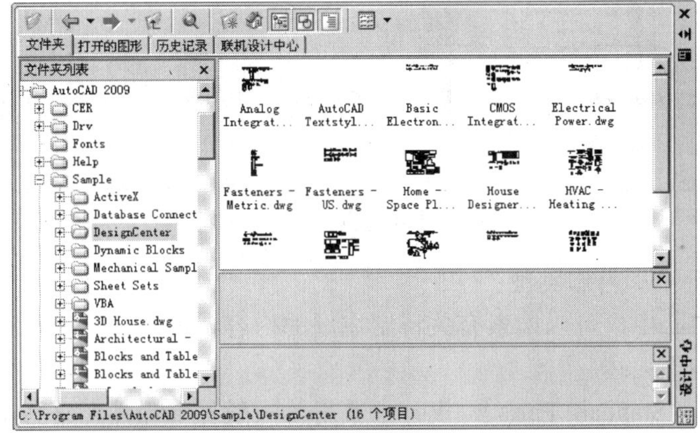

图 11-35 显示文件

在内容区域中，双击要加载到设计中心的符号库图形，然后双击【块】图标。选择的符号库将被加载到设计中心内容区域，如图 11-36 所示。

用户可以在需要的符号上单击鼠标右键，出现快捷菜单，选择【插入块】选项，然后按照插入块的操作方法，就可以把该符号插入到当前图形中。也可以通过复制的方法把符号粘贴到当前图形中。从上面可以看出，所谓符号实际上是文件中的图块。

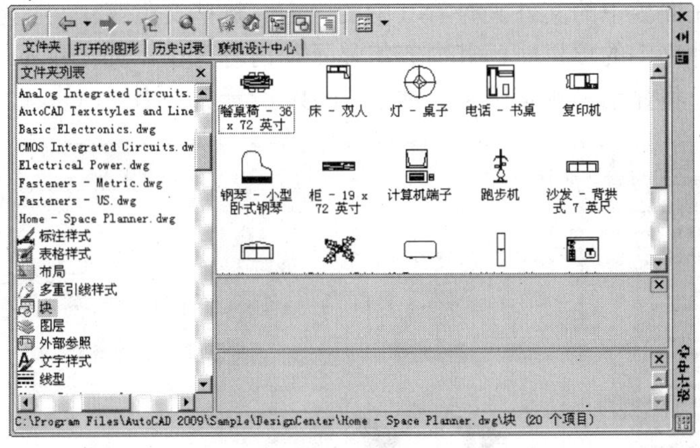

图 11-36 符号库

11.3.6 联机设计中心

通过设计中心选项板中的【联机设计中心】选项卡，可以从单个位置访问本地驱动器、网络驱动器或 autodesk.com 上的内容。该选项卡中包括直接指向数以万计的符号库和与 autodesk.com 上的制造商内容的链接（均为 i-drop®格式），如图 11-37 所示。

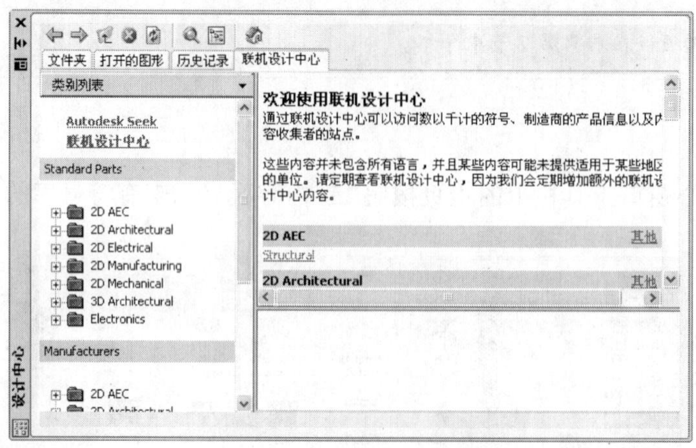

图 11-37 【联机设计中心】选项卡

11.3.6.1 联机设计中心内容类型

在联机设计中心中，可以检索有关特定主题的内容，内容经分类后存放在文件夹中。可以检索的内容如下：

- 标准部件（Standard Parts）：设计中常用的一般标准部件。这些部件包括建筑、机械和 GIS 应用中使用的块。
- 制造商（Manufacturers）：块和三维模型，单击指向制造商网站的链接可以进行定位和下载。
- 集成商（Aggregators）：来自商业目录提供商的库列表，可以在其中搜索部件和块。

11.3.6.2 浏览内容

单击联机设计中心左面板【类别列表】中的文件夹。分类文件夹显示在选项板的右面板中，可以单击左面板中的文件夹查看其中的内容。这些文件夹中可能包含其他文件夹。单击文件夹或文件夹中的项目时，其内容将显示在内容区中。如果单击块，有关此块的图形信息和说明信息将显示在预览区中，如图 11-38 所示。

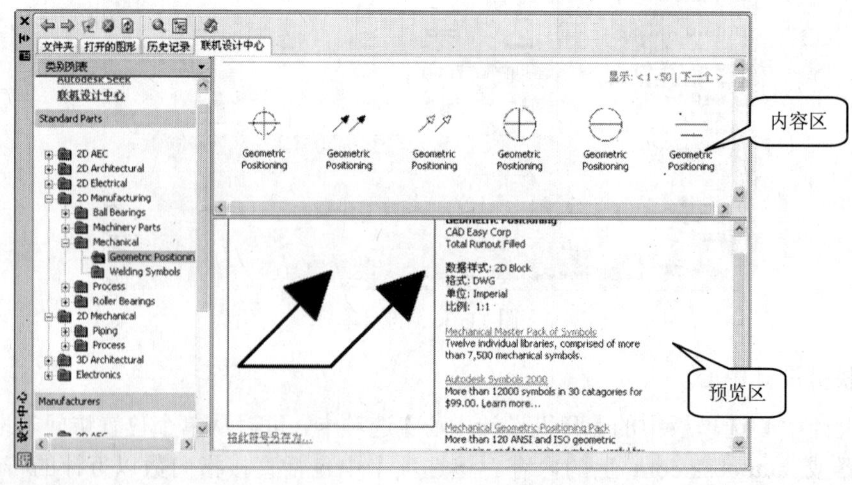

图 11-38 显示块的内容

11.3.6.3　使用 Web 上的资源

1. 将内容下载到计算机上的步骤

（1）在“分类”文件夹中，单击某个内容项目，如图 11-38 所示。

（2）在预览区中内容项目图像的下方，单击“将此符号另存为”超链接。

（3）在【另存为】对话框中，指定计算机上的位置和文件名。

（4）单击 保存(S) 按钮，内容即下载到计算机上。

2. 将内容下载到图形中的步骤

（1）在“分类”文件夹中，单击某个内容项目，使其显示在【预览】区中。

（2）将图像从预览区拖动到图形或工具选项板中。

11.3.7　加载图案填充

加载带填充图案的设计中心内容区域的步骤：

（1）单击设计中心工具栏上的搜索按钮，出现【搜索】对话框，如图 11-39 所示。

（2）在【搜索】对话框中，单击【查找】下拉列表，然后选择【填充图案文件】选项。

（3）在【填充图案文件】选项卡的【搜索名称】框中，输入 *。

（4）单击 立即搜索(N) 按钮。

（5）双击找到的一个填充图案文件（如 acad.pat），选择的图案填充文件被加载到设计中心，如图 11-40 所示，用户可以像使用块那样使用图案填充。在内容区空白处单击鼠标右键，使用出现的快捷菜单中的【创建填充图案的工具选项板】选项，可以将填充图案添加到工具选项板。

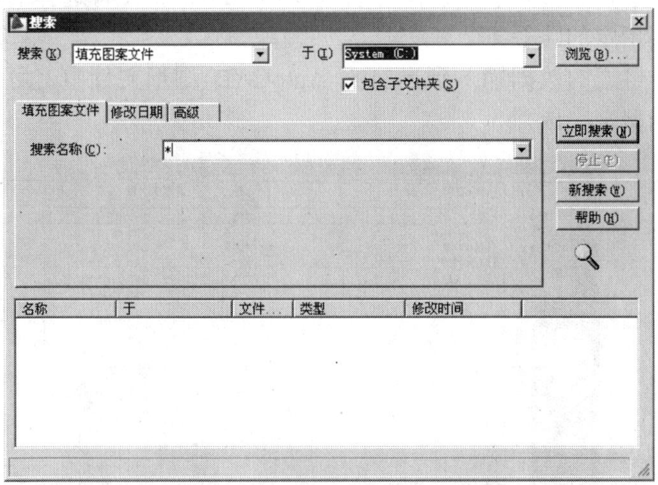

图 11-39 【搜索】对话框

在内容区空白处单击鼠标右键，使用出现的快捷菜单中的【创建填充图案的工具选项板】选项，可以将填充图案添加到工具选项板。

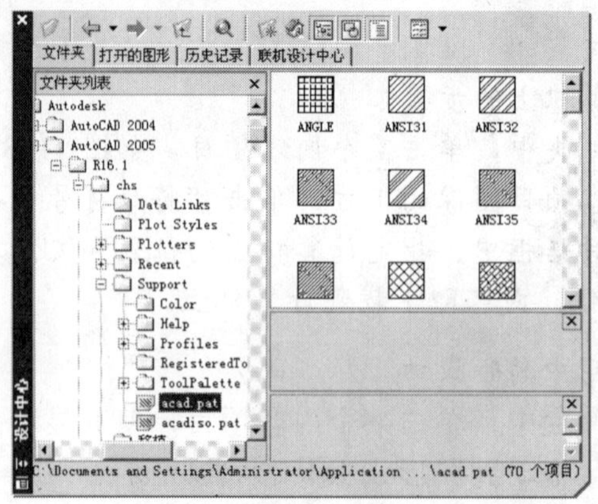

图 11-40 图案填充加载

11.4 数据交换

把图形从一个系统转换到另一个系统时，图形的文件格式非常重要。AutoCAD 本身就是一个完整的绘图编辑系统。在实际应用中，有时希望把用 AutoCAD 绘制的图形中的某些信息传递给其他应用程序或应用软件处理，或者将其他应用程序或应用软件处理好的结果传递给 AutoCAD，以显示其图形。本节就来讲述一下 AutoCAD 支持的图形数据交换。

11.4.1 以其他格式输出和输入数据

如果需要把 AutoCAD 绘制的图形以其他文件格式输出，执行【文件】/【输出】命令，出现【输出数据】对话框，用户可以在【文件类型】下拉列表中选择要保存的文件格式，如图 11-41 所示，指定文件的输出路径、名称后，单击 保存(S) 按钮，对话框消失。系统一般会提示选择对象，在该提示下选择对象后，AutoCAD 就会将选择的对象按指定的文件格式与名称保存到指定的路径下。

如果要把其他格式的数据输入到当前的 AutoCAD 图形文件中，可以单击【插入】菜单中的各种文件类型来完成。

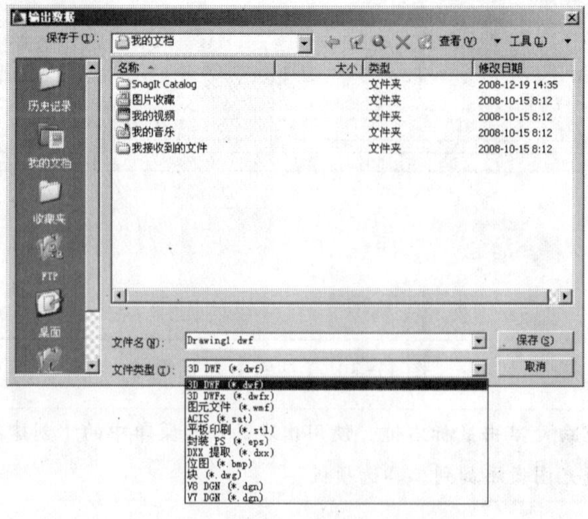

图 11-41 【输出数据】对话框

11.4.2　插入 OLE 对象

对象链接与嵌入技术，即 OLE 技术是 Windows 应用程序之间交换数据最常用的一种方法。它可以将一个 OLE 对象从一个应用程序链接或嵌入到另外一个应用程序中，前提是这两个应用程序都支持 OLE 技术。插入 OLE 对象后，这两个应用程序之间保持着某些关联。下面以插入“Excel 表格”为例说明如何插入 OLE 对象。

执行【插入】/【OLE 对象】命令，出现【插入对象】对话框，如图 11-42 所示。选择【由文件创建】选项卡，使用 浏览(B)... 按钮定位文件，单击 确定 按钮，系统会自动插入一个 Excel 表格，如图 11-43 所示。

选择 OLE 对象会出现句柄和虚线框，移动鼠标到虚线框上按下鼠标左键拖动鼠标，可以重新定位 OLE 对象。移动鼠标到 OLE 对象的句柄上，按下鼠标左键拖动鼠标可以改变 OLE 对象的大小。

图 11-42 【插入对象】对话框

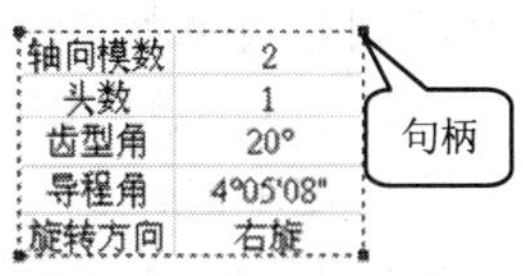

图 11-43　Excel 表格

如果要修改 OLE 对象，在 OLE 对象上双击鼠标，就可以打开相应的应用程序，在应用程序环境下修改保存后，插入的 OLE 对象会自动更新。

11.5　密码和数字签名保护

11.5.1　使用加密保护图形

如果向图形添加口令并保存了该图形，图形将被加密。除非输入口令，否则图形将无法重新打开。可以在修改文件或保存文件时向文件附加口令。必须为每个需要加密的图形分别附加口令。

如果忘记了口令，图形文件将无法使用。在向图形添加口令之前，建议创建一个不带口令保护的图形备份。

1. 修改图形时添加口令的步骤

（1）执行【工具】/【选项】菜单命令，出现【选项】对话框。

（2）在【选项】对话框的【打开和保存】选项卡上，单击 安全选项(O)... 按钮，出现如图 11-44 所示的【安全选项】对话框。

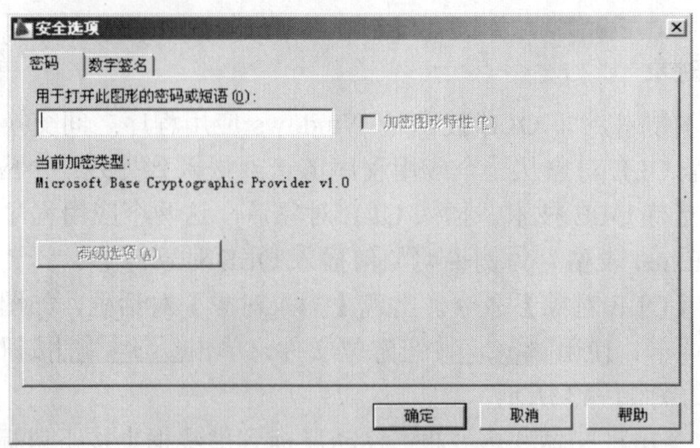

图 11-44 【安全选项】对话框

（3）在【密码】选项卡中的【用于打开此图形的口令或短语】输入框中，输入口令。

（4）要加密图形特性（例如，标题、作者、主题和关键字），请选择【加密图形特性】选项。

（5）单击 确定 按钮，出现【确认密码】对话框。在【确认密码】对话框中，输入使用的口令并单击 确定 按钮，然后关闭【选项】对话框即可。

2. 保存图形前添加口令的步骤

（1）执行【文件】/【另存为】菜单命令，出现【图形另存为】对话框。

（2）保存文件前，在对话框的【工具】菜单上单击【安全选项】选项。

（3）在如图 11-44 所示的【安全选项】对话框的【密码】选项卡中，输入口令。

（4）要加密图形特性（例如，标题、作者、主题和关键字），请选择【加密图形特性】选项。

（5）单击 确定 按钮，出现【确认密码】对话框。在【确认密码】对话框中，输入使用的口令并单击 确定 按钮。

（6）设置完密码后单击 保存(S) 按钮完成带密码的文件保存。

3. 从图形中删除口令的步骤

（1）执行【工具】/【选项】菜单命令，出现【选项】对话框。

（2）在【选项】对话框的【打开和保存】选项卡上，单击 安全选项(O)... 按钮，出现如图 11-44 所示的【安全选项】对话框。

（3）在【密码】选项卡中，清除【用于打开此图形的口令或短语】输入框中的内容。

（4）单击 确定 按钮即可。

11.5.2 选择加密类型

可以选择高级加密级别保护图形。如果未选择高级级别，则使用操作系统提供的默认加密级别。如果决定选择高级级别，可以从操作系统提供的 RC4 加密提供者中进行选择。还可以选择密钥长度（密钥越长，提供的保护级别就越高）。RC4 加密提供者是标准的加密格式，可以提供各种保护。

为图形选择加密提供者和密钥长度的步骤：

（1）执行【工具】/【选项】菜单命令，出现【选项】对话框。

（2）在【选项】对话框的【打开和保存】选项卡上，单击 安全选项(O)... 按钮，出现如图 11-44 所示的【安全选项】对话框。

（3）在【密码】选项卡中，输入口令或短语，然后单击 高级选项(A)... 按钮，出现【高级选项】对话框，如图 11-45 所示。

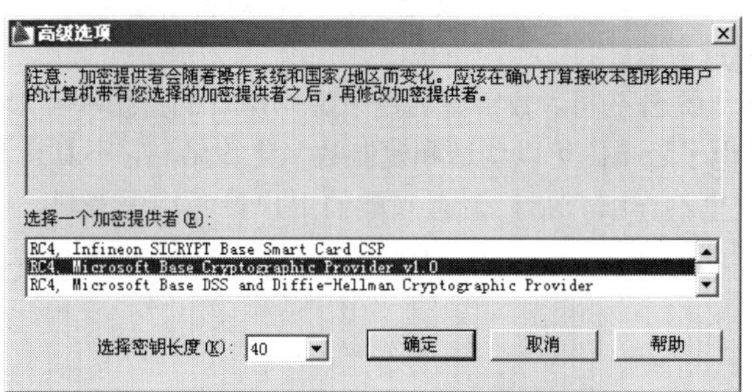

图 11-45 【高级选项】对话框

（4）在【高级选项】对话框中，选择加密提供者或密钥长度，然后单击 确定 按钮回到【安全选项】对话框。

（5）在【安全选项】对话框中，单击 确定 按钮即可。

11.5.3 查看受口令保护的图形

要查看受口令保护的图形中的数据，必须先获取并在如图 11-46 所示的【口令】输入框中输入口令。输入口令后，除非将口令删除，否则即使修改和保存文件，文件仍将继续使用该口令。

图 11-46 【密码】输入框

受口令保护的图形中可能包含对受口令保护的图形的外部参照。如果打开包含外部参照且受口令保护的图形，系统将提示用户输入当前图形的口令，然后提示用户输入外部参照（其口令与当前任务中已输入的口令不同）的口令。通常情况下，每个任务中都需要输入一次应用到图形或外部参照的特定口令。

无论 AutoCAD 出于什么原因读取受口令保护的图形中的数据，在 AutoCAD 使用的每个任务中必须至少输入一次口令。

11.5.4 数字签名

使用数字签名，可以更方便地与其他人进行工程协作。为图形接收者提供可靠信息，例如图形集的创建者以及图形在附加数字签名后是否被修改。

另外，数字签名还具有以下优点：

- 数字签名文件的接收者可以确定发送文件的组织或个人是否是真正的文件发送组织或个人。
- 数字签名可以保证文件签名后不被更改。
- 签名的文件不会作为无效文件被拒收。文件的签名者以后不能以签名是伪造的为由而否认对该文件的所有权。

数字签名与数字化签名不同。数字签名用于证明用户的身份和图形的真实性，而数字化签名只是用户签名的电子版本。可以伪造和复制数字化签名，它不具有真正的安全保护价值。

关于数字签名这里不详细介绍，请有兴趣的用户参考相关资料。

11.6 CAD 标准

在这一节中讲述怎样定义标准、怎样检查图形是否与标准冲突、怎样修复标准冲突。

11.6.1 CAD 标准概述

为维护图形文件的一致性，可以创建标准文件以定义常用属性。标准为命名对象（例如图层和文字样式）定义一组常用特性。为了增强一致性，用户或用户的 CAD 管理员可以创建、应用和核查 AutoCAD 图形中的标准。因为标准可以帮助其他人理解图形，所以在许多人创建同一个图形的协作环境下尤其有用。

1. 标准检查的命名对象

可以为下列命名对象创建标准：

- 图层；
- 文字样式；
- 线型；
- 标注样式。

2. 标准文件

定义标准后，将它们保存为标准文件。然后，可以将标准文件同一个或更多图形文件关联起来。将标准文件与图形相关联后，应该定期检查该图形，以确保它遵循标准。

11.6.2 定义标准

要设置标准，可以创建定义图层特性、标注样式、线型和文字样式的文件，然后将其保存为带有.dws 文件扩展名的标准文件。

根据工程的组织方式，可以决定是否创建多个工程特定标准文件并将其与单个图形关联起来。核查图形文件时，标准文件中各设置之间可能会发生冲突。例如，某个标准文件指定图层 WALL 为黄色，而另一个标准文件指定图层为红色。发生冲突时，第一个与图形关联的标准文件具有优先权。如有必要，可以改变标准文件的顺序以改变优先级。

如果希望只使用指定的插入模块核查图形，可以在定义标准文件时指定插入模块。例如，如果最近只对图形进行了文字更改，那么用户可能希望只使用图层和文字样式插入模块核查图形，以节省时间。默认情况下，核查图形是否与标准冲突时将使用所有插入模块。

1. 创建标准文件的步骤

（1）新建一个图形文件。

（2）在新图形中，创建将要作为标准文件一部分的图层、标注样式、线型和文字样式。

（3）执行【文件】/【另存为】菜单命令。

（4）在【文件名】输入框中，输入标准文件的名称。

（5）在【文件类型】列表中，选择“AutoCAD 图形标准（*.dws）”。

（6）单击 保存(S) 按钮。

2. 使标准文件与当前图形相关联的步骤

（1）打开一个要与标准文件关联的图形文件，然后执行【工具】/【CAD 标准】/【配置】菜单命令（或单击【CAD 标准】工具栏上的配置标准按钮），出现如图 11-47 所示的【配置标准】对话框。

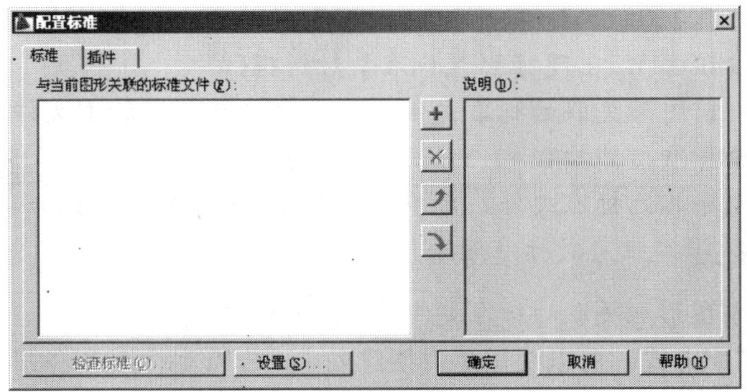

图 11-47 【配置标准】对话框

（2）在【配置标准】对话框的【标准】选项卡中，单击添加标准文件按钮，出现【选择标准文件】对话框，如图 11-48 所示。

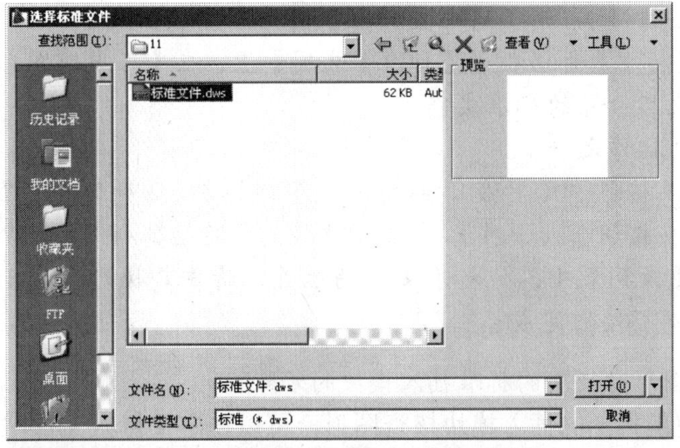

图 11-48 【选择标准文件】对话框

（3）在【选择标准文件】对话框中，找到并选择标准文件。单击 打开(O) 按钮，如图 11-49 所示。

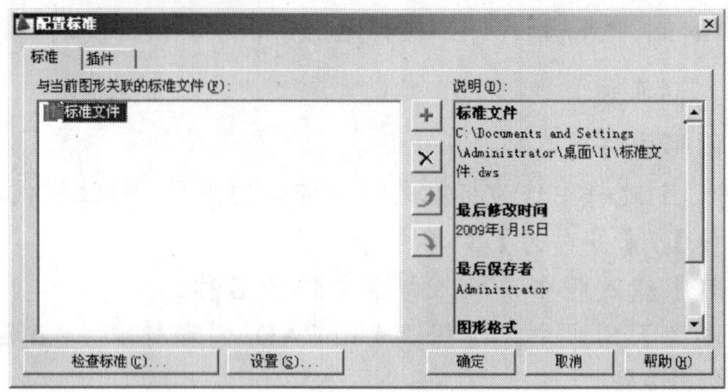

图 11-49 【配置标准】对话框

（4）如果要使其他标准文件与当前图形相关联，请重复执行步骤（2）和（3）。

（5）单击 确定 按钮完成标准关联。

3. 从当前图形中删除标准文件的步骤

（1）执行【工具】/【CAD 标准】/【配置】菜单命令（或单击【CAD 标准】工具栏上的配置标准按钮），出现【配置标准】对话框。

（2）在【与当前图形关联的标准文件】选项中选择一个标准文件。

（3）单击删除标准文件按钮。

（4）如果要删除其他标准文件，请重复执行步骤（2）和（3）。

（5）单击 确定 按钮完成标准删除。

4. 更改与当前图形相关联的标准文件的次序的步骤

根据工程的组织方式，可以决定是否创建多个工程特定标准文件并将其与单个图形关联起来。核查图形文件时，标准文件中各设置之间可能会发生冲突。例如，某个标准文件指定图层 WALL 为黄色，而另一个标准文件指定图层为红色。发生冲突时，第一个与图形关联的标准文件具有优先权。如有必要，可以改变标准文件的顺序以改变优先级。

（1）执行【工具】/【CAD 标准】/【配置】菜单命令（或单击【CAD 标准】工具栏上的配置标准按钮），出现【配置标准】对话框。

（2）在【配置标准】对话框的【标准】选项卡上，在【与当前图形关联的标准文件】选项中选择要更改其位置的标准文件。

（3）执行下列操作之一：

- 单击上箭头按钮（上移），将标准文件向上移动到列表的某个位置。
- 单击下箭头按钮（下移），将标准文件向下移动到列表的某个位置。

（4）如果要更改列表中其他标准文件的位置，请重复执行步骤（2）和（3）。

（5）单击 确定 按钮完成。

5. 指定核查图形时使用的标准插入模块的步骤

如果希望只使用指定的插入模块核查图形，可以在定义标准文件时指定插入模块。例如，如果最近只对图形进行了文字更改，那么用户可能希望只使用图层和文字样式插入模块核查图形，以节省时间。默认情况下，核查图形是否与标准冲突时将使用所有插入模块。

（1）执行【工具】/【CAD 标准】/【配置】菜单命令（或单击【CAD 标准】工具

栏上的配置标准按钮），出现【配置标准】对话框。

（2）在【配置标准】对话框的【插件】选项卡中，如图 11-50 所示，执行下列操作之一：

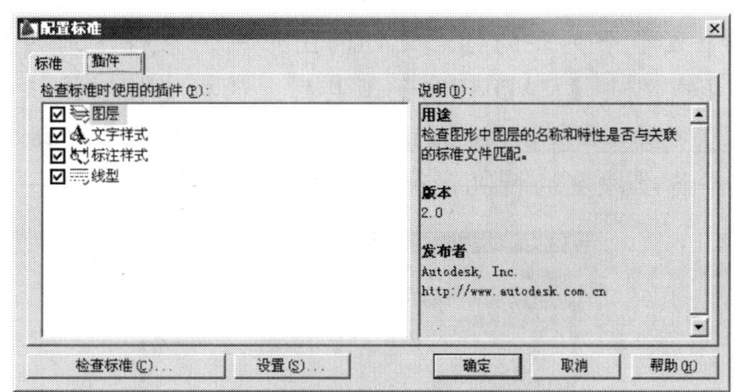

图 11-50 【插件】选项卡

- 至少选中一个插入模块的复选框，以核查图形是否与标准冲突。
- 要选择所有插入模块，请在【检查标准时使用的插入模块】列表中单击右键，然后单击快捷菜单中的【全部选择】选项（在【检查标准时使用的插入模块】列表中单击右键，然后单击快捷菜单中的【全部清除】选项可以清除所有插入模块）。

（3）单击 确定 按钮完成。

11.6.3　检查和修复标准冲突

将标准文件与 AutoCAD 图形相关联后，应该定期检查该图形，以确保它遵循其标准。这在许多人同时更新一个图形文件时尤为重要。例如，在一个具有多个次承包人的项目中，某个次承包人可能创建了新的但不符合所定义的标准的图层。在这种情况下，需要能够识别出非标准的图层然后对其进行修复。

可以使用通知功能警告用户在操作图形文件时发生标准冲突。此功能允许用户在发生标准冲突后立即进行修改，从而使创建和维护遵从标准的图形更加容易。

在检查图形是否符合标准时，将对照与图形相关联的标准文件，检查每个特定类型的命名对象。例如，对照标准文件中的图层，图形中的每个图层都受到了检查。

标准核查可以找出两种问题：

- 在检查的图形中出现带有非标准名称的对象，例如名为 WALL 的图层出现在图形中，但并未出现在任何相关标准文件中。
- 图形中的命名对象可以与标准文件中的某一名称相匹配，但它们的特性并不相同。例如，图形中 WALL 图层为黄色，而标准文件将 WALL 图层指定为红色。

用非标准名称固定对象时，非标准对象将从图形中被清理掉。与非标准对象关联的任何图形对象都将传送给指定的替换标准对象。例如，可以固定非标准图层 WALL，并使用标准 ARCH-WALL 图层替换它。可以将所有对象从图层 WALL 传送至图层 ARCH-WALL，然后从图形中清理掉图层 WALL。

11.6.3.1　核查单个文件图形标准冲突

（1）打开具有一个或多个关联标准文件的图形。状态栏中显示关联标准文件图标。

如果缺少关联标准文件，状态栏中将显示缺少标准文件图标。

如果单击缺少标准文件图标，然后解决或断开了缺少的标准文件，那么缺少标准文件图标将被关联标准文件图标代替。

（2）在具有一个或多个关联的标准文件的图形中，执行【工具】/【CAD 标准】/【检查】菜单命令（或单击【CAD 标准】工具栏上的检查标准按钮，或在【配置标准】对话框中单击 检查标准(C)... 按钮），将显示【检查标准】对话框，其中在【问题】选项下报告了第一个标准冲突的情况，如图 11-51 所示。

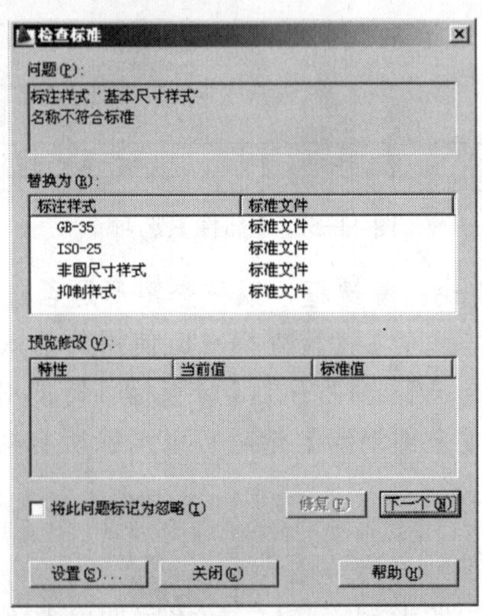

图 11-51 【检查标准】对话框

（3）执行下列操作之一：

● 如果要应用【替换为】列表中所选的项目来修复【问题】下所报告的冲突，请单击 修复(F) 按钮。如果在【替换为】列表中存在一个建议的修复方法，则会显示一个复选标记。如果不存在建议如何修复当前标准冲突的修复方法， 修复(F) 按钮将不可用（用户可以在【替换为】列表中选择一个标准）。

● 在 AutoCAD 中手动修复一个标准冲突后系统会自动显示下一个标准冲突，如果不修复，可以单击 下一个(N) 按钮显示下一个标准冲突。

● 选择【将此问题标记为忽略】选项卡将标记该标准冲突，下次使用标准检查命令时将不显示该冲突。然后单击 下一个(N) 按钮，显示下一个标准冲突。

（4）重复执行步骤（3），直至查看了所有标准冲突，最后出现【检查标准—检查完成】对话框，如图 11-52 所示。

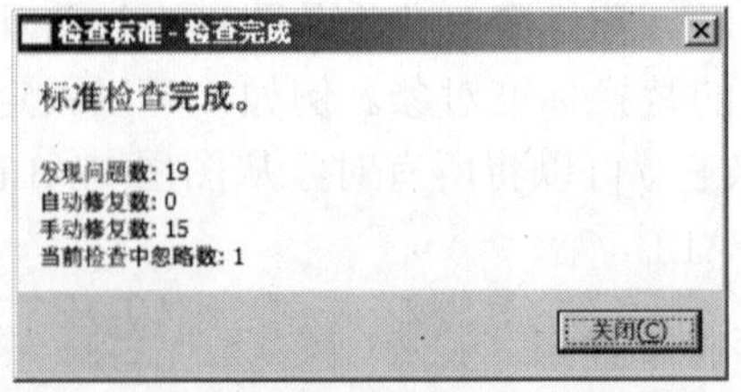

图 11-52 【检查标准—检查完成】对话框

（5）单击 关闭(C) 按钮完成标准检查和修复。

11.6.3.2　检查多个文件图形标准冲突

可以使用标准批处理检查器分析多个图形，然后通过 HTML 格式的报告总结找到标准冲突。要运行批处理标准核查，首先必须创建标准检查（CHX）文件。CHX 文件是配置文件和报告文件，它包含图形文件和标准文件的列表，还包含由标准检查生成的报告。

默认情况下，系统将根据与其相关联的标准文件检查每个图形。用户可以忽略默认设置，选择其他可用的标准文件。

完成批处理标准核查后，可以查看带有核查详细说明的 HTML 报告。还可以创建包含在 HTML 报告中的注解。可以输出和打印此报告。在协作环境中，可以将该报告分发给起草者，以便他们修复各自编写章节中存在的问题。

（1）首先执行【开始】/【程序】/【Autodesk】/【AutoCAD2009】/【标准批处理检查器】命令打开标准批处理检查器应用程序，如图 11-53 所示。

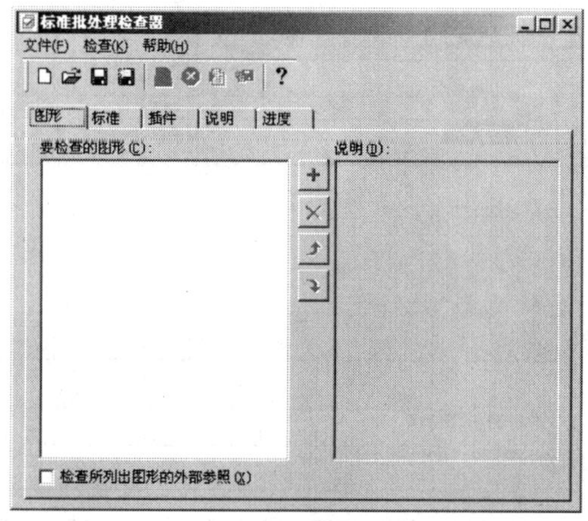

图 11-53　标准批处理检查器应用程序窗口

（2）在标准批处理检查器的【文件】菜单中，单击【新建检查文件】选项卡或者单击标准批处理检查器工具栏上的新建按钮。

（3）在【图形】选项卡上，单击添加图形按钮。在【打开】对话框中，选择要核查的图形。

（4）重复步骤（3），可以向标准检查文件中添加其他图形，如图 11-54 所示。

（5）打开【标准】选项卡，如图 11-55 所示。选择【用与图形关联的标准文件检查每个图形】选项，选项卡上其余的选项将不可用，指定使用其关联标准文件核查每一个图形。选择【用以下标准文件来检查所有图形】选项，指定忽略与单个图形相关联的标准文件，而使用在【用于检查全部图形的标准】选项卡中选择的文件。

（6）【插件】选项卡的使用方法与【配置标准】对话框中一样。

（7）在标准批处理检查器的【文件】菜单中，单击【保存检查文件】选项或者单击标准批处理检查器工具栏上的保存按钮，出现【标准批处理检查器—文件保存对话框】对话框，如图 11-56 所示。用户可以保存图形检查文件。

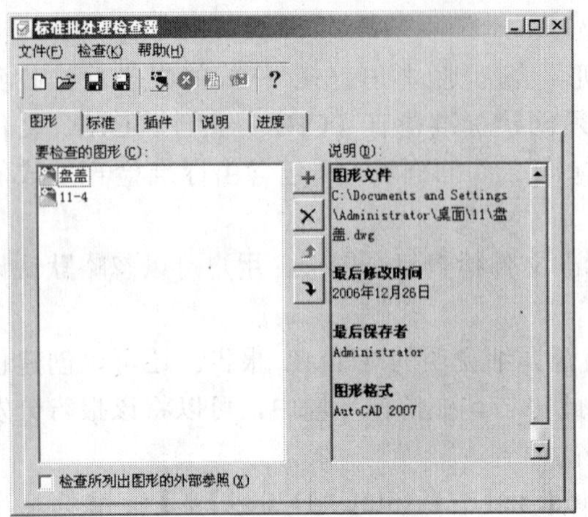

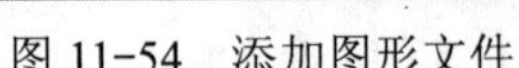

图 11-54 添加图形文件

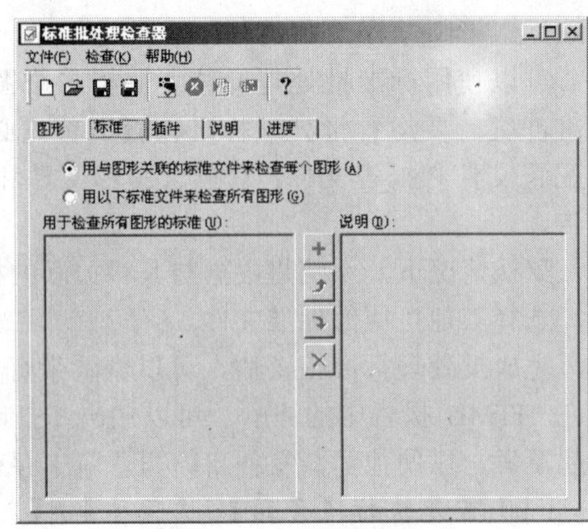

图 11-55 【标准】选项卡

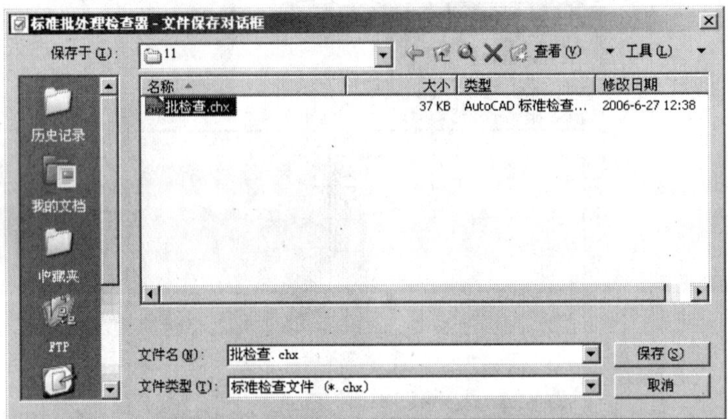

图 11-56 【标准批处理器—文件保存对话框】对话框

（8）执行【检查】/【开始检查】菜单命令，或者单击工具栏上的开始检查按钮，检查完毕后会出现标准检查报告，如图 11-57 所示。

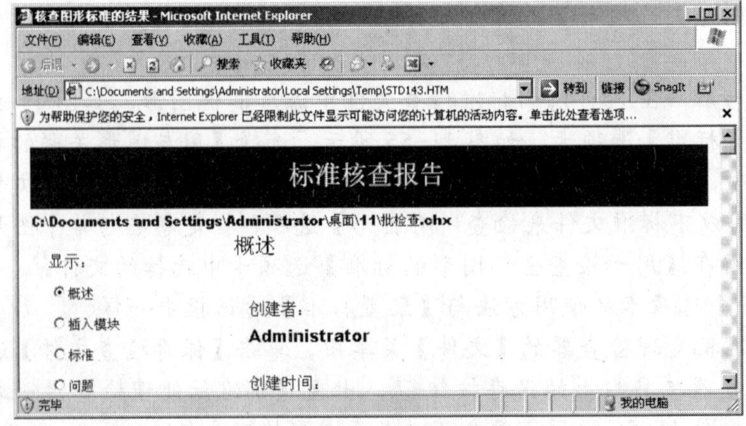

图 11-57 标准检查报告

11.7 工具选项板

工具选项板是 AutoCAD 2004 之后版本的新功能，工具选项板是【工具选项板】窗口中选项卡形式的区域，提供组织、共享和放置块及填充图案等有效方法。工具选项板还可以包含由第三方开发人员提供的自定义工具。

执行【工具】/【工具选项板窗口】菜单命令，或者单击【标准】工具栏上的工具选项板按钮，就会打开【工具选项板】窗口，如图 11-58 所示。

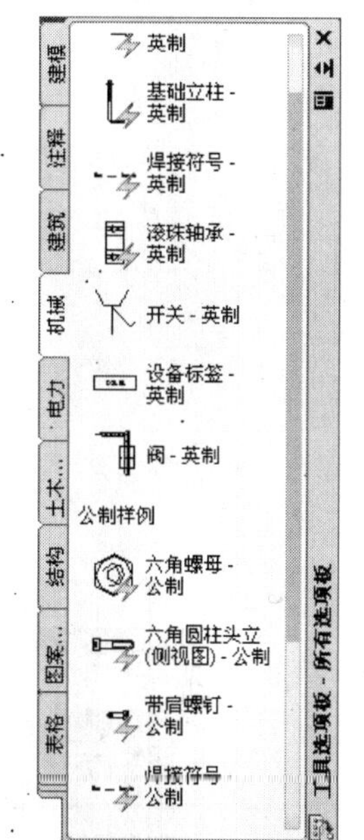

图 11-58 【工具选项板】窗口

11.7.1 使用工具选项板插入块和图案填充

工具选项板是【工具选项板】窗口中选项卡形式的区域。可以将常用的块和图案填充放置在工具选项板上。需要向图形中添加块或图案填充时，只需将其从工具选项板拖动至图形中即可。

位于工具选项板上的块和图案填充称为工具，可以为每个工具单独设置若干个工具特性，其中包括比例、旋转和图层等（在其上使用快捷菜单的【特性】选项）。

将块从工具选项板拖动到图形中时，可以根据块中定义的单位比率和当前图形中定义的单位比率自动对块进行缩放。例如，如果当前图形的单位为米，而所定义的块的单位为厘米，单位比率即为 1m/100cm。将块拖动到图形中时，则会以 1/100 的比例插入（即 100 个块单位变为一个图形单位）。

如果源块或目标图形中的“插入时的缩放单位”设置为“无单位”，则使用【选项】对话框的【用户系统配置】选项卡中的“源内容单”"和“目标图形单位”设置。

11.7.2 更改工具选项板设置

工具选项板的选项和设置可以被用户定义。这些设置包括：

● 自动隐藏：当光标移动到【工具选项板】窗口上的标题栏时，【工具选项板】窗口会自动滚动打开或滚动关闭。

● 透明度：可以将【工具选项板】窗口设置为透明，从而不会挡住下面的对象（MicrosoftWindows NT 用户无法使用透明度）。

11.7.2.1 自动隐藏

单击【工具选项板】窗口标题栏上的自动隐藏按钮，可以改变窗口的滚动行为。当自动隐藏按钮状态为◀▶时，窗口不滚动。当自动隐藏按钮状态为◀▌（在上单击鼠标可以改变其状态）时，鼠标移动到标题栏，自动滚动打开，当鼠标移出窗口时，自动缩到标题栏。

11.7.2.2 通明度

（1）右键单击【工具选项板】窗口标题栏，然后在显示的快捷菜单中单击【透明度】选项，出现【透明】对话框，如图 11-59 所示。

（2）在【透明度】对话框中，使用滑标调整【工具选项板】窗口的透明度级别。单击 确定 按钮。

（3）【工具选项板】窗口变为透明，后面的东西会透出来，如图 11-60 所示。

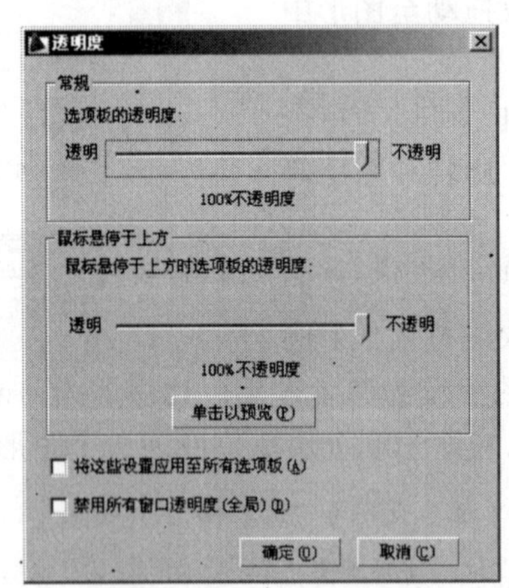

图 11-59 【透明】对话框

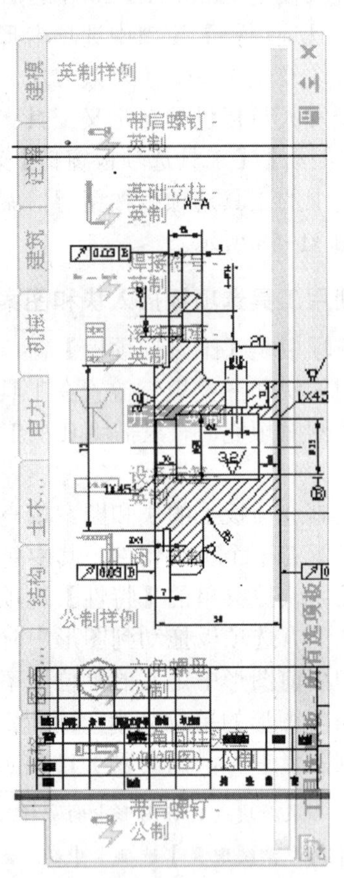

图 11-60　透明状态

11.7.3　控制工具特性

通过控制工具特性可以更改工具选项板上任何工具的插入特性或图案特性。例如，可以更改块的插入比例或填充图案的角度。

要更改这些工具特性，请在某个工具上单击右键，在快捷菜单中单击【特性】选项，出现如图 11-61 所示的【工具特性】对话框，然后在对话框中更改工具的特性。【工具特性】对话框中主要包含两类特性：插入特性或常规特性等。

- 插入特性或图案特性。控制指定对象的特性，例如比例、旋转和角度。
- 常规特性。替代当前图形特性设置，例如图层、颜色和线型。

在工具选项板上更改工具特性的步骤：

（1）在工具选项板上，右键单击某个工具，然后在快捷菜单中单击【特性】选项，出现【工具特性】对话框。

（2）在【工具特性】对话框中，使用滚动条查看所有工具特性。单击任何特性字段并指定新的值或设置。

- 【插入】类别下面列出的特性可以控制指定对象的特性，例如缩放比例、旋转和角度。
- 【常规】类别下面列出的特性可以替代当前图形特性设置，例如图层、颜色和线型。

（3）设置完毕后单击 确定 按钮。

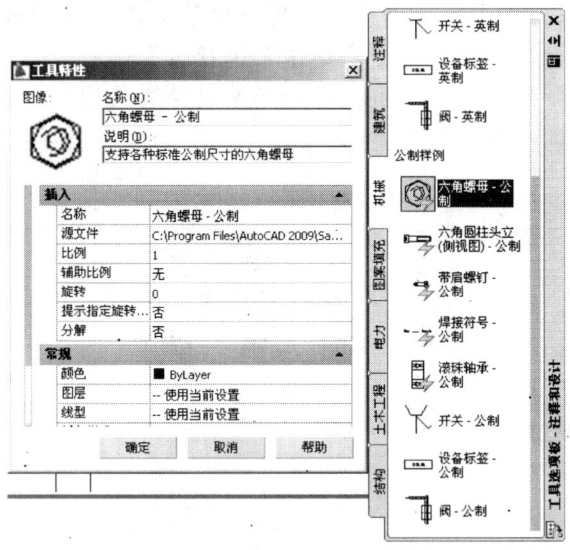

图 11-61 【工具特性】对话框

11.7.4 自定义工具选项板

使用【工具选项板】窗口中标题栏上的特性按钮，可以创建新的工具选项板。使用以下方法可以在工具选项板中添加工具：

- 将以下任意一项拖至工具选项板：几何对象（例如直线、圆和多段线）、标注、图案填充、渐变填充、块、外部参照或光栅图像。
- 将图形、块和图案填充从设计中心拖至工具选项板。将已添加到工具选项板中的图形拖动到另一个图形中时，图形将作为块插入。
- 使用【自定义用户界面】对话框（在标题栏上单击鼠标右键，在快捷菜单上选择【自定义命令】）将命令拖至工具选项板，正如将此命令添加至工具栏一样。
- 使用【剪切】、【复制】和【粘贴】可以将一个工具选项板中的工具移动或复制到另一个工具选项板中。
- 在设计中心树状图中的文件夹、图形文件或块上单击鼠标右键，然后在快捷菜单中单击【创建工具选项板】选项，创建包含预定义内容的工具选项板选项卡。

创建空的工具选项板的步骤：

（1）打开【工具选项板】窗口，在标题栏上单击鼠标右键，在快捷菜单上选择【新建选项板】选项，出现一个文本输入框，输入新建工具选项板的名称，如“我的工具”。

（2）然后回车，这样就会在【工具选项板】窗口中添加一个自定义的选项板，用户可以利用上面的方法添加组织自己的工具，如图 11-62 所示。

图 11-62　自定义的工具选项板

从文件夹或图形创建工具选项板的步骤：

（1）如果设计中心尚未打开，执行【工具】/【设计中心】菜单命令打开设计中心。

（2）在设计中心树状图或内容区域中，右键单击文件夹、图形文件或块，如在“DesignCenter”目录上单击鼠标右键，出现快捷菜单，如图 11-63 所示。

（3）在快捷菜单上，单击【创建块的工具选项板】选项。

（4）将创建一个新的工具选项板，包含所选文件夹或图形中的所有块和图案填充，如图 11-64 所示创建了一个名称为“DesignCenter”的工具选项板。

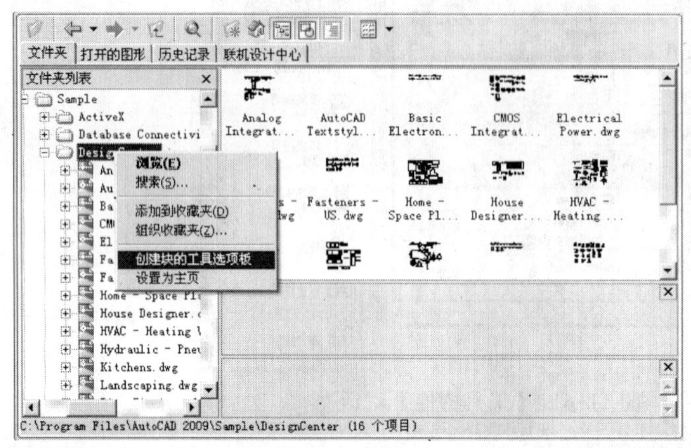

图 11-63 设计中心

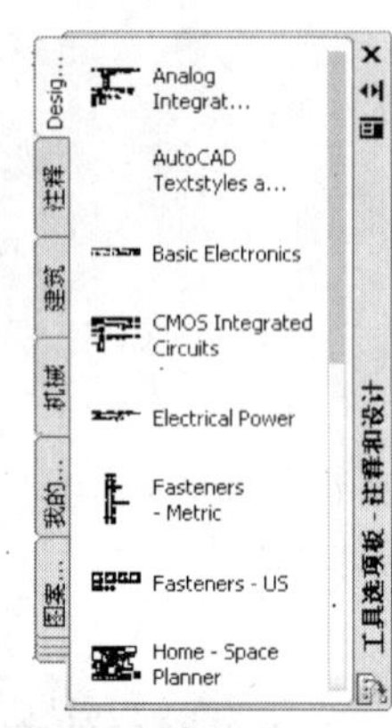

图 11-64 “DesignCenter”工具选项板

11.7.5 保存和共享工具选项板

可以通过将工具选项板输出或输入为工具选项板文件来保存和共享工具选项板。可以从【自定义】对话框输入和输出工具选项板。工具选项板文件的扩展名为.xtp。

打开【工具选项板】窗口，在标题栏上单击鼠标右键，在快捷菜单上选择【自定义选项板】选项，出现【自定义】对话框，如图 11-65 所示。

选择一个工具选项板，利用右键快捷菜单中的【输出】选项可以输出保存工具选项板。使用快捷菜单中的【输入】选项可以共享外部工具选项板。

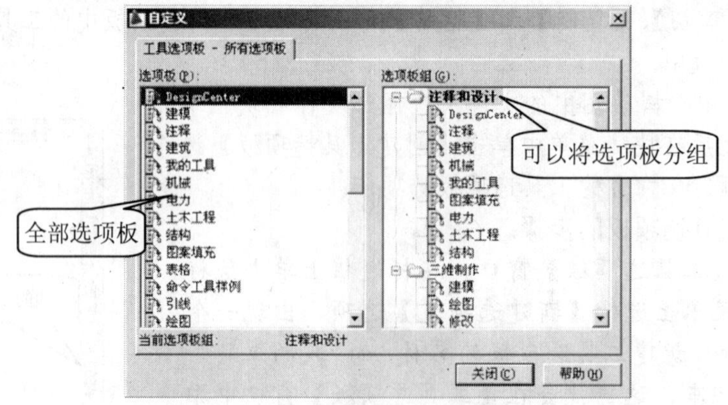

图 11-65 【自定义】对话框

11.8　用户坐标系

在 AutoCAD 中，有两种坐标系：一个称为世界坐标系（WCS）的固定坐标系和一个称为用户坐标系（UCS）的可移动坐标系。在 WCS 中，X 轴是水平的，Y 轴是垂直的，Z 轴垂直于 XY 平面。原点是图形左下角 X 轴和 Y 轴的交点（0，0）。可以依据 WCS 定义 UCS。实际上所有的坐标输入都使用当前 UCS。

移动 UCS 可以使处理图形的特定部分变得更加容易。旋转 UCS 可以帮助用户在旋转视图中指定点，同时“捕捉”、“栅格”和“正交”模式都将旋转以适应新的 UCS。

【UCS】工具栏如图 11-66 所示。

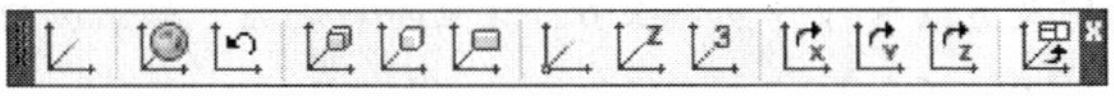

图 11-66 【UCS】工具栏

11.8.1　移动 UCS

如图 11-67 所示，现有一个圆，需要绘制一个三角形，三角形的起点是圆心。当然这个图形可以使用捕捉和追踪辅助绘制。这里讲述使用用户坐标系进行坐标绘制。

（1）系统开始默认的是世界坐标系，首先绘制圆。

（2）单击【UCS】工具栏上的原点 UCS 按钮，在系统的提示下捕捉圆心指定坐标系的新原点，用户坐标系如图 11-68 所示。

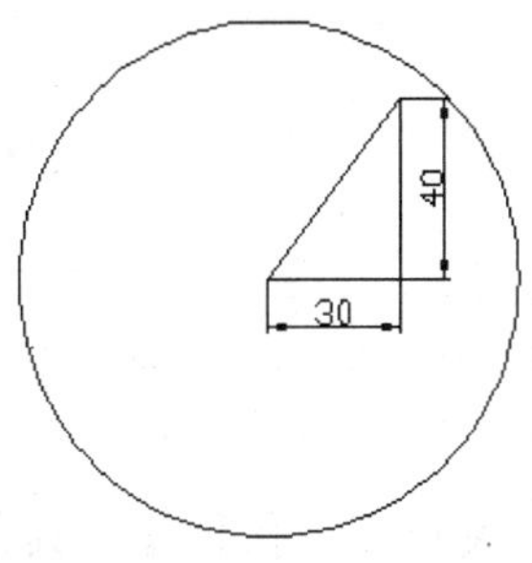

图 11-67　圆和三角形

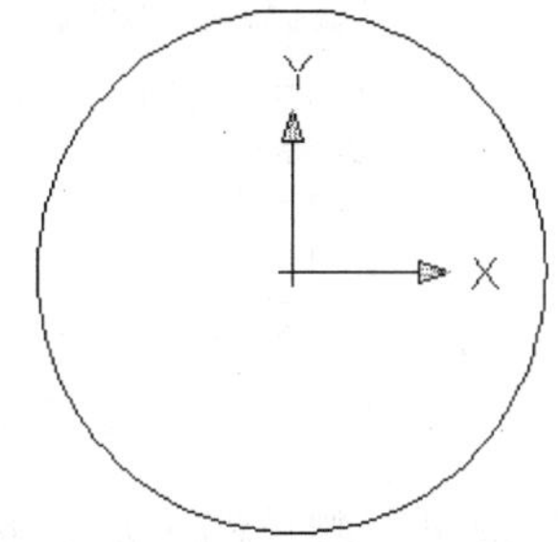

图 11-68　定义的用户坐标系

（3）然后在新的坐标系中使用坐标法来绘制三角形，坐标都是以新的坐标原点为基准的。

（4）绘制完毕后，如果要恢复到世界坐标系，可以单击【UCS】工具栏上的世界 UCS 按钮。

11.8.2　三点 UCS

使用原点 UCS 时，X 轴和 Y 轴的方向不改变，如果要改变 X 轴和 Y 轴的方向，可以使用三点 UCS。

如要建立如图 11-69 所示的 UCS，操作步骤如下：

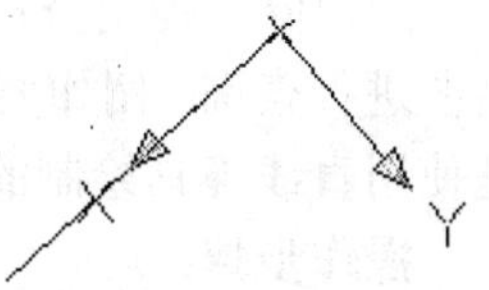

单击【UCS】工具栏上的三点 UCS 按钮，系统提示：

图 11-69　三点 UCS

```
命令：_ucs
```

当前 UCS 名称：*世界*

指定 UCS 的原点或 [面(F)/命名(NA)/对象(OB)/上一个(P)/视图(V)/世界(W)/X/Y/Z/Z 轴(ZA)] <世界>：_3

指定新原点 <0，0，0>： 捕捉直线的上端点为原点；

在正 X 轴范围上指定点 <157.8056，136.8301，0.0000>： 捕捉直线的另外一个端点为 X 轴正向上的点；

在 UCS XY 平面的正 Y 轴范围上指定点 <157.4606，136.0744，0.0000>：

在正 Y 轴方向上指定一点，完成 UCS 定义。

关于 UCS 的定义方法和操作命令很多，这里不再详述，有兴趣的用户请参阅相关资料。在两维绘图中 UCS 的用处不大。

11.9 查询工具

利用 AutoCAD 提供的查询功能，用户可以方便地计算图形对象的面积、求两点之间的距离、确定点的坐标值等。AutoCAD 将这些查询命令放在【工具】下拉菜单的【查询】子菜单中，如图 11-70 所示。用户还可以利用查询工具进行其他方面的查询。【查询】工具栏如图 11-71 所示。下面以距离查询为例讲述查询工具的使用方法。

图 11-70 【查询】子菜单

图 11-71 【查询】工具栏

使用距离查询可以测量两个点之间的距离和有关角度，执行【工具】/【查询】/【距离】菜单命令，或单击【查询】工具栏上的距离按钮，命令行提示如下：

命令：'_dist 指定第一点： 指定测量的起点；

指定第二点： 指定测量的终点；

命令：'_dist 指定第一点：指定第二点：

距离 = 684.3954，XY 平面中的倾角 = 38， 与 XY 平面的夹角 = 0

X 增量 = 538.3535， Y 增量 = 422.5785， Z 增量 = 0.0000

查询结果。

用户除了使用查询工具进行查询之外，还可以使用【特性】对话框进行查询。例如要计算如图 11-72 所示的房间面积，注意房间是使用直线工具绘制的。

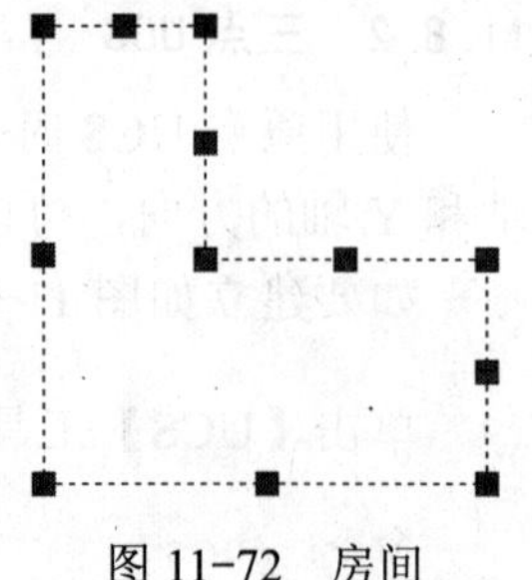

图 11-72 房间

操作步骤：

(1) 首先执行【绘图】/【边界】命令出现【边界创建】对话框，如图 11-73 所示，单击拾取点按钮，在区域内单击鼠标，然后回车就可以创建边界。

（2）在边界上单击鼠标右键，在出现的快捷菜单上选择【特性】选项，打开【特性】选项板，如图 11-74 所示，用户可以从中查到面积。

图 11-73 【边界创建】对话框

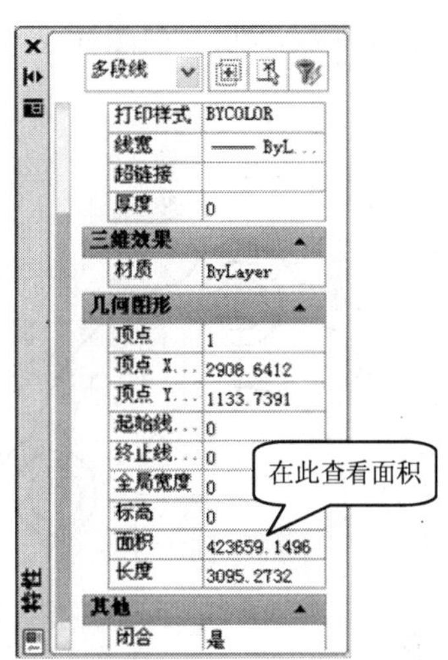

图 11-74 【特性】对话框

11.10 本章小结

建立一个样板图，虽然花费了一点时间，但大家可以永久地使用，并且可以将其作为共享文件让别人使用。

已经生成一个样板图后，要建立其他图号的样板图，在调出样板图后，将图纸大小和图纸边框重新设置，其余内容继续沿用，换名另存即可。

样板图中的图层、文本、尺寸、公差等式样，有些人或单位可能有据可依；而没有标准的，要在使用过程中逐步形成自己的标准。

保存样板图文件与保存一般的图形文件步骤完全相同，只是文件的扩展名不同，一般图的扩展名为【*.dwg】，样板图文件的扩展名为【*.dwt】。

AutoCAD 的设计中心，可以从已有的图形文件中调入图层、文字、标注等式样，还可以插入图块，这使得设置绘图环境和绘图过程大大简化，非常有利于提高工作效率。

另外还详细讲述了密码和数字签名保护、CAD 标准的定义和检查、工具选项板、用户坐标系和查询工具等。用户需要认真掌握设计环境的建设，这样会大大提高设计速度。

11.11 习题

1. 概念题

（1）简述建立样板图的意义。怎样建立样板图？

（2）怎样调用样板图？

（3）怎样使用 AutoCAD 设计中心调用已有文件中的文本样式、标注样式和层的设置、块等信息？

(4) 怎样使用工具选项板？怎样定义自己的工具选项板？

2. 操作题

利用建立的样板绘制下列图样：

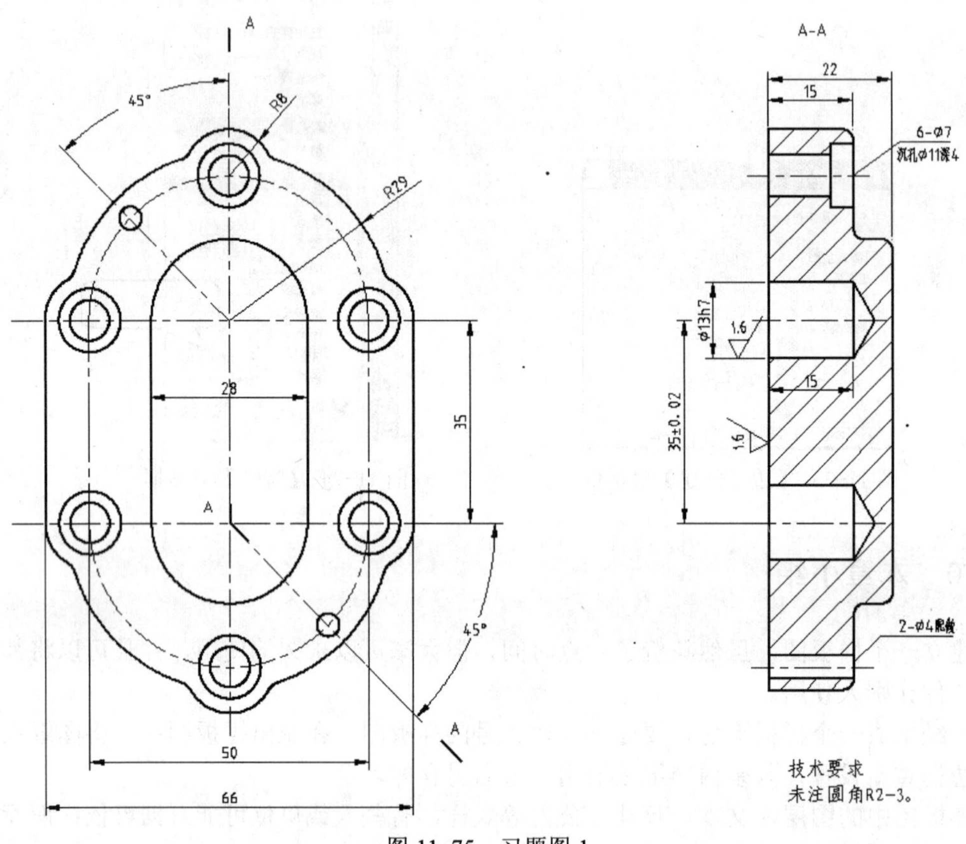

图 11-75　习题图 1

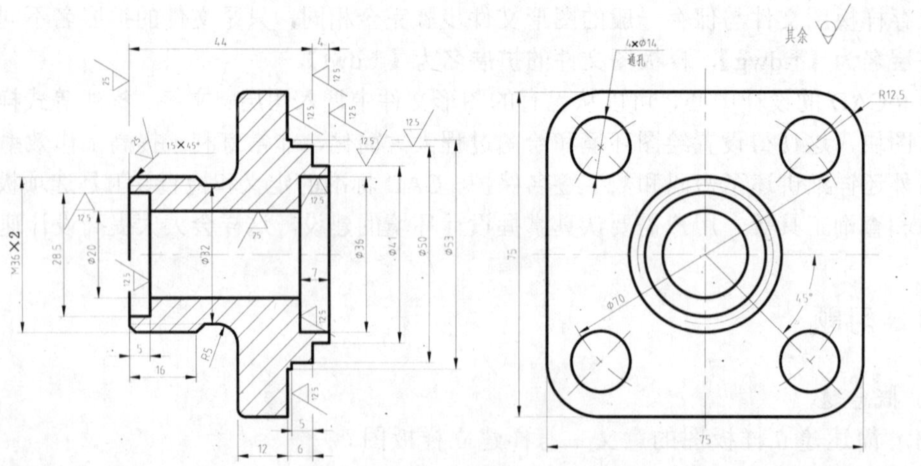

图 11-76　习题图 2

第 12 章　布局与打印出图

前面的绘制工作都是在模型空间中完成的，用户可以直接在模型空间中打印草图，但是在打印正式图纸时，利用模型空间打印会非常不方便。所以 AutoCAD 提供了图纸空间，用户可以在一张图纸上输出图形的多个视图，添加文字说明、标题栏和图纸边框等。图纸空间完全模拟了图纸页面，用于安排图形的输出布局。在这一章中主要讲述怎样设置布局、利用布局进行打印等。

【本章重点】

- 模型空间与图纸空间；
- 布局；
- 注释性；
- 打印。

12.1　模型空间和图纸空间的理解

模型空间主要用于建模，前面章节讲述的绘图、修改、标注等操作都是在模型空间完成的。模型空间是一个没有界限的三维空间，用户在这个空间中进行绘图一般贯彻一个原则，那就是按照 1:1 的比例，以实际尺寸绘制实体。

而图纸空间是为了打印出图而设置的。一般在模型空间绘制完图形后，需要输出到图纸上。为了让用户方便地为一种图纸输出方式设置打印设备、纸张、比例、图纸视图布置等，AutoCAD 提供了一个用于进行图纸设置的图纸空间。利用图纸空间还可以预览到真实的图纸输出效果。由于图纸空间是纸张的模拟，所以是二维的。同时图纸空间由于受选择幅面的限制，所以是有界限的。在图纸空间还可以设置比例，实现图形从模型空间到图纸空间的转化。

12.2　布局

默认情况下 AutoCAD 显示的窗口是模型窗口，并且还自带两个布局窗口（但是不显示），用户可以在状态栏的【布局 1】按钮（或【模型】按钮）上单击鼠标右键，在快捷菜单上选择【显示布局和模型选项卡】选项，在绘图窗口的右下角就会显示三个窗口的选项卡按钮，如图 12-1 所示。

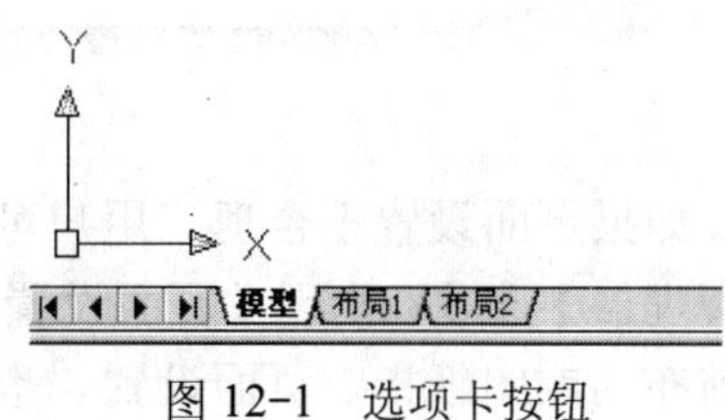

图 12-1　选项卡按钮

如果想隐藏，可以在图 12-1 所示的选项卡上单击鼠标右键，在快捷菜单上选择【隐藏布局和模型选项卡】选项。

在模型窗口中显示的是用户绘制的图形，如图 12-2 所示，要进入布局窗口，比如进入【布局 1】选项，单击【布局 1】选项卡按钮布局1，如图 12-3 所示。

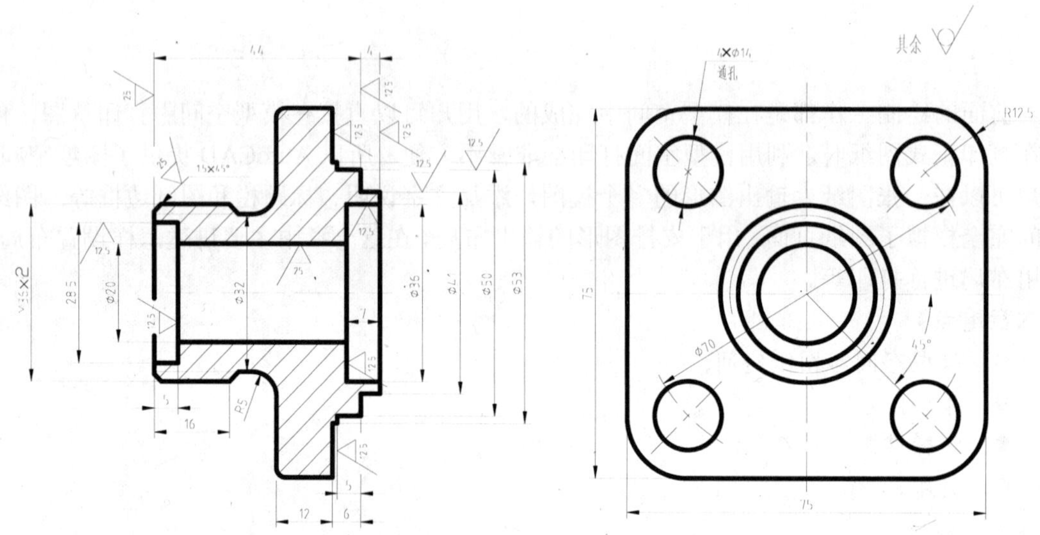

图 12-2　模型空间的图形

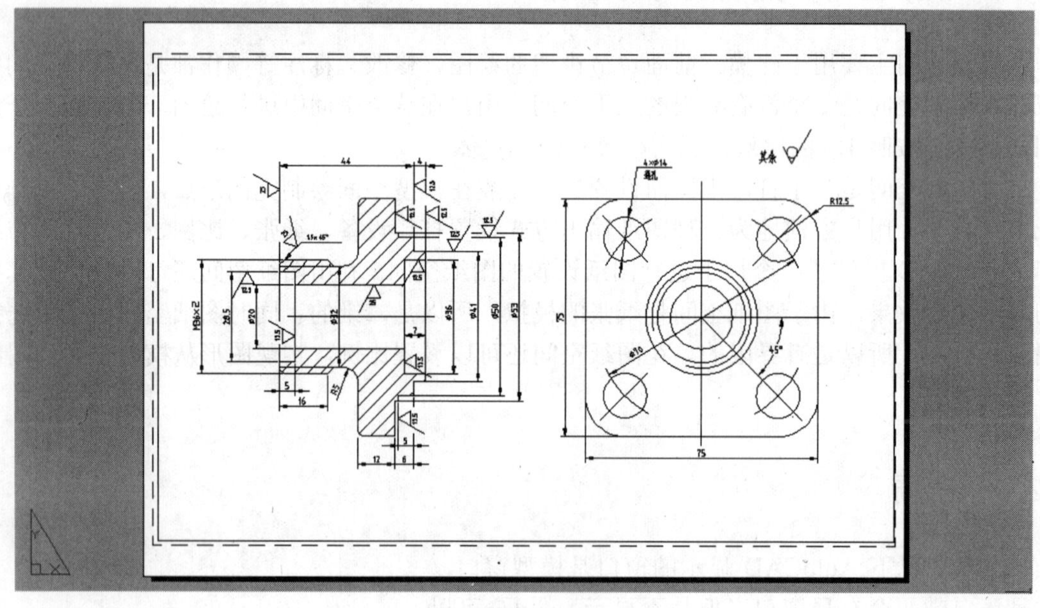

图 12-3　布局 1

如果页面设置不合理，用户可以在布局1上单击鼠标右键，在快捷菜单上选择【页面设置管理器】选项，出现【页面设置管理器】对话框，如图 12-4 所示。利用此对话框可以为当前布局或图纸指定页面设置。也可以创建命名页面设置、修改现有页面设置，或从其他图纸中输入页面设置。

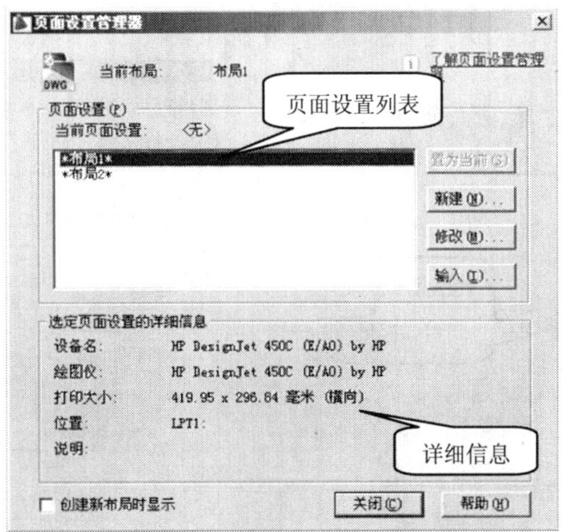

图 12-4 【页面设置管理器】对话框

如果要修改页面设置，在【页面设置】列表中选择页面设置名称，然后单击 修改(M)... 按钮出现【页面设置】对话框，如图 12-5 所示。

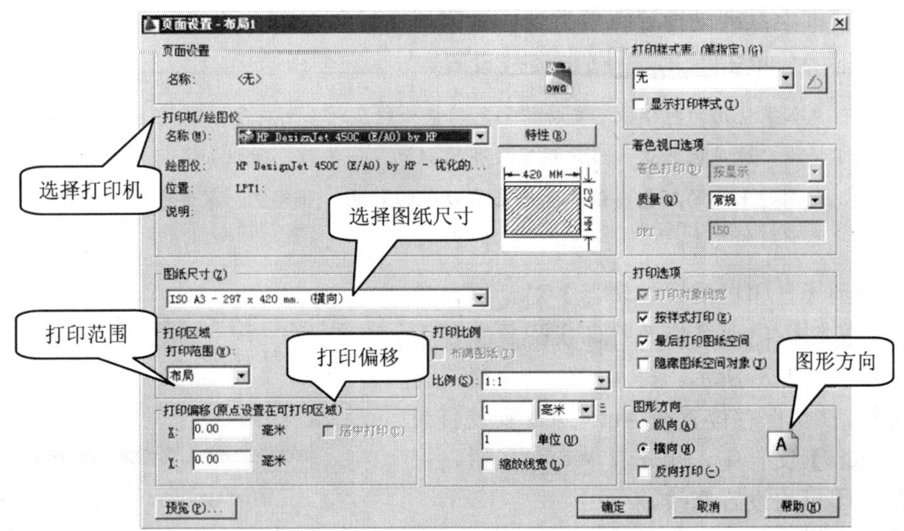

图 12-5 【打印设备】选项卡

在【打印机/绘图仪】选项区，从【名称】下拉列表中选择要使用的打印机，这里注意一下，在 Windows 下安装的系统打印机可直接选用，当然我们还可以用绘图仪管理器来安装新的打印机。绘图仪管理器在后面将讲到，这里先选用一个系统打印机来演示一下，选用【hp DesignJet 450(E/A0)by HP】。

打印机选好之后，来看一下打印机的特性，单击 特性(R)... 按钮，显示【绘图仪配置编辑器】对话框，如图 12-6 所示。

单击【设备和文档设置】选项卡，选中【自定义特性】选项，在【访问自定义对话框】选项区出现 自定义特性(C)... 按钮，单击此按钮，出现【hp DesignJet 450(E/A0)by HP 属性】对话框，如图 12-7 所示。

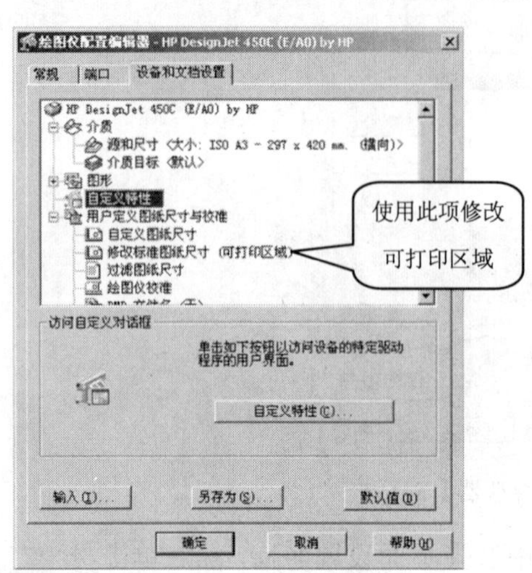

图 12-6 【绘图仪配置编辑器】对话框

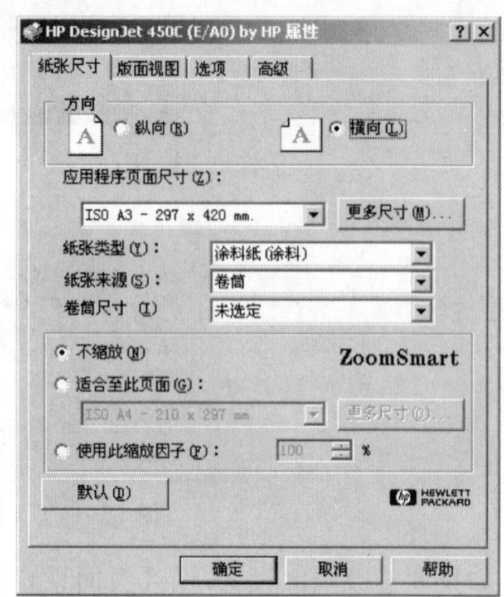

图 12-7 【HP DesignJet 450(E/A0)by HP 属性】对话框

在此对话框中，可以设置介质类型、打印的质量和速度、是打印彩色图还是黑白图、打印纸的幅面等。单击 确定 按钮完成设置。

注意如果使用的打印机不支持将彩色转换为纯黑色（无灰度级），在出黑白图时有可能有的图线不清晰，这是因为这些线采用了较亮的彩色，如黄色。所以如果用户的打印机不支持上述属性，绘图时采用的颜色应该尽量地采用较深的彩色，如黑色、深青色等，这样在打印时可以避免此类问题的发生。

这时回到【打印机配置编辑器】对话框，单击 确定 按钮。出现【修改打印机配置文件】对话框，如图 12-8 所示。提示产生一个格式为 PC3 的文件，默认保存位置在 AutoCAD 安装目录下的【plotters】文件中，单击 确定 按钮，保存对系统打印机的设置修改。

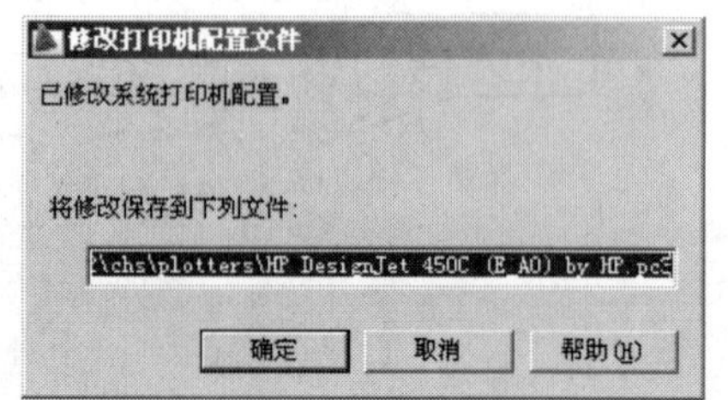

图 12-8 【修改打印机配置文件】对话框

在【打印样式】区中，从【名称】下拉列表中选择要使用的打印样式，如果要按照实体的特性设置进行打印，可选择【无】，关于打印样式的设置和管理将在后面介绍。

在【图纸尺寸】列表中显示当前采用的打印设备和采用的纸张大小，可以从下拉列表中选择合适的纸张，这里选择“ISO A3-297×420mm.（横向）”。

在【打印区域】区中，可以设置打印的范围，使用默认设置打印【布局】选项。打印布局时，打印指定图纸尺寸页边距内的所有对象，打印原点从布局的（0，0）点算起。

在【图形方向】区选择图纸的打印方向，各项含义如下。

- 【纵向】：定位并打印图形使图纸的短边作为图形页面的顶部。
- 【横向】：定位并打印图形使图纸的长边作为图形页面的顶部。
- 【反向打印】：上下颠倒地定位图形方向并打印图形。

在【打印比例】区设置打印比例，控制图形单位对于打印单位的相对尺寸。打印布局时默认的比例设置为 1:1。

> 如果在【打印区域】指定【布局】选项，则 AutoCAD 将打印布局的实际尺寸而忽略在【比例】中指定的设置。

在【打印偏移】区，指定打印区域相对于图纸左下角的偏移量。布局中，指定打印区域的左下角位于图纸的左下页边距。可输入正值或负值以偏离打印原点。图纸中的打印值以英寸或毫米为单位。

在默认情况下，AutoCAD 将打印原点定位在图纸的左下角，用户可以通过改变【X:】和【Y:】文本框中的数值来指定打印原点在 X、Y 方向的偏移量。

用户在【页面设置】对话框中单击 确定 按钮回到【页面设置管理器】选项，然后单击 关闭(C) 按钮就可以进入布局窗口，如图 12-9 所示。

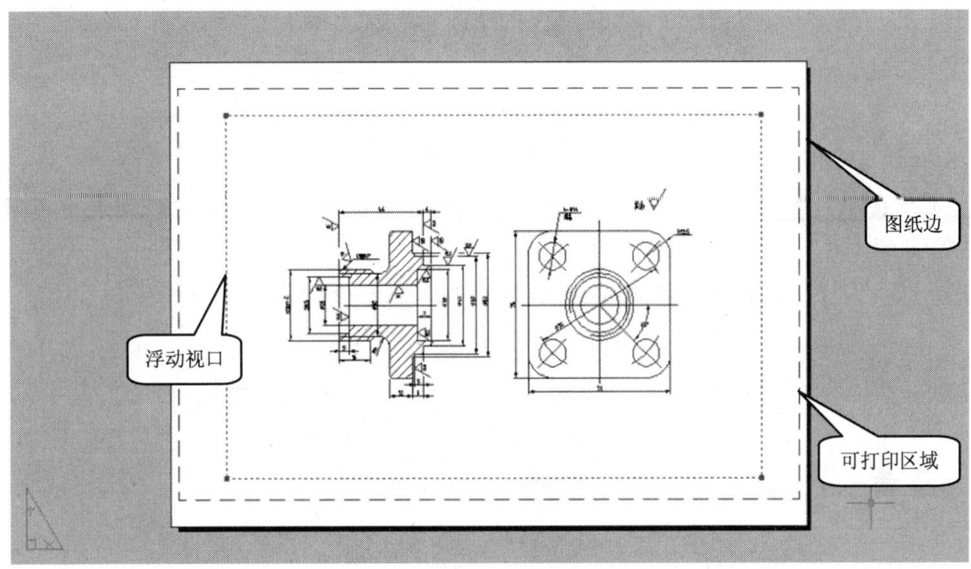

图 12-9　布局窗口

在布局窗口中有三个矩形框，最外面的矩形框代表的是在页面设置中指定的图纸尺寸，虚线矩形框代表的是图纸的可打印区域。最里面的矩形框是一个浮动视口。

12.3　布局管理

在布局选项卡上（布局名称位置）单击鼠标右键，出现如图 12-10 所示的快捷菜单，利用这个菜单可以进行布局新建、删除、移动和复制等操作。也可以使用【页面设置管理器】选项对布局页面进行修改和编辑。还可以激活前一个布局或激活模型选项卡。

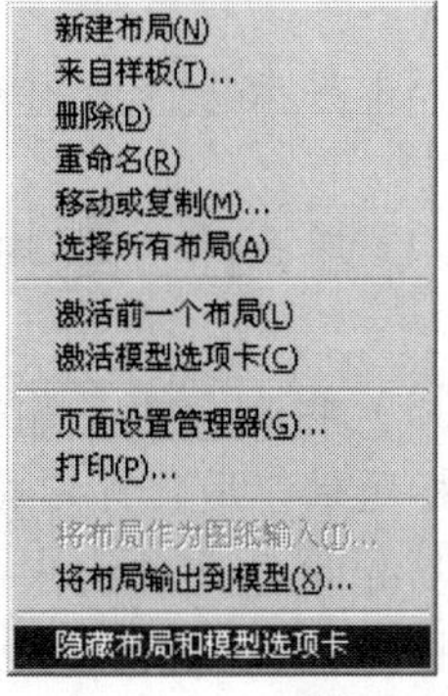

图 12-10　快捷菜单

12.3.1 利用创建布局向导创建布局

除上述创建布局的方法外，AutoCAD 还提供了创建布局的向导，利用它同样可以创建出需要的布局。执行【工具】/【向导】/【创建布局】命令，出现布局创建向导。

（1）进入【开始】步骤，在【输入新布局的名称】文本框中输入布局的名称，如图 12-11 所示。

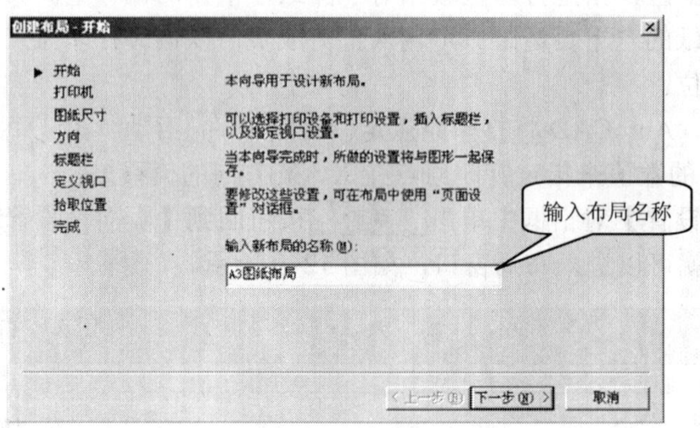

图 12-11 【开始】步骤

（2）单击 下一步(N) > 按钮，进入【打印机】步骤，如图 12-12 所示，在列表中为新布局选择打印机。

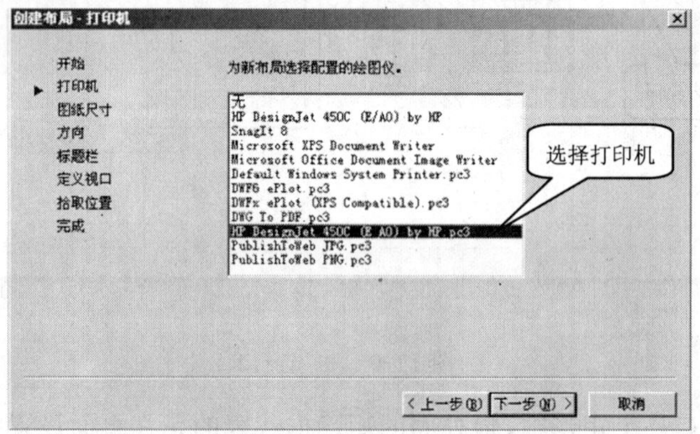

图 12-12 【打印机】步骤

（3）单击 下一步(N) > 按钮，进入【图纸尺寸】步骤，如图 12-13 所示，从列表中选择图纸尺寸。

（4）单击 下一步(N) > 按钮，进入【方向】步骤，如图 12-14 所示，选择图形在图纸上的方向。

（5）单击 下一步(N) > 按钮，进入【标题栏】步骤，如图 12-15 所示，在下拉列表中列出许多标题栏，用户可以根据需要选择。这些标题栏实际上是保存在 AutoCAD 安装目录下的“Template”文件夹中的图形文件。用户可以自定义标题栏保存到这个目录下。AutoCAD 可以将标题栏按照块的方式插入，也可以将标题栏作为外部参照附着。

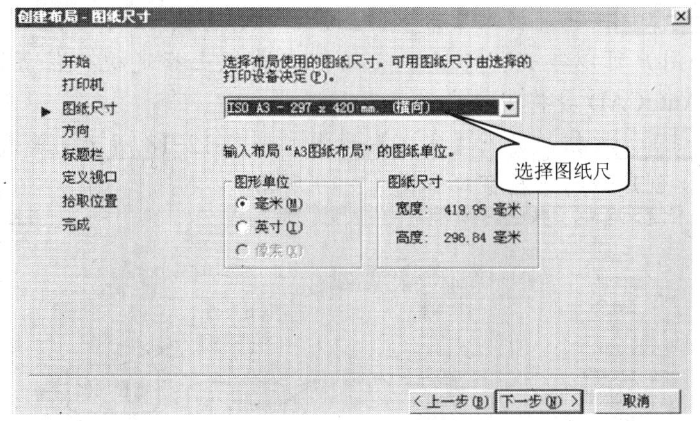

图 12-13 【图纸尺寸】步骤

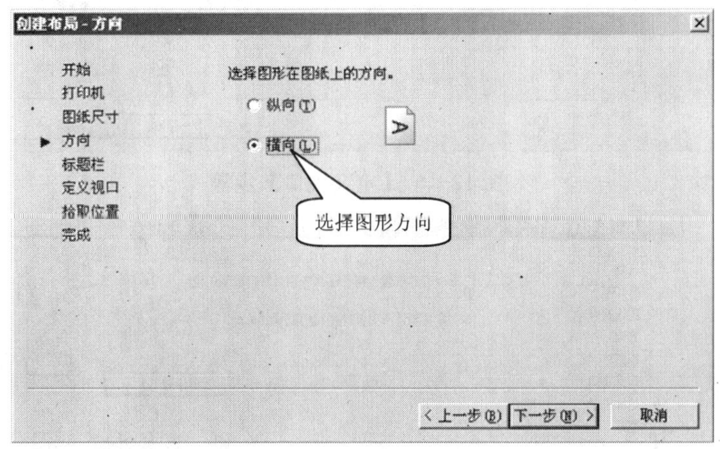

图 12-14 【方向】步骤

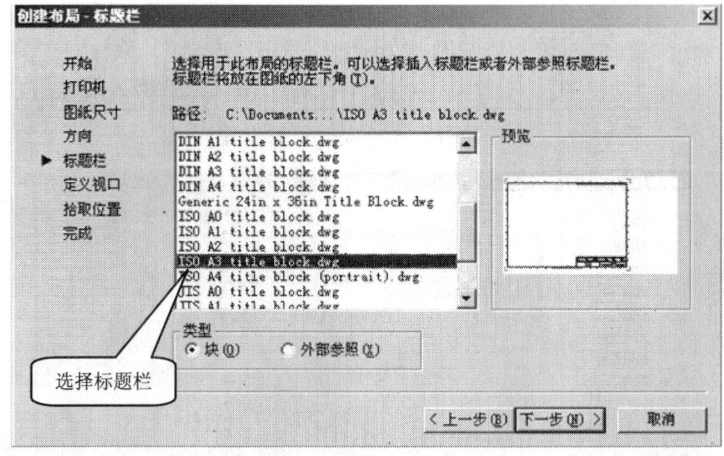

图 12-15 【标题栏】步骤

（6）单击 下一步(N) > 按钮，进入【定义视口】步骤，如图 12-16 所示，用于选择向布局中添加视口的个数，确定视口比例。

(7) 单击下一步(N) >按钮，进入【拾取位置】步骤，如图 12-17 所示。用于在图纸中确定视口的位置，用户可以单击选择位置(L) <按钮在图纸上指定视口位置，如果直接单击下一步(N) >按钮，AutoCAD 会将视口充满整个图纸。

(8) 单击下一步(N) >按钮，进入【完成】步骤，如图 12-18 所示，单击完成按钮即可完成布局创建，创建好的布局窗口如图 12-19 所示。

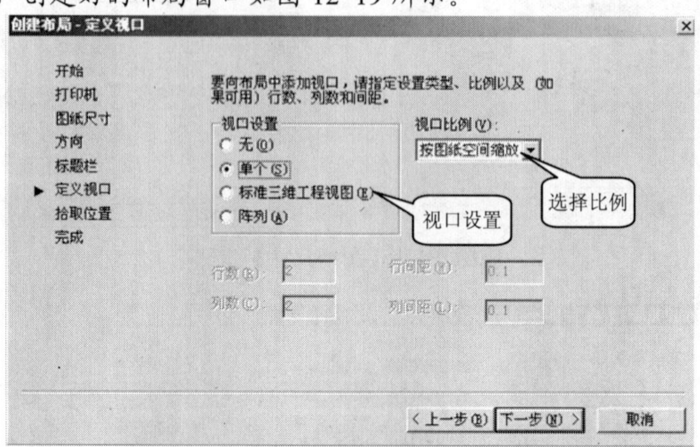

图 12-16 【定义视口】步骤

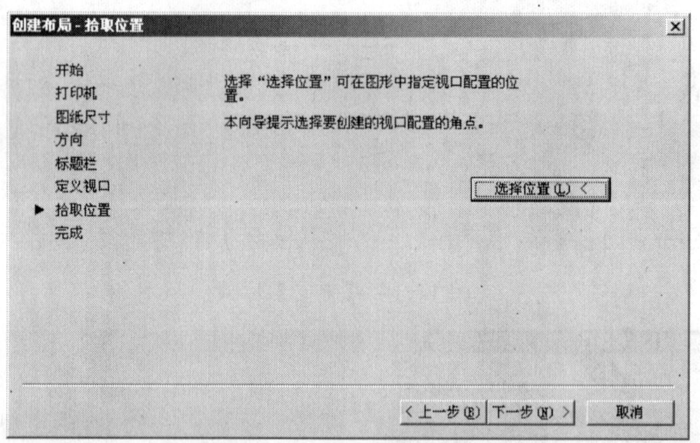

图 12-17 【拾取位置】步骤

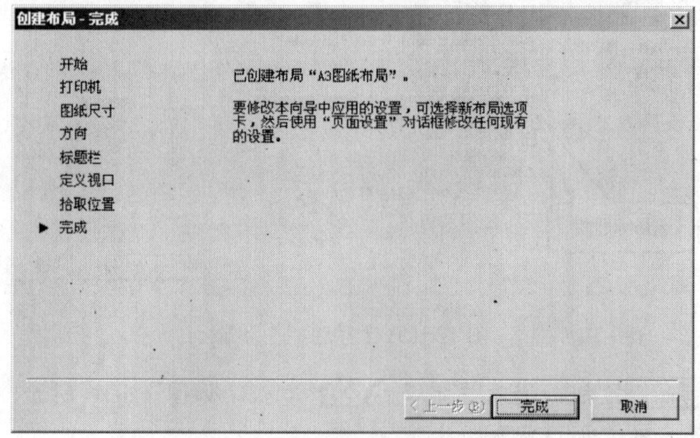

图 12-18 【完成】步骤

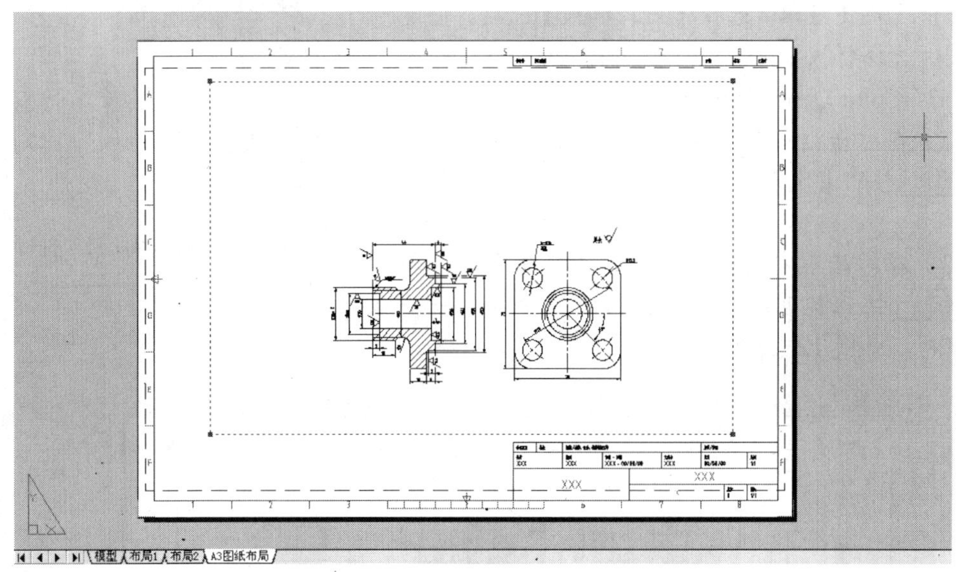

图 12-19　新建的布局

13. 3. 2　布局样板

AutoCAD 的布局样板保存在.dwg 和.dwt 文件中，可以利用现有样板中的信息创建布局。AutoCAD 提供了众多布局样板，以便用户设计新布局时使用，用户也可以自定义布局样板。根据样板布局创建新布局时，新布局中将使用现有样板中的图纸空间、几何图形（如标题栏）及其页面设置。

使用布局样板创建布局的步骤。

图 12-20 【从文件选择样板】对话框

（1）执行【插入】/【布局】/【来自样板的布局】命令，或者在布局选项卡上单击鼠标右键出现快捷菜单，选择【来自样板】选项，出现【从文件选择样板】对话框，如图 12-20 所示，选择“Gb_a3 -Color Dependent Plot Styles”。

（2）在对话框中定位和选择图形样板文件，单击 打开(O) 按钮出现【插入布局】对话框，如图 12-21 所示。

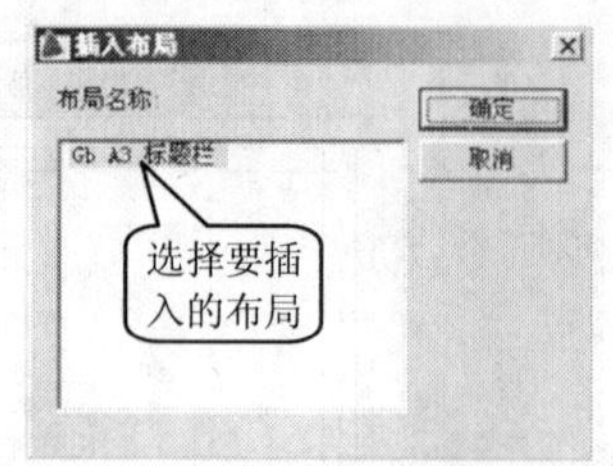

图 12-21 【插入布局】对话框

（3）在对话框中选择需要插入的布局名称，单击 确定 按钮就可以在当前图形文件中插入一个新的布局，如图 12-22 所示。

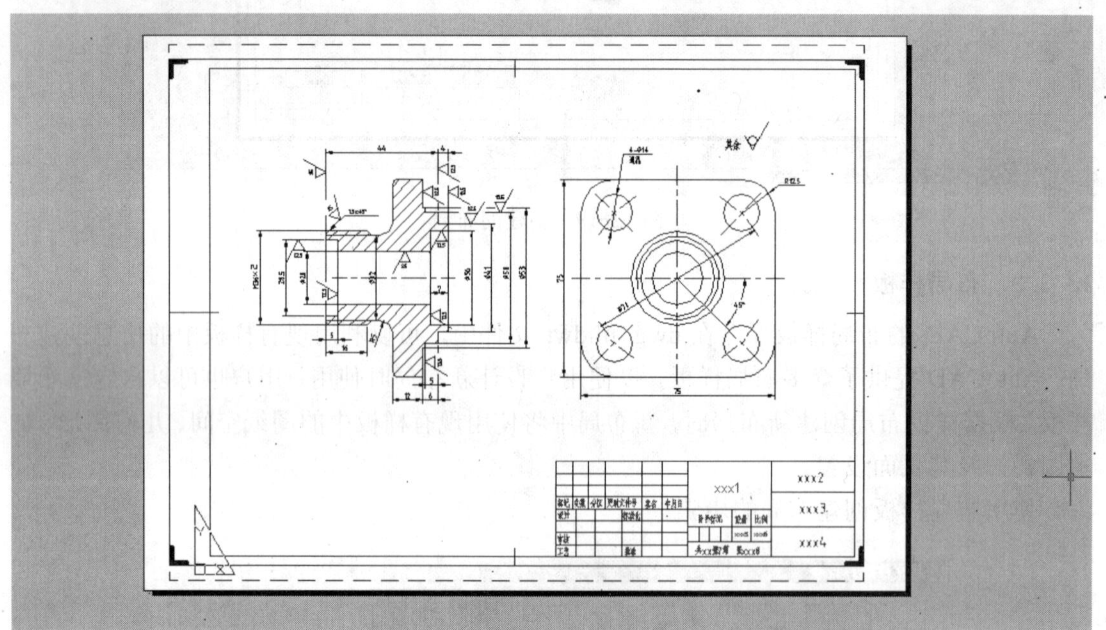

图 12-22 利用布局样板创建的新布局

用户可以利用 AutoCAD 设计中心插入布局，具体使用方法可以参照 AutoCAD 设计中心内容。

任何图形都可以保存为样板图形，所有的几何图形和布局设置都可以保存到 dwt 文件中。将布局保存为样板文件的步骤。

（1）在命令行输入“layout”命令，出现提示：“输入布局选项 [复制(C)/删除(D)/新建(N)/样板(T)/重命名(R)/另存为(SA)/设置(S)/?] <设置>:　”。在提示下输入“sa”，切换到另存为选项。

（2）当系统询问要保存的布局名字时，输入相应的名字。

（3）回车出现【创建图形文件】对话框，如图 12-23 所示。

（4）在对话框【文件名】文本框中输入文件的名字，单击 保存(S) 按钮就可以把布局样板文件保存到指定目录中，以备用户需要时调用。

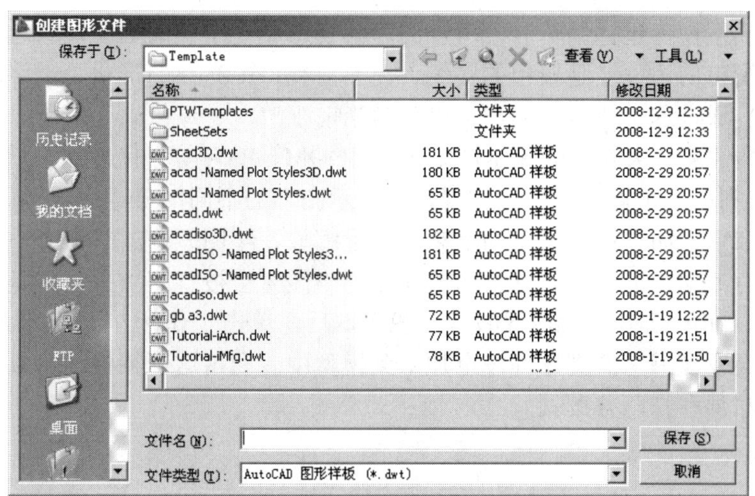

图 12-23 【创建图形文件】对话框

12.4 浮动视口

在布局窗口中，可以将浮动视口当做图纸空间的图形对象，用户可以利用夹点功能改变浮动窗口的大小和位置，如图 12-24 所示，浮动视口还可以用删除命令删除。

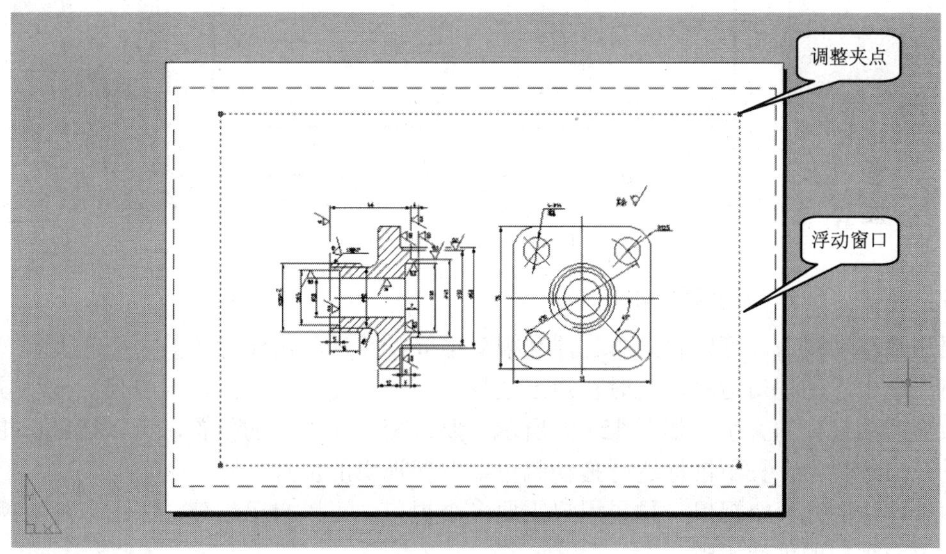

图 12-24 浮动窗口的夹点

12.4.1 进入浮动模型空间

刚进入布局窗口时，系统默认的是图纸空间。用户可以在浮动窗口中双击鼠标左键就可以进入浮动模型空间，如图 12-25 所示。

要从浮动模型空间重新进入图纸空间，可双击浮动模型窗口外的任一点。

当用户在浮动模型空间进行工作时，浮动模型窗口中所有视图都是被激活的。当用户在当前的浮动模型窗口进行编辑时，所有的浮动视口和模型空间均会反映这种变化。注意当前浮动模型窗口的边框线是较粗的实线，在当前视口中光标的形状是十字准线，在窗口外是一个箭头。通过这个特点，用户可以分辨当前视口。

另外用户应注意，大多数的显示命令（如 ZOOM、PAN 等）仅影响当前视口（模型空间），故用户可利用这个特点在不同的视口中显示图形的不同部分。

在布局窗口中，如果在图纸空间状态下执行缩放、绘图、修改等命令，仅仅是在布局上绘图，而没有改动模型本身。这种修改在布局出图时会被打印出来，但是对模型本身没有影响。例如，在图纸空间状态下书写一些文本后，单击工作区左下角 模型 选项卡切换到模型窗口，会发现书写的文本并没有加入到模型中。利用这个特性，可以为同一个模型创建多个图纸布局和打印方案。

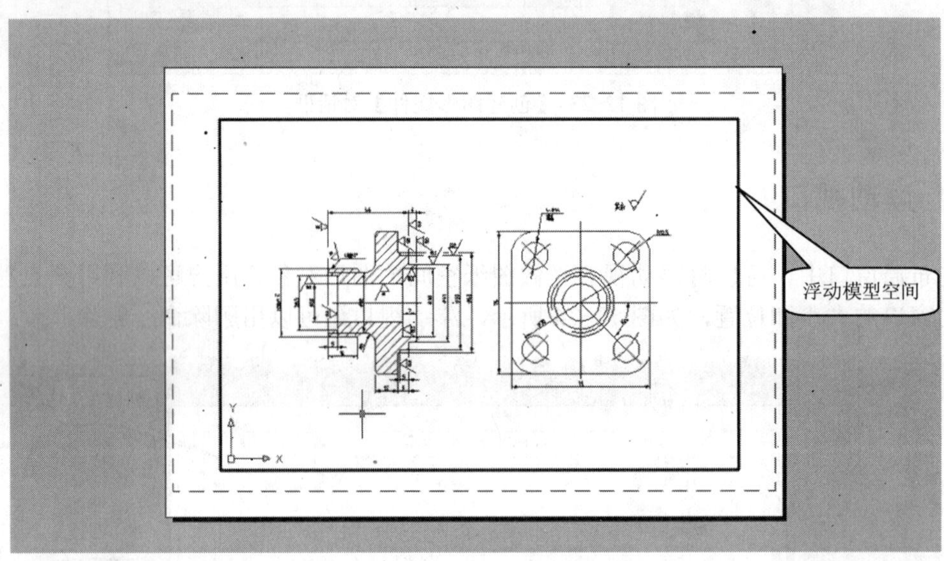

图 12-25　浮动模型空间

12.4.2　删除、创建和调整浮动视口

要删除浮动视口，可以直接单击浮动视口边界，然后单击删除工具。要改变视口的大小，可以选中浮动视口边界，这时在矩形边界的四个角点出现夹点，选中夹点拖动鼠标就可以改变浮动视口的大小，如图 12-26 所示。要改变浮动视口的位置，可以把鼠标指针放在浮动视口边界上，按下鼠标进行拖动就可以改变视口的位置。

由于默认的是一个视口，如果用户需要多个视口，可以自己创建，下面以建立两个视口为例说明视口的创建步骤。

（1）单击视口边框，按 Delete 键删除不需要的视口，然后执行【视图】/【视口】/【两个视口】命令。

（2）系统询问视口排列方式，直接回车。

（3）系统提示："指定第一个角点或 [布满(F)] <布满>:"，直接回车，如图 12-27 所示。

（4）进入左边的浮动窗口模型空间，可以改变图形的位置和大小，然后调整视口的大小。这样做可以用一个视口显示整幅图形，用另外一个视口显示图形的某一个局部，如图 12-28 所示。

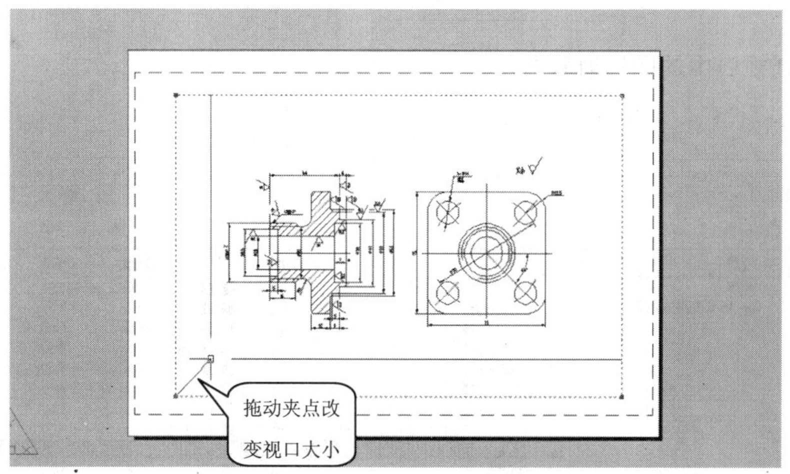

图 12-26　改变视口的大小

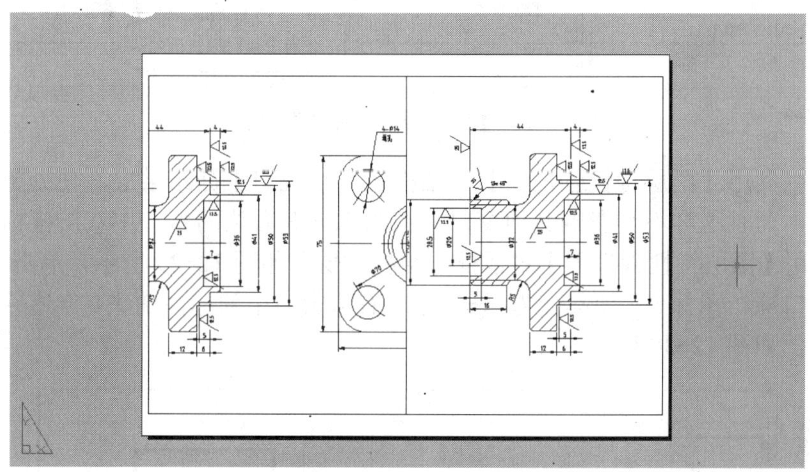

图 12-27　两个视口

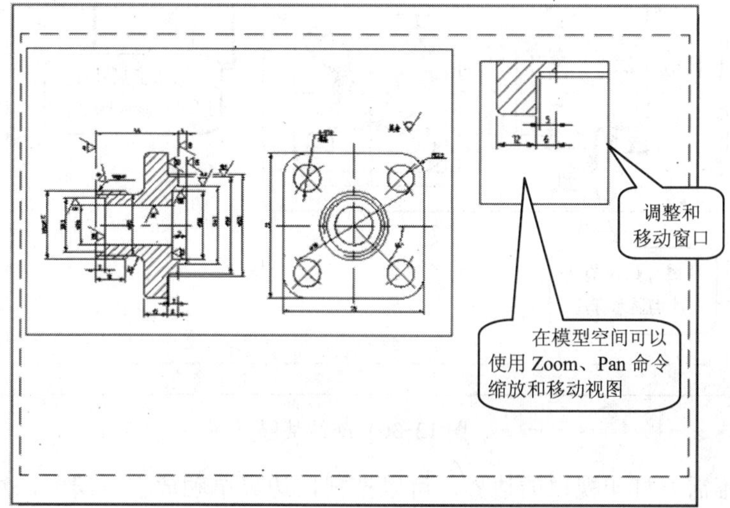

图 12-28　视口编辑

12.4.3 控制视口中的图形对象显示

12.4.3.1 冻结层

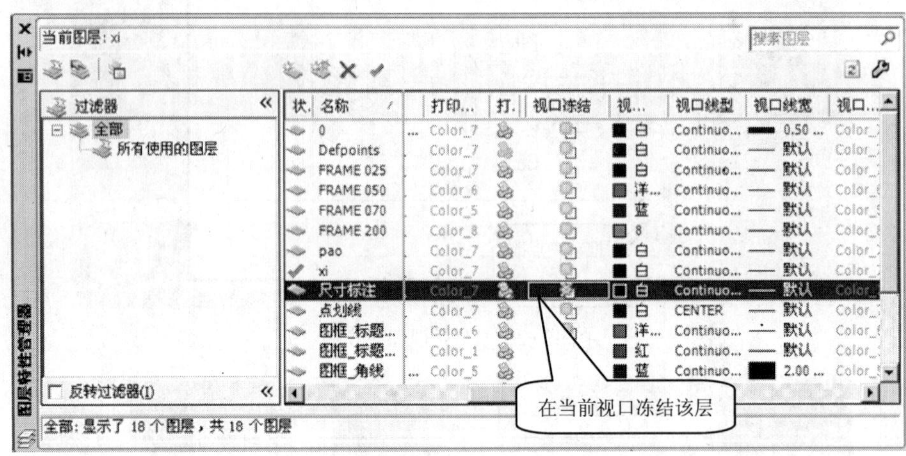

图 12-29 【图层特性管理器】对话框

用户可以利用【图层特性管理器】对话框在一个视口中冻结某层，使处于该层的图形对象不显示，而且这样不会影响其他窗口。在图 12-28 右边的窗口中双击鼠标进入模型状态，然后利用【图层特性管理器】对话框冻结标注层，如图 12-29 所示，单击【尺寸标注】行的当前视口冻结图标 使其变为 ，这时右边窗口中的标注消失，但这并不影响其他窗口的显示，如图 12-30 所示。

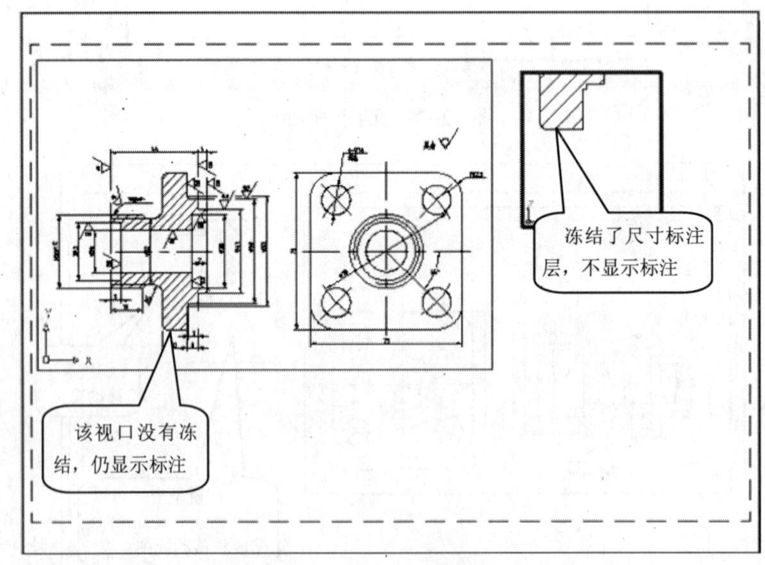

图 12-30　冻结某层

如果用户不需要打印视口的边界，可以把视口边界单独放在一层中，然后冻结此层，如图 12-31 所示（把左视口边界放在一层，然后冻结该层）。

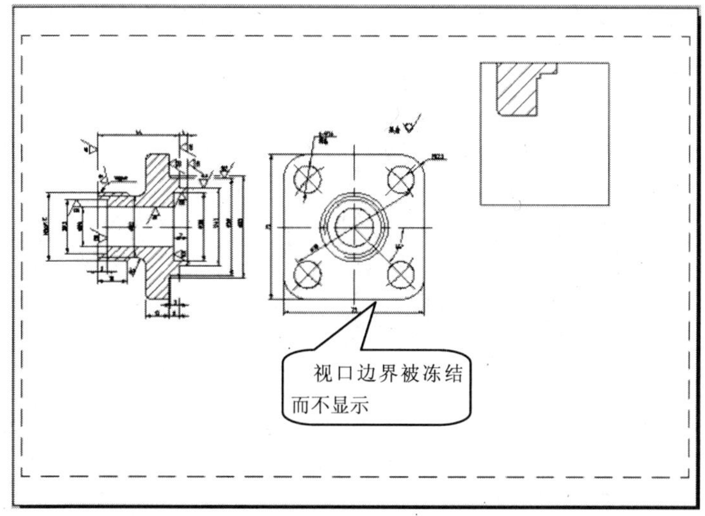

图 12-31　不显示视口边界

12.4.3.2　打开和关闭浮动窗口

重新生成每一个视口时，显示较多数量的活动浮动视口会影响系统性能，此时可以通过关闭一些窗口或限制活动窗口数量来节省时间，另外如果不希望打印某个视口，也可以将它关闭。

用户可以使用【特性】对话框打开和关闭视口，操作步骤如下：

（1）在布局中选择要打开和关闭的视口，如图 12-31 所示的右视口。

（2）从【标准】工具栏上单击特性按钮，出现【特性】对话框，如图 12-32 所示。

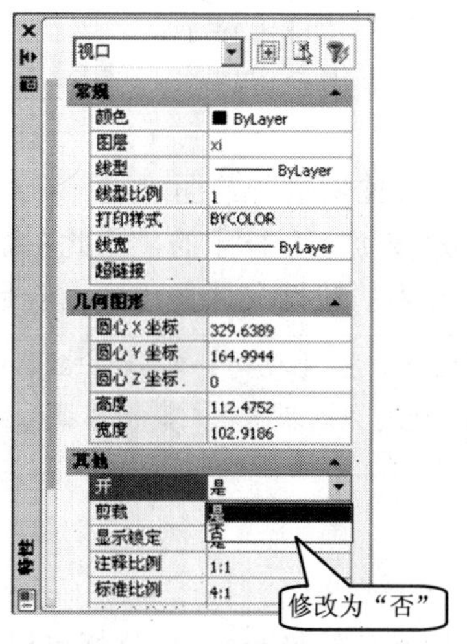

图 12-32　【特性】对话框

（3）在【其他】区中，把【开】选项设置为“否”，这时就关闭了视口，如图 12-33 所示。利用【特性】对话框同样可以打开已关闭的视口。

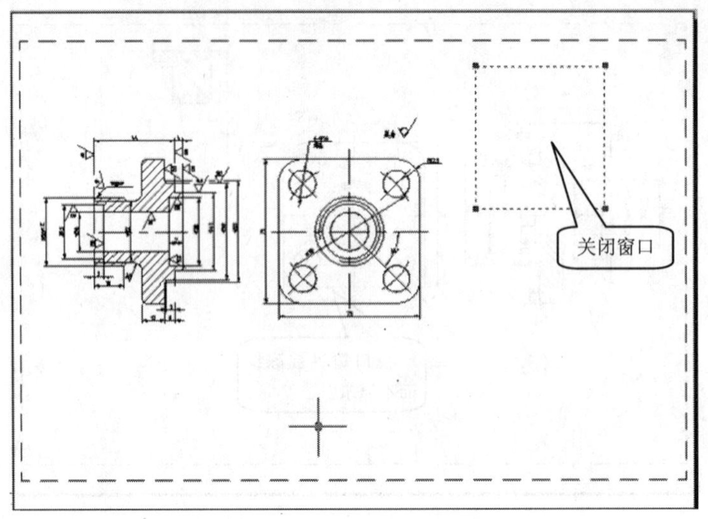

图 12-33 关闭视口

12.4.4 设置图纸的比例尺

设置比例尺是出图过程中一个重要步骤，在任何一张正规图纸的标题栏中，都有比例一栏需要填写。该比例是图纸中图形与其实物相应要素的线性尺寸之比。

AutoCAD 绘图和传统的图纸绘图在设置比例尺方面有很大的不同。传统的图纸绘图的比例尺需要开始就确定，绘制出的是经过比例换算的图形。而 AutoCAD 绘图过程中，在模型空间始终按照 1:1 的实际尺寸绘图。在出图时，才按照比例将模型缩放到布局图上，然后打印。

如果要查看当前布局的比例，可以在浮动窗口内双击鼠标进入模型空间，在【视口】工具栏下拉列表中显示的就是图纸空间相对于模型空间的比例，如图 12-34 所示。用户可以修改这个比例。

图 12-34 【视口】工具栏

因为在模型空间中是按照 1:1 比例进行绘图的，而在图纸空间中布局图又是按照 1:1 打印的，因此图纸空间相对于模型空间的比例，就是图纸中图形与其实物相应要素的线性尺寸之比，也就是标题栏里填写的比例。

只有布局图处于模型空间状态，【视口】工具栏中显示的数值才是正确的比例，用户可以在下拉列表中选择标准比例。也可以在状态栏 4:1 选择比例。

12.5 创建非矩形视口

可以将在图纸空间中绘制的对象转换为视口，这样可以创建具有不规则边界的新视口。

MVIEW 命令的【对象】和【多边形】选项有助于定义形状不规则的视口。将在图纸空间中绘制的对象转换为视口，即可创建具有不规则边界的新视口。

使用【对象】选项，可以选择对象，并将其转换为视口。定义不规则边界的多段线可以包含弧线或直线段，它们可以自交，但必须包含至少 3 个顶点。视口创建之后，定义不规则边界的多段线将与这个视口关联起来。

如图 12-35 所示，在图纸空间绘制一个圆，执行【视图】/【视口】/【对象】命令，然后在系统提示下选择要剪切视口的对象（如在图纸空间绘制的圆），就会形成一个非矩形视口。用户可以根据需要调整图形的比例和位置，也可以利用视口边界的句柄调整视口形状。

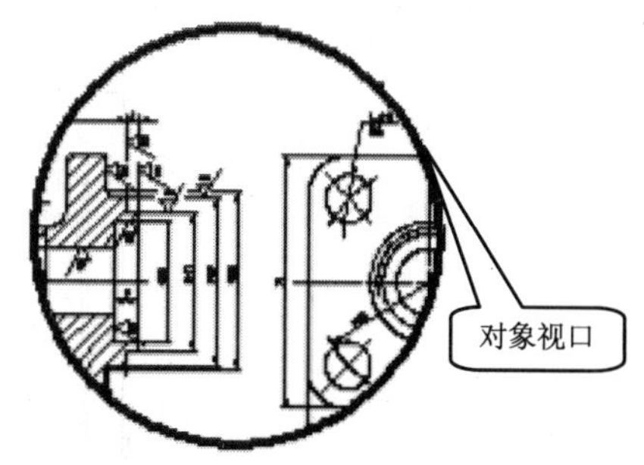

图 12-35　圆形视口

定义不规则视口的边界时，AutoCAD 将计算选定对象所在的范围，在边界的角上放置视口对象，然后根据边界中指定的对象剪裁视口。

用户还可以使用【视图】/【视口】/【多边形】命令创建多边形视口，【多边形】选项用于根据指定的点创建不规则视口，其命令提示序列与创建多段线一样。如图 12-36 所示是使用多边形创建的视口。

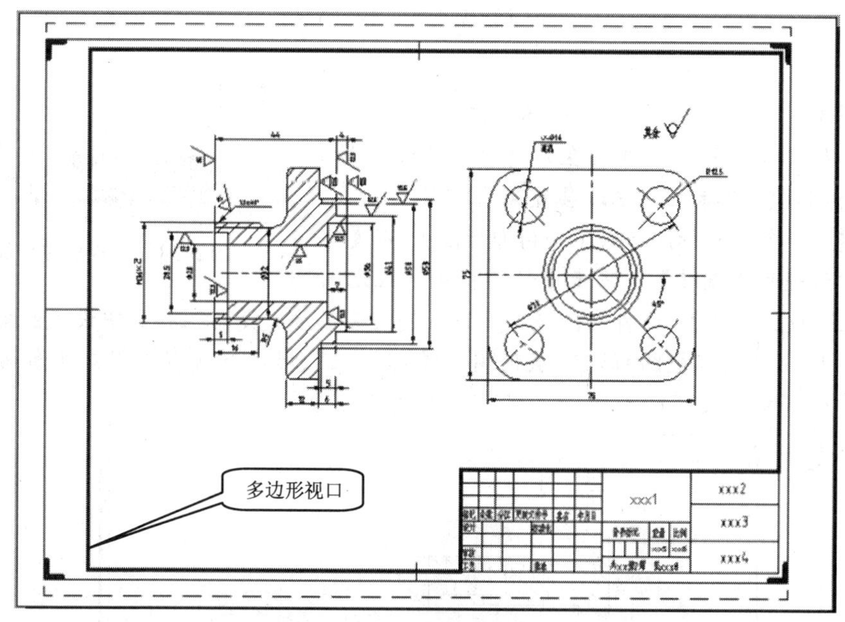

图 12-36　多边形视口

12.6　相对于图纸空间视窗的尺寸缩放

如图 12-37 所示，两个视口中的尺寸标注大小不一致，这是因为两个图形是同一图形按不同的比例在图纸空间形成的。现在的任务是如何使尺寸文本字高与整个图形相匹配。

左窗口中的尺寸标注是按照这样的原则进行的：比如布局空间视口比例是 2:1，也就是要将模型空间的图形放大 2 倍，这样标注文字也要放大 2 倍。那么在设置标注样式时可以设置文字高度为标准高度（如 5mm，这是图纸上要求的），在【标注样式】对话框的【调整】选项卡中设置标注特征比例，如图 12-38 所示，设置全局比例为 0.5。这样在比例为 2:1 布局视口显示的文字高度就会正好是 5mm（5mm×2=10mm，缩小 1 倍正好为 5mm）。但其他不按此比例缩放的视口中的文字就会变的大小不一致（如右视口）。

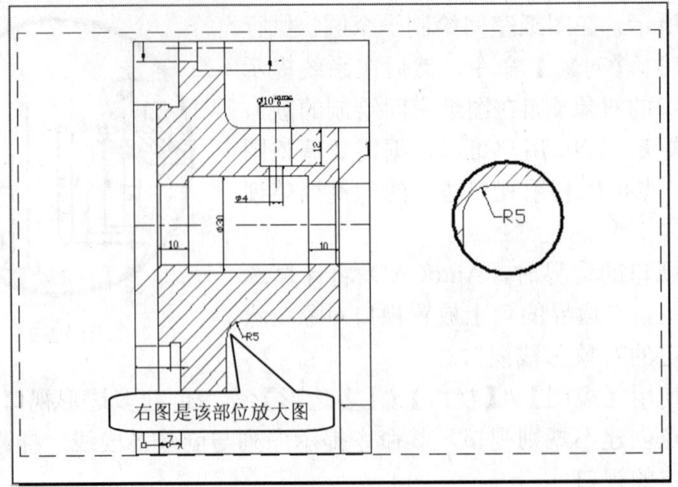

图 12-37　尺寸不一致

解决这个问题的步骤。

（1）首先冻结右窗口中的尺寸标注层，然后定义一个层（如局部视图标注，并且在左窗口中冻结该层）用以存放局部视图的标注，把该层置为当前层。

图 12-38　设置标注特征比例

（2）建立一个新的标注样式（如局部标注），在【标注样式】对话框的【调整】选项卡中设置标注特征比例为【将标注缩放到布局】（这样在图纸空间标注的文字高度就是标注样式中设置的文字高度）。

（3）然后在“局部视图标注”层使用“局部标注”标注样式在右视口（激活该视口）标注尺寸，这样标注文字的大小就一致了，如图 12-39 所示。

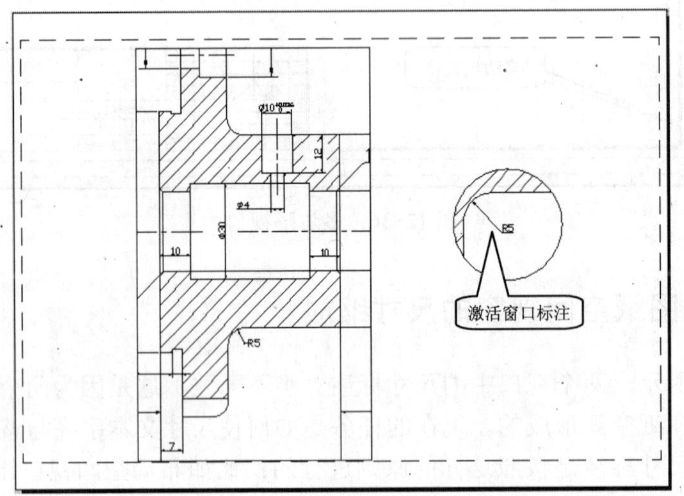

图 12-39　标注右视口尺寸

使用【将标注缩放到布局】选项调整尺寸标注几何参数，能使在布局视口内标注尺寸时，由系统根据布局视口与图纸幅面之间的比例，自动调整标注几何参数的图形大小，且能反映被标注对象的真实尺寸，是一种有效的尺寸标注方法。

12.7　注释性对象在布局打印的使用

12.7.1　注释性对象

将注释添加到图形中时，用户可以打开这些对象的注释性特性。这些注释性对象将根据当前注释比例设置进行缩放，并自动以正确的大小显示。

注释性对象按图纸高度进行定义，并以注释比例确定的大小显示。

以下对象可以为注释性对象（具有注释性特性）：

- 图案填充；
- 文字（单行和多行）；
- 标注；
- 公差；
- 引线和多重引线；
- 块；
- 属性。

1. 标注

可以建立注释性标注样式，在【标注样式管理器】对话框中选择一种样式作为基础样式，单击[新建(N)...]按钮，出现【创建新标注样式】对话框，勾选【注释性】复选框，然后跟创建非注释性样式一样建立标注样式。用注释性标注样式标注的尺寸都带有注释性。对于已有的非注释性尺寸标注可以修改其注释特性：选择尺寸标注，打开【特性】选项板，把注释选项修改为“是”即可。

2. 公差

这里讲的公差为形位公差标注，用户可以先标注形位公差，然后使用【特性】选项板，把注释选项修改为“是”。

3. 块

单击块创建按钮，打开【块定义】对话框，勾选【注释性】复选框，其他操作与前面讲的非注释性块创建一样，这样可以创建注释性的块。插入图形的注释性块参照都具有注释性。对于已有块参照，可以使用【增强属性编辑器】对话框修改其注释性。

4. 属性

定义属性时（执行【绘图】/【块】/【定义属性】），打开【属性定义】对话框，勾选【注释性】复选框即可。

5. 引线和多重引线

对于引线，可以先绘制引线，然后使用【特性】选项板，把注释选项修改为“是”即可。对于多重引线，可以首先创建注释性多重引线样式，然后使用该样式标注。

6. 文字

可以建立注释性文字样式，在【文字样式】对话框中单击[新建(N)...]按钮，勾选【注释性】复选框，然后跟创建非注释性文字一样建立注释性文字样式。用注释性文字样式书写的文字都带有注释性。对于已有的非注释性文字可以修改其注释特性：选择文字，打开【特性】选项板，把注释选项修改为“是”即可。

7. 填充

在图案填充时，在【图案填充和渐变色】对话框中勾选【注释性】复选框即可。对于已有的非注释性填充可以修改其注释特性：选择填充，打开【特性】选项板，把注释选项修改为“是”即可。

12.7.2 布局中注释性对象的显示

打开 12-40 所示的模型文件，其中使用的粗糙度块、形位公差、文字、尺寸标注和图案填充都是注释性对象。

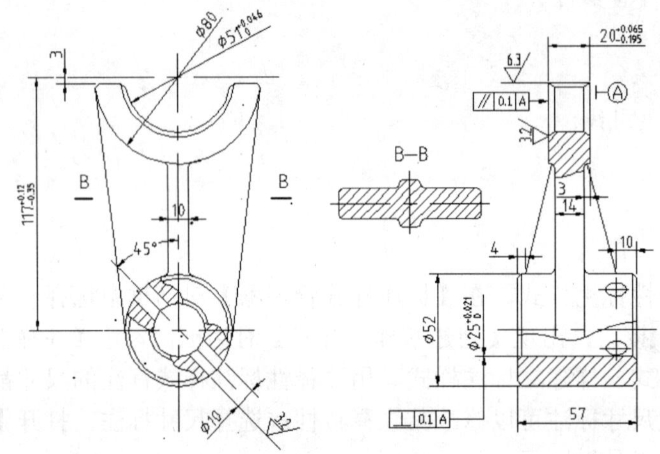

图 12-40 模型文件

进入布局，建立两个视口，调整两个视口时的比例不一样，但你会发现两个视口的注释大小（包括剖面线的疏密程度）是一样的，都按照设置的大小正确显示，如图 12-41 所示。注释性对象的使用解决了出图时标注对象大小不一问题。

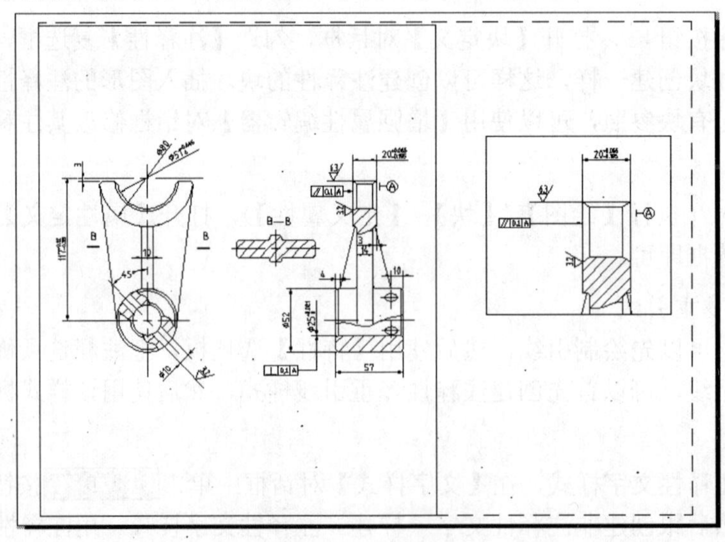

图 12-41 布局显示

12.8　打印

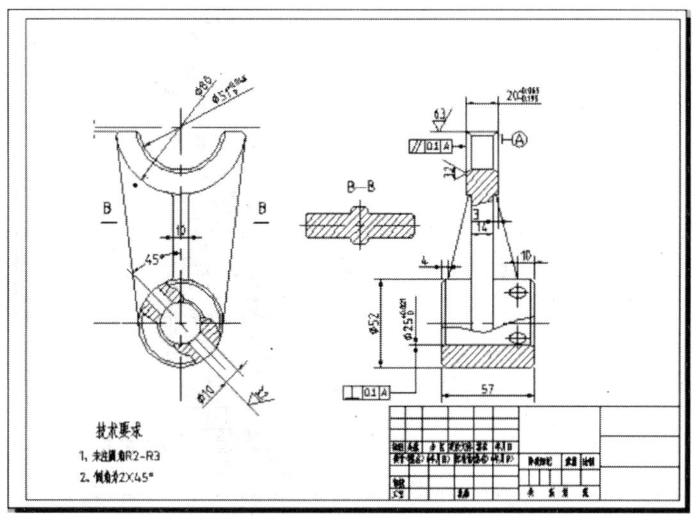

图 12-42　布局图

创建一个打印布局一般需要进行下列工作：

- 页面设置，包括打印设备和布局设置；
- 安排浮动视口、调整显示内容、指定比例；
- 冻结浮动窗口边框；
- 插入标题栏和书写文字说明等。

完成之后的布局如图 12-42 所示。这些工作完成后，就可以打印布局了，打印步骤：

（1）进入要打印的布局，单击【标准】工具栏上的打印按钮，或者执行【文件】/【打印】命令，出现【打印】对话框，如图 12-43 所示。

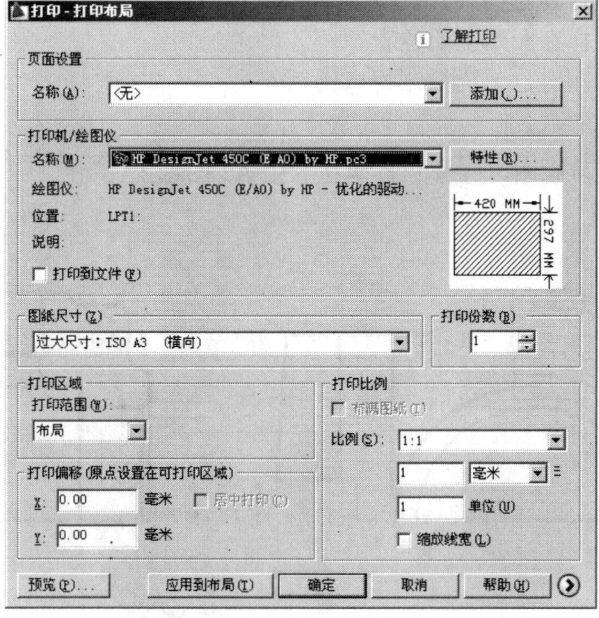

图 12-43 【打印】对话框

（2）如果要打印布局，此对话框不用改动。用户可以在打印前预览一下打印效果。

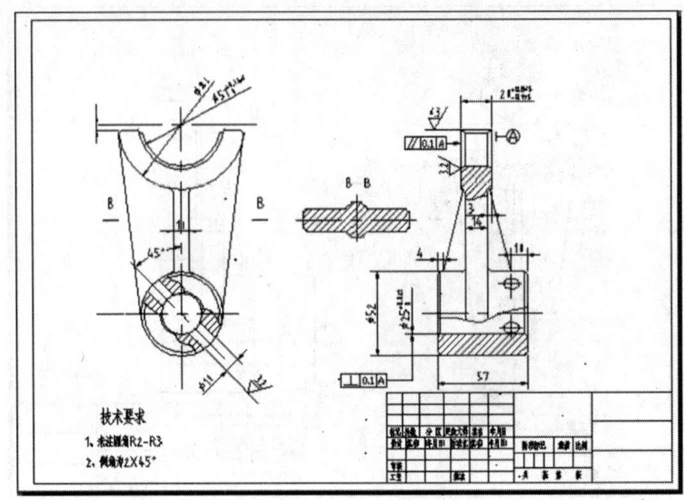

图 12-44　完全预览效果

（3）单击 预览(P)... 按钮，如图 12-44 所示。通过完全预览可以了解图形是否打印完整、是否偏移等情况，然后单击鼠标右键，出现快捷菜单，选择【退出】选项，返回【打印】对话框做相关调整，再做预览直到满意为止。

（4）预览效果满意后就可以单击 确定 按钮进行打印了。

12.9 习题

1．概念题

（1）页面设置包含哪些内容？

（2）怎样调整图样在图纸上的位置？

（3）在布局中打印时，怎样控制视口比例？

2．操作题

完整绘制下面两习题图，并分别打印在一张 A3 图纸上。

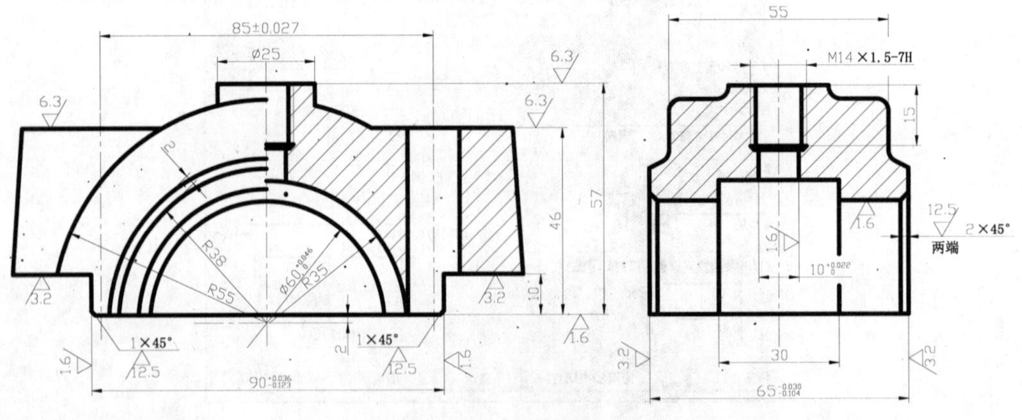

图 12-45　习题图 1

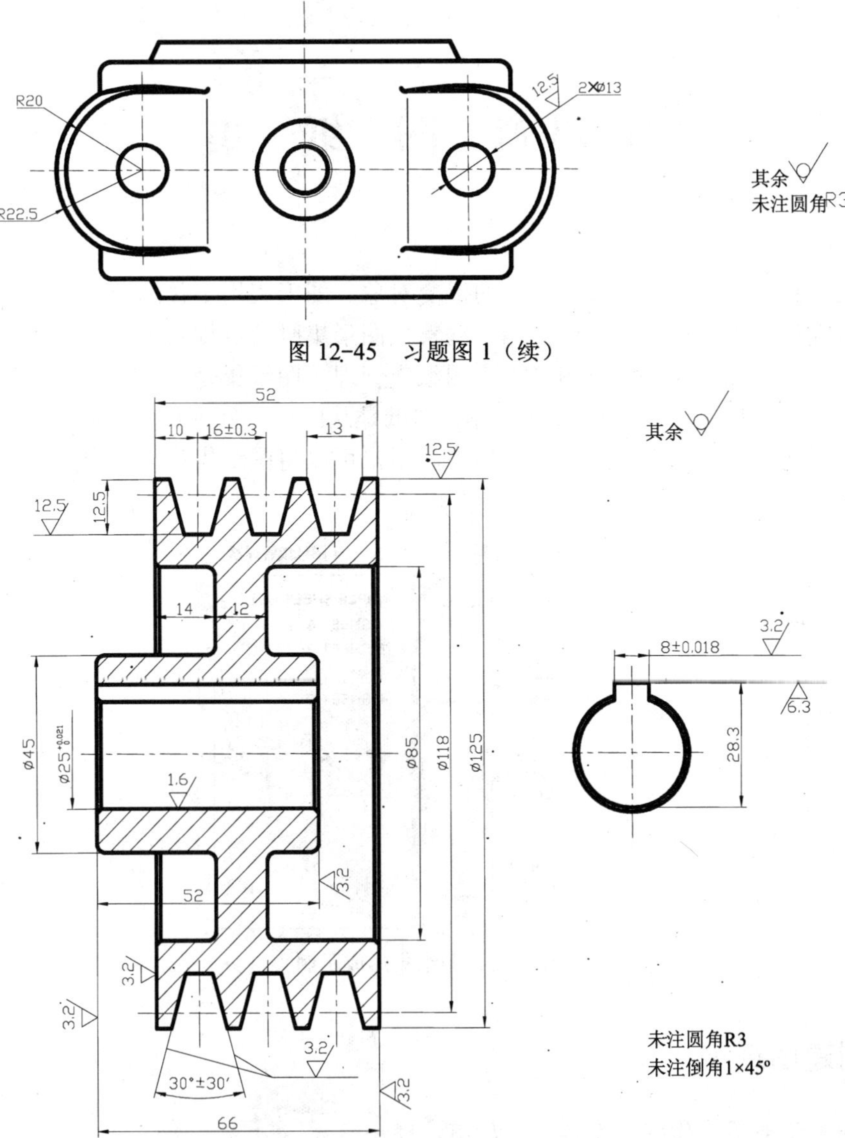

图 12-45　习题图 1（续）

图 12-46　习题图 2

第13章　图　纸　集

对于大多数设计组，图形集是主要的提交对象。图形集用于传达项目的总体设计意图并为该项目提供文档和说明。然而，当手动管理图形集时其过程较为复杂和费时。

使用图纸集管理器，可以将图形作为图纸集管理。图纸集是一个有序命名集合，其中的图纸来自几个图形文件，如图 13-1 所示。图纸是从图形文件中选定的布局。可以在任意图形中将布局作为编号图纸输入到图纸集中。用户可以将图纸集作为一个单元进行管理、传递、发布和归档。

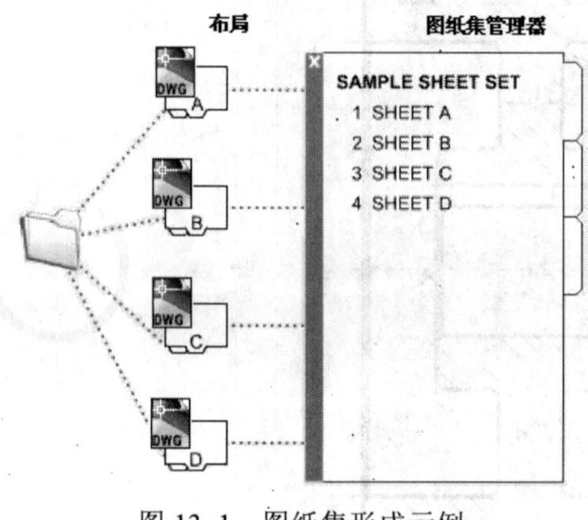

图 13-1　图纸集形成示例

13.1　创建图纸集

创建图纸集前需要作好的准备工作如下：

- 合并图形文件。建议将要在图纸集中使用的图形文件移动到少数几个文件夹中。这样可以简化图纸集管理。
- 避免多个布局选项卡。建议在每个要用于图纸集的图形中仅包含一个用作图纸的布局。对于多用户访问的情况，这样做是非常必要的，因为一次只能在一个图形中打开一张图纸。
- 创建图纸创建样板。创建或确定图纸集用来创建新图纸的图形样板（DWT）文件。此图形样板文件称作图纸创建样板。在【图纸集特性】对话框或【子集特性】对话框中指定此样板文件。
- 创建页面设置替代文件。创建或指定 DWT 文件来存储页面设置，以便打印和发布。此文件称作页面设置替代文件，可用于将一种页面设置应用到图纸集中的所有图纸，并替代存储在每个图形中的各个页面设置。

创建图纸集有【从图纸集样例创建图纸集】和【从现有图形文件创建图纸集】两种途径，下面以后者为例讲述创建步骤。

在【创建图纸集】向导中，选择从现有图形文件创建图纸集时，需指定一个或多个包含图形文件的文件夹。使用此选项，可以指定让图纸集的子集组织复制图形文件的文件夹结构。这些图形的布局可自动输入到图纸集中。

（1）组织文档结构，在【齿轮油泵】文件夹下包含【外壳】、【轴】和【其他】三个子文件夹，在子文件夹中组织包含布局的文件。

（2）单击【标准】工具栏上的图纸集管理器按钮，出现如图 13-2 所示的【图纸集管理器】选项板。

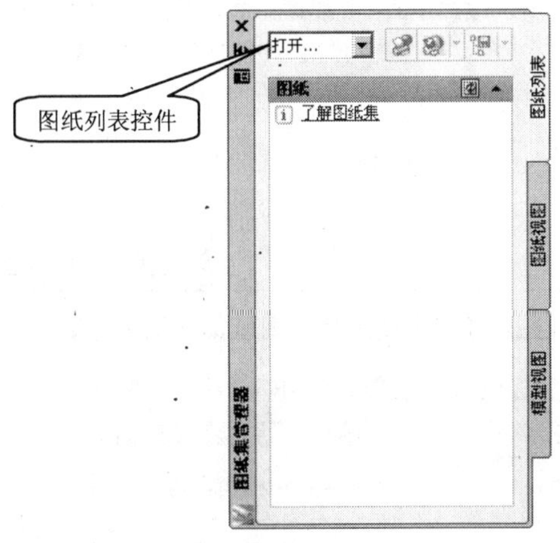

图 13-2 【图纸集管理器】窗口

（3）在【图纸列表控件】下拉列表中选择【新建图纸集】选项，出现如图 13-3 所示的【创建图纸集—开始】对话框。

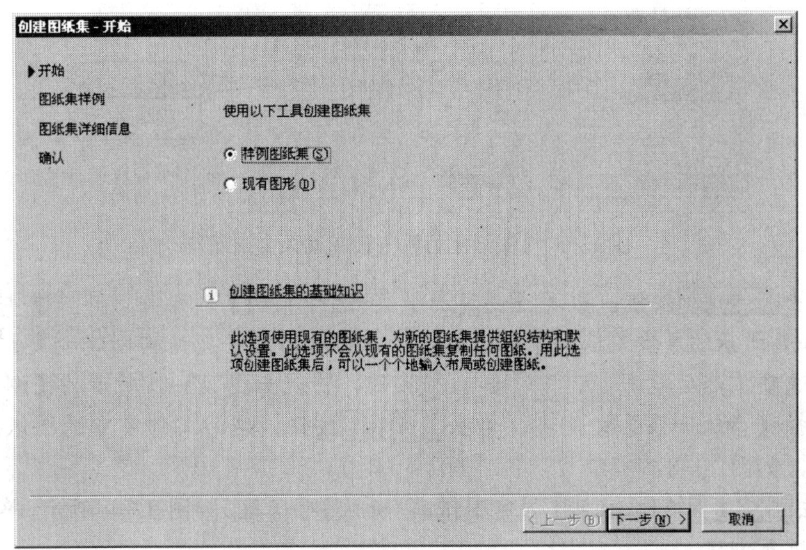

图 13-3 【创建图纸集—开始】对话框

（4）选择【现有图形】选项，单击 下一步(N) > 按钮出现如图 13-4 所示的【创建图纸集—图纸集详细信息】对话框，修改图纸集名称和保存的目录，还可以单击 图纸集特性(P) 按钮，使用如图 13-5 所示的【图纸集特性—齿轮油泵】对话框进行特性设置。

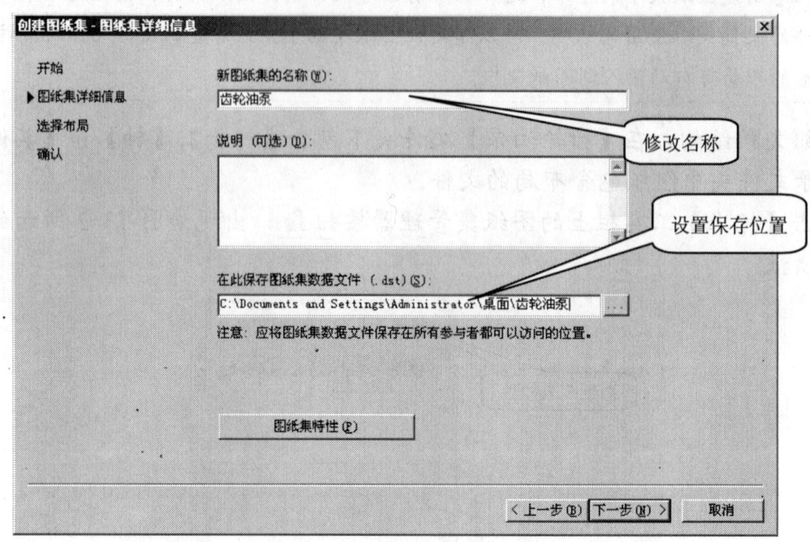

图 13-4 【创建图纸集—图纸集详细信息】对话框

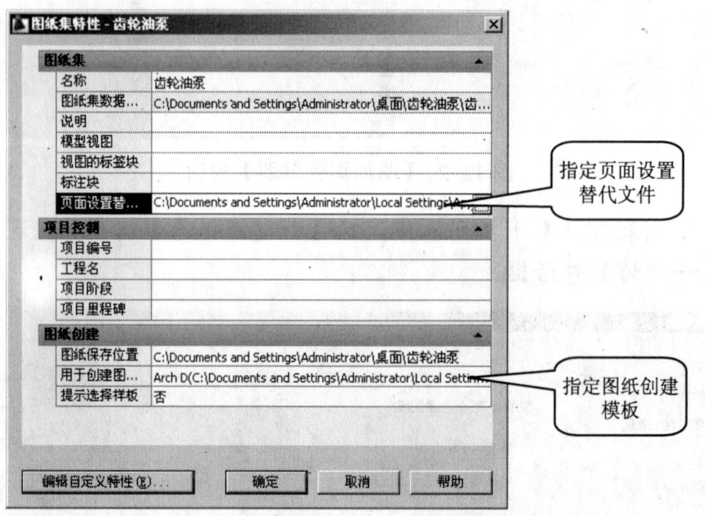

图 13-5 【图纸集特性—齿轮油泵】对话框

（5）单击 下一步(N) > 按钮，出现【创建图纸集-选择布局】对话框，单击 输入选项(O)... 按钮，出现如图 13-6 所示的【输入选项】对话框，选择【根据文件夹结构创建子集】和【忽略顶层文件夹】选项，然后单击 浏览(W)... 按钮，出现如图 13-7 所示的【浏览文件夹】对话框，选择【齿轮油泵】文件夹，单击 确定 按钮。这时文件夹中的图纸全部输入到图纸集中了，如图 13-8 所示。

（6）单击 下一步(N) > 按钮，出现【创建图纸集-确认】对话框，如图 13-9 所示，单击 完成 按钮完成图纸集创建。

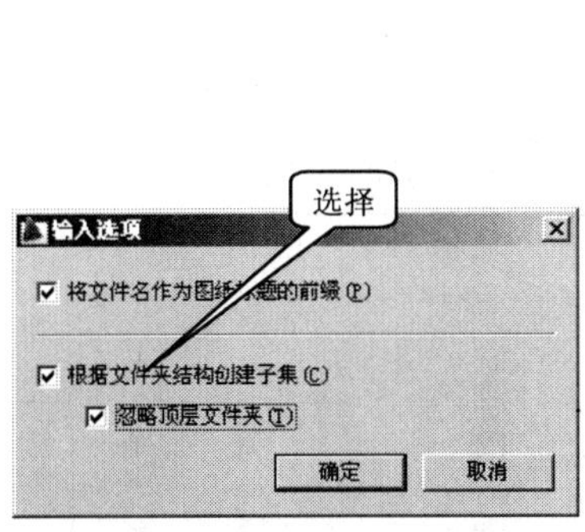

图 13-6 【输入选项】对话框

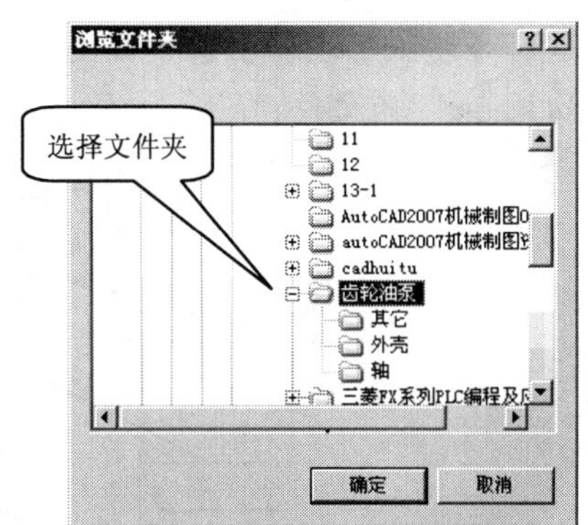

图 13-7 【浏览文件夹】对话框

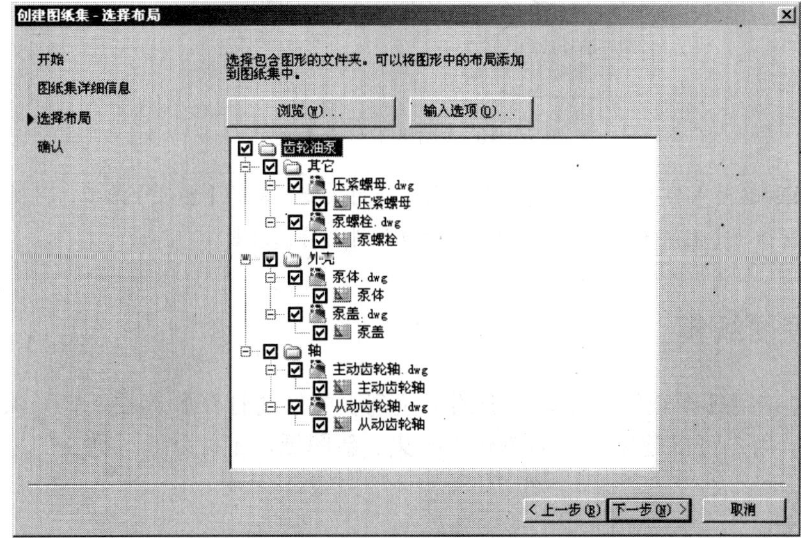

图 13-8 输入图纸

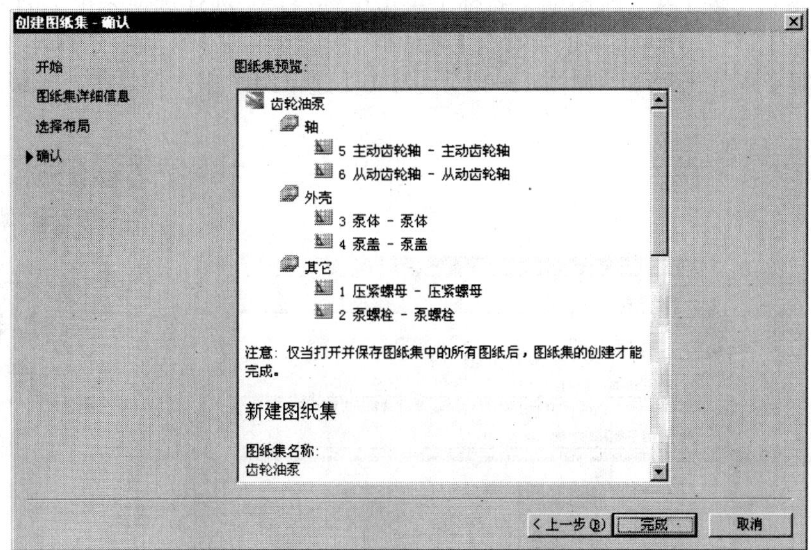

图 13-9 【创建图纸集—确认】对话框

（7）这时【图纸管理器】窗口如图 13-10 所示。在指定的图纸集存放目录中会出现名为“齿轮油泵.dst”的文件。

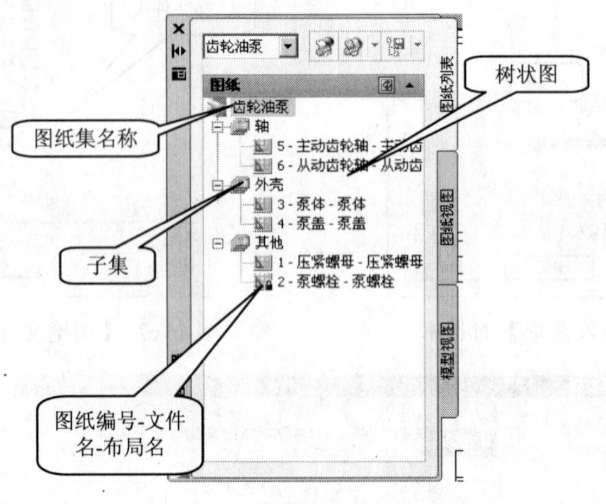

图 13-10 【图纸管理器】窗口

在树状图中的【齿轮油泵】图纸集名上使用快捷菜单的【特性】选项，同样可以使用如图 13-5 所示的【图纸集特性—齿轮油泵】对话框进行特性设置。

13.2 整理图纸集

用户可以使用【图纸管理器】上面的下拉列表中的【打开】选项，打开保存的图纸集文件（*.dst）。用户可以使用快捷菜单建立子集、新图纸，还可以通过拖曳的方法调整图纸的位置。

13.2.1 建立子集

如果要建立一级子集，在图纸集名称上单击鼠标右键，选择快捷菜单上的【新建子集】选项，出现如图 13-11 所示的【子集特性】对话框，输入子集名称（如填充物），单击 确定 按钮，一个新子集就出现了，如图 13-12 所示，（要建下级子集，需要在上一级子集上使用快捷菜单）。

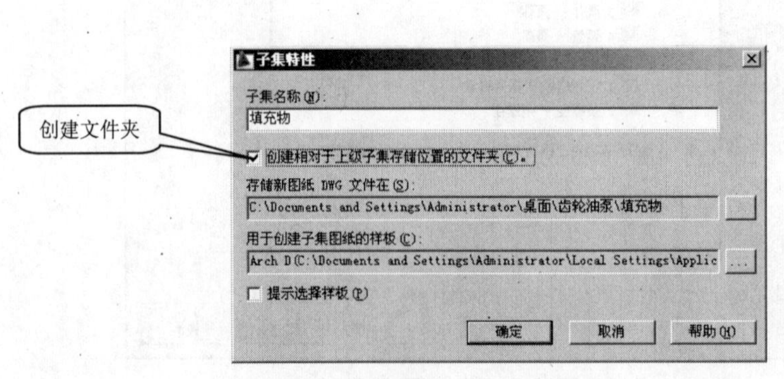

图 13-11 【子集特性】对话框

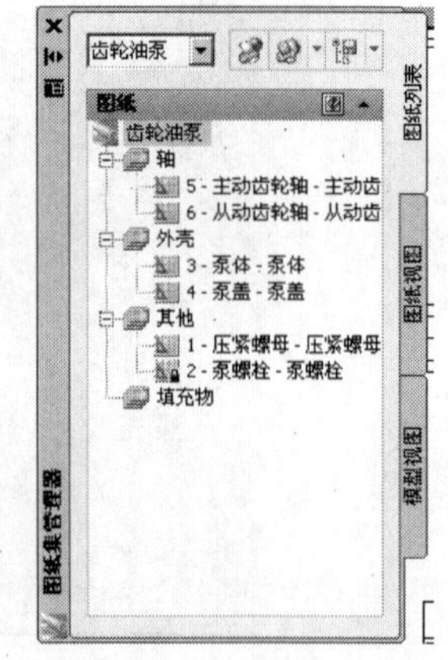

图 13-12 新建子集

用户可以在子集名称或图纸上按下鼠标左键，拖动到需要的位置放开鼠标改变其位置，如图 13-13 所示。可以使用快捷菜单删除子集或图纸，注意如果子集有下一级，要删除子集，需要先删除下级内容。

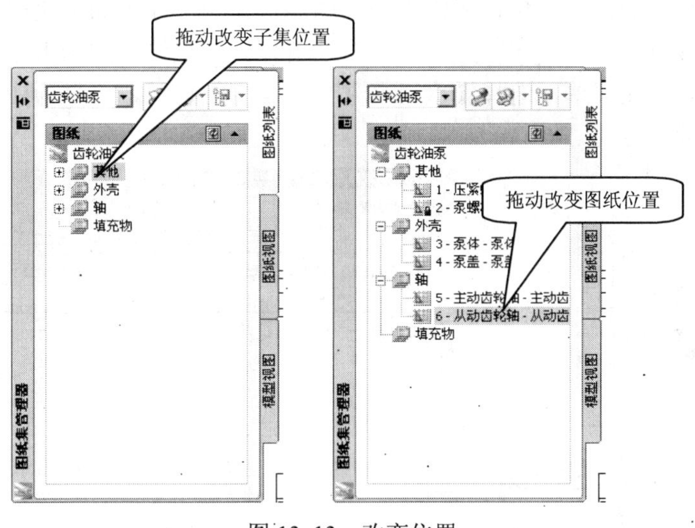

图 13-13　改变位置

在图纸上使用鼠标右键打开菜单中的【重命名并重新编号】选项，可以打开【重命名并重新编号】对话框，可以对图纸进行重新编号等操作。

13.2.2　新建图纸

如果要往图纸集中添加图纸，有两种方法：新建图纸和将布局作为图纸输入。

1. 新建图纸

例如需要在【填充物】子集内加一张图纸，在子集名称上单击鼠标右键，使用快捷菜单上的【新建图纸】选项，就会出现如图 13-14 所示的【新建图纸】对话框，进行如图设置。

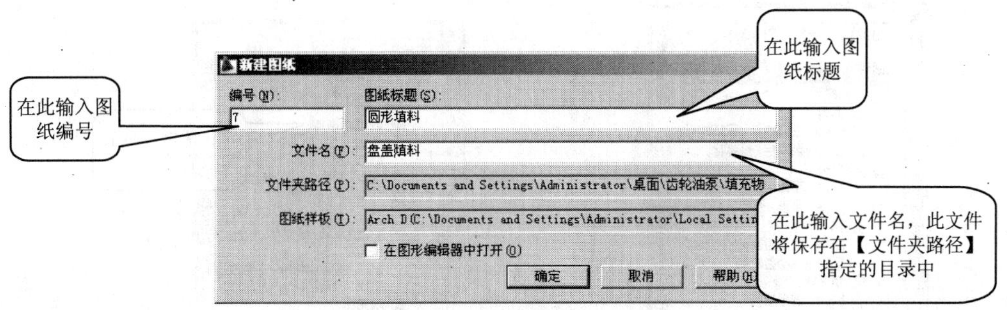

图 13-14　【新建图纸】对话框

单击 确定 按钮，图纸集如图 13-15 所示。在图纸上双击鼠标就可以打开“盘盖填料.dwg”文件，文件中有一个以默认样板建立的名字为“圆形填料”的布局。用户可以使用这个布局组织新图样。

2. 将布局作为图纸输入

例如需要在【填充物】子集内再加一张图纸，在子集名称上单击鼠标右键，使用快捷菜单上的【按图纸输入布局】选项，出现【按图纸输入布局】对话框，单击按钮 ... ，出现【选择图形】对话框，选择包含要输入布局的图形文件。在下面列表中显示可输入的布局，如图 13-16 所示。单击 确定 按钮，布局就作为图纸输入到图纸集中了。在图纸上使用鼠标右键打开快捷菜单，选择【重命名并重新编号】选项，可以为图纸重新编号，比如把刚插入的图纸编号为“8”。

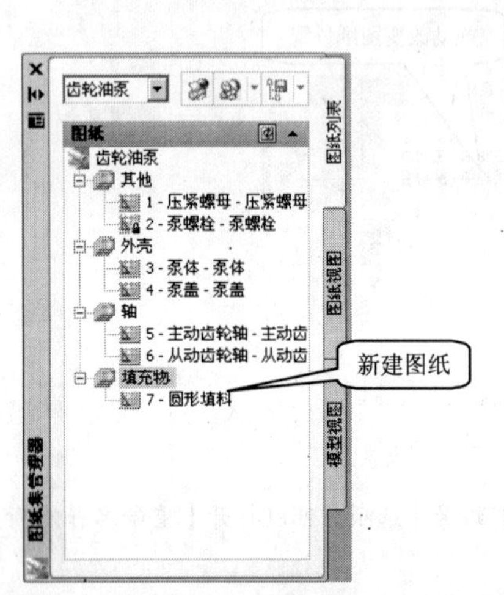

图 13-15 新建图纸

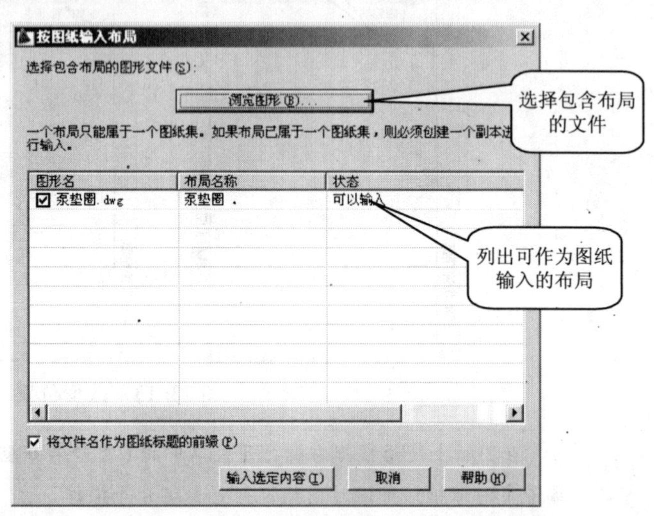

图 13-16 【按图纸输入布局】对话框

13.3 图纸清单

用户可以方便地在图纸集中插入图纸清单，下面是插入图纸清单的步骤（以图 13-17 为例）。

（1）在【齿轮油泵】图纸集名称上单击鼠标右键，选择快捷菜单上的【新建图纸】选项，建立一张放图纸清单表格的图纸（图纸编号为 0，名称为“图纸清单”），如图 13-18 所示。

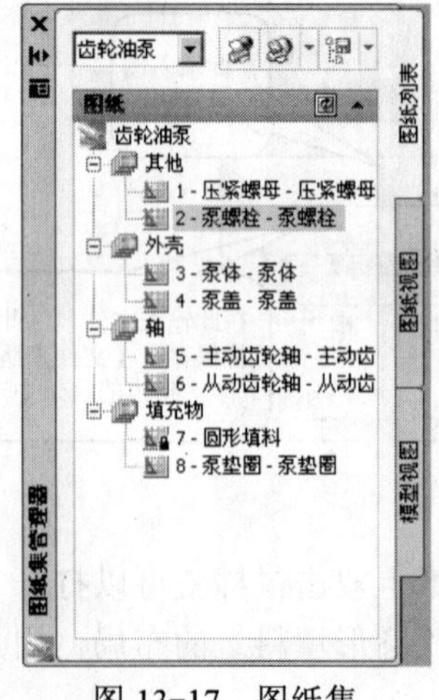

图 13-17 图纸集

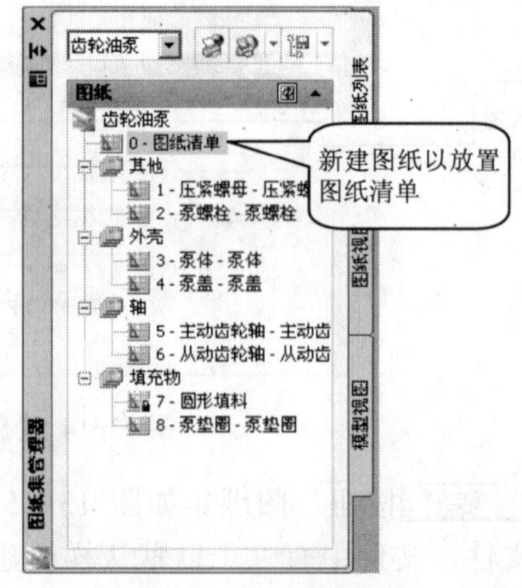

图 13-18 新建图纸

（2）双击打开【图纸清单】图纸，在【齿轮油泵】图纸集名称上单击鼠标右键，选择快捷菜单上的【插入图纸一览表】选项，出现【插入图纸一览表】对话框，进行如图 13-19 所示的设置。

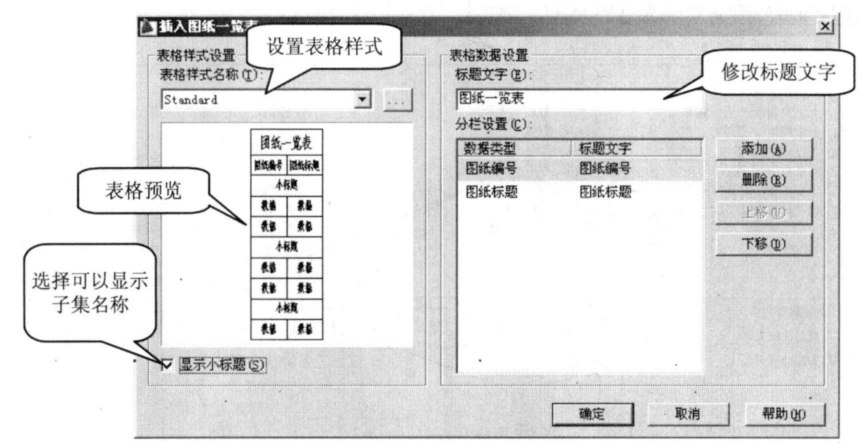

图 13-19 【插入图纸一览表】对话框

（3）设置完毕，单击 确定 按钮，系统提示输入表格的插入点，在图纸上的合适位置单击鼠标，一个图纸清单就完成了，如图 13-20 所示。

图纸删除或名字修改图纸清单可以更新，例如删除图纸 8 后，在图纸清单表格上单击鼠标右键，在快捷菜单上选择【更新表格数据链接】选项，表格会自动修改，如图 13-21 所示。

图纸一览表	
图纸编号	图纸标题
0	图纸清单
其他	
1	压紧螺母 — 压紧螺母
2	泵螺栓 — 泵螺栓
外壳	
3	泵体 — 泵体
4	泵盖 — 泵盖
轴	
5	主动齿轮轴 — 主动齿轮轴
6	从动齿轮轴 — 从动齿轮轴
填充物	
7	圆形填料
8	泵垫圈 — 泵垫圈

图 13-20　图纸清单

图纸一览表	
图纸编号	图纸标题
0	图纸清单
其他	
1	压紧螺母 — 压紧螺母
2	泵螺栓 — 泵螺栓
外壳	
3	泵体 — 泵体
4	泵盖 — 泵盖
轴	
5	主动齿轮轴 — 主动齿轮轴
6	从动齿轮轴 — 从动齿轮轴
填充物	
7	圆形填料

图 13-21　更新图纸清单

13.4　图纸集发布

在图纸集名称上单击鼠标右键，选择快捷菜单上的【发布】/【发布对话框】选项，出现如图 13-22 所示的【发布】对话框。列表中显示包含要发布的图纸，使用下面的工具按钮可以进行添加、删除图纸等操作。

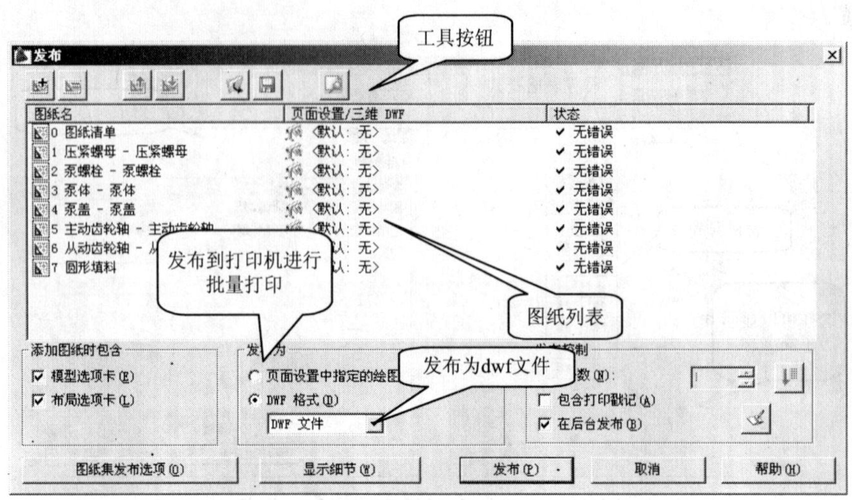

图 13-22 【发布】对话框

选择【DWF 文件】选项，单击 图纸集发布选项(O) 按钮，出现【图纸集发布选项】对话框，设置如图 13-23 所示。

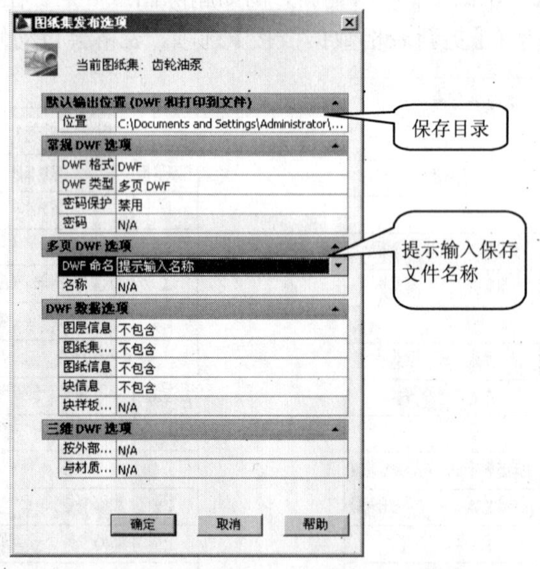

图 13-23 【图纸集发布选项】对话框

单击 发布(P) 按钮，系统提示输入.dwf 文件的名称，如“齿轮油泵”，单击 选择(S) 按钮就开始发布了，一段时间后右下角气泡提示框会提示发布完成。

到保存目录下双击“齿轮油泵.dwf”文件就可以打开它（用户需要安装 Autodesk DWF Viewer 应用程序），用户可以把这个文件发给别人查看了。

参 考 文 献

[1] 中国纺织大学．画法几何及机械制图[M]．上海：上海科学技术出版社，1995．

[2] 张轩，管殿柱，等．工程图学基础[M]．北京：机械工业出版社，2001．

[3] 管殿柱．AutoCAD 2000——机械工程绘图教程[M]．北京：机械工业出版社，2001．

[4] AutoCAD2009 帮助文件．